溶胶凝胶技术的科学与应用

徐　耀　贾红宝　高　强　著

科学出版社

北　京

内 容 简 介

溶胶凝胶技术是工业上获得新材料常用且有效的合成技术,该方法将纳米技术和实用材料结合起来,从该方法出发可以获得包括纤维、粉体、薄膜、陶瓷在内的诸多实用材料,属于新材料的源头技术之一,也是我国在精细化工领域与发达国家相比暴露出的重要差距之一。

本书着重介绍溶胶凝胶技术所涉及的化学反应、界面结构以及一些材料应用,是作者二十多年于此领域的研究成果积累。全书共分四大部分:溶胶的光散射表征技术、氧化物和非氧化物溶胶、基于溶胶化学的多孔材料、材料的表面改性及应用。全书以溶胶凝胶过程中化学反应机理、界面结构、表面改性为主线,展示溶胶凝胶技术千变万化的合成和应用,推动这一老而弥新的技术为我国新材料发展添砖加瓦。

本书适合从事胶体化学、纳米材料和 SAXS 技术的本科生、研究生及科研人员参考。

图书在版编目(CIP)数据

溶胶凝胶技术的科学与应用 / 徐耀,贾红宝,高强著 . —北京:科学出版社,2023.8

ISBN 978-7-03-076112-5

Ⅰ.①溶… Ⅱ.①徐… ②贾… ③高… Ⅲ.①溶胶–研究 ②凝胶–研究 Ⅳ.①O648.16 ②O648.17

中国国家版本馆 CIP 数据核字(2023)第 147832 号

责任编辑:霍志国 / 责任校对:杜子昂
责任印制:赵 博 / 封面设计:东方人华

科 学 出 版 社 出版
北京东黄城根北街 16 号
邮政编码:100717
http://www.sciencep.com

北京中石油彩色印刷有限责任公司印刷
科学出版社发行 各地新华书店经销
*
2023 年 8 月第 一 版 开本:720×1000 1/16
2025 年 1 月第二次印刷 印张:19 1/4
字数:380 000
定价:**128.00 元**
(如有印装质量问题,我社负责调换)

序

徐耀研究员是我见过的为数不多的对科学研究热爱执着，对科学评价理解深刻，对产业发展富有思考的一位有情怀、有责任心，并将研究成果成功付诸产业应用的学者。最近，徐耀研究员与合作者基于多年研究工作积累和产业应用实践，撰写了富有特色的《溶胶凝胶技术的科学与应用》一书，希望我能为之写几句话，我欣然应允，主要原因是基于我对他价值取向、做事态度的认同。

"创造新物质，发现新功能，实现新应用"是化学学科的一个基本特征，因此在化学学科发展中，发展新的物质合成、物质制备方法具有特别重要的意义。不同于有机合成、无机合成，胶体与界面化学的发展为材料科学工作者在温和条件下，从分子水平创造多样化结构、多样化形貌的新物质和新材料提供了独特的途径。徐耀研究员与合作者编著的《溶胶凝胶技术的科学与应用》一书实际上就是反映了胶体与界面化学原理在物质制备科学与技术领域的应用。

溶胶、凝胶是胶体与界面化学体系中两个基本而又重要的概念，溶胶、凝胶是典型的分散体系。与非反应性胶体体系不同，溶胶、凝胶因化学反应而存在，因化学反应而发生黏度乃至物相的转变，正是对这种反应、相变、结构转变的物理和化学本质的深入研究，才逐渐发展起用于各种材料制备的溶胶凝胶技术。

溶胶凝胶技术实施条件温和、设备简单，在纳米材料、功能表界面材料、催化材料、富集分离材料控制制备等方面具有重要的应用。溶胶凝胶技术的液相制备特点为组成、组分含量、工艺过程、工艺条件的大范围改变提供了可能，从而可以实现对最终材料结构和性能的精细调控。事实上，徐耀研究员及其同事就是通过这些努力，实现了材料结构创新和性能优化，解决了一系列重要的工程技术问题，为我国关键光学涂层材料的突破做出了突出贡献。

如同《溶胶凝胶技术的科学与应用》一书所讲到的，早在半个世纪以前，溶胶凝胶技术就开始付诸应用，但系统的理论总结直到 20 世纪 90 年代以后才逐步展开。理论认识的提升极大地推进了溶胶凝胶技术的应用。例如：①在光学领域，溶胶凝胶技术可用于光学薄膜、液态调谐激光器、新型光学玻璃等的制备，且可以创造原子级别均匀的新型玻璃化陶瓷材料，实现光学性能的优化；②在电学领域，溶胶凝胶技术可用于信息存储、介电、离子传导等材料和无电渗漏涂层温和条件下的可控制备；③在力学领域，溶胶凝胶技术可用于抗摩擦涂层、润滑涂层、低表面能涂层等的制备。更重要的是溶胶凝胶技术的兼容性使得有机聚合物、特殊改性剂的引入成为可能，从而能够获得极其重要的高附着力、高硬度和高韧性涂层；④在热学领域，溶胶凝胶技术可用于阻热涂层、导热涂层，以及气凝胶材料的制备；⑤在催化领域，溶胶凝胶技术不但可以用于高比表面催化剂的制备，而且可以大范围调控催化剂载体孔结构，提高催化剂底物识别能力和反应选择性。

溶胶凝胶技术的成功应用在很大程度上取决于对反应过程的监测，而各种光散射技术是实现这类监测的最有效手段。基于这一实际，徐耀研究员与合作者首先重点介绍了小角 X 射线散射（SAXS）、动态光散射（DLS），以及不太多见的电泳光散射（ELS）等技术的原理、使用方法和结果解析策略。这种将光散射技术与溶胶凝胶技术结合介绍是一种新的尝试，相信对于读者学习溶胶凝胶技术，掌握溶胶凝胶体系研究方法具有重要意义。此外，在相关章节，还特意介绍了用 SAXS 弦长度分布函数研究介孔材料的精细结构，用第一性原理计算掺杂对二氧化钛光催化性能的影响，利用桥式倍半硅氧烷构建梯形聚合物等内容。这种重案例、讲细节的著述形式对于从事相关研究和产品研发的学者、学生和工程技术人员无疑具有很好的参考价值。

徐耀研究员身体力行，将溶胶凝胶技术这个老而弥新的材料制备方法从实验室研究推向了工业应用，不仅开发了光伏和显示产品，还研发了专用涂膜设备，这种努力进取、永不言败的精神值得称赞，这种从物理到化学、从实验室到产业的跨界努力值得学习，期望他在未来能够结合产业应用为读者提供更多有关胶体与界面化学的著作，共同繁荣我国胶体与界面化学的发展，祝愿他在溶胶凝胶技术研究与应用领域取得更多突破。

是为序。

中国科学院院士
2023 年 6 月 12 日于西安

前　言

胶体化学是日常生活和工农业生产中最常用到的科学，为创造新物质发挥着重要作用，也是生活所不能缺少的技术领域，从日常饮品、油漆涂料、水泥砂浆到靶向药物，都属于胶体化学的应用范畴。但溶胶这个概念却是较晚出现的，其起点一般被认为是利用四乙氧基硅水解缩聚合成二氧化硅纳米颗粒这一发现，随后众多有机金属化合物的出现催生了纳米化学，进而产生纳米（20世纪90年代被称为超细粉体）技术，逐步将溶胶凝胶技术推向应用。

区别于传统胶体（colloid）和溶液（solution）中缺乏明显的化学反应、只有电荷平衡这一特点，溶胶（sol）中一直延续着化学反应，其中固含量和表面电荷状况不断变化，是复杂的"从均相到多相"的凝聚态物理和化学变化，其本身尚有许多未知的制约因素，因此从溶胶前驱体的化学本质出发研究其反应动力学以正确控制溶胶生长，从而制备出性能受控的新材料，是溶胶凝胶技术中首要的科学内容。

从溶胶出发，可以制备包括纤维、粉体、薄膜、陶瓷等诸多实用材料，属于新材料的源头技术之一。有些材料属于溶胶自然凝胶后的产物，例如气凝胶、纳米粉体；有些材料是人为干涉溶胶过程使其断然终止后的产物，例如纤维、薄膜。而陶瓷材料则是以凝胶为基础加以高温高压处理后的产物。这些材料获得特定性能的关键在于界面控制，液相中的固液界面、固相中的固气界面决定了产物的结构和基本理化性质。

对于材料来说，除了其使用性能，加工性能也很重要，后者往往决定了一个合成产物能否得到真正的应用，例如纳米粉体的大规模生产受限于表面电荷过强导致的收集困难，纳米二氧化钛光催化材料的应用受限于分离困难，所以在溶胶合成中对固相进行表面改性有助于改善材料的后续加工性能或者应用性能。

自1997年以来，在"863"计划、国家重大专项和国家自然科学基金重点项目的支持下，本书作者徐耀研究员领导科研组对溶胶凝胶技术的应用基础问题进行了深入研究。研究揭示了溶胶中的反应动力学、材料构效关系问题以及材料制备技术等，并将基础研究成果应用于光学薄膜、多孔材料、光催化等方向，形成了系统研究和开发能力，现将研究组二十多年的科研成果集结出版，以资同行参考。

本书共9章。第1章讲述了胶体化学的基本理论以及运用小角X射线散射（SAXS）技术和动态光散射技术研究溶胶结构的基本理论；第2章讲述了几种典型有机硅氧烷的水解缩聚反应动力学以及氧化钛溶胶有水、非水体系制备；第3章介绍了倍半硅氧烷的合成和应用；第4章为氟化镁溶胶的合成和应用；第5章介绍了凝胶界面结构研究方法；第6章介绍了采用溶胶凝胶法制备的介孔氧化硅薄膜；第7章介绍了常规模板法或无模板法合成介孔氧化硅的方法，以及介孔氧化硅在选择性吸附分离中的应用；第8章介绍了微介孔复合分子筛的合成方法和催化应用；第9章介绍了二氧化钛的掺杂改性及光催化应用。

　　本书是集体智慧的结晶，其涉及的科技成果是作者徐耀在二十多年的研究中和多名硕士、博士研究生一起取得的。徐耀研究员曾供职于中国科学院山西煤炭化学研究所，现供职于中国科学院西安光学精密机械研究所先进光学元件试制中心，并创立宁波甬安光科新材料科技有限公司。贾红宝现供职于辽宁科技大学，高强现供职于中国地质大学（武汉）。本书1.1节由安东帕公司朱性齐博士撰写，1.2和1.3两节由丹东百特公司宁辉博士撰写，特致感谢。为本书内容做出贡献的还有陈淑海、陈其凤、崔新敏、崔延霞、胡文杰、胡胜伟、姜东、梁丽萍、李君华、刘瑞丽、盛永刚、史卫梅、孙菁华、孙先勇、唐群力、唐涛、王晶、吴宝虎、徐武军、杨东江、喻宁亚、翟尚儒、张策、张聪、张书翠、郑均林等，在此一并感谢。

徐　耀
2023 年 4 月
于西安

目　　录

第1章 胶体中的光散射测量方法

胶体是分散质粒子直径介于 1 ~ 100nm 的分散物系，可分为亲液溶胶和疏液溶胶两种，此处的亲液与疏液是为了区分体系中有无界面的存在。亲液溶胶也称为分子胶体，是指高分子物质形成的真溶液，其中的分散相和分散介质就是溶质和溶剂，不存在相界面，是一个单相热力学稳定体系。但是随着人们对高分子聚合物认识的不断提高，聚合物科学作为一个独立的学科领域逐渐与胶体领域划分开。与分子胶体不同，疏液溶胶则是粒子的悬浮体系，具有高度的分散性及巨大的相界面和比表面，属于热力学不稳定体系，相界面处的物理化学性质对整个分散体系的宏观性质起决定性的支配作用，界（表）面性质研究对胶体科学极其重要。

1.1 小角 X 射线散射技术在胶体结构解析中的应用

小角 X 射线散射（SAXS）方法是研究纳米介孔材料结构的重要而理想的工具[1,2]。SAXS 是一种非破坏性的分析方法，对样品的适用范围宽，不管是干态还是湿态均适用；无论是开孔还是闭孔，SAXS 都能检测其结构信息；SAXS 系纯物理方法，不受样品内部表面化学性质的影响；SAXS 还可跟踪散射体系结构变化的动态过程（如氧化、干燥等）；SAXS 能进行多种定性分析（体系电子密度的均匀性、散射体的分散性、两相界面是否明锐、每一相内电子密度的均匀性、散射体的自相似性等）和定量分析（散射体尺寸分布、散射体体积分数、比表面、界面层厚度、分形维数等），其应用范围不断扩大。

1.1.1 小角 X 射线散射（SAXS）技术基本原理

1. 理论基础

X 射线如普通可见光一样，也是一种电磁波。但是波长比可见光（ ~500nm）短很多（<0.3nm）。有时 X 射线被描述成一种粒子，通常称为光子。X 射线与其他物质相互作用主要有两种模式：吸收与散射。当 X 射线接触样品时，一部分将穿过样品，一部分会被吸收并被转换成其他能量形式（热量、荧光发射等），还有一部分将被散射到各个方向。图 1.1 为这一物理过程的示意图。

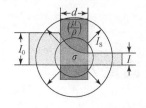

图 1.1　入射的 X 射线 (I_0) 通过厚度为 d、密度 ρ、质量吸收系数 (μ/ρ) 以及散射横截面 (σ) 后强度减弱成 I，部分入射光转化为散射 X 射线 (强度 I_S)

照射样品的 X 射线光子能够从原子中轰击出电子。这样，X 射线能量将被消耗，光子被吸收。电子的释放使原有的位置产生空穴，原子处于一种带有空穴的亚稳状态。原子想回到原先的状态，就要通过重排剩余的电子去填充空穴。结果，原子将会发射荧光，也就是与入射波长不同的 X 射线。在所谓的吸收边界区域，X 射线光子的吸收是最有效的，这时材料被 X 射线轰击产生电子。吸收基本上在任何波长都能发生，只不过效率有所不同。根据材料中原子种类的不同以及波长的不同，这些吸收参数被统称为质量吸收系数 (μ/ρ)，这里，μ 是线性吸收系数，ρ 是材料密度。为了获取高质量 SAXS 数据，样品对 X 射线的吸收必须尽量降低。最佳样品厚度 d_{opt} 依赖于线性吸收系数，即 $d_{opt} = 1/\mu$。在通常所用的 X 射线波长下，最佳 d_{opt} 值概括如表 1.1 所示。

表 1.1　在常用的 X 射线光源波长下，不同本体材料的最佳样品厚度 (μm)

放射源	Cr-K_α	Cu-K_α	Mo-K_α	密度/(g/mL)
波长	0.2291nm	0.15542nm	0.07107nm	
水，4℃	301.6	980.8	9886	1.0
石英玻璃	41.0	126.6	1351	2.203
氯仿，15℃	23.9	70.5	718	1.498
铁	11.4	4.22	36.8	7.86
钨	1.15	3.08	5.70	19.3

散射可以在存在或不存在能量损失的情况下发生。这意味着会产生不同于入射光波长的散射光，例如康普顿散射（非弹性散射），也可能与入射波长一致，如瑞利散射或汤姆孙散射（弹性散射）。康普顿散射发生在光子与电子相碰撞并被弹开时。光子会损失一部分能量，这部分能量会被电子吸收。这一过程可以被形象地描述为一个桌球与另一个球体碰撞的过程。散射光的波长不同于入射光，而且与入射光没有特定的相关系（非相干散射）。此时，未发生相干现象，因此不携带结构信息。这是没有特定信息的背景散射的一部分。瑞利散射与汤姆孙散射发生在光子与强束缚的电子碰撞而没有能量转移时。电子开始以与入射光相同的频率振动。电子的振动会产生具有相同频率的射线。由于相邻原子的振动是同步的，它们会产生"相干波"（相干散射），这些相干波在探测器上相互干涉。

这些干涉花样能够给出颗粒的结构信息。X 射线的散射效率依赖于被照射材料单位体积的电子量。每个被照射的电子对于散射的贡献是一样的，这种贡献被定义为"散射截面"，即 $\sigma = 7.93977 \times 10^{-26} \text{cm}^2$ 或汤姆孙因子。它是单位面积单位入射光能量产生的散射能量。

2. 如何探测 X 射线

探测 X 射线的方法最初是通过吸收过程来检测的。固态探测器、气体探测器以及闪烁探测器，这些方法均源于对自由电子的探测，X 射线光子碰撞探测器被吸收的同时产生自由电子。进一步，探测器的信号被成倍放大形成电子脉冲信号，这些信号被记录并输出为"强度"或"记录速率"。同时，影像板吸收 X 射线并通过激发电子积蓄能量，激发电子的数量与击中影像板的光子数量成正比。被可见光照射后使激发电子回到初始状态并发出可见的荧光辐射。发射出来的荧光可以用对可见光敏感的光电倍增管进行测量。

不管是哪种探测器，只有强度是可以检测的。也就是说，只有电磁波振幅的平方能被检测（ $I_S = |\vec{E_S}|^2$ ）振幅本身不能被检测。因此，电场相态的有效信息将丢失。根据记录的强度信息进行三维全息重建是不可能的。因此，通过散射分析样品结构获得的信息总是模棱两可的，数据必须与样品的其他信息相结合才能进行解析（如显微镜或样品的化学信息）。

3. X 射线与结构的相互关系

当 X 射线撞击到原子发生散射时，每个原子都会从它们所处的位置发出球形波。由于从汤姆孙散射过程中发射出来的光波与入射的平面波是同步的，它们在探测器的位置会产生干涉条纹。这种干涉可能是增强的（协相波），也可能是减弱的（异相波），或者介于中间，这依赖于观察角 2θ、发光原子之间的相对位置和距离 r（图 1.2）。

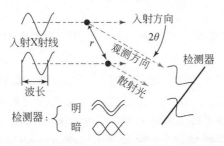

图 1.2　干涉波的强度依赖于发光原子的距离 r、它们的取向与入射方向和观察方向之间的关系。当波平行到达时，探测器上为亮点；当波反平行时，探测器上为暗斑

在有益的相互作用下，干涉在探测器上产生亮点，在破坏性相互作用下，电磁波相消，因此探测器上是暗斑。成像结果是二维干涉花样，在探测器平面上，强度从一个位置到另一个位置之间有变化（通常监测散射角 2θ 与方位角 φ）。干涉图谱与材料内部结构有关，也就是原子之间的相对取向和距离。

距离 r 通过与所用光源波长的关系测量。因此当 r/λ 相同时就会产生相同的干涉花样。为了消除波长的影响，散射花样通常表达为 q 的变量：

$$q = 4\pi \sin\theta / \lambda \tag{1.1}$$

式中，q 常被命名为"散射矢量长度"或"动量传递"。不管以什么命名，实际上 q 的单位是长度的倒数（如 $1/nm$）。因此，散射花样一般被称为"倒易空间结构"，而颗粒被说成"实空间"结构，因为它们可以用长度单元来衡量。

4. 形状因子

颗粒由很多原子构成，颗粒的散射可以解释为颗粒内部每个电子/原子散射波的干涉花样，这样可以用探测器记录（图1.3）。将探测器位置所有光波的振幅加和并平方就得到了干涉（散射）花样。这种花样以颗粒形状所对应的特有方式振荡。因此被称为"波形因子"。之所以称为"因子"，主要是因为它必须乘以一个常数才能与实验强度单位匹配，进行结构确定时不需要确定该常数。

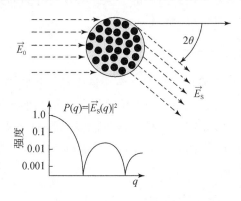

图 1.3　颗粒的形状因子 $P(q)$ 是一个干涉花样，其振荡方式与颗粒形状相关

在实际应用中，很多颗粒会被同时照射，如果满足颗粒在形状和尺寸上是相同的（即单分散的样品），且颗粒相互之间距离很大（即稀溶液样品），那么得到的散射花样只反映单个颗粒的形状因子。如果样品很稀，那么所有被照颗粒的形状因子可以加和。也就是说，在稀样品中，实验得到的散射花样是形状因子乘以颗粒的数目。如图1.4所示，对于 SAXS 技术，当颗粒之间的距离超过 X 射线波长时，就被认为是稀体系。

如果颗粒具有不同的尺寸（例如多分散性样品），那么所有尺寸颗粒的形状因子加和得到整个样品的平均散射花样。每个尺寸的颗粒在不同的角度都会产生形状因子的最小值，因此所有形状因子之和不再有很明确的最小值。

5. 结构因子

当颗粒紧密地堆积在一起（如浓样品），颗粒之间的相对距离与颗粒内部距离具有相同的数量级。因此干涉花样也包含临近颗粒的贡献。这种附加的干涉花样被称为结构因子，它与单个颗粒形状因子可以相乘。在晶体学中结构因子被称为"晶格因子"，因为它包含了颗粒之间的相互位置信息。能够观察到浓度效应在小角度形成的额外的波动（图 1.5）。在小的 q 值范围内强度的下降是排斥相互作用的一种体现。强度的增加意味着吸引相互作用，与聚集十分类似。

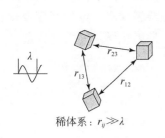

图 1.4　SAXS 技术中稀体系的认定

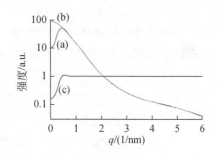

图 1.5　高浓度颗粒分散体的 SAXS（a），它是单个颗粒的形状因子（b）与颗粒位置的结构因子（c）共同的产物

最后，当颗粒排列成高度有序和周期性结构时（如晶体），小角度的波动就会发展成为一个显著的峰。这就被称为布拉格（Bragg）峰，通过 Bragg 公式，根据峰值所处位置（q_{peak}）可计算排列的粒子之间的距离：

$$d_{Bragg} = 2\pi / q_{peak} \tag{1.2}$$

6. 取向与有序

在一个密堆积的粒子体系，颗粒之间能够形成一定的位置和取向。这通常被称为"相互作用"。例如，液体分子不能自由移动主要是因为它们之间不能相互穿透。粒子-粒子之间的排斥作用（是诸多粒子相互作用的一种）会导致所谓的近程有序结构。这就意味着在特定距离范围内找到一个近邻粒子的可能性增加。然而在更大的距离范围内，颗粒间的相对位置变得越来越随机。这种近程有序结构是 SAXS 花样中结构因子形成的基础。

当颗粒的位置变得更加有序时，结构因子的峰就变得更加明显。随着有序颗粒的畴区尺寸进一步变大（也就是形成长程有序结构），这一体系就形成结晶。晶体物质的结构因子通常被称为晶格因子。在一定角度下出现的一系列尖锐的峰是结晶对称性的标志。峰位置对应的 q 值所成的比例会有特征性，它能够反映晶体的对称性。例如，层状对称：1，2，3，4，5，…；立方对称：1，$\sqrt{2}$，$\sqrt{3}$，2，$\sqrt{5}$，…；六边对称：1，$\sqrt{3}$，2，$\sqrt{7}$，3，…。

除了这种位置有序，粒子之间还可能形成一种优先取向，尤其是当粒子形状不是球形时。对于剪切或拉伸样品颗粒排列只有部分规则取向，但是结晶样品具有完美规整取向。

如果以入射光束为中心进行方位角积分，取向与取向度可以从二维散射花样中强度变化幅度中获得。当样品无规取向时（各向同性），例如稀释溶液或结晶粉末，散射花样在入射光的同心圆上呈现出均匀的强度（图1.6）。当样品部分取向时，例如受剪切的液体或纺丝纤维，散射花样会表现出一定的强度变化。当样品是相对于入射光方向特定方向的单晶材料，其散射花样是一系列亮点。

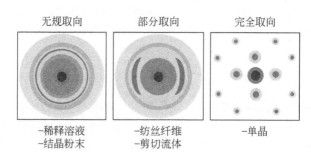

图1.6　无规取向、部分取向和完全取向（单晶）样品的 2D 散射花样

7. 强度与对比度

为了对比理论与实验曲线的差异，可以将理论值（形状因子与结构因子）以任意常数倍放大或缩小。这些系数不含颗粒的形状信息，因此可以任意选取。不过，当需要获取粒子的数量密度或分子量信息的时候，这些因子是有意义的。

当电子被能量密度为 i_0（a. u. /cm^2）的射线照射，那么散射强度为 $I_0 = i_0 \sigma$，这里 σ 为散射截面，$\sigma = 7.93977 \times 10^{-26} \, cm^2$，"a. u." 指任意探测器单位。它可以是"计数/秒"、焦耳或瓦特，具体依赖于探测设备的读出能力。到达探测器的强度受很多因素影响而发生变化，例如样品的透过率 T，样品与探测器间距 R，探测面积大小（像素尺寸）A 以及入射波相对于观察面的偏振角 φ（图1.7）。

$$I_0 = i_0 \cdot \sigma \cdot \frac{A}{R^2} \cdot T \cdot \left[(\sin\varphi)^2 + (\cos\varphi)^2 \cos(2\theta)^2 \right] \tag{1.3}$$

标准实验室 X 射线源一般是任意偏振的，平均偏振角为 $\varphi = 45°$。同步加速器偏振角可能是从 $\varphi = 0°$（水平偏振）到 $90°$（垂直偏振）的任意变化。在 SAXS 实验中，$2\theta < 10°$，偏振一般可以忽略，但在 XRD 测试中不能忽略。

样品单位体积中有越多的电子（即电子密度越高），那么被散射的 X 射线越多。如果样品是一个体积为 V_1、电子密度为 ρ_1 的颗粒，那么散射波的振幅为 $V_1\rho_1$。探测器输出结果（即强度）是所有散射波振幅的平方。因此，这一粒子的总散射强度 $I_1(q)$ 可以计算为：

$$I_1(q) = I_0 \cdot \rho_1^2 \cdot V_1^2 \cdot P(q) \tag{1.4}$$

式中，$P(q)$ 为粒子的形状因子。

只有干涉光子携带颗粒的结构信息。基体材料的散射波纹也携带信息，但是尺度范围小很多（原子尺度）。在小角范围内它只能形成一个水平的辐射强度（背景），可以设为零。测试时，可以将样品台与基体材料的背景散射从样品散射中扣除掉。

嵌入基体材料的颗粒必须与基体材料具有不同的电子密度，这样在 SAXS 测试中才能被探测。两种材料的电子密度差越大，可见度越高。这称之为对比度。如果颗粒的电子密度与基体材料的

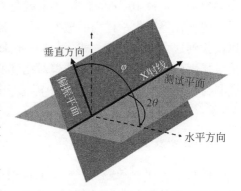

图 1.7 偏振角 φ 定义为辐射波的振荡平面（即偏振面）与散射角（2θ）测试平面之间的夹角

电子密度相同，那么颗粒不能从周围环境中区分出来，SAXS 信号与背景信号是一样的。

利用对比度效果的方法被称为"对比度变化"。通过改变溶剂的电子密度，许多颗粒组分将变得可见。通过将重金属离子融入之前不可见的粒子中能够使粒子变得可见。在某些情况下，对比度变动方法不可行，除非破坏样品结构，因为通过改变溶剂成分或用重金属染色都是具有破坏性的过程。对于这种不确定的情况，SAXS 将变得不是十分有用。这时，可以用小角中子散射技术（SANS）[3]。SANS 是对比度变动应用的典型实例，是因为氢原子与氘原子之间对比度很大。另一个解决这种低对比度的方法是反常小角 X 射线衍射（ASAXS）[4]。这种方法通过测试两个不同波长的散射花样来实现。其中一种波长接近特定原子的吸收界，这种原子的对比度会增加很多。然而这两种方法只适用于大规模设备，如原子反应堆或裂变源（以获得中子）或同步加速器（以便调节波长）。

当一个电子密度为 ρ_1 的粒子嵌入一个电子密度为 ρ_2 的基体样品中，粒子的散射强度为

$$\Delta I_1(q) = I_0 \cdot (\Delta\rho)^2 \cdot V_1^2 \cdot P(q) \tag{1.5}$$

式中，$\Delta\rho = \rho_1 - \rho_2$，基体材料的强度已经被扣除。$N$ 个相同粒子的散射强度为

$$\Delta I(q) = N \cdot \Delta I_1(q) \cdot S(q) \tag{1.6}$$

式中，$S(q)$ 是表征颗粒间相互位置的结构因子。对于稀溶液体系，$S(q)$ 值一般为 1。

式 (1.5) 的计算结果是 SAXS 信号强度随着颗粒体积的增大而急剧变大。由于球形颗粒的体积与半径成三次方关系，所得到的 SAXS 信号强度就会随着颗粒半径变大成六次方放大。假如一种分散体系中含一百万个半径 1nm 大小的颗粒而只含一个半径 10nm 的颗粒（也就是百万分之一含量的大尺寸颗粒），这两种尺寸的颗粒将产生一样强的散射信号，测试过程中必须记录很多电子显微镜照片以便找到这个大的颗粒。式 (1.5) 带来的另一个后果是对比度的平方会对 SAXS 信号强度产生影响，这就意味着对比度的正负根本不会产生影响。基体材料中的孔洞与材料颗粒在空基体材料中能够产生相同的散射强度。哪一部分被认为是"颗粒"纯粹是实验者的判断。

8. 多分散性

样品中 N 个颗粒完全一样的假设很难是真的。蛋白质溶液是为数不多的可以称之为"单分散"样品的例子，蛋白质溶液中的颗粒都具有相同的尺寸与形状。通常情况下，样品颗粒都具有不同的尺寸，也就是所谓的"多分散"，或具有不同的形状，就是所谓的"多形态"。

多分散或多形态样品的散射曲线可以被认为是 N 个形状因子 $P_i(q)$ 的总和，受到各自对比度 $\Delta\rho_i$ 与第 i 个颗粒的体积 V_i 的影响。如果假设一个稀的颗粒溶液为研究对象 [即 $S(q) = 1$]，那么：

$$\Delta I(q) = I_0 \cdot \sum_{i=1}^{N} (\Delta\rho)_i^2 \cdot V_i^2 \cdot P_i(q) \tag{1.7}$$

这种加和计算方法的结果是一个平均的形状因子，不再存在尖锐的最小值（图 1.8）。另外，如果实验结果曲线有发育良好的最小值，也表明样品是单分散的。

9. 表面散射

当样品分散在一个水平基底表面且使用反射模式进行测量时，前面介绍的原理也同样适用，特别是当入射角（θ_i）大于样品（或基底）的临界角（θ_c）时。临界角指当入射角小于该角度时，X 射线在样品表面将发生全反射，不能进入样

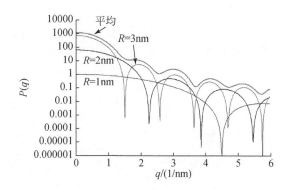

图 1.8　不同尺寸粒子的形状因子的总和，总和后导致最小值逐渐消失

品。如果入射角度保持在临界角附近（如 $\theta_i < 3\theta_c$），那么散射理论就需要加以补充，因为这时的反射与折射光束会导致额外的散射过程，将与直接入射的光束在颗粒处产生的散射发生干涉（图 1.9），在反射模式中，观察面被分为折射花样（水平线以下）和反射花样（水平线以上）。由于基底的吸收，折射花样一般很少能观察到。直接反射的入射光束就是所谓的镜面反射光束。在这一区域的散射曲线（GISAXS）以及反射曲线（XRR）通常可以用所谓的 DWBA（distorted-wave born approximation）模型来模拟[5]。

通过选择入射角（高于或低于临界角），可以选择测试不同深度的颗粒。这样既可以选择性地测试表面颗粒，也可以测试嵌入样品层的颗粒。只需要知道每一层的临界角。临界角是材料的性能常数，因为它是通过材料的折光指数获得的（$n = 1 - \theta_c^2/2$），可以通过样品材料的电子密度（化学组成与密度）以及材料的吸光度进行计算[6]。典型的临界角一般在 0.2° ~ 0.5°。

反射实验总是会给出两个叠加的信号。一个是直接反射（镜面反射）光束 ΔI_{spec}，另一个是漫散射光束 ΔI_{diff}。镜面反射光束来自于全反射，就像光束被镜面反射一样，只能在一个固定的方向上被观察到（$\theta_f = \theta_i$）（图 1.10 中曲线 a）。漫散射是因为表面粗糙或颗粒造成的，可以在任意方向上观察到（图 1.10 中曲线 c）：

$$\Delta I_{\text{total}}(q) = \Delta I_{\text{spec}}(\theta_i) + \Delta I_{\text{diff}}(q) \tag{1.8}$$

在反射几何学中，q 的定义稍微有不同的解释：

$$q = \frac{2\pi}{\lambda}(\sin\theta_i + \sin\theta_f) \tag{1.9}$$

根据角度 θ_f 与 θ_i 的选取方式不同，找到了三种表征近表面结构的常用方法。

①X 射线反射（XRR）：在这种测试方法中，观测角与入射角始终保持一致 $\theta_f = \theta_i$。同时对这两个角度进行扫描。只记录直接反射光束。测试结果主要反映

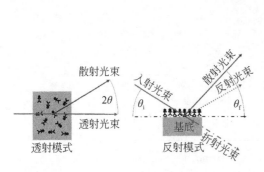

图 1.9　SAXS 实验中的透射
模式和反射模式

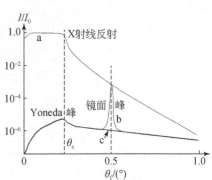

图 1.10　光滑表面在反射模式下
（$\theta_f = \theta_i$）XRR 测试的曲线（曲线 a）
以及在漫散射模式下（θ_i 为常数）
GISAXS 测试的曲线（曲线 b 及曲线 c）

表面法线方向的密度分布。因此，层厚度是 XRR 测试的重点。表面粗糙度降低了反射光束的强度而增大了漫散射的强度。太大的粗糙度将会导致 XRR 测试失效。

②掠入射小角 X 射线散射（GISAXS）与衍射（GID）：在这两个实验中，入射角保持恒定且与临界角接近 $\theta_i = \text{const} \approx \theta_c$，而在任意 1~2 个方向上进行观察。观察角的大小决定了是小角还是广角（衍射）技术。有时候需要避面镜面方向上其与强烈的镜面反射相重叠。这种方法用来观察分布在样品表面或存在于样品表面层的侧向结构/颗粒/粗糙度等信息。尽管表面厚度优先使用 XRR 确定，但这种实验与 XRR 所得测量信息是互补的。这是由于其强度随着表面粗糙度的增大而增大，如果相邻层的表面粗糙度是相关的，表面厚度也能基于小角散射实验确定。

③恒定 q 实验（摇摆曲线扫描）：这是 GISAXS 实验的变体，设定入射角与观察角之和为常数 $\theta_i + \theta_c = \text{const}$，也就是说只有样品旋转，而保持观察位置与光源位置不变。这种方法应用的目的与 GISAXS 相同，但是能够获得更大尺度的颗粒信息，同时得到的样品表面结构信息是沿着光束方向而不是侧向。

这些方法的优点是能够同时测试较大表面积上的内在性质，这是由于入射角很小的原因。

散射与反射波在探测器上发生干涉，并表现出一些额外的特征，这是常规的 SAXS 无法检测到的。其中最为显著的峰被称之为 Yoneda 峰（图 1.10）。它是由表面波产生的（由折射光束引起），并且总是在离表面水平线临界角大小的位置产生，即以初始光束的方向为基准测得 $\theta_{\text{Yoneda}} = \theta_i + \theta_c$。样品中含有不同电子密度的每一层都会给出各自的 Yoneda 峰，只要上层能够在选定的入射角被射线穿透。与上述 Yoneda 峰相反，在 GISAXS 测试中直接反射光束（即镜面峰）总是出现在入射角两倍的位置（图 1.10）。

1.1.2　小角 X 射线散射（SAXS）技术实验方法

小角 X 射线散射的实验方法，包括普通 X 光机方法、同步辐射方法及试样的制备方法。

图 1.11 为 SAXS 实验方法的示意图[7]。单色 X 光经准直器（其作用是用来获得发散度很小的平行光束）准直后以一细束平行光照射于厚薄均匀的试样，并在很小的散射角（通常是离开入射线方向几度以内）范围内，用探测器记录散射图形或测量散射强度的方法。X 射线源有普通 X 光源和同步辐射 X 光源。散射强度的探测方式有照相法、计数管法、位敏探测器、成像板法等。测角仪有四狭缝系统、克拉基系统、双晶衍射仪等。SAXS 要求 X 射线源要具有明锐而细小的截面积、小的发散度、尽可能高的强度和尽可能好的单色性。SAXS 测量装置的重要发展是同步辐射和位敏探测器、成像板法的应用及与电子计算机的结合，从而大大提高了 X 射线源的强度、准直性、分辨率和灵敏度，缩短实验时间，简化数据修正工作。

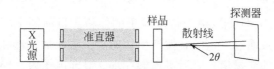

图 1.11　SAXS 实验装置的简单几何示意图

1. 普通 X 光源 SAXS 实验装置

一般的 X 射线发射源是 X 光机。X 光机中的关键组成部件 X 射线管主要由两部分组成：电子枪（阴极）及靶（阳极）。由电子枪发射的电子经由 X 射线机的另一重要部件高压电源提供的高电压加速，它在轰击靶以前具有高能量（$\geqslant 10^4 eV$）；高速电子流轰击靶，就从靶上发射出 X 射线出来。从 X 射线管得到的最大 X 射线量，决定于靶元素的熔点、导热、导电等性质。常用 X 射线管的靶有 Cr、Fe、Co、Cu、Mo、Ag、W 等，常规实验使用 Cu 靶，用冷却水实现靶的散热。

很多常规 X 射线衍射仪带有小角散射实验装置附件。X 射线小角测角仪由准直系统、试样架、真空室和接收系统等部分组成。

为了测量散射角尽量接近于零度的强度（通常最小需测到 10′或更小一些），

必须提高 X 光的准直性，要用很细的准直系统。准直系统的作用就是用来获得发散度很小的平行光束，实验需要较长的曝光时间。为了提高实验的精度和缩短曝光时间，在许多情况下可以用狭缝型的准直系统来代替小孔状的准直系统。但是由于狭缝型准直系统不可能给出完全理想的准直性，与小孔型准直系统相比，其散射图形会发生畸变，这种畸变亦成为"模糊"。所以有时需要对狭缝型光学系统得到的实验数据进行消模糊修正。

接收系统有照相底片、计数管和位敏探测器。照相法虽然是灵敏度不高、曝光时间很长（数十小时）的原始的方法，但它能在同一时间记下各角度的散射强度值，特别适用于研究固定取向散射体的结构。而用计数管法沿单一方向扫描不能获得散射强度分布的全面的散射信息。测角扫描计数法，即用带计数管的测角仪，它有速度较快、灵敏度较高的优点。但要求 X 光源系统以及计数器电路系统非常稳定。位敏探测器是一种特殊的正比计数管，它可以测定不同角度下的散射强度，适于研究高聚物的形变过程、结晶过程等动态的结构变化。

2. 同步辐射 X 光源 SAXS 实验装置

在常规的 X 射线散射测定中，散射强度与衍射强度相比，既弱又弥散。为了提高 SAXS 测试的精度和速度，则需要采用高强度的 X 光源即同步辐射。同步辐射是速度接近光速的带电粒子在作曲线运动时沿轨道切线方向发出的电磁辐射[8,9]，其波长和聚焦性能取决于带电粒子的能量。目前同步辐射是由电子或正电子产生的。电子束通过一定的装置产生，然后被直线加速器和同步加速器加速到电子储存环额定的能量值，之后进入储存环。高能电子束在储存环里强大磁场偏转力的作用下稳定地运转，朝轨道切线方向发射稳定的同步辐射。然后再把同步辐射引出，通过光束线并根据需要对它进行一定的加工，使光束的能量范围、尺寸大小、偏振性等各种指标符合实验要求，最后送到装有 SAXS 测试装置的小角散射线站上进行实验。线站的主要设备为一台小角 X 射线相机。该相机主要由狭缝系统、样品架、电离室、一维位敏正比多丝室、成像板探测器等组成。

同步辐射光源不但强度高、光斑尺寸好，还可以使用很长的准直系统（可达十米），因而可以大大提高实验的分辨率和灵敏度，节约实验时间（一般样品曝光时间仅需几十秒）。另外，同步辐射光源可实现对某些样品的动态研究，简化烦琐的数据修正工作，其波长连续可调，在实验中可选择适当的波长，消除小角 X 射线散射中较难解决的多次散射问题。

3. 同步辐射 X 光源 SAXS 实验方法

(1) 样品制备
X 光（即 X 射线）波长比可见光波长小得多，是 0.1nm 数量级，而可以测

量的散射角 2θ 约为 $0.05°\sim5°$，因此散射体尺寸 D 应约在 $1\sim100\text{nm}$ 才会在此小角范围产生可测量的散射强度。D 太大时，则 2θ 太小；D 太小时，2θ 虽增大，但散射强度降低。这两种情况都不便于实验观测。

为了得到合适的小角散射强度，样品的厚度要求有一定范围。太厚时吸收衰减严重，太薄又会出现散射体太少的问题。如果样品沿厚度方向是均匀的，则散射强度应比例于 $te^{-\mu t}$，其中 μ 为样品的线吸收系数，t 为其厚度。对该式求极值得 $t=1/\mu$，这一数值通常称为样品的最佳厚度。它可以通过计算求得，也可以将样品置于接收狭缝前，当入射光束衰减至原光束的 $1/e$ 时，就是最佳厚度 t。一般要求不严格，与其相近即可。另外是对散射体密集度的要求，应当尽量避免散射体之间的相互干涉效应，把样品制成分散均匀的疏松体系，一般要求散射体的体积浓度 P 在 3% 以下。

为了保证测量数据的精确度，制样规范化是相当重要的环节。下面就几种主要情况作简要介绍。

粉末样品：根据 P 值和 t 的要求，取一定大小的平底容器，将一定量的粉末分散于一定浓度的火棉胶丙酮溶液中（有时需加表面活性剂），经搅拌和超声波振荡成均匀悬浊液，置平稳烘箱内，自然干燥成片状，取下后干燥保存。另外，也可将粉末分散于石蜡中。但是不论用什么作稀释剂，都要求其本身无小角散射且和粉末有足够大的电子密度差。

液体样品：一般用注射器或细滴管将其注入有特制薄窗的扁平容器中，液体浓度要稀、分散均匀和无气泡。

金属材料样品：一般可通过切割、研磨、电解、腐蚀等制成薄片，最好接近最佳厚度。

固态高聚物样品：对薄膜状样品主要是选定合适的厚度，对各种纤维状样品要沿轴线方向排列整齐，一般取入射光束同纤维轴向相垂直。

标准样品：为了对理论、方法、仪器和实验结果进行检验标定，需对已知结构的所谓标准样品进行测定。这类样品应当是形状规则、性能稳定。二氧化硅溶胶、聚苯乙烯球、蒸发冷凝法制取的镍粉，经电镜观测后可以用作标准样品。

（2）实验操作

由于电离室的窗口较小可能造成对散射信号的阻挡作用，样品应贴挂在靠近后电离室的地方，放好位置，使同步辐射光束全部打到样品上。样品的大小只要大于入射光束即可。对于片状固体样品，可直接贴挂。对于薄膜样品如果厚度不够，可以用几片重叠在一起贴挂。对于液体样品，必须注入样品池再贴挂在样品架上。

曝光时间的长短没有一般的规律。曝光时间与入射光强、样品的散射能力和样品性质有关。一般来说，在没有引起成像板在 Beamstop 附近饱和的情况下，可适当地延长曝光时间以相对减少噪音的影响。另外，适当长的曝光时间也有利于克服电离室涨落的影响。由于同步辐射光强很强，对于固体样品而言，一般几十秒足够。液体样品一般散射信号弱一些，曝光时间可超过一分钟。按照同步辐射实验室安全连锁装置操作规程，打开光闸开关进行曝光。在曝光结束后，记录前后电离室的读数，以便在数据处理时使用。在曝光过程中，应注意观察光强的变化，随时调节加在单色器的压电陶瓷支架上的电压，使用权光强达到最大。

1.1.3 小角 X 射线散射（SAXS）技术在胶体结构解析中的应用

1. SAXS 数据初步处理与分析

（1）背底校正

背底散射指没有加载样品时由光路中可能的窗口、气体分子及探测器的电子学噪音等造成的散射，正确扣除这部分背底散射对 SAXS 的分析来说非常重要。加载样品进行测量得到散射曲线 $I_{\mathrm{S,exp}}(q)$，无样品时得到背底散射曲线 $I_{\mathrm{M,exp}}(q)$，为了得到纯样品的散射曲线，需要把后者从前者扣除：

$$I(q) = I_{\mathrm{S,exp}}(q) - I_{\mathrm{M,exp}}(q) \tag{1.10}$$

样品不同，散射信号的测量方式不同。对于片状固体样品，以直通光作为背底；对于涂在胶带上的粉末样品，以胶带的散射作为背底；对于液体样品，一般则是以溶剂的散射作为背底。考虑到样品对入射 X 射线的吸收，在加载样品时通过样品后光路中的 X 射线总量减少，因此，在没加载样品条件下测得的背底散射数据实际上是被高估了，需要进行样品吸收校正，这就需要分别测量样品的 X 射线透过率 T_{S} 和背底的 X 射线透过率 T_{M}，同时，对于小型 SAXS 实验装置而言，还需先将探测器的暗电流 $I_{\mathrm{dc,exp}}(q)$ 从散射信号中扣除，进行吸收校正后背底扣除的表达式为

$$I(q) = \frac{I_{\mathrm{S,exp}}(q) - I_{\mathrm{dc,exp}}(q)}{T_{\mathrm{S}}} - \frac{I_{\mathrm{M,exp}}(q) - I_{\mathrm{dc,exp}}(q)}{T_{\mathrm{M}}} \tag{1.11}$$

同步辐射装置的线站配置和采谱方式与普通 X 光机有差别，本节以北京同步辐射装置小角实验站为例，介绍背底信号的校正（图 1.12）。北京同步辐射实验室用成像板技术同时记录不同散射角的散射强度，这样可以大大缩短采谱的时间，通常记录一个样品小角散射的全谱只需要几秒或几十秒钟的时间。为了扣除样品中背底的散射信号，待测样品和背底除"溶质（引起电子密度涨落的部分）"一有一无外，其"溶剂（其他介质和周围环境）"应完全相同或极其相似。这样的两种情况下被分别记录其散射强度 $I_{\mathrm{S,exp}}(q)$ 和 $I_{\mathrm{M,exp}}(q)$，并同时记录前后电离室的计数（以 K 表示，图 1.12）。经推导，可得吸收矫正后，纯样品的小角散射强度为[10]：

$$I(q) = I_{\mathrm{S,exp}}(q) - \frac{K_2}{K_4}I_{\mathrm{M,exp}}(q) \tag{1.12}$$

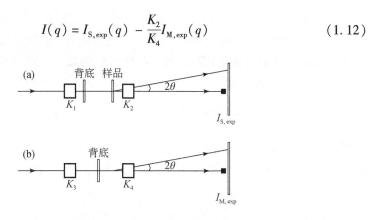

图 1.12　北京同步辐射小角 X 射线散射实验站采谱示意图

　　背底散射扣除后的 SAXS 数据已经可以用于体系微观结构参数的计算，但这样给出的小角 X 射线散射强度只是一个相对强度，与真实的散射强度相差一个系数。相对强度能用来计算散射体的几何参数，如样品中颗粒的旋转半径、粒径尺寸等。如果要计算与质量密度有关的参数，如相对分子质量和电子密度差等，需要进一步进行数据处理获得绝对散射强度，具体参见文献[11]。需要注意的是，在精确的计算中还涉及更多信号校正，这里不再展开说明。

　　（2）散射强度数据的初步分析

　　与显微学手段（如电子显微镜、原子力显微镜等）相比，SAXS 实验实现起来相对简单，但 SAXS 数据是在 q 空间呈现的，远没有显微学实验获得的结果直观，实验测得的原始数据还需校正才能使用。

　　按照正确步骤得到散射曲线后就可以进行数据分析。SAXS 数据中散射强度与散射矢量之间一般具有幂率关系，也就是 $I(q) \sim q^{-v}$（v 是正自然数），因此，SAXS 曲线通常用双对数坐标表示以方便获得幂律关系，这就要求不能对散射强度进行加减操作，以免改变应有的幂律关系。有时为图示清晰，可对 SAXS 数据进行乘除常数的操作，获得曲线在双对数坐标下的上下平移，达到合适的视觉效果而不影响通过幂指数规律，然后再进行数据分析。

　　SAXS 的基础理论无疑是复杂的，而且不同的测试对象，往往需要采用不同的分析方式进行研究。下面利用马尔文帕纳科公司的 EasySAXS 分析软件，展示实测 SAXS 实验数据的初步分析过程，希望对初学者能够有所帮助。

　　①Guinier 分析。对于稀疏的单分散体系，散射强度在低角区的分布遵循 Guinier 关系式：

$$\ln[I(q)] = \ln[I(0)] - \frac{1}{3}R_{\mathrm{g}}^2 q^2 \tag{1.13}$$

如图 1.13 所示, 以 $\ln[I(q)]$ 对 q^2 作图, 在低角区根据式 (1.13) 对强度数据进行线性拟合, 可得到回转半径 R_g, 其中 $I(0)$ 表示外推的零角度强度。回转半径的结果并不包含颗粒形状和内部结构的信息, 若颗粒形状已知, 颗粒的尺寸可由回转半径变换得到, 颗粒形状不同, 变换形式亦不同, 如对于半径为 R 的球形粒子和长度为 L 的纤维状粒子, 变换式分别为 $R_g = \sqrt{\dfrac{3}{5}}R$ 和 $R_g = \dfrac{L}{\sqrt{3}}$。需要说明的是, Guinier 关系成立的有效区间为 $0<q<1/R_g$。另外, 线光源模糊化的低角区散射强度分布也可直接使用 Guinier 关系式进行分析。

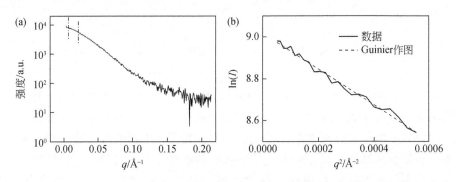

图 1.13　低角区散射强度的 Guinier 分析

②Porod 分析。当体系具有明锐界面的理想两相构成时, Porod 指出高角区散射强度满足如下关系:

$$I(q) = k_4/q^4 \text{(针孔准直)} \tag{1.14}$$

$$J(q) = k_3/q^3 \text{(长狭缝准直)} \tag{1.15}$$

式中, k_3 和 k_4 分别表示模糊和非模糊散射强度对应的 Porod 常数。考虑到体系密度涨落和背景扣除误差均可能导致背景散射, 高角区散射强度拟合分析可根据下式进行:

$$I(q) \approx C_0 + k_4/q^4 \text{(针孔准直)} \tag{1.16}$$

$$J(q) \approx C_0 + k_3/q^3 \text{(长狭缝准直)} \tag{1.17}$$

式中, C_0 为背景散射。如图 1.14 (a) 所示为长狭缝准备条件下所获得的模糊强度数据, 以 $[J(q)-C_0]q^3$ 对 q 画图, 如图 1.14 (b) 所示, 可以看出高角区数据分布趋近与一条水平直线, 由此可确定 Porod 常数和背景散射的量值。

③颗粒结构。对于单分散体系, 颗粒取向分布一般是随机的, 通过求解对距离分布函数 $p(r)$ (pair distance distribution function, PDDF), 能够直观地得到颗粒尺寸的具体信息, 再加上一些辅助手段, 有可能实现颗粒形状的三维构建。对距离分布函数 $p(r)$ 由下式确定

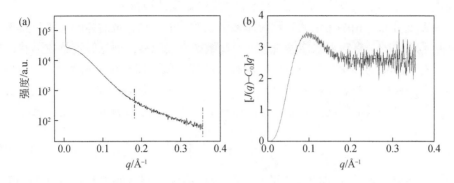

图 1.14　高角区散射强度的 Porod 分析

$$p(r) = \frac{1}{2\pi^2}\int_0^\infty I(q)qr\sin(qr)\,\mathrm{d}q \tag{1.18}$$

显然这是一种傅里叶变换。PDDF 代表的是颗粒内部距离的柱形图，通过观察 PDDF 曲线的特征，可以将颗粒的形状快速分为球状、椭球状（或圆柱状）、扁圆状（或盘状）。如图 1.15 所示，球状颗粒的 PDDF 曲线为基本对称的倒钟形结构；柱状颗粒在线性尾巴的前端有个小的突起；盘状颗粒的 PDDF 曲线在小 r 处不是钟形。所有 PDDF 曲线在某一个 r 处衰减至零，该 r 值对应的是颗粒内部的最大尺寸。

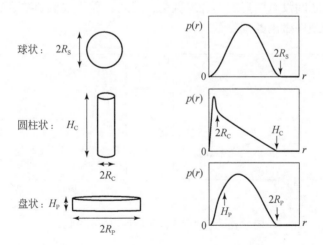

图 1.15　不同形状颗粒的 PDDF 关键特征

需要补充说明的是，非均相颗粒（如核壳结构）或聚集体形式的颗粒结构信息也可通过 PDDF 曲线进行分析，而任意形状颗粒的 PDDF 曲线往往需与显微镜观察结果结合，才能呈现出较为全面的颗粒微观结构特征。

④粒度分布。由纳米级微观颗粒体系组成的散射体系，散射体的形状及其大小通常是不相同的。颗粒形状能够通过电子显微镜直接观察，预先假定颗粒形状，再把体系看成由相同形状、大小不同的颗粒所组成，就可以通过分析散射强度数据，得到体系的粒度分布。粒度分布有两种形式，一种是体积加权的粒度分布 $D_v(R)$，另一种是数量加权的粒度分布 $D_n(R)$。体积加权的粒度分布满足归一化要求：

$$\int_{R_{min}}^{R_{max}} D_v(R)\,\mathrm{d}R = 1 \tag{1.19}$$

式中，R 是表征颗粒大小的有效尺度，$D_v(R)$ 曲线可视为颗粒尺度 R 的柱状图，其大小代表了体积加权下尺度为 R 的颗粒出现的概率。对球形颗粒体系，理论散射强度可表示为

$$I(q,R) \propto \int_{R=0}^{R_{max}} D_v(R) R^3 I_{particle}(q,R)\,\mathrm{d}R \tag{1.20}$$

式中，$I_{particle}(q,R)$ 是单个球形颗粒的散射强度，表达式为 $I_{particle}(q,R) = I_e v^2 (\Delta\rho_e)^2 P(q,R)$，其中 $\Delta\rho_e$ 为散射体与介质的电子密度之差，v 为散射体体积。如图 1.16 所示，设定体系由球形颗粒组成，在散射强度曲线中适当选取分析范围，利用间接傅里叶变换算法（indirect Fourier transformation）得到的体积加权粒度分布。从图 1.16（b）可以看出，$D_v(R)$ 曲线呈现一个明显的单一峰位，且大尺寸粒度区间没有明显的不合理振荡；反之，需要重新调整设定参数，并对分析结果的合理性做出甄别。

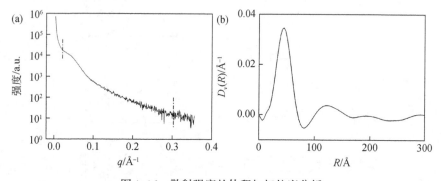

图 1.16　散射强度的体积加权粒度分析

2. 胶体结构解析方面的应用

SAXS 方法可获得颗粒的形状或尺寸信息以及无序和部分有序体系的内部结

构。溶液中自由取向的颗粒带来一个平均的散射花样，因此三维结构只有一维信息能够得到。主要的困难也同时是主要的挑战是从一维的实验数据中得到三维的结构信息。过去，只有大分子颗粒的总体信息（例如，平均回转半径、颗粒对称性、比表面积）可以直接从实验数据得到，然而，根据三维模型进行分析仅限于简单几何体（例如，球、柱子和盘）。

现在材料科学发展的基本理念是材料改性（通过改变化学组成、构成相和微结构）以达到符合实际用途的一些性质。当今材料发展的关键推动力是控制它们的结构和性质以及与纳米领域潜在应用之间的关系。自组装和多层次结构以及由两亲性聚合物构成的诸如胶束、液晶、乳液、脂质体和固体凝胶等组装体被广泛应用于工业领域。另外，不仅有机两亲性物质的自组装体，而且纳米结构无机材料诸如复合 TiO_2 颗粒、介孔二氧化硅和改性生物材料（例如，重组和纯化蛋白质）均有很大的市场需求。

功能材料的性质与它们的形状、尺寸、内部结构和相互作用的势能密切关联。为了理解和发展功能性材料，需要先进的计算机程序来评价散射数据。数据评价是 SAXS 实验重要且不可缺少的一部分，是用来理解材料性能所必需的。在浓体系中，散射强度是单个颗粒散射（形状因子）和颗粒间散射（结构因子）乘积的结果。可用的标准程序通常假设稀体系并忽略颗粒间相互作用。近来大多数实验中，稀释样品是不方便的也是不可能的。最近数据评价程序最重要的发展即 Generalized indirect Fourier Transform method[12] 允许解释这样的数据。该程序只需少量信息即可从实验数据中同时确定形状因子和结构因子。

浓体系颗粒间相互作用信息可以通过分析含有假设排斥和吸引相互作用的不同势能模型的结构因子推断出来。它们被认为在功能化体系的稳定性方面诸如残留时间、人体内药物活性和相似应用中扮演重要角色。

（1）介孔材料

介孔材料内部的孔可以是周期性的、非周期性的或无定形的。基于孔径多孔材料可以分为三种：微孔（$d<2nm$）、介孔（$2nm<d<50nm$）和大孔（$d>50nm$）。孔径分布比较窄的材料会产生有趣且重要的依赖孔形状和尺寸的性质，例如分离、吸收和催化。介孔材料的孔径与小生物分子、超分子、金属簇和金属有机复合物相近。介孔材料有窄分布的孔径，可以被用做载体、支架、催化剂和这些分子的分离媒介。它们的孔径分布严重依赖于合成方法。最初制备多孔材料的方法是制备由柱子支撑的层状体系。一个客体分子被引入材料，随后被清除并留下孔洞。柱子用来阻止这些孔的塌陷。柱子的尺寸决定孔径。用这种方法很难得到孔径一致的材料。制备孔径一致的材料的方法是基于液晶模板。孔径介于 $2\sim50nm$ 的材料可以通过这种方法制备。一个包括长链表面活性剂和二氧化硅齐聚物的三维液体混合物被使用。自发形成的胶束被用作模版。当体系凝胶化时，无定形二氧化硅在仅低于沸点的温度交联。当混合物成为固体时，有机组分通过煅烧等手段移除，留下开放的孔。

为了测试介孔材料的性质，例如孔径和分布、孔间距、比表面积、内部结构、聚集和转化过程的监控，SAXS 的方法有效且原位。SAXS 通常用来理解和量化多种过程包括沸石和有序介孔材料（MCM41，SBA15）的合成以及它们结构和性质的关系。

（2）溶液中的蛋白质

蛋白质是生命的结构，控制着大多数生命的活动，功能主要取决于它们的 3D 结构。因此，许多疾病与蛋白质错误折叠的结构有关。许多蛋白质在不同溶液条件下有明显改变，最大的结构改变发生在蛋白质失活时。随着时间、pH、离子强度和不同溶液中条件的改变，相似的结构变化都可能发生。

结构分子生物学的主要目的包括确定生物大分子结构状态和改变以及这些与它们生物功能的相关性。在过去的几十年里，大量生物分子的 3D 结构通过 X 射线结晶学和核磁技术已经确定。然而，这些高分辨的技术有自身的限制，因此只有具体的条件满足时才能应用。例如，通过 X 射线晶体学确定结构需要高质量的蛋白质晶体，这些晶体复杂，得到的代价很大，是制备过程最大的不利条件之一。核磁技术克服了这些要求，并可以研究溶液中的结构，但是核磁可以研究的蛋白质的尺寸比 X 射线晶体学小很多。

X 射线散射仪器最近的进展允许对溶液中的蛋白质同时进行小角和广角散射的测试。通常 SAXS 通过研究蛋白质总的尺寸和形状来确定其三级和四级结构。SAXS 在从散射花样构建蛋白 3D 结构中获得了令人瞩目的成功。然而，在相对小的 q 范围（<3/nm）的有限信息是构建 3D 结构的障碍。因此，不同蛋白质 X 射线散射花样的测试应该被拓展至高准确度的更高 q 值区间。同时和连续范围的 q 值测试可以直接测试比整体蛋白尺寸小得多的尺寸，这可能包括溶液中蛋白精细结构的丰富信息[13,14]。更高 q 值区域的散射数据对蛋白构型状态（二级结构和堆积）敏感，并且实验散射花样可以与详细结构模型计算出来的理论花样进行定量对比。

1.2　动态光散射技术在胶体结构解析中的应用

动态光散射（dynamic light scattering，DLS），也称光子相关光谱（photon correlation spectroscopy，PCS）或准弹性光散射，它可以通过测量样品散射光强度随时间的变化获得粒子的粒径信息。DLS 测试样品不需要进行特殊处理，测量过程中能够实时监测样品的动态变化，反映出溶液中样品分子的真实状态，测量迅速且不干扰样品本身的性质，测试后的样品仍可以回收利用，因而已经成为纳米科技中比较常规的一种表征方法。随着仪器的更新和数据处理技术的发展，现在的动态光散射仪器还具有测量 Zeta 电位和分子量的能力。

1.2.1　动态光散射技术测试原理

DLS 之所以称为"动态"，是因为微小颗粒在溶剂中做无规则的布朗运动。其工作原理依据的正是布朗运动速度与微小粒子大小之间的关系。DLS 是与时间相关的光散射，即测量光强随时间起伏的变化规律。由于粒子处于无规则的布朗运动，故其散射光强度是由各个散射粒子发出的散射光相干叠加而成的。每个单独的散射波到达探测器时建立一个对应入射激光波的相位关系。在光电倍增管检测器前方的一个狭缝处相互混合发生干涉。光电倍增管检测器在一个特定的散射角（一般为 90°的 DLS 模块）处测量净散射量。当两个粒子所处的位置恰好使两个散射波在到达探测器时的光程差等于激光的波长 λ 整数倍时，两个散射光波就会增强，即为"相长"干涉，由此产生的净散射强度最大。当光程差等于激光的波长 λ/2 的奇数倍时，两个散射光波就会彼此抵消，即为"相消干涉"，由此产生的净散射强度为零。在一定的时间内，粒子的无规则布朗运动将导致探测器接收的净散射强度信号在平均光强附近波动，这种随时间的波动与粒子的粒径有直接关系（图 1.17）。可以看出，实际情况下悬浮液中的粒子产生的信号会按平均水平波动，这与检测区内粒子的数量及它们各自的散射强度成比例。波动的时间范围取决于粒子扩散系数和粒子的粒度，图中水平轴使用相同的时间段。

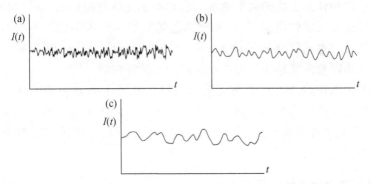

图 1.17　代表粒子粒径为"小"（a）、"中"（b）和"大"（c）的散射光波强度与时间的关系

图 1.17 中，样品的散射光强度与时间的关系看似杂乱无章，其实它们是符合统计规律的。这里引入"自相关函数 $G^{(2)}(\tau)$"：

$$G^{(2)}(\tau) = \langle I(t)I(t+\tau) \rangle = \lim_{T \to \infty} \frac{1}{T}\int_0^T I(t)I(t+\tau)\,\mathrm{d}t \tag{1.21}$$

式中，$I(t)$ 和 $I(t+\tau)$ 分别为 t 和 $t+\tau$ 时刻的散射光强。对于平稳过程，可取 $t=0$，自相关函数变为

$$G^{(2)}(\tau) = A[1 + \beta |g^{(1)}(\tau)|^2] \tag{1.22}$$

式中，A 为光强自相关函数 $G^{(2)}(\tau)$ 的基线，β 为约束信噪比常量，两者均与实验条件相关。$g^{(1)}(\tau)$ 为电场自相关函数。

对于单分散颗粒体系，有

$$G^{(2)}(\tau) = A[1 + \beta \exp(-2\Gamma\tau)] \tag{1.23}$$

式中，Γ 为 Rayleigh 线宽，其表达式为

$$\Gamma = D_T q^2 \tag{1.24}$$

$$q = \frac{4\pi n}{\lambda_0} \sin\frac{\theta}{2} \tag{1.25}$$

式中，D_T 为颗粒的平移扩散系数，q 为散射光波矢 $\boldsymbol{q}$ 的幅值，n 为溶剂折射率，θ 为散射角，λ_0 为真空中波长。对于球形粒子，由 Stokes-Einstein 方程计算得到粒子的粒径 d：

$$d = \frac{kT}{3\pi\eta D_T} \tag{1.26}$$

式中，k 为波尔兹曼常数，T 为绝对温度，η 为黏度。

需要指出的是，式（1.24）的适用条件是仅当颗粒浓度和散射角浓度趋近于零成立。而式（1.26）的适用条件则是仅当颗粒之间不存在相互作用时才成立。因此样品浓度和样品表面的荷电情况对利用动态光散射测量的粒径结果具有重要影响。刘俊杰指出标称值为 30nm 的聚苯乙烯分散在纯水中的动态光散射法的测量结果，随着纯水稀释倍数的增大，测量结果不断增大[15]。陈伟平经过理论分析，同样认为颗粒浓度越大，分析结果将向小粒径偏移[16]。

常用的消除样品浓度对动态光散射测量结果的影响方法是尝试多个样品浓度，当测量的样品粒径结果不随浓度明显变化时，则认为样品浓度是合适的。在《粒度分析和光子相关光谱法》（GB/T 19627—2005）中明确规定散射体积中样品颗粒数至少约为 1000 个。

1.2.2 动态光散射技术实验方法

1. 动态光散射技术实验装置

动态光散射实验是在动态光散射粒度仪上进行的。动态光散射粒度仪实质上是一种光学仪器，主要由激光器、光束处理器、样品池、散射光接收器和数字相关器等组成（图 1.18）。由激光器发射的激光，经过光束处理器中的光学准直系统和垂直偏振片处理后进入样品池，产生的散射光进入接收器并转变为电信号，

再输送至数字相关器进行相关函数分析，进而得到被测样品的各种动态特性参数[17]。

激光器作用是为仪器提供光源，常见光源包括固体激光器、半导体激光器和气体激光器，常见的波长范围为 488~830nm，依赖于仪器的构造和功能需求，通常为垂直极化出光。由激光器发出的激光束经过聚焦和准直后，变为束腰的近似平行光束，光束照射到样品池用于测试。

样品池指仪器中用来容纳和测量样品的装置，包括低成本可抛弃的聚苯乙烯样品池 (0.75~1mL)、耐高温和有机试剂的石英或玻璃样品池 (0.75~1mL)、仅需要微量样品 (30~50μL) 的聚酯可抛弃样品池以及仅需要极微量样品 (3~15μL) 即可进行测试的石英微量样品池等。另外，在样品池区域通常设有恒温控制装置，其作用是保证测试样品温度恒定，消除由于温度偏离导致的介质折射率、黏度的变化而引起的检测误差，以保证测试结果的准确度和稳定性。

光电检测器常使用光电倍增管 (PMT) 或者高灵敏度的光子计数器 (APD)，其作用是将样品的散射光信号转换成电信号。另外，为了提高信噪比，常在样品池和接收器之间设置小孔 (pinhole)，但随着光电技术的发展小孔逐渐被单模光纤取代。数字相关器主要是将接收器接收的信号进行自相关函数分析。

2. 背向动态光散射技术

动态光散射背散射检测技术是近 20 年发展起来的新一代光路平台，其特点是采集背向角度的散射光。国际的纳米粒度仪品牌在 2004~2010 年首先采用背散射光路设计，背向角范围从 160°~180°不等。国内纳米粒度仪品牌丹东百特仪器有限公司的 BeNano 系列纳米粒度仪也于 2021 年开始具有背向散射功能。背向光散射从检测位置设置上分为检测点位置固定在池壁附近的背散射光路、固定在样品池中心附近的背散射光路和可以智能移动的背散射光路。其中检测点位置可智能移动的技术最为先进，可以最大限度地保障检测的准确性、灵敏度和检测效率。

与 90°光路相比较，检测点位置可智能移动的背散射技术具有以下特点：①灵敏度高：同样光束条件下散射体积增加 8~10 倍，灵敏度提高约 10 倍；②可以检测高浓度样品：通过移动样品检测点找到最佳检测位置，可以实现动态光散射最高检测效率，有效避免多重光散射影响；③更好的重复性：背向检测受灰尘杂质的影响进一步降低；④效率更高：由于灵敏度提高，对于低浓度的小颗粒样品可以在更短时间内达到良好的相关曲线信号；⑤更宽泛的粒径范围：背散射可以避免大颗粒的多重光散射，而且由于散射体积大颗粒一定程度消除大颗粒的数量波动问题，相对于 90°光路角度越大相关曲线衰减越快，改善大颗粒相关通道计算能力不足问题。

高浓度、高浊度样品的粒径测试一直以来是使用者的需求点之一，但是受到样品多重光散射的影响，高浓度样品的散射波动性增加，导致结果偏低、分布变宽，检测结果偏离样品的实际粒径分布。ISO 24412 中阐述了背向光散射装置如何避免多重光散射的影响，以及对于高浓度样品的测试能力。以 60~700nm 粒径范围的 1% 高浓度聚苯乙烯球标准样品为例，通过使用背散射结构光路和 90°结构光路对样品进行测试并对比得到粒径结果。测试采用光程为 10mm 的聚苯乙烯塑料样品池，90°光路检测位置位于样品池中心，背散射光路检测位置设置为智能调节。对比结果如图 1.19 所示。

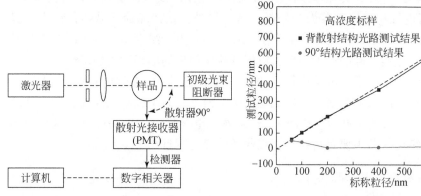

图 1.18　动态光散射仪的结构示意图　　　图 1.19　背散射光路设计和 90°光路设计对于高浓度标准样品的粒径检测结果

可以发现，粒径 60nm 的 1% 浓度标准样品，所有光路结构测试结果均达到标称值范围，而对于尺寸大于 100nm 的标准样品，背散射优化位置得到的测试结果仍然和标称值符合度较好，但是 90°光路测试的粒径结果已经明显偏离标称值，具体为测试值低于标称值结果，且颗粒粒径越大这种偏离度越大。

3. 动态光散射技术实验方法

测试样品为液态，需要保证均匀稳定，一般不需要特殊处理，但是仍有一些方面需要注意。

①首先需要选择合适且干净的分散介质，分散介质不会改变颗粒物的分散状态，从而导致颗粒物团聚、裂解。样品中如果含有少量大尺寸杂质颗粒，在激光照射下将产生极强的散射光信号，这些噪声信号会极大影响测量结果的准确性和重复性。用于稀释样品的所有液体，应在使用前进行过滤以避免污染样品。过滤膜的孔径应由样品的估算粒径决定。

②每个类型的样品材料都有最佳的样品浓度测量范围。如果样品浓度太低，

可能会导致没有足够的散射光进行测量，或者严重的数量波动。如果样品太浓，那么一个粒子散射光在进入光电检测器之前也会被其他粒子所散射，从而造成为多重散射现象。超出某一浓度后，由于粒子间相互作用，粒子不再进行自扩散运动，其扩散行为中包含由于相互作用而产生的群体扩散。因此当检测一个未知样品时，进行一定浓度范围内的浓度滴定测试是保障数据准确性的必要手段。

③当样品中存在微量的较大粒径粒子且不是所关注成分的可以采取过滤或者离心的方式将其除去，除此之外，一般不需要对样品进行过滤处理。

对于粒径测量，实验结果会给出 3 种粒径分布结果，包括光强分布、体积分布和数量分布。光强分布是基于光强贡献比例的粒径分布，体积分布是基于体积贡献比例的粒径分布，数量分布是基于数量贡献比例的粒径分布，它们基于不同计算公式得出。实验结果给出的另一个表征粒径结果的重要参数是粒子分布系数（particle dispersion index，PDI），它体现了体系中粒子粒径分布的均一程度。当 PDI<0.1 时，体系为接近单分散体系；当 PDI 介于 0.1~0.7 时，体系为适中分散度的体系；当 PDI>0.7 时，体系中的颗粒尺寸分布非常宽，不适宜用光散射的方法进行分析。

1.2.3 动态光散射技术测试的影响因素

1. 带电颗粒双电层对动态光散检测结果的影响

分散在极性分散液（如水）中的颗粒往往在表面携带一定量电荷，这些电荷会使颗粒在溶液中形成一个超过颗粒表面界限的双电层。依赖于不同的理论模型，双电层在学术界具有不同的定义方式，一个普遍接受的方式是可以将颗粒的滑移层位置看做双电层的边界。如图 1.20（a）所示，当颗粒表面带有较多电荷，同时溶液环境中的离子强度较低时，颗粒的双电层为展开的状态。此时检测到的粒径将会明显超过颗粒的实体尺寸，超出的范围取决于双电层的展开程度。对于这种情况，可以采用具有一定离子强度的盐溶液来分散带电颗粒。在较高离子强度的盐溶液中，颗粒的双电层将会被压缩 [图 1.20（b）]，此时得到的粒径结果与其真实值更为接近。

以一个 205nm 聚苯乙烯球样品为例，该样品颗粒的表面带有羧基，在纯净水稀释条件下电位为 -50mV，而在 20mmol/L NaCl 溶液稀释条件下电位为 -17mV。由图 1.21 看出在纯净水中的测试结果相对于样品标称值明显偏大，而在 NaCl 溶液中分散的结果和标称值符合度很好。由对应的 Zeta 电位结果可知，纯净水中样品的 Zeta 电位较高，样品的双电层处于更加展开的状态。

需要注意的是，虽然盐溶液可以压缩颗粒的双电层，使得检测结果更接近于真实值，但是过高离子强度的盐溶液将会过度屏蔽颗粒电势，破坏颗粒体系的稳

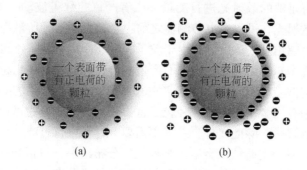

图 1.20　带电颗粒双电层示意图

（a）低离子强度展开双电层，（b）高离子强度下被压缩的双电层

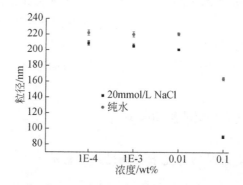

图 1.21　分散在 20mmol/L NaCl 和纯净水中的样品的 200nm
标样在不同浓度下的粒径分布结果

定，从而导致颗粒间的团聚或者絮凝。

2. 颗粒物浓度和相互作用对动态光散检测结果的影响

动态光散射（DLS）技术最原始得到的参数是颗粒扩散系数 D，然后通过斯托克斯-爱因斯坦方程将颗粒扩散系数转化为颗粒的粒径 D_H。

$$D = \frac{k_B T}{3\pi\eta\, D_H} \tag{1.27}$$

有多种因素会影响动态光散射检测的准确性，例如体系的温度稳定性、准确的黏度参数、多重光散射等，而合适的颗粒物的浓度范围是准确得到粒径信息的重要因素之一。

在斯托克斯-爱因斯坦方程中，扩散系数 D 的意义是在极稀条件下，颗粒的平动自扩散系数 D_s（translational self diffusion coefficient），这点往往被用户所忽略。D_s 意味着颗粒的扩散行为仅仅由颗粒和分散溶液分子相互作用导致，没有任何的颗粒间相互作用，即颗粒悬浮液体系的结构因子归一。往往在一个较稀的浓度范围内，颗粒的扩散行为都可以被认为是自扩散运动，当体系的浓度逐渐升高后，颗粒之间的相互作用逐渐体现，这时候颗粒的扩散运动行为也受到颗粒之间的相互作用力影响转而成为群体扩散。显然，动态光散射检测较高浓度颗粒体系的检测结果为群体扩散系数 D_c（collective diffusion）。而通过代入群体扩散系数 D_c 得到的颗粒粒径不再是其真实粒径，而是表观粒径。颗粒的群体扩散系数和自扩散系数之间的关系可以通过下式表达：

$$D_c = D_s(1 + k_D C) \tag{1.28}$$

式中，k_D 为颗粒之间的相互作用力因子，C 为颗粒浓度。

　　显然，如果体系浓度足够低，则 $k_D C$ 项小到可以忽略，那么在此浓度范围内得到的粒径结果将不依赖于浓度，也就是颗粒的真实粒径（图 1.22）。ISO 13321 详细阐述了真实粒径的定义。

　　下面讨论带电颗粒的 Zeta 电位对于粒径的影响，变化趋势示意图见图 1.23。针对特定体系，存在一个临界浓度 C^*，其定义为：对于一个特定颗粒体系，在 C^* 之下的浓度范围内，颗粒的 DLS 粒径结果不随浓度改变而改变，而在此浓度之上，颗粒间的相互作用力会明显影响颗粒的扩散行为，进而影响颗粒的粒径结果。

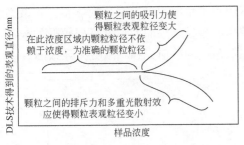

图 1.22　样品粒径随浓度的变化示意图

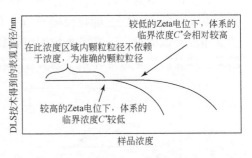

图 1.23　带电颗粒的 Zeta 电位对粒径的影响

　　C^* 依赖于颗粒的材质、粒径、表面化学组成、溶液环境的离子强度，很难定义一个 C^* 适用于所有体系。例如，一个带电的颗粒物水性分散体系，当颗粒分散在蒸馏水中时，其双电层处于完全伸展的状态，体系的 Zeta 电位较高，稍高的浓度下颗粒就通过静电力作用感受到其他颗粒的存在，就会影响粒径检测结果。如果这个颗粒体系分散在 50mmol/L NaCl 溶液中，其双电层会被周围的离子屏蔽，体系的 Zeta 电位会相对较低，这时候颗粒就会在更高的浓度范围才能感知其他颗粒的存在。

因此，在 ISO 13321 和 ISO 22412 中，建议用户配置几个不同浓度的溶液（浓度须有数量级差别），检测不同浓度下的粒径直到粒径不再随浓度变化，这时候得到了颗粒的真实粒径信息。

3. 检测角度对动态光散射测试粒径的影响

需要指出的是，斯托克斯-爱因斯坦方程中使用的是极低浓度下，0°的自扩散系数 D_s，对于多分散体系，检测到的扩散系数 D 为依赖于浓度和角度的表观扩散系数 $D_{app}(q)$，只有在实验过程中外推到 0°，此时才能消除颗粒的结构因子对其的影响。只有单分散的小颗粒，其自扩散系数对于角度依赖性较小：

$$D_{app}(q) = \langle D_s \rangle_z (1 + K \langle R_g^2 \rangle_z q^2) \tag{1.29}$$

"横看成岭侧成峰"是对于不同角度下动态光散射观测到的布朗运动行为的非常恰当的描述，即不同角度下检测器观测到的布朗运动行为是不同的，通常以矢量因子 q 来表示角度：

$$q = \frac{4\pi n}{\lambda}\sin\left(\frac{\theta}{2}\right) \tag{1.30}$$

式中，n 是溶剂的折光指数，λ 为入射光波长，θ 是观测角度。从不同角度下检测同一个体系样品的相关曲线。可以看到，对于同一个体系，在较大的角度检测到的相关曲线衰减较快，而相对较小的角度得到的相关曲线衰减较慢。

以扩散系数对角度（q^2）作图（图 1.24），对于单分散小颗粒体系，扩散系数基本不依赖于角度，即粒径检测结果不依赖于角度；对于多分散体系，扩散系数随角度降低而逐渐升高，小角度得到较高的粒径结果而大角度得到较低的粒径结果，这是由于多分散体系中的大颗粒在低角度的散射光强贡献更大导致的。

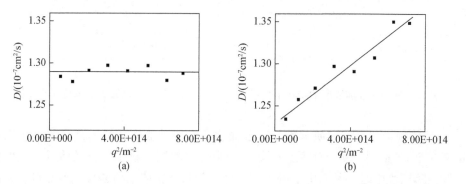

图 1.24　单分散体系小颗粒（a）和多分散体系（b）的扩散系数对于角度的依赖性

原则上在体系分散度未知的情况下，应该使用颗粒在 0°的自扩散系数计算粒径，但是实际情况是如果使用多角度外推的方法：

①粒径测试时间随测试角度数量的增加将会极大增加（增加几倍到几十倍时间）；②低角度下对于体系中的灰尘、大颗粒杂质非常敏感，从而导致低角度结果不确定性极大增加，这额外增加了测试结果的不确定性；③更加复杂的体系，扩散系数随角度的变化呈非线性，即使线性外推也不能确认得到准确的0°结果；④除了角度对于测试结果的影响，颗粒物浓度、温度、样品稳定性和均匀性、双电层、颗粒间相互作用力等因素也会对测试结果造成极大的不确定性，仅考虑角度因素并不能从根本上解决测试准确性的问题；⑤大部分样品都是非球状样品，动态光散射得到的粒径为流体力学等效粒径，并不能定义实际的样品尺寸加以验证，而测试者需要的是一把具有良好重复性的尺子。

因此，在绝大多数动态光散射粒径测试过程中，采用单角度的测试结果就可以满足用户需求，这点在绝大多数历史文献中也得到印证。需要注意的是：

使用单角度测试需要标明检测角度，并采用统一的检测角度进行结果的系统比对；如果进行历史数据对比，最好使用相同的角度进行测试。

1.2.4　动态光散射技术在胶体结构解析中的应用

动态光散射仪可以测试粒子分散体系的粒径、粒径分布和相互作用力、配方稳定性等信息，广泛用于化学、化工、生物、制药、食品、材料等领域的基础研究和质量分析及控制。

1. 胶体粒子的粒径分析

动态光散射技术的粒径测量范围在 1 ~ 1000nm，而胶体中的分散质粒子的粒径一般在 1 ~ 100nm，因此动态光散射技术是胶体分散质粒子的粒径分析常用的测量方法。

Cai 等采用动态光散射手段监测了混合前的碱催化胶体和酸催化胶体混合后胶体粒子的生长和分散情况[18]，阐述了两种胶体混合的体系中胶体粒子的生长规律。Ebrahimi 等采用动态光散射方法考察了二氯二甲基硅烷作为疏水表面修饰剂，其添加浓度对二氧化硅颗粒粒径的影响规律[19]。另外，动态光散射技术除了用于胶体粒子的粒径分析外，还被广泛用于细菌生长[20]、粉体纳米颗粒和临界胶束浓度的测定等。

2. 通过动态光散射技术得到颗粒的相互作用信息

（1）颗粒系统的稳定性

颗粒系统的稳定性与颗粒本身化学组成以及颗粒周围的溶液环境息息相关。颗粒系统的稳定性与产品的质量、货架存储期、使用性能等密切相关。可以通过多种技术手段表征稳定性信息，如静态光散射得到的第二维利系数 A_2（或者

B_{22}）、电泳光散射得到的 Zeta 电位值、稳定性仪的时间扫描曲线。这些手段各有优缺点，例如静态光散射检测不同浓度下样品的绝对剩余散射光强，对于样品的洁净度要求极高；电泳光散射很难在高盐浓度下得到稳定的电位结果；稳定性仪表征宏观体系的表观光学变化，检测结果不具备绝对意义，更类似于一种过程扫描。

通过动态光散射技术可以得到颗粒的相互作用因子 k_D，其特点是对于样品的洁净程度要求低于静态光散射，即使在高盐浓度下也可以得到具有可重复性的定量信息，而且其绝对值具有较好的参考和对比意义。

（2）样品的浓度依赖性和动态光散射相互作用力因子 k_D

通过动态光散射进行粒径测试时往往需要在稀释的条件下，这是由于如果样品浓度超过一个临界浓度，颗粒之间的相互作用力就会影响颗粒的扩散行为。这个时候检测得到的颗粒扩散系数就不再是稀释条件下的自扩散系数 D_s，而是包含颗粒之间相互作用力信息的表观扩散系数 D_{app}。这时候通过代入的表观系数的斯托克斯-爱因斯坦方程得到的不是颗粒的真实粒径而是表观粒径。

$$D_{app} = D_s(1 + k_D C) \tag{1.31}$$

式中，k_D 是颗粒相互作用力因子，C 是体系浓度。

然而，扩散行为（或者说扩散系数）对于颗粒浓度的依赖系数 k_D 恰恰反映了颗粒的相互作用力信息。大量文献表明，颗粒体系的 k_D 越高颗粒间相互作用力越强，说明体系越稳定，反之体系越不稳定，颗粒间团聚的倾向越大。很多研究发现 k_D 和经典的静态得到的 B_{22} 之间存在联系，即

$$k_D = 2B_{22}M_w - k_f - 2\upsilon \tag{1.32}$$

式中，B_{22} 是第二维利系数，M_w 是分子量，k_f 是 Friction 扩散展开式的第一扩散系数，υ 是微分增比体积。

（3）如何得到颗粒的相互作用力因子

在适合的浓度范围内配置一系列不同浓度下颗粒的悬浮液，进行动态光散射检测，得到每个浓度下颗粒的扩散系数 $D_{app,c}$，外推到浓度为 0，得到 0 浓度下的扩散系数 D_0（即 D_s），以 $D_{app,c}/D_0$ 对浓度作图，其斜率就是相互作用力因子 k_D。

以一个蛋白质溶液的稳定性为例，蛋白质溶液的稳定性取决于蛋白质本身的基团构成以及周围溶液环境。在科研和生物制药过程中，可以通过改变不同的溶液环境组分得到相对稳定的蛋白质溶液配方。稳定的蛋白质配方中存在相对较少的蛋白质团聚物，且温度稳定性较好。

可以通过光散射技术表征蛋白质之间的相互作用力，进一步得到其稳定性信息。当前常用的方法，尤其是生物医药类企业，是利用动态光散射（DLS）检测扩散系数随浓度的依赖性，从而得到相互作用力因子 k_D，k_D 值为正且越高说明蛋白质溶液稳定性越好。如图 1.25 所示，可以发现分散在配方 1 中的蛋白质稳定

性明显好于配方 2 中的蛋白质，这意味着配方 1 更长的保质期和更低的形成团聚物的倾向。

3. 趋势化的测试结果

由于动态光散射检测设备普遍具备程序化的温控能力，所以可以方便地检测样品随时间和温度的转变，为样品的动力学以及趋势化研究提供了便利的实验手段。

聚 *N*-异丙基丙烯酰胺（PNIPAm）是一种功能性温敏高分子材料，从 20 世纪 90 年代开始引起科研人员的关注，至今已有大量文献报道。由于其分子结构特点，PNIPAm 在低温下为亲水的展开构象，而温度超过约 32℃，在分子内键合和疏水基团的作用下逐渐转变为收缩构象。有趣的是，即使是与其他材料复合或者共聚，PNIPAm 分子的温敏特点都可以得到有效保持，并且其构象变化随升温或者降温过程可以逆转。其温敏特点在医药、智能材料制造领域具有广泛的应用前景。

从图 1.26 可以看出，在升温过程中，25～50℃，PNIPAm 水凝胶粒径随温度升高逐渐降低，而散射光强逐渐升高。在低温 25℃时，其粒径约为 700nm，当达到最终的 50℃时，其粒径降低到约 350nm。降温程序中粒径和散射光强的变化基本与升温过程中的现象保持可逆。PNIPAm 的粒径随温度升高而降低，是由于当环境温度超过一个温度转变点（大多数文献报道在 32℃附近，但依赖于胶体结构），PNIPAm 分子的疏水性以及氢键的形成会致使其构象由亲水的膨胀态急剧转变为疏水的收缩态。随着温度升高，PNIPAm 水凝胶粒径逐渐降低，而散射光强逐渐升高，这是因为 PNIPAm 收缩导致胶体密度增大，导致悬浮液的 dn/dc 上升，而散射光强正比于 $(dn/dc)^2$。

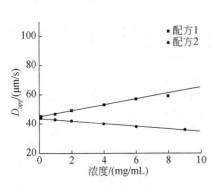

图 1.25　不同溶液条件下蛋白质的表观
扩散系数随浓度变化曲线

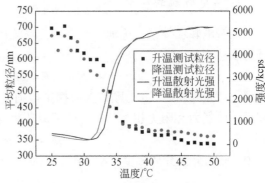

图 1.26　PNIPAm 水凝胶粒径和散射
光强对于检测温度的曲线

可以看到，升温过程中温度转变点滞后于降温过程中的温度转变点，这是由于在升温过程中 PNIPAm 形成氢键，需要吸收能量，而降温过程中氢键断裂释放能量造成的。

1.3　电泳光散射技术和其在胶体结构解析中的应用

胶体粒子周围均存在双电层，即 Stern 层和扩散层，扩散层的电位差就是 Zeta 电位。根据胶体粒子的 Zeta 电位值可以判断胶体粒子所带荷电的正负和分散体系的稳定性。Zeta 电位值有正负之分，Zeta 电位值为正，说明分散质粒子带正电荷，若为负，则说明分散质粒子带负电荷。Zeta 电位绝对值越大，说明分散体系越稳定，这主要是因为绝对值越大，分散质粒子表面带有更多的电荷，粒子间的排斥作用越强，不容易形成团聚物，分散体系越稳定；Zeta 电位绝对值越小，粒子表面电荷更少，排斥作用较弱，分散体系相对稳定性较差。对于水分散体系，一般认为 Zeta 电位绝对值大于 30mV 时体系是比较稳定的。可以通过多种技术表征胶体体系的 Zeta 电位，而当前应用最广泛的是电泳光散射技术。

电泳光散射（ELS）技术是一种光学测试技术，利用了颗粒电泳运动产生的散射光的多普勒频移，通过检测分析原始的光学信号得到颗粒的运动速度信息，由亨利方程建立的颗粒电泳速度和 Zeta 电位的关系最终得到颗粒在当前体系中 Zeta 电位和 Zeta 电位分布信息。

1.3.1　电泳光散射技术测试原理

1. 带电颗粒的电泳运动

在带电颗粒体系上施加一个电场，颗粒在电场力的驱动下进行电泳运动，电场力表达为

$$F = qE$$

式中，F 为电场力，q 为颗粒上所携带电荷，E 为电场强度。当粒子运动一段时间后，电场力和阻力相等，此时粒子运动速度达到平衡

$$qE = 6\pi\eta rv$$

式中，η 为分散介质黏度，r 为颗粒半径，v 为电泳速度。则

$$v = \frac{qE}{6\pi\eta r}$$

电泳运动的速度 v 正比于电场强度

$$v = \mu E$$

则

$$\mu = \frac{q}{6\pi\eta r}$$

式中，v 是电泳速度，E 是电场强度，μ 是电泳迁移率即单位电场中的电泳［单位为（m/s）/（V/m）或者 $m^2/(V \cdot m)$］。带电颗粒在施加电场下产生电泳运动的时间相应级别在 $1\mu s$ 级别，通常低于 $1\mu s$。

2. Zeta 电位与电泳迁移率的关系——亨利方程

1931 年，亨利重新分析了 Smoluchowski 和 Hückel 的电泳迁移率表达式，建立了电泳迁移率和 Zeta 电位之间的关系式。Henry 方程是使用最为广泛的将电泳迁移率和 Zeta 电位 ζ 联系起来的物理公式：

$$\mu = \frac{2\varepsilon_0\varepsilon_r\zeta}{3\eta}f(ka) \tag{1.33}$$

式中，ζ 为颗粒的 Zeta 电位，μ 为颗粒电泳迁移率，ε_0 为真空介电常数，ε_r 为电解质溶液相对介电常数，η 为电解质溶液黏度，$f(ka)$ 为 Henry 函数，表示颗粒半径 a 与双电层厚度 k^{-1} 之比。

1.3.2　电泳光散射技术实验方法

1. 电泳光散射

电泳光散射（ELS）光路示意图如图 1.27 所示，图中激光光源出射后通过分光片或者分光棱镜分光，一束激光（检测光）照射到样品上，另外一束激光作为参考光直接通过光路折射进入检测器。在颗粒悬浮体系两端施加电场，带电颗粒在电场力的作用下进行电泳运动，散射光的频率会由于电泳运动产生改变，这是光学多普勒效应，其改变的幅度与电泳速度相关。光电检测器设置在某个角度下（由于分辨率的原因通常是向前的角度）检测散射光和参考光合束后形成的拍频信号。当前的 ELS 光路常在参考光光路中嵌入压电陶瓷 PZT 组件，在适当的周期性频率下对 PZT 施加电压产生位移，改变参考光的频率，产生一个固定的基频信号。通过基频信号可以判断电泳运动的方向，从而得到 Zeta 电位的符号，而且可以一定程度上避免颗粒的布朗运动在 0 频率附近的噪声干扰。

检测器检测到的拍频信号的频率与合束前参考光和散射光的频率差 Δf 相关，实际上拍频信号频率就是参考光和散射光之间的频率差。对于大部分带电颗粒电泳运动造成的频率差而言，其值在 0~100Hz。由于拍频信号中还掺杂了其他运动的信号，如布朗运动，电极造成的微弱的液体湍流，实际得到的原始信号远远没有图 1.28 显示的拍频那么规整。更不可能通过肉眼来辨别其规律性。这种拍

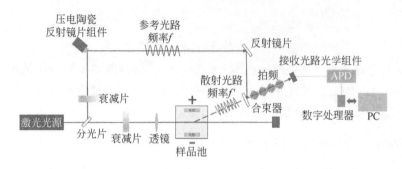

图 1.27　典型的电泳光散射的光路和信号收集示意图

频频率可以通过一个相关器进行时间相关性统计，由统计出的相关曲线得到散射光频率的改变，或者也可以通过另外一套信号的处理方法从散射光的相位信息进而得到频率改变，即相位分析光散射（PALS）。

图 1.28　参考光和散射光合束后的拍频信号最终进入检测器

相对于相关法，相位分析光散射技术具有更好的低电泳迁移率检测能力，可以更加准确地检测高盐体系和等电点附近的 Zeta 电位信息。目前，相位分析光散射技术已经成为市场中该类设备的主流检测技术。

2. 多普勒频移

当入射光照射在电场中进行电泳运动的颗粒上，颗粒产生的散射光信号会发生多普勒频移 Δf，频移具有大小和方向。大小取决于颗粒电泳速度，方向取决于散射矢量的方向。如果颗粒的分散介质的折光指数为 n，则多普勒频移 Δf 表达为

$$\Delta f = \frac{nv}{\lambda}\sin\theta \tag{1.34}$$

式中，v 为颗粒的电泳速度，λ 为入射光波长。电泳迁移率与频移之间的关系为

$$\mu = \frac{\lambda}{n\sin\theta} \cdot \frac{1}{E} \cdot \Delta f \tag{1.35}$$

再结合 Henry 方程可得到胶体体系的 Zeta 电位信息。

1.3.3　影响胶体体系 Zeta 电位的因素

1. pH 影响

通常来说, 低 pH 条件下, 溶剂环境中的 H^+ 相对较多, 颗粒趋向于带正电, 而较高 pH 条件下溶液环境中 OH^- 相对较多, 颗粒趋向于带负电。pH 是影响颗粒带电和电位最重要的影响因素之一。

需要注意的是, 即使是同种化学组成的颗粒, 由于组成构象 (晶体结构)、制备或者合成方式不同, 其电位也会具有明显差异。图 1.29 中, 两个来源不同的氢氧化铝颗粒显示了具有较大差异的 Zeta 电位对于 pH 的依赖性。

2. 盐浓 (离子强度) 度影响

在溶液中加入盐会增加溶液的离子强度, 离子强度与盐的价态、浓度相关。盐的价态越高, 浓度越高, 离子强度越高, 对于颗粒表面电势屏蔽作用越强, 颗粒的 Zeta 电位相应越低。典型测试结果如图 1.30 所示。

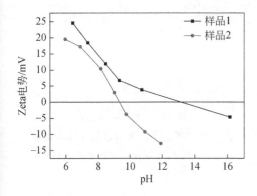 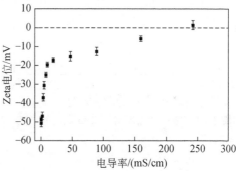

图 1.29　两个不同来源的氢氧化铝佐剂 的 Zeta 电位随 pH 的变化　　　　图 1.30　表面带有负电的聚苯乙烯球 在不同盐浓度下其 Zeta 电位 随电导率的分布曲线

3. 颗粒物浓度的影响

如果颗粒周围的溶液环境不改变, 单纯改变颗粒物的浓度, 那么在一个浓度较低的范围内 Zeta 电位不随颗粒物浓度改变而改变, 而且在这个范围内检测到的为真实的 Zeta 电位值。但是当颗粒浓度达到一个临界浓度后, 大部分体系的 Zeta 电位会向 0 趋近, 如图 1.31 所示。这是由两个原因导致的, 一个原因是颗粒含量越来越多, 颗粒间相互作用力已经开始阻挡正常的电泳运动, 造成电泳运动速度降低，从而得到的表观 Zeta 电位（此时已经不是真实 Zeta 电位）随浓度降低。另一个原因是当颗粒浓度达到一定程度，带电颗粒对于离子强度的贡献不能再忽略，离子强度的增加也会导致电位的下降。

从理论上讲，需要将样品稀释到一定程度才能得到当前环境下准确的 Zeta 电位值。但前提条件是需要使用相同环境的溶液对于样品进行稀释。这对于已知详细溶液组成的样品来说没有问题，但对于不知道溶液配方的高浓体系来说是一个比较严重的问题。因为如果使用蒸馏水进行稀释，会极大地改变溶液的组分。通常来说，使用蒸馏水进行稀释会降低溶液环境中的离子强度，使颗粒的双电层进一步展开，Zeta 电位绝对值变大。图 1.32 展示了这两种稀释方式导致的测试结果差异。因此，对于高浓度样品，一个可行的方式是对于样品进行离心，取上层清液进行稀释，这样不会改变样品的溶液环境，可以得到真实的 Zeta 电位信息。

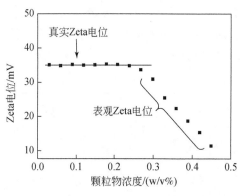

图 1.31　颗粒物浓度对于 Zeta 电位的影响

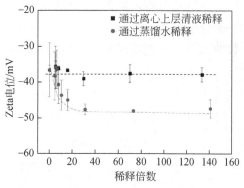

图 1.32　通过不同稀释液稀释胶体体系得到的 Zeta 电位值曲线

4. 颗粒物大小的影响

严格来说，Zeta 电位与颗粒大小无关。一个认识误区是，颗粒越大，所携带的电荷数越多，所以 Zeta 电位越大，但是实际上并非如此。根据 Debye-Hückel 近似方程，对于适中大小的 Zeta 电位，表面电荷和 Zeta 电位之间的关系可以表达为

$$\zeta = \frac{Q}{4\pi\varepsilon R}\frac{1}{1+\kappa R} \tag{1.36}$$

式中，ζ 代表 Zeta 电位，Q 为颗粒上的电荷数量，ε 是介电常数，R 是颗粒半径，κ 是 Debye 长度的倒数。通过式（1.36）可以看出 Zeta 电位不仅依赖于总的电荷数 Q，还与半径 R 相关。Zeta 电位并不简单正比于颗粒表面的电荷密度，但是和

电荷密度而不是总的电荷量更加相关。

　　通过一个小实验来验证这个问题。使用一个氧化硅磨料样品，将样品放入离心机，在不同的离心时间取出样品，取其上层清液，检测粒径和 Zeta 电位。离心会导致大颗粒沉降，从而改变体系的粒径和分布，但是不会改变溶液的环境。由图 1.33（a）看到，上层清液中的粒径随离心时间不断减小，这是由于大颗粒更容易离心沉降。而对应的在图 1.33（b）中，Zeta 电位并没有改变。这说明 Zeta 电位和颗粒大小没有直接关系。

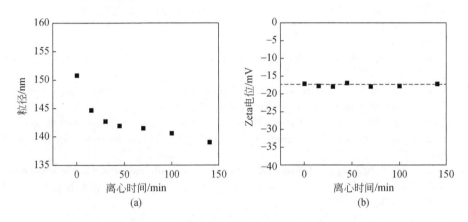

图 1.33　通过离心方式改变颗粒体系的粒径分布（a），并检测不同粒径下 Zeta 电位（b）

1.3.4　电泳光散射技术在胶体体系中的应用

　　通过电泳光散射技术可以得到胶体体系的 Zeta 电位信息，这些信息包括胶体颗粒在特定分散体系中的带电符号以及通过 Zeta 电位得到的电势水平和颗粒之间的远距离相互作用力水平，这与体系的短期以及长期稳定性息息相关。Zeta 电位测试已经广泛应用于工业材料领域如涂料、颜料的配方研究，医药制剂领域如脂肪乳、蛋白质注射液、脂质体、纳米质粒 LNP、疫苗佐剂的稳定性，诊断制剂行业如聚苯乙烯球和纳米金颗粒表面带电的检测，食品领域如奶制品饮料的长期稳定性研究，水处理领域对于絮凝剂用量的控制等，逐渐成为科研和生产过程中不可或缺的表征手段。

参 考 文 献

[1] Sobry R, Ciccariello S. Background subtraction and moments of the microscopic density fluctuation [J]. Journal of Applied Crystallography, 2002, 35 (2)：220-227.
[2] 王元熙. X 射线及 X 射线衍射 [M]. 北京：高等教育出版社，1988.
[3] Higgins J S, Benoit H C. Polymers and neutron scattering [M]. Oxford：Clarendon

Press, 1994.

［4］ Goerigk G, Haubold H G, Lyon O, et al. Anomalous small-angle X-ray scattering in materials science ［J］. Journal of Applied Crystallography, 2003, 36: 425-429.

［5］ Holy' V, Kuběna J, Ohli'dal I, et al. X-ray reflection from rough layered systems ［J］. Physical Review B, 1993, 47 (23): 15896-15903.

［6］ Parratt L G. Surface studies of solids by total reflection of X-rays ［J］. Physical Review, 1954, 95 (2): 359-369.

［7］ 斯坦. 散射和双折射方法在高聚物织构研究中的应用 ［M］. 北京: 科学出版社, 1983.

［8］ 姜晓明, 修立松. 同步辐射及其应用 ［M］. 北京: 中国科学技术出版社, 1996.

［9］ 马礼敦, 杨福家. 同步辐射应用概论 ［M］. 上海: 复旦大学出版社, 2001.

［10］ 李志宏. SAXS 方法及其在胶体和介孔材料研究中的应用 ［D］. 太原: 中国科学院山西煤炭化学研究所, 2002.

［11］ 陈冉, 门永锋. 小角 X 射线散射技术的绝对散射强度校正 ［J］. 应用化学, 2016, 33 (7): 774-779.

［12］ Fritz G, Bergmann A. Interpretation of small-angle scattering data of inhomogeneous ellipsoids ［J］. Journal of Applied Crystallography, 2004, 37: 815-822.

［13］ Hura G L, Menon A L, Hammel M, et al. Robust, high-throughput solution structural analyses by small angle X-ray scattering (SAXS) ［J］. Nature Methods, 2009, 6 (8): 606-612.

［14］ Graewert M A, Franke D, Jeffries C M, et al. Automated pipeline for purification, biophysical and X-ray analysis of biomacromolecular Solutions ［J］. Scientific Reports, 2015, 5 (1): 10734.

［15］ 刘俊杰, 国凯. 样品浓度对动态光散射法测量颗粒粒径的影响及分析 ［J］. 计量技术, 2014, (8): 10-13.

［16］ 陈伟平. 动态光散射测量纳米颗粒粒度的计算机模拟 ［D］. 济南: 济南大学, 2006.

［17］ 刘堃, 邓友娥, 熊建文. 基于动态光散射法测量量子点粒径的实验方法 ［J］. 韶关学院学报, 2012, 33 (8): 42-46.

［18］ Cai S, Zhang Y, Zhang H, et al. Sol-gel preparation of hydrophobic silica antireflective coatings with low refractive index by base/acid two-step catalysis ［J］. ACS Applied Materials & Interfaces, 2014, 6 (14): 11470-11475.

［19］ Ebrahimi F, Farazi R, Karimi E Z, et al. Dichlorodimethylsilane mediated one-step synthesis of hydrophilic and hydrophobic silica nanoparticles ［J］. Advanced Powder Technology, 2017, 28 (3): 932-937.

［20］ Vargas S, Millán-Chiu B E, Arvizu-Medrano S M, et al. Dynamic light scattering: a fast and reliable method to analyze bacterial growth during the lag phase ［J］. Journal of Microbiological Methods, 2017, 137 (Supplement C): 34-39.

第 2 章　溶胶中的化学反应

2.1　单一硅醇盐的水解缩聚动力学

2.1.1　溶胶-凝胶过程的基本反应

　　溶胶-凝胶法是采用硅醇盐或可水解无机盐作前驱体,将其溶于溶剂(水或醇)中,加入催化剂或其他辅助试剂控制反应,前驱物发生水解或醇解反应,继而缩聚成纳米尺度的粒子形成溶胶。随时间延长,粒子之间发生交联而逐渐长大直至凝胶。凝胶经干燥而变为气凝胶或干凝胶。

$$水解: Si(OR)_n + xH_2O \rightarrow Si(OH)_x(OR)_{n-x} + xROH \quad\quad (2.1)$$

$$缩聚: Si—OH + HO—Si \rightarrow Si—O—Si + H_2O \quad 脱水 \quad\quad (2.2)$$

$$Si—OR + HO—Si \rightarrow Si—O—Si + ROH \quad 脱醇 \quad\quad (2.3)$$

1. 反应机理

　　四烷氧基硅和含有机取代基的硅氧烷在酸或碱催化下水解,水和硅氧烷的反应级数分别是一级和二级。因此,总包反应级数分别为二级和三级。根据这一结论,提出水解反应机理为五元过渡态的双分子亲核取代反应,即 S_N2-Si 反应[1-3]。便于讨论反应机理,根据催化剂酸碱性的不同,分为酸催化体系和碱催化体系。

（1）酸催化体系的水解和缩聚机理

　　酸性条件下,硅氧烷首先被质子化,该步是快速反应。中心 Si 原子上正电荷密度增加,易于进行亲核反应,接受 H_2O 分子进攻。Pohl 和 Osterholz[2] 倾向于 S_N2-Si 型过渡态机理,即水分子从背后进攻,并且分担部分正电荷,使质子化后的硅氧烷上正电荷密度减小,利于乙醇分子离去 [式 (2.4)]：

$$(2.4)$$

　　与这一机理一致,随着取代进行,中心 Si 原子周围拥挤程度逐渐降低,水解速率越来越快。过渡态电荷密度越小越稳定，所以推电子取代基有利于水解反应进行。一些研究者提出侧面进攻机理[4,5] [式 (2.5)]：

$$(2.5)$$

在 S_N2 机理中立体效应和诱导效应同等重要；与其相比，由于侧面进攻机理中过渡态中 Si 要求更多的负电荷，因此推电子取代基对反应速率的影响更重要一些。

通过脱水或脱醇反应聚合形成 Si—O—Si 键，在酸性条件下，体系低于硅的等电点时，凝胶时间缩短。一般认为酸催化的缩聚机理包括质子化的硅物种，质子化的硅更容易发生亲电反应，即更易受亲核试剂进攻。因此，缩聚反应易发生在中性物种和位于链末端的质子化的硅单体之间。Pohl 和 Osterholz[2] 提出如下机理：

$$\text{R—Si(OH)}_3 + \text{H}^+ \underset{k_{-1}}{\overset{k_1}{\rightleftharpoons}} \text{R—Si(OH)}_2 \qquad (2.6)$$

$$(2.7)$$

（2）碱催化体系的水解和缩聚机理

碱催化条件下，水的电离产生 OH^- 是一个快速反应过程，然后 OH^- 进攻中心 Si 原子。Iler[6] 和 Keefer[4] 提出碱性条件下硅氧烷的水解机理为 S_N2-Si，如方程所示：

$$(2.8)$$

酸催化的水解过程中，机理受两大因素影响：立体因素和诱导因素。然而，在碱催化的水解过程中，由于过渡态中 Si 原子要求较少的负电荷，空间因素成为影响速率的主要因素。

同时，Pohl 和 Osterholz[2] 提出中间体为五元过渡态的 $S_N 2^{**}$-Si 或 $S_N 2^*$-Si 机理。该机理中诱导因素对速率的影响与立体因素一样重要。

对于缩聚反应，在碱催化条件下，Iler[6] 提出下面反应机理，如方程所示：

$$SiO^- + Si(OH)_4 \rightleftharpoons Si—O—Si(OH)_3 + OH^- \qquad (2.9)$$

Pohl 和 Osterholz[2] 与 Voronkov[7] 提出相似的机理：OH^- 与完全水解后的硅烷的反应生成硅氧负离子 $[R—Si(OH)_3O^-]$ 是一个快速的平衡过程。然后硅氧负离子进攻中性的硅氧烷，该步骤是一个慢反应，具体见方程：

$$R—Si(OH)_3 + OH^- \underset{k_{-1}}{\overset{k_1}{\rightleftharpoons}} R—Si(OH)_2O^- + H_2O \qquad (2.10)$$
$$\text{快}$$

$$R—Si(OH)_2O^- + R—Si(OH)_3 \underset{k_{-2}}{\overset{k_2}{\rightleftharpoons}} \begin{array}{c} OH \quad OH \\ | \quad\quad | \\ R—Si—O—SiR \\ | \quad\quad | \\ OH \quad OH \end{array} + OH^- \qquad (2.11)$$
$$\text{慢}$$

另外，一些研究者认为缩聚过程也经过五元过渡态[8]，即 $S_N 2^{**}$-Si 或 $S_N 2^*$-Si机理。

2. 反应的影响因素

(1) 空间效应和诱导效应的影响

由上面列举的反应机理可以看出，无论是酸为催化剂还是碱为催化剂，水解和缩聚速率均受两种因素的影响：立体效应和诱导效应。一方面，由于立体效应，硅原子上体积小的取代基使过渡态位阻减小，可提高缩聚速率；体积大的取代基将阻止缩聚反应进行。例如，H. Schmidt[9] 研究在 1×10^{-3} mol/L 的盐酸催化下，取代基个数不同的硅氧烷的相对反应速率为 TEOS<TMOS<MTES<DDS<Me_3SiOEt。R. J. Hook[10] 利用液体^{29}Si NMR 研究酸性条件下取代基种类和个数不同的乙氧基硅氧烷的水解和缩聚过程，结合空间效应和诱导效应解释含取代基的硅氧烷水解和缩聚速率提高的原因，并得出第二个取代基对水解和缩聚速率的影响不大。A. Jitianu[11] 利用 GC-MS、FTIR 和^{29}Si NMR 考察 pH = 3.5 时 TEOS、MTES 和 VTEOS 的最初水解和缩聚速率，得到它们的相对反应活性为 TEOS<MTES<VTEOS，与 H. Schmidt[9] 和 R. J. Hook[10] 的顺序一致。另一方面，由于诱导效应，在缩聚反应中，中等强度的吸电子基 OR 将逐渐地被强吸电子基 OH 或 OSi 所取代，从而减小碱性缩聚过程中中间体的电子密度，使缩聚速率提高，而

在酸性缩聚反应过程中，则导致缩聚速率降低。

（2）催化剂的影响

当有催化剂存在时，水解和缩聚速率加快且反应完全[7]。以水为溶剂时水解速率和缩聚速率随溶液 pH 变化如图 2.1 所示。显然，水解速率与 pH 的关系比缩聚速率的简单，pH<2 时，聚合速率 $\propto$ [H+]；2<pH<7 时，聚合速率 $\propto$ [OH−]；pH>7 时，[SiO$_4$]$^{4-}$ 聚合后多聚物发生加成反应造成非粒子间聚集。在碱催化下，水解慢于缩聚，形成相对致密的胶体颗粒，颗粒间相互联结，形成凝胶网络；在酸催化下，水解快于缩聚形成聚合物状硅氧烷，形成多分枝。

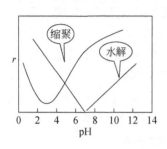

图 2.1　TEOS 在水体系中的水解缩聚速度受 pH 的影响

Aelion[12]研究酸性和碱性条件下不同溶剂时 TEOS 的水解和缩聚过程，观察到水解程度很大程度上受酸或碱强度和浓度的影响，温度和溶剂影响居后。

（3）溶剂的影响

根据溶剂极性，可以分为极性溶剂和非极性溶剂；根据是否提供质子分为质子性溶剂和非质子性溶剂。无论是在 pH<7 或 pH>7 条件下，极性和质子性溶剂分子与 H+ 或 OH− 形成氢键从而降低催化剂的反应活性，进而影响反应速率。同时，质子性溶剂也影响可逆反应、可逆酯化反应的可逆程度；对于非质子溶剂，由于它们缺乏亲电子的质子，同时也不能被除去质子形成强的亲核基团（如 OH− 和 OR−），因此不参与可逆反应。S. Sadasivan[13]利用 NMR 和 DLS 考察不同醇作溶剂时 TEOS 的最初水解速率的影响，水解速率常数依下面顺序减小：正丁醇>甲醇>乙醇>异丙醇>正丙醇。

2.1.2　反应动力学研究

液体^{29}Si NMR 具有很宽范围的化学位移和对结构很高的敏感性，已经成为研究动力学的有力手段[14,15]。它可以对研究体系进行原位检测和量化中间体物质的量，通过考察各个峰面积随时间的变化，再拟合浓度~时间的关系曲线求出反应动力学常数。

为了归属^{29}Si NMR 图谱中的化学位移，在此采用传统结构表示方法[16]：Q_m^n、T_m^n 和 D_m^n 分别表示四乙氧基硅烷（TEOS）、甲基三乙氧基硅烷（MTES）和二甲基二乙氧基硅烷（DDS）水解和缩聚产物的物质结构，Q 表示由四个烷氧基组成的 TEOS，T 表示由三个烷氧基和一个烷基组成的 MTES，D 表示由两个烷氧基和两个烷基组成的 DDS；m 代表 Si 周围与它相连的 Si—O—Si 键数目，n 代表与它相连的—OH 数目。

1. TEOS 的水解缩聚反应动力学研究

在氨催化下，由四乙氧基硅烷（TEOS）–甲醇–水体系水解缩聚形成的单分散 SiO_2 溶胶是制备减反射膜所需要的最基本的溶胶，以此反应体系为例加以说明。表 2.1 列出了反应体系的组成及反应条件，典型的溶胶制备流程为：将 TEOS 溶于一部分甲醇中，室温下搅拌 20min，记为溶液 A；所需氨水和去离子水溶于另一部分甲醇中，室温下搅拌 5min，记为溶液 B。将溶液 A 和溶液 B 混合，反应即开始，此刻记为反应开始时间。

表 2.1　TEOS 体系组成和反应条件

样品	$TEOS/CH_3OH/H_2O/NH_3$	$T/℃$
（a）	1/12.5/4.0/0.18	25
（b）	1/12.5/4.0/0.18	35
（c）	1/12.5/4.0/0.18	45
（d）	1/12.0/4.0/0.045	25
（e）	1/12.5/4.0/0.36	25
（f）	1/12.0/2.0/0.18	25
（g）	1/11.6/5.7/0.18	25
（h）	1/12.0/7.5/0.18	25

利用液体 ^{29}Si NMR（UNITY INOVA-500）研究 TEOS 水解和缩聚过程，^{29}Si 共振频率为 99.351MHz。根据实验需求，累计扫描 186 次，脉冲弛豫延迟为 3s。将混合后的液体转入干净核磁样品管（5mm O.D.），加入 1% 乙酰丙酮铬 [Cr（acac）$_3$] 作弛豫剂，许多研究表明 Cr（acac）$_3$ 对反应没有影响[14]。将样品管放入核磁共振仪样品腔中，等待 5min 使样品与环境温度一致，调谐、开始采集数据。在整个实验过程中，没有凝胶现象发生，酯的可逆反应可以忽略[14]。图 2.2 为液体 ^{29}Si NMR 测试得到的 TEOS 体系核磁代表图，对应的反应配比为 TEOS：CH_3OH：H_2O：NH_3 = 1：12.5：4：0.18（25℃）。除单体峰外有两个水解产物峰，分别对应的化学位移为：$\delta(Q_0^0) = -81.3$ppm，$\delta(Q_0^1) = -80.4$ppm，$\delta(Q_0^3) = -73.8$ppm，水解产物的化学位移位于单体左边。当—OC_2H_5 被—OH 取代后，由于—OH 比—OC_2H_5 具有高的电离度[11]，因此 Si^+ 原子上正电荷密度减少，所以化学位移移向低场。表 2.2 为可溶性硅物种的结构和对应的化学位移。

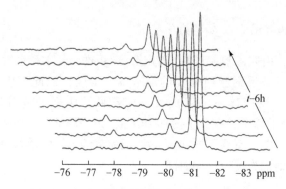

图 2.2　TEOS 体系水解反应的 ^{29}Si NMR 图谱

反应配比：TEOS：CH_3OH：H_2O：NH_3 = 1：12.5：4：0.18（25℃）。

表 2.2　TEOS 体系可溶性硅物种结构和化学位移

	结构	δ/ppm
Q_0^3	$Si^*(OEt)(OH)_3$	−78.3
Q_0^2	$Si^*(OEt)_2(OH)_2$	−79.8
Q_0^1	$Si^*(OEt)_3OH$	−80.4
Q_0^0	$Si^*(OEt)_4$	−81.3

　　需要说明的是，在此讨论的研究体系下没有观察到 Green[14] 研究过程中 δ（Q_0^2）= −79.8ppm 水解产物峰的出现。文献[14] 研究条件为 0.5mol/dm^3 TEOS/ 1.1mol/dm^3 H_2O/0.05mol/dm^3 NH_3 体系中出现 Q_0^2 峰，与其他体系相比，该体系中 [H_2O] 最低，[NH_3] 处于中间浓度。本实验中 [H_2O] ≥4mol/dm^3、[NH_3] ≥ 0.05mol/dm^3，[NH_3] 对反应速率有较大影响，对于 Q_0^2 生成与消耗的差值，[NH_3] 存在一个合适范围。[H_2O] 增大，不仅使 Q_0^2 生成速度加快，也使它消耗速度加快。所以在 [H_2O] 较低、[NH_3] 恰当情况下，Q_0^2 才能检测到。在每个图中，[Q_0^0] 随时间减小较快，[Q_0^1] 和 [Q_0^3] 随时间变化则很小，零时刻时 [Q_0^0] = 1.0mol/dm^3 左右，而在整个反应过程中，所有除 Q_0^0 外硅物种的浓度之和 $\sum[Q_m^n]$ = 0.01 ~ 0.08mol/dm^3。根据物料平衡原理，说明在整个反应过程中，从溶液中"消失"的 Si 大部分成核，不溶于溶剂而检测不到[18]，很少一部分因为浓度低于 NMR 检测范围而检测不到，例如 Q_0^2[14]。

　　利用液体 ^{29}Si NMR 在线检测从反应开始至反应进行 6h 过程中不同物种的出现和变化，分别考察温度、催化剂以及水浓度对反应速率的影响。对于水解和缩聚过程中产生的可溶性硅物种，将不添加水和催化剂时 TEOS（浓度为 1mol/L）

的峰积分面积设为 100%，其他中间体峰面积与其求比值，即可求出它们的真实浓度。图 2.3 中单体浓度随时间变化曲线通过一级指数衰减拟合得到，其他中间体浓度随时间变化曲线通过高斯或多峰拟合得到。其中（a）、（b）和（c）相比，考察温度对反应速率的影响；（a）、（d）和（e）相比，考察催化剂对反应速率的影响；（a）、（f）、（g）和（h）相比，考察水量对反应速率的影响。

（1）TEOS 体系的反应模型

实验动力学过程如图 2.3 所示，其中单体浓度随时间变化曲线通过一级指数衰减拟合得到，其他中间体浓度随时间变化曲线通过高斯或多峰拟合得到。根据文献[14]，当 $[H_2O] \geqslant 2.2 mol/dm^3$ 时，Q_0^1 过 Q_0^2 快速地生成 Q_0^3。反应机理如下如下：

$$Q_0^0 + H_2O \xrightarrow{k_{h1}} Q_0^1 + ROH \qquad (2.12)$$

$$Q_0^1 + 2H_2O \xrightarrow{k_{h2}} Q_0^3 + 2ROH \qquad (2.13)$$

$$Q_0^3 \xrightarrow{k_c} SiO_2 + ROH + H_2O \qquad (2.14)$$

式中，k_{h1}、k_{h2} 和 k_c 分别是方程（2.12）～（2.14）的反应速率常数。

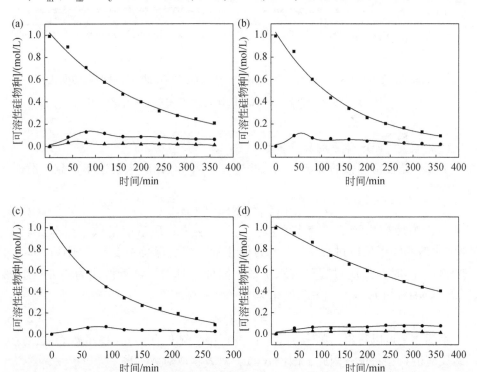

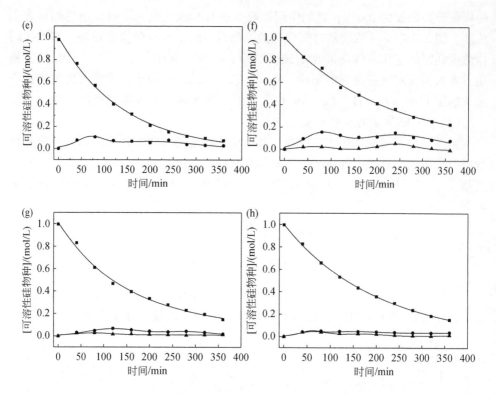

图 2.3　液体 ^{29}Si NMR 测试过程中溶液中 Q_0^0、Q_0^1 和 Q_0^3 的浓度随时间的变化，
图中序号对应于表 2.1 的反应配比，其中 ■ -Q_0^0、● -Q_0^1、▲ -Q_0^3

（2）确定 TEOS 体系的反应级数

下面介绍反应级数的确定方式，并进一步求得 TEOS 水解速率常数。设速率
方程为

$$r = k_{h1} \left[Q_0^0 \right]^{\alpha} \left[NH_3 \right]^{\beta} \left[H_2O \right]^{\gamma} \tag{2.15}$$

式中，k_{h1} 为最初水解反应速率常数，α、β、γ 为物质浓度指数。在本实验中，
TEOS 水解和缩聚反应过程中，NH_3 为催化剂，浓度保持不变；$\left[H_2O \right]$ 远大于
$\left[TEOS \right]$，同时在反应过程又有水生成，因此 $\left[H_2O \right]$ 可近似认为不变[17]。令
$k_h^1 = k_{h1} \left[NH_3 \right]^{\beta} \left[H_2O \right]^{\gamma}$，方程简化为

$$r = k_h^1 \left[Q_0^0 \right]^{\alpha} \tag{2.16}$$

由图 2.3 可以看出，单体 TEOS（Q_0^0）浓度随时间（t）呈指数衰减，这是
一级反应的典型特征。因此，假设 $\alpha=1$，对方程取对数，得

$$\ln \left[Q_0^0 \right] = \ln \left[Q_0^0 \right]_0 - k_h^1 t \tag{2.17}$$

将 $\ln \left[Q_0^0 \right]$ 对时间 t 作图，得到斜率为 $-k_h^1$、截距为 $\ln \left[Q_0^0 \right]_0$ 的直线，如

图 2.4 所示。由图 2.4 可以看出，$\ln\left[Q_0^0\right] \sim t$ 成线性，斜率即为 k_h^1，说明以上假设成立。

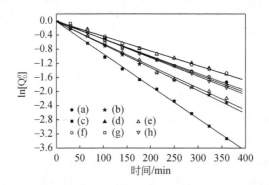

图 2.4　TEOS 体系单体的浓度随时间的变化关系，其中直线的斜率
即是假设的一级反应速率常数 k_h^1 的值

　　β、γ 两参数可通过控制反应变量的方式获得。首先，将水的浓度固定为一常数，调整氨水的浓度分别为 0.18mol/L、0.045mol/L 和 0.36mol/L，根据 $k_h^1 = k_{h1}\left[NH_3\right]^{\beta}\left[H_2O\right]^{\gamma}$ 及表 2.3 中样品（a）、（d）和（e）对应的 k_h^1 值，将 $\ln k_h^1 \sim \ln\left[NH_3\right]$ 作图，得到斜率为 β 的直线，即 $\beta = 0.333$ [图 2.5（a）]。同理，对于（a）、（f）、（g）和（h）体系，在氨水浓度几乎不变的前提下，调整水的浓度分别为 4mol/L、2mol/L、5.7mol/L 和 7.5mol/L，将对应数据代入公式 $k_h^1 = k_h\left[NH_3\right]^{\beta}\left[H_2O\right]^{\gamma}$，得 $\gamma = 0.227$ [图 2.5（b）]。

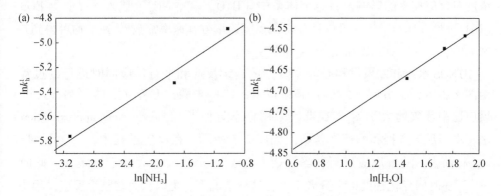

图 2.5　（a）氨水浓度的变化得到的假设的一级反应速率常数（k_h^1）与氨水浓度的关系；
（b）水的浓度的变化得到的假设的一级反应速率常数（k_h^1）与水的浓度的关系

表 2.3　TEOS 体系水解和缩聚速率常数

样品	$k_h^1 \times 10^3/\text{min}^{-1}$	k_{h1}	k_{h2}	k_c
		$\times 10^3/\ (\text{mol}^{-0.56} \cdot \text{dm}^{1.68}/\text{min})$		
（a）	4.87±0.02	7.31±0.4	42.97±2.1	151.0±7.6
（b）	6.70±0.02	10.68±0.5	83.58±4.2	313.3±1.0
（c）	9.14±0.02	13.71±0.7	106.97±5.4	488.8±15.7
（d）	2.61±0.02	7.35±0.4	52.64±2.6	170.4±8.5
（e）	6.25±0.02	7.42±0.4	45.64±2.3	—
（f）	4.17±0.02	7.34±0.4	—	—
（g）	5.08±0.02	7.45±0.4	54.13±2.7	162.1±8.1
（h）	5.13±0.02	7.59±0.4	56.64±2.8	145.3±7.3
[14]	—	2.22[a]±0.1	8.83[a]±0.4	—
		7.22[b]±0.1	28.7[b]±0.4	

注：文献[14]反应温度 $T=25℃$；a. 文献值；b. 文献速率常数代入 $r=k_{h1}[\text{TEOS}][\text{NH}_3]^{0.333}[\text{H}_2\text{O}]^{0.227}$ 得到的值。

于是，TEOS 水解速率方程为

$$r = k_{h1}[\text{TEOS}][\text{NH}_3]^{0.333}[\text{H}_2\text{O}]^{0.227} \tag{2.18}$$

因此，反应方程总的反应级数为 1.56。

（3）确定 TOES 体系的反应速率常数

根据各个反应体系中 $\ln[Q_0^0] - t$ 的关系直线，斜率即为 k_h^1。考虑到氨和水浓度对反应速率的影响，将每个体系中 $[\text{H}_2\text{O}]$ 和 $[\text{NH}_3]$ 代入 $r=k_{h1}[\text{TEOS}][\text{NH}_3]^{0.333}[\text{H}_2\text{O}]^{0.227}$，可以计算得到反应速率方程速率常数 k_{h1}，平均可得到 $T=25℃$ 时，$k_{h1}=7.31\times10^{-3}\text{mol}^{-0.56} \cdot \text{dm}^{1.68}/\text{min}$。

TEOS 水解和缩聚过程是一个复杂的连续反应和平行反应同时进行的过程，由图 2.3 可知，方程（2.12）是慢反应，速控步骤；方程（2.13）和（2.14）反应速率常数远大于 k_{h1}。在此，采用稳态近似[18]（steady state approximation）法，求出反应方程和的速率常数。如图 2.3 所示，在反应过程中，$[Q_0^1]$ 对与 $[Q_0^0]$ 而言，随着反应进行，当 $[Q_0^1]$ 达到一个最大值后趋于恒定值。此时，$[Q_0^1]$ 随时间变化幅度也十分微小，在这种情况下，可以认为在整个反应过程中

$$\frac{d[Q_0^1]}{dt} = k_{h1}[Q_0^0][\text{H}_2\text{O}]^{0.227} - k_{h2}[Q_0^1][\text{H}_2\text{O}]^{0.227} \approx 0 \tag{2.19}$$

即

$$k_{h1}[Q_0^0] - k_{h2}[Q_0^1] \approx 0 \tag{2.20}$$

解式，可得

$$[Q_0^1]_{ss} = \frac{k_{h1}}{k_{h2}}[Q_0^0] \tag{2.21}$$

式中，$[Q_0^1]_{ss}$ 表示稳态时浓度，由图 2.3 中 $[Q_0^1]_{ss}$ 值和同一时刻 $[Q_0^0]$ 对应值代入方程即可求出各体系 k_{h2} 值。同理，可求出 k_c，其结果见表 2.3。数值结果分别为 $k_{h2} = 42.97 \times 10^{-3} \, mol^{-0.56} \cdot dm^{1.68}/min$，$k_c = 151 \times 10^{-3} \, mol^{-0.56} \cdot dm^{1.68}/min$。

文中得到的速率常数与文献[14]速率常数有较大偏差，但将该文献所列的速率常数值作为 k_h^1 代入 $r = k_{h1}[TEOS][NH_3]^{0.333}[H_2O]^{0.227}$，得到 k_{h1} 值与本实验值非常接近，这证明水解速率方程的普遍适用性和正确性。

(4) 确定 TEOS 体系的反应活化能

考察 $TEOS : CH_3OH : H_2O : NH_3 = 1 : 12.5 : 4 : 0.18$ 时，温度对 TEOS 水解速率常数的影响，T 分别为 25℃、35℃和 45℃。温度对反应速率的影响可根据 Arrhenius 公式求得：

$$\ln k = \ln A - E_a / RT \tag{2.22}$$

式中，R 为摩尔气体常数；A 称为指前因子，与 k 有相同因次；E_a 为反应活化能。

对速率常数取对数与温度的倒数作图（图 2.6），得到一条斜率为 $-E_a/R$、截距 $\ln A$ 的直线。由此可以求得反应方程的反应活化能 E_a 分别为 24.85kJ/mol、36.09kJ/mol 和 46.38kJ/mol。

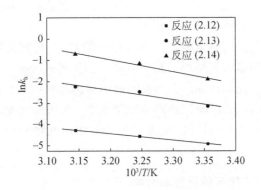

图 2.6　TEOS 体系反应速率常数与温度的关系

2. 具有不同取代基的有机硅氧烷前驱体的水解缩聚反应动力学研究

与四乙氧基硅烷（TEOS）水解缩聚过程研究方式类似，作者团队详细讨论了具有单甲基、双甲基或单苯基取代基的有机硅氧烷前驱体在碱性催化下的水解缩聚反应过程，研究过程不再详细说明，在此仅做简单的横向比较。甲基三乙氧基硅烷（MTES）、二甲基二乙氧基硅烷（DDS）和苯基三乙氧基硅烷（PTES）

表现出不同的水解速率。与 TEOS 的水解速率相比，只有一个取代基的前驱体
MTES 和 PTES 的水解速度明显慢，而且二者相差很小，但有两个取代基的前驱
体 DDS 的水解速度比 TEOS 快；另外，具有单甲基取代基的前驱体 MTES 和双甲
基取代基的前驱体 DDS 表现出很大的水解速率差异，DDS 前驱体浓度降低比
MTES 快很多。这些情况说明，取代基的数量极大地影响了前驱体的水解速度，
而取代基的种类对前驱体的水解影响不明显，这对于应用取代基硅氧烷制备改性
氧化硅溶胶具有理论指导。具体的水解速率方程如下：

$$d[MTES]/dt = 7.27\times10^{-3}[MTES][NH_3]^{0.723}[H_2O]^{0.144} \tag{2.23}$$

$$d[PTES]/dt = 6.5\times10^{-3}[PTES][NH_3]^{0.461}[H_2O]^{0.0710} \tag{2.24}$$

$$d[DDS]/dt = 2.78\times10^{-2}[DDS][NH_3]^{0.652}[H_2O]^{0.08} \tag{2.25}$$

2.2　混合硅醇盐体系的水解缩聚动力学

溶胶-凝胶过程的反应动力学对前驱体的性质、溶液的 pH 以及溶剂都非常
敏感。特别是为了制备具有特殊性能的材料，通常选用不含官能团的 TEOS 和含
一个或两个有机官能团的有机硅氧烷作为前驱体，在催化剂和水作用下共水解和
共缩聚。对于混合前驱体制备的复合材料，参与反应的单体自水解、自缩聚和共
缩聚速率对材料的均一性起决定性作用。因此，掌握它们水解和缩聚（自缩聚和
共缩聚）的相对反应速率是非常必要的。

当一般使用的无机前驱体四乙氧基硅烷（TEOS）与官能团取代的有机硅氧
烷单体共水解时，很多因素增加了其反应动力学和其 sol-gel 过程的复杂性，例如
有机取代基的极性、化学活性、空间位阻效应和诱导效应等，因此对 TEOS/取代
基硅氧烷混合体系的动力学研究是理解此类有机-无机杂化材料的形成过程的关
键。本节以 TEOS/MTES、TEOS/PTES 和 TEOS/DDS 两种双前驱体反应体系为例
进行简单介绍。

2.2.1　TEOS/MTES 体系的反应动力学

由原位核磁研究结果可以看出，双前驱体体系 TEOS/MTES 出现峰的个数和
化学位移均与单一体系一致。在检测过程中，只出现各单体水解物质峰，没有检
测到缩聚峰存在，无论 TEOS 和 MTES 自缩聚峰（Q-Q，T-T）还是共缩聚峰
（Q-T）。但在 Colin A. Fyfe[19] 研究的 pH=2.5 条件下 TEOS/MTES 水解和缩聚过
程和 S. Prabakar[20] 研究的盐酸为催化剂时 TEOS/MTES、TEOS/ETES 和 TEOS/
PTES 体系，均出现二聚体。这因为在酸性条件下，硅氧烷水解快而缩聚慢；相
反，碱性条件下，缩聚快水解慢。因此，在碱性条件下，单体发生水解后，马上
进行缩聚反应形成核，不溶于溶液，因此液体核磁共振检测不到它的存在。

　　与处理单一前驱体系数据采用相同的参比标准，即不添加水和催化剂时 TEOS（浓度为 1mol/L）的峰面积积分设为 100%，求出它们的真实浓度。由此，可得到双前驱体系 TEOS/MTES 可溶性硅物种随时间的变化关系。根据水解和缩聚过程中出现的中间体提出该体系的反应模型。

　　与求 TEOS 体系速率方程思路一样，分别求出 TEOS 和 MTES 水解和缩聚速率常数，所得双前驱体系中 TEOS 和 MTES 水解速率方程分别为

$$\text{TEOS 速率方程}\quad r_{\text{T}}=1.09\times10^{-2}[\text{TEOS}][\text{NH}_3]^{0.802}[\text{H}_2\text{O}]^{0.415} \qquad (2.26)$$

$$\text{MTES 速率方程}\quad r_{\text{M}}=4.65\times10^{-3}[\text{MTES}][\text{NH}_3]^{1.042}[\text{H}_2\text{O}]^{0.679} \qquad (2.27)$$

为了便于同单一体系比较，将单一体系中速率方程列出：

$$\text{TEOS 速率方程}\quad r_{\text{T}}=7.41\times10^{-3}[\text{TEOS}][\text{NH}_3]^{0.333}[\text{H}_2\text{O}]^{0.227} \qquad (2.28)$$

$$\text{MTES 速率方程}\quad r_{\text{M}}=7.27\times10^{-3}[\text{MTES}][\text{NH}_3]^{0.723}[\text{H}_2\text{O}]^{0.144} \qquad (2.29)$$

　　由以上四个方程可以看出，与单一体系相比，混合体系中 NH_3 和 H_2O 的反应级数均增大。

　　整体看来，在双前驱体系中，TEOS 水解和缩聚速率常数均大于 MTES 的；但与单一体系对应的前驱体的速率常数相比，混合体系 TEOS 第一步水解速率常数增大，MTES 的减小。如果将混合体系中 TEOS 和 MTES 第一步水解速率常数相乘，却与单一体系二者乘积非常接近。换句话说，如果将 TEOS 和 MTES 作为一种物质，单一前驱体水解是双前驱体水解的分步反应。

2.2.2　TEOS/PTES 体系的反应动力学

　　实验过程同 TEOS/MTES 体系，将试剂换成 PTES。

　　在本实验的 ^{29}Si NMR 图谱中，共有五个峰出现，化学位移 δ 分别为 -81.3、-80.4、-78.3、-57.1、-55.97。和 TEOS 及 PTES 单前驱体系不同，整个实验过程中没有缩聚产物峰被检测到，无论是 TEOS 和 PTES 的自缩聚峰，还是共缩聚峰。双前驱体系中，PTES 和 TEOS 的反应速率方程分别为

$$r_{\text{P}}=8.95\times10^{-3}[\text{PTES}][\text{NH}_3]^{0.771}[\text{H}_2\text{O}]^{0.163} \qquad (2.30)$$

$$r_{\text{T}}=1.8\times10^{-2}[\text{TEOS}][\text{NH}_3]^{0.833}[\text{H}_2\text{O}]^{0.48} \qquad (2.31)$$

　　根据前面结果，TEOS 及 PTES 单前驱体系的水解速率方程为

$$r_{\text{T}}=7.41\times10^{-3}[\text{TEOS}][\text{NH}_3]^{0.333}[\text{H}_2\text{O}]^{0.227} \qquad (2.32)$$

$$r_{\text{P}}=6.5\times10^{-3}[\text{PTES}][\text{NH}_3]^{0.461}[\text{H}_2\text{O}]^{0.0710} \qquad (2.33)$$

　　把双前驱体系的速率方程和单前驱体系方程相比，很明显的是，$[\text{NH}_3]$ 和 $[\text{H}_2\text{O}]$ 的反应级数都有不同程度的增加。这表明，由于不同前驱体的竞争作用，和单一前驱体系相比，在双前驱体系中单体的水解对 $[\text{NH}_3]$ 和 $[\text{H}_2\text{O}]$ 更加敏感。另外，在所有的水解速率方程中，$[\text{NH}_3]$ 的反应级数都比

[H₂O] 要大，证明 [NH₃] 对水解速率的影响要比 [H₂O] 大。

如果定义 $K_T = k_{Tc1}/k_{Th1}$ （TEOS）；$K_P = k_{Pc1}/k_{Ph1}$ （PTES），则可以更清楚地发现水解速率和缩聚速率之间的关系。如表 2.4 所示，和单前驱体相比，在双前驱体体系中 K_T 和 K_P 之间的差距从 21.2～3.8 减小到 3.7～4.4，表明 TEOS 和 PTES 在双前驱体体系中具有趋近的溶胶-凝胶化学反应动力学，这种现象有利于形成高度均一的杂化材料。

表 2.4　TEOS/PTES 体系中的水解缩聚相对速率

反应系统	K_T (TEOS)	K_P (PTES)
混合前驱体	3.7	4.4
单一前驱体	21.2	3.8

2.2.3　TEOS/DDS 体系的反应动力学

TEOS/DDS 双前驱体体系中 TEOS 的总水解速率方程为

$$r_T = 9.33 \times 10^{-3} [TEOS][NH_3]^{0.8}[H_2O]^{0.42} \quad (2.34)$$

TEOS/DDS 双前驱体体系中 DDS 的水解速率方程：

$$r_D = 9.16 \times 10^{-3} [DDS][NH_3]^{0.75}[H_2O]^{0.26} \quad (2.35)$$

根据 2.2.1 小节中结果，TEOS 和 DDS 在单前驱体体系中的水解速率方程分别为

$$r_T = 7.41 \times 10^{-3} [TEOS][NH_3]^{0.333}[H_2O]^{0.227} \quad (2.36)$$

$$r_D = 2.78 \times 10^{-2} [DDS][NH_3]^{0.652}[H_2O]^{0.08} \quad (2.37)$$

把双前驱体体系的速率方程和单前驱体体系方程相比较，很明显的是，[NH₃] 和 [H₂O] 的反应级数都有不同程度的增加。这表明由于不同前驱体的竞争作用，和单一前驱体体系相比，在双前驱体体系中单体的水解对 [NH₃] 和 [H₂O] 更加敏感。另外，在所有的水解速率方程中，[NH₃] 的反应级数都比 [H₂O] 要大，证明 [NH₃] 对水解速率的影响要比 [H₂O] 大。

如果定义 $K_T = k_{Tc1}/k_{Th1}$，（TEOS）；$K_D = k_{Dc1}/k_{Dh1}$，（DDS），则可以更清楚地发现水解速率和缩聚速率之间的关系。如表 2.5 所示，和单前驱体相比，在双前驱体体系中 K_T 和 K_D 之间的差距从 21.2～1.2 减小到了 7.5～6.1，表明 TEOS 和 DDS 在双前驱体体系中有协同性更好的反应动力学，这种现象应该有利于形成高度均一的杂化材料。

总之，和单前驱体体系相比，TEOS 和 DDS 在双前驱体混合体系中体现出更相近的反应活性和化学行为以及更平行的水解速率，这些现象对高度均一杂化材

料的形成有利。

表 2.5　TEOS/DDS 体系中的水解缩聚相对速率

反应系统	K_T	K_D
混合前驱体	7.5	6.1
单一前驱体	21.2	1.2

2.3　聚合物对硅醇盐水解缩聚动力学的影响

溶胶–凝胶法主要优点之一是可以对不同元素组类的分子进行结构裁剪，实现真正原子级别上的分子设计排布，从而为发展具有设计特点的新型材料提供潜在应用前景[16]。通过改性向烷氧基化合物中添加聚合物，如聚乙二醇（PEG）、聚乙烯基吡咯烷酮（PVP）或聚四氢呋喃（PTHF）等用于合成具有可以设计的孔隙率和折射率的氧化物溶胶，制备出高机械强度的光学薄膜[16,21]。

添加 PEG 或 PVP 的溶胶体系研究报道已有不少，例如，PEG 被用来添加到 SiO_2 溶胶体系中得到孔径（从微孔到大孔）可控的凝胶，并且 SiO_2 膜的机械强度得到了很大提高[22]。孙继红等详细考察添加 PEG 对 TEOS 体系溶胶–凝胶过程的影响，经 PEG 改性后，SiO_2 溶胶簇团呈环状网络结构，得到宽谱带增透效果的 SiO_2 光学膜[23]，同时提高膜层的抗激光损伤阈值[24]。M. S. W. Vong[25] 通过 TEM、FTIR、N_2 吸附和流变研究 PEG 改性 TEOS 的溶胶–凝胶过程，说明在反应初期 PEG 以氢键形式与体系中水作用，从而影响溶胶黏度、颗粒大小和凝胶孔分布。Y. -Y. Chen[26] 在制备 $3Al_2O_3 \cdot 2SiO_2$ 溶胶时添加 PVP 制得到无裂纹复合薄膜，A. Morikawa[27] 通过 IR 和 NMR 研究 PVP 改性 SiO_2 溶胶镀制的膜结构，徐耀等[28] 用 PVP 改性 SiO_2 溶胶实现单层宽谱带减反射膜。由此可见，PEG 或 PVP 等改性对 SiO_2 溶胶生长及镀制膜层的表观形貌和光学性能具有重要影响。

在借鉴文献做法基础上，作者团队重点研究了碱催化条件下不同水量、催化剂量和聚合物量对体系黏度和凝胶点的影响，借助 ^{29}Si NMR、DSL 和流变仪等多种手段研究高聚物对 SiO_2 溶胶最初水解和缩聚过程的影响，同时利用 SAXS 研究 PVP 添加对 SiO_2 凝胶结构的影响，得到颗粒分布、分形特征和正负偏离等微观信息。

溶胶制备：聚合物选为 PEG 或 PVP，先将聚合物和总量一半的无水甲醇混合，室温下搅拌 20min，然后将 TEOS 加入，再搅拌 20min，记为溶液 A；所需水和一定量的浓氨水加入另一半无水甲醇中混合室温下搅拌 5min，记为溶液 B，将 A、B 混合搅拌 30min，得到新鲜溶胶。体系组成的摩尔比为聚合物：TEOS：

$CH_3OH：H_2O：NH_3 = 5×10^{-5}：1.0：12.5：4.0：0.18$，不添加聚合物的溶胶记为（a），添加 PEG、PVP 的溶胶分别记为（b）和（c）。反应模型与单前驱体 TEOS 体系相同，TEOS 系列的水解速率方程同样适用于添加高聚物的体系，即

$$r = k_{h1}[TEOS]^{\alpha}[NH_3]^{\beta}[H_2O]^{\gamma} \tag{2.38}$$

同样可以求出添加高聚物体系的水解和缩聚速率常数（表 2.6）。

表 2.6 TEOS 体系水解和缩聚速率常数

样品	聚合物	$k_h^1 ×10^3/min^{-1}$	k_{h1}	k_{h2}	k_c
			$×10^3/(mol^{-0.56} \cdot dm^{1.68}/min)$		
（a）	—	4.87±0.02	7.31±0.4	42.97±2.1	151.0±7.6
（b）	PEG	4.72±0.02	6.41±0.3	34.68±1.7	998.1±50.0
（c）	PVP	4.34±0.02	5.84±0.3	43.00±2.1	123.2±6.2

高聚物的添加能够抑制 TEOS 的消失速率，即降低了其反应速率。这点从表 2.6 可以看出，PEG 的添加使 TEOS 的最初水解速率和第二水解速率均减小，然而极大地提高了缩聚速率；添加 PVP 最初水解速率常数减小，对第二水解速率没有影响，缩聚速率稍有减小。那么，产生这种现象的原因是什么呢？

由水解速率方程可知，水的反应级数为 0.227，虽然不大，但对反应速率有一定的影响。在反应体系中，水的存在使有机溶剂中聚合物聚集，它们与水的作用以三种形式存在：结合水、束缚水和自由水。在添加 PEG 体系中，水分子与 PEG 分子通过强烈的水合作用形成核壳结构，在壳中每个乙氧基大约结合 2.5～5[29]个水分子。随着参与水合作用的乙氧基数量增加，对于 PEG400 来说，最多每个单体可以结合 3.1～3.5 个水分子，即平均每摩尔 PEG 结合约 26.4mol 水[30]。因此，在反应初期添加 PEG 造成自由水减少，对于体系中有限的水量，这一作用对 TEOS 最初水解速率具有重要影响。同理，对于添加 PVP 的体系，单体中羰基容易和体系中水分子以氢键形式结合，使自由水浓度降低，也使 TEOS 最初水解速率减慢。

由表 2.6 看出，PEG 的添加使 TEOS 缩聚速率增加。这是因为碱性条件下，TEOS 水解慢于缩聚，在水解同时伴随着缩聚，产生的 SiO_2 颗粒表面有大量残余羟基，PEG 具有导向剂作用，有利于一个新相生成，即 SiO_2 颗粒的生成，因此缩聚速率增加。然而，PVP 分子中含有吡咯烷酮侧基，其中强极性的内酰胺可以提供电负性氧原子。所以 SiO_2 颗粒表面羟基和 PVP 分子中带负电的氧原子之间很容易形成氢键，这些氢键束缚颗粒表面羟基使之失去彼此缩聚形成大颗粒的活性，因此缩聚速率有所降低。

2.4　非水体系 TiO_2 溶胶中钛醇盐的溶胶凝胶反应

本节讨论针对 TiO_2 的非水体系制备方式。水体系中合成 TiO_2，是利用钛的前驱体（钛的醇盐和无机盐）在水体系通过水解–缩聚过程制备得到，但是这种方法由于反应在水中进行，存在水解缩聚过程不可控、操作复杂及高温热处理易造成颗粒团聚等很多缺点[31]。针对水体系中二氧化钛制备方法中存在的各种缺点，前人发明了非水体系 TiO_2 的制备方法。非水体系液相法根据反应机理不同又可以分为非水体系水解–缩聚法和非水体系非水解–缩聚法。但是目前非水体系 TiO_2 的制备方法主要是以 $TiCl_4$ 为原料，由于其反应活性很高，反应过程需要辅助手段（如冰浴降温等）控制反应速率。此外，此反应的副产物是卤代烃，不利于环保。

本节介绍一种原料简单、操作简便、产率高（>95%）、环保的非水体系制备 TiO_2 的方法。此方法对于 TiO_2 的制备具有重要的理论和实际应用价值。

2.4.1　非水体系形成 TiO_2 的反应机理

由于利用 AcOH（乙酸）和 TB（钛酸四丁酯）制备 TiO_2 在作者团队掌握的资料中属于全新的方法，在所有利用 AcOH 制备 TiO_2 的方法中，AcOH 只是作为稳定剂与 TB 作用，减缓水解速率，而要制备 TiO_2 必须要加入水、醇或胺。那么为什么仅仅利用 AcOH 和 TB 为原料就可以制备出锐钛矿 TiO_2？首先要弄清楚 AcOH 和 TB 的反应过程，利用红外光谱来研究 AcOH 和 TB 的反应。图 2.7（a）~（c）分别给出 AcOH、TB 和二者以摩尔比 4/1 混合后室温搅拌 30min 的产物的红外谱图。图 2.7（a）为 AcOH 的红外谱图，$1758cm^{-1}$ 和 $1714cm^{-1}$ 的两个强的振动峰为乙酸单体和二聚体的特征峰[32]。TB 的红外谱图为图 2.7（b）曲线，在高波数 $2900cm^{-1}$ 附近的强峰为 $-CH_2$ 和 $-CH_3$ 的 C—H 伸缩振动峰，低波数在 $1125cm^{-1}$，$1065cm^{-1}$ 和 $1035cm^{-1}$ 的峰为 TB 中连接在 Ti 上的丁氧基的 Ti—O—C 伸缩振动峰[32]。与原料 AcOH 和 TB 的红外谱图相比，二者在室温混合 0.5h 产物的红外谱图中出现了新的振动峰，分别位于 $3360cm^{-1}$、$1750cm^{-1}$、$1566cm^{-1}$、$1532cm^{-1}$、$1450cm^{-1}$、$1426cm^{-1}$ 和 $1292cm^{-1}$［图 2.7（c）］。$1500cm^{-1}$ 附近的振动峰为 Ti 的乙酸配合物的振动峰[32-34]。乙酸和 Ti 的配合物有三种：单齿配合物、螯合双齿配合物和桥式双齿配合物（图 2.8）。当 AcOH 与 TB 混合后，首先形成 Ti 的乙酸配合物，同时生成丁醇。图 2.7（c）中，$1566cm^{-1}$ 和 $1426cm^{-1}$（$\Delta v = 140cm^{-1}$）对应的是桥式配合物中羰基的不对称和对称振动；$1532cm^{-1}$ 和 $1450cm^{-1}$（$\Delta v = 82cm^{-1}$）对应的是螯合式配合物中的羰基的不对称和对称振动[32-34]。从图中很难判断是否有单齿配合物的振动峰，但是仔细观察发现1714cm^{-1}处峰强度的增加和一个位于1292cm^{-1}的肩峰（$\Delta\nu=422$cm^{-1}）证实了单齿配合物的存在。另外，3360cm^{-1}出现的峰应该是反应产生的丁醇的羟基伸缩振动峰[33,35]。与图2.7（a）相比，1750cm^{-1}处的峰1250cm^{-1}处峰的增强说明了乙酸丁酯的存在。通过对AcOH和TB混合物红外谱图的分析可知：AcOH与TB混合后形成三种Ti的乙酸配合物，同时生成丁醇和乙酸丁酯，但是没有TiO$_2$形成，因为在600cm^{-1}没有发现Ti-O-Ti的典型振动峰。

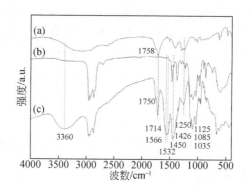

图2.7　原料AcOH（a）和TB（b）的红外谱图；（c）AcOH与TB按摩尔比4/1混合室温下反应30min所得产物的红外谱图

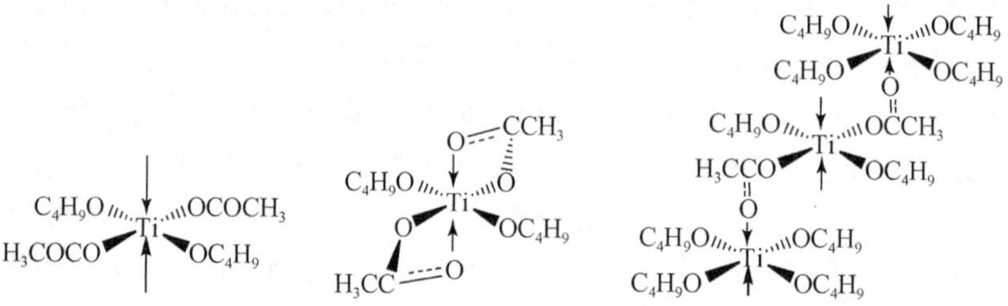

图2.8　Ti的乙酸配合物结构示意图

　　为了跟踪TiO$_2$的形成过程，作者团队将AcOH和TB混合物分成三份分别在100℃进行溶剂热处理，然后在2h、6h和12h不同时间停止反应进行红外表征。图2.9（a）~（d）为AcOH/TB摩尔比为4/1所得混合物和此混合物经溶剂热处理2h、6h和12h所得产物的红外谱图。与没有经过溶剂热处理的AcOH/TB混合物的红外谱图相比，经溶剂热处理后所得产物的红外谱图在600cm^{-1}和3441cm^{-1}附近产生了两个强振动峰，分别是典型的Ti-O-Ti振动峰和Ti-OH的伸缩振动峰，说明AcOH/TB混合物经溶剂热处理产生了TiO$_2$。同时观察到1714cm^{-1}、1566cm^{-1}、1426cm^{-1}和1292cm^{-1}的峰随着反应时间的延长逐渐消失了，说明Ti的单齿配合物和桥式配合物经过溶剂热处理通过缩合反应形成了 Ti-O-Ti。但是 1532cm^{-1} 和 1450cm^{-1} 的峰即使反应 12h，产物中仍然存在这两个峰，说明 Ti 的螯合配合物很稳定，在最终产物中仍然存在。

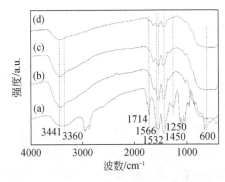

图 2.9 （a）AcOH/TB 摩尔比为 4/1 室温反应 30min 所得混合物的红外谱图；此混合物经 100℃溶剂热处理 2h（b）、6h（c）和 12h（d）所得产物的红外谱图

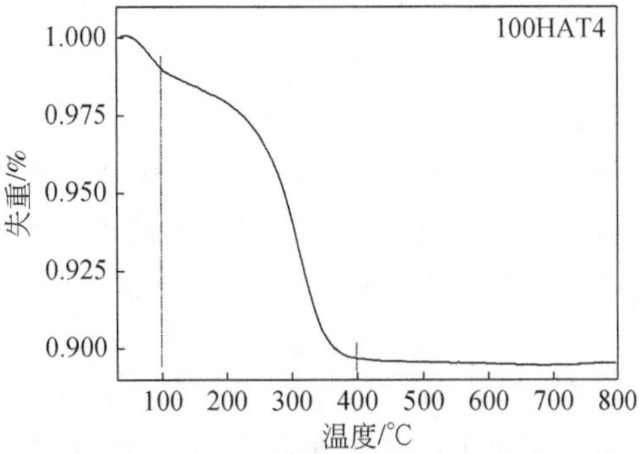

图 2.10 100HAT4 的 TG 谱图

将 100℃溶剂热方法得到的 100HAT4 样品进行热重（TG）分析，研究其表面 Ti 配合物的分解温度。图 2.10 为 100HAT4 样品的 TG 谱图，可以发现 100HAT4 样品在 30～100℃和 100～400℃出现了两个失重台阶。第一个失重约为 1.1%，是样品表面吸附水和有机分子的脱附引起的；第二个失重较大约为 10.9%，温度范围较宽，可能是一些高沸点有机物（如 $CH_3COOnC_4H_9$，沸点为 126℃）的消除和一些有机物分解造成的。从图 2.10 还发现在 400℃以上，样品的重量基本保持不变，说明经过 400℃高温处理，样品表面已经没有任何有机物，得到的 TiO_2 为纯度很高的 TiO_2。

在实验过程中，作者团队发现 AcOH/TB 混合物经溶剂热处理后除了固体产物，还有液体产物，将液体产物收集，利用气相色谱（GC）来分析其组成。表 2.7 列出 AcOH/TB 混合物经溶剂热处理后液体产物的组成和组分含量。从中可知，液体产物中存在乙酸丁酯（$CH_3COOC_4H_9$）、水和未反应的乙酸。其中 $CH_3COO_nC_4H_9$ 含量高达 95.56%，说明液体产物中绝大多数为 $CH_3COO_nC_4H_9$。

表 2.7 AcOH/TB 混合物经溶剂热处理后液体产物的组成和组分含量

组成[a]	$CH_3COO_nC_4H_9$	AcOH	H_2O
组分含量[b]	95.56	2.66	1.58

注：a. 液体产物的组成通过在完全相同的 GC 条件下与标准样品的 GC 谱图对比保留时间确定，b. 组分含量利用乙酸乙酯为内标确定。

通过红外对 AcOH 和 TB 反应过程的监控和 GC 对产物成分的确定，作者团队提出了利用 AcOH 和 TB 制备 TiO_2 的反应机理。首先，AcOH 和 TB 混合反应生成 Ti 的乙酸配合物 $(CH_3COO)_xTi(O_nC_4H_9)_{4-x}$，同时反应产生副产物丁醇 (nC_4H_9OH) ［式 (2.39)］。$(CH_3COO)_xTi(O_nC_4H_9)_{4-x}$ 的三种结合方式见图 2.8。反应生成的 nC_4H_9OH 可以与没有反应的 AcOH 发生缓慢的酯化反应，生成 $CH_3COO_nC_4H_9$ 和 H_2O ［式 (2.40)］。如式 (2.41) 所示：式 (2.40) 中生成的水可以使 $(CH_3COO)_xTi(O_nC_4H_9)_{4-x}$ 和 TB 发生水解反应，生成 Ti-OH；然后再通过缩聚反应形成 Ti-O-Ti，最终经过水解-缩聚过程形成 TiO_2。方便起见，用 $R_xTi(O_nC_4H_9)_{4-x}$ 来表示 $(CH_3COO)_xTi(O_nC_4H_9)_{4-x}$ 和 TB，R 为—$OOCCH_3$代表 $(CH_3COO)_xTi(O_nC_4H_9)_{4-x}$，R 为—$O_nC_4H_9$代表 TB。尽管水解-缩聚过程是形成 TiO_2 的主要过程，但是由于 $(CH_3COO)_xTi(O_nC_4H_9)_{4-x}$ 自身会发生非水解-缩聚反应，结果也能产生 TiO_2 ［式 (2.42)］[36]。因此，非水体系 TiO_2 形成的机理包括：水解-缩聚和非水解-缩聚两个过程。在整个反应中，$CH_3COO_nC_4H_9$ 能通过反应式合成，因此 $CH_3COO_nC_4H_9$ 是整个反应主要的副产物，与 GC 结果一致。由于 $CH_3COO_nC_4H_9$ 无毒无污染，所以此方法具有重要的应用价值。

$$xCH_3COOH+Ti(O_nC_4H_9)_4 \longrightarrow (CH_3COO)_xTi(O_nC_4H_9)_{4-x}+xnC_4H_9OH$$
$$(2.39)$$

$$nC_4H_9OH+CH_3COOH \longrightarrow CH_3COO_nC_4H_9+H_2O \qquad (2.40)$$

$$R_xTi(O_nC_4H_9)_{4-x}+H_2O \longrightarrow R_x(O_nC_4H_9)_{3-x}TiOH+nC_4H_9OH$$

$$R_x(O_nC_4H_9)_{3-x}TiOH+R_x(O_nC_4H_9)_{3-x}TiOR' \longrightarrow$$
$$R_x(O_nC_4H_9)_{3-x}TI-O-TiR_x(O_nC_4H_9)_{3-x}+R'OH \qquad (2.41)$$

这里 R =—$O_nC_4H_9$，—$OOCCH_3$；R′=H，—nC_4H_9

$$m(CH_3COO)_xTi(O_nC_4H_9)_{4-x} \longrightarrow$$
$$m/2[(CH_3COO)_{2x-1}Ti-O-Ti(O_nC_4H_9)_{7-2x}]+m/2CH_3COO_nC_4H_9 \qquad (2.42)$$

2.4.2　反应机理的验证

1. Ti 的乙酸配合物经非水解-缩聚过程制备 TiO_2

根据上面的反应机理，AcOH 与 TB 反应制备 TiO_2 经历了两个过程：水解-缩聚过程和非水解-缩聚过程。关于水解-缩聚过程，不需要讨论。因为 Ti 的乙酸配体和 TB 都具有很强的亲电性，水是强的亲核试剂，它们之间很容易发生亲核取代反应。对于非水解-缩聚过程，只是根据文献报道得出的一个推断，为了验证此过程也可以制备 TiO_2，作者团队设计了以下实验：将 AcOH 与 TB 以摩尔比 4/1 在室温下混合，根据前面机理的研究分析可知：混合物中 AcOH 稍有过量，那么理论上 TB 全部转化为 Ti 的乙酸配合物，同时可能还有丁醇和乙酸丁酯存在。将 AcOH 与 TB 的混合物经过减压蒸馏将过量的 AcOH、丁醇或乙酸丁酯除去，得到黄色的固体物质，对其进行红外分析确定其结构，然后再将其进行溶剂热处理看能否得到 TiO_2。

图 2.11 为 AcOH 与 TB 以摩尔比 4/1 得到的混合物经减压蒸馏后得到的黄色固体产物的红外谱图。从中可知：得到的固体样品在 $2900cm^{-1}$、$1714cm^{-1}$、$1566cm^{-1}$、$1532cm^{-1}$、$1450cm^{-1}$、$1426cm^{-1}$、$1292cm^{-1}$、$1125cm^{-1}$、$1065cm^{-1}$ 和 $1035cm^{-1}$ 有明显的振动峰。根据前面机理研究的分析可知：$1714cm^{-1}$ 和 $1292cm^{-1}$ 对应 Ti 的单齿配合物；$1566cm^{-1}$ 和 $1426cm^{-1}$ 对应 Ti 的桥式配合物；$1532cm^{-1}$ 和 $1450cm^{-1}$ 对应 Ti 的螯合配合物；而 $2900cm^{-1}$ 附近的峰为 Ti 的乙酸配合物中甲基和亚甲基的 C—H 振动；$1125cm^{-1}$、$1065cm^{-1}$ 和 $1035cm^{-1}$ 的峰是由配合物中 Ti—OC_4H_9 的 Ti—O—C 的振动引起的。综合分析可知：减压蒸馏得到的固体产物为 Ti 的乙酸配合物。

将 Ti 的乙酸配合物分散到无水乙酸丁酯中，转移至自压釜然后在 160℃溶剂热反应 12h，得到白色固体，经洗涤、过滤、干燥得白色粉体，对其进行 Raman 表征，可以判断样品为锐钛矿的 TiO_2。这就证明了前面提出的机理：在非水体系中以乙酸和 TB 为原料通过溶剂热方法反应，TiO_2 可以通过非水解-缩聚过程获得。

2. 利用其他有机酸制备 TiO_2

前面以乙酸（AcOH）和钛酸丁酯（TB）为原料制备了 TiO_2，并提出了反应机理。根据 TiO_2 形成的反应机理，理论上利用其他有机酸也可以与 TB 反应制备得到锐钛矿 TiO_2。为此，作者团队选用了碳链长短不同的液体有机酸：以甲酸（formic acid）、乙酸（acetic acid）、正丁酸（n-butanoic acid）、正己酸（n-caproic acid）和正辛酸（n-octylic acid）为原料，分别与 TB 混合以摩尔比 4/1 混合，然后转移至自压釜中在 160℃溶剂热处理 12h，洗涤，过滤，干燥后表征。之所以不用固体有机酸是因为固体酸在 TB 中不能很好地溶解，反应困难。根据选用酸的不同，将得到的产物分别命名为 160HFT4、160HAT4、160HBT4、160HCT4 和 160HOT4。

如图 2.12 所示，利用其他有机酸制备的 TiO_2 的 XRD 谱图与利用乙酸所得 TiO_2（160HAT4）的 XRD 谱图形状完全一致，说明除了乙酸外，用甲酸、正丁酸、正己酸和正辛酸为原料也可以制备得到锐钛矿的 TiO_2，也验证了作者团队提出的机理。此外，还可以发现：随着原料有机酸碳链的增长，在完全相同的实验条件下得到的 TiO_2 的结晶度越来越差。TiO_2 的结晶过程就是相同的 Ti—O—Ti 网络结构有序排列的结果，根据反应机理可知：在反应过程中，Ti 与有机酸之间存在作用，所以原料有机酸碳链越长，Ti—O—Ti 网络结构在排列过程中位阻越大，有序度越差，得到的 TiO_2 结晶性越差。

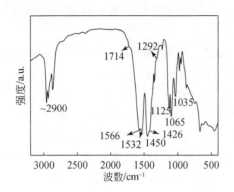

图 2.11　AcOH 与 TB 混合物经减压
蒸馏后固体产物的红外谱图

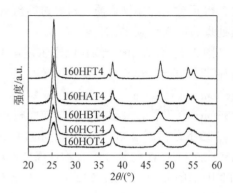

图 2.12　利用其他有机酸为原料
制备得到 TiO_2 的 XRD 谱图

2.5　纳米晶二氧化钛溶胶

传统上，TiO_2 溶胶是通过对钛醇盐水解速率的控制，使水解中间体、部分水解钛醇盐和未水解钛醇盐之间相互缩聚、交联，逐渐形成高交联度的溶胶，从而具有无定形结构[37,38]。例如钛酸四丁酯，在二乙醇胺（DEA）作用下，同样经历配体与醇盐之间的亲核取代反应、水解反应，以及缩聚反应，与 DEA 针对丙醇锆 $[Zr(OPr)_4]$ 的作用机理非常类似[39]。

传统的制备方式得到无定形结构的薄膜，折射率相对于块体材料要低很多，要想获得高折射率薄膜，制备纳米晶溶胶是一种有效的解决手段。纳米晶溶胶的制备由快速的水解过程和受抑制的缩聚过程两部分构成。水解过程主要是考虑钛醇盐前驱体的选择，在常用的前驱体钛醇盐中，钛酸四异丙酯的水解产物通常为单体结构，钛酸四乙酯的水解产物通常为二聚体，钛酸四丁酯的水解产物通常为三聚体[40]。单体结构位阻较小，有利于彻底的水解，具有一致的化学组成和结构，水解产物的化学组成和结构的单一性有利于进一步的缩聚晶化。因而选择钛酸异丙酯作为钛醇盐前驱体与过量的水进行快速彻底的水解反应。

本节介绍研究团队开发的一种 TiO_2 纳米晶溶胶的制备方式，讨论 TiO_2 纳米晶颗粒的形成机理，并尝试性地将其应用于镀制高折射率薄膜。

2.5.1　纳米晶 TiO_2 溶胶的制备工艺和影响因素

TiO_2 纳米晶溶胶的制备过程如下：首先，将少量无水乙醇与钛酸四异丙酯

（TTIP）按摩尔比 1:1 室温下充分反应，得到无色透明溶液；然后将该无色透明溶液缓慢滴加到强烈搅拌下的二次去离子水中，生成白色沉淀；最后，将反应物体系超声处理 15min，得到均匀的白色悬浊液，然后用硝酸调节反应体系 pH 为 0.5，再转入自压釜中于 100℃下胶溶、晶化数小时，最终得到浅蓝色透明溶胶。将这一样品记为"T0"，以 T0 样品为基础，调整 pH、胶溶温度、胶溶时间等反应参数，以此来研究反应因素的影响。具体的参数和影响规律见表 2.8。

表 2.8　反应因素对纳米晶 TiO_2 溶胶形成过程的影响规律

样品	反应参数			晶型	晶粒尺寸/nm	产物状态
	pH	$T/℃$	t/h			
pH 变化						
TP0	0	100	5	R	8.5	沉淀
TP0.2	0.2	100	5	A, B, R	7.3	凝胶
TP0.5	0.5	100	5	A, B	6.5	溶胶
TP1.5	1.5	100	5	A, B	6.3	溶胶
TP2.0	2.0	100	5	A, B	5.8	溶胶
TP2.5	2.5	100	5	A, B	4.5	沉淀
胶溶温度（T）变化						
TT50	0.5	50	5	A, B, R	3.2	溶胶
TT80	0.5	80	5	A, B	6.3	溶胶
TT100	0.5	100	5	A, B	6.5	溶胶
TT120	0.5	120	5	A, B	7.1	溶胶
TT150	0.5	150	5	A, B	8.1	凝胶
TT180	0.5	180	5	A, B	9.6	沉淀
胶溶时间（t）变化						
TH1	0.5	100	1	无定形	—	溶胶
TH2	0.5	100	2	A, B	3.5	溶胶
TH5	0.5	100	5	A, B	6.5	溶胶
TH8	0.5	100	8	A, B	7.2	溶胶
TH24	0.5	100	24	A, B	7.5	凝胶

注：晶型栏 A 为锐钛矿，B 为板钛矿，R 为金红石。TP0.5、TT100 及 TH5 为同一个样品，即 T0 样品。

从 T0 样品分析开始，溶胶微结构测试见图 2.13。图 2.13（a）为样品 T0 溶胶的透射电镜（TEM）照片，可以看出，溶胶由近似球形及椭球形颗粒组成，溶胶颗粒粒径分布较为均匀，平均粒径大约在 10nm 左右，交联和团聚现象不明显，属于典型的粒子溶胶。图 2.13（b）为溶胶的高分辨率透射电镜（HRTEM）照片，可以清晰地观察到胶粒的晶格条纹，条纹间距为 0.352nm，对应于锐钛矿的（101）晶面间距，可以初步认为胶粒具有锐钛矿结构[41]。XRD 测试进一步明确了溶胶的晶型结构，干凝胶的 XRD 曲线［图 2.13（c）］在 $2\theta = 25.3°$、$37.8°$、$48.1°$、$55.2°$、$62.7°$ 处出现明显的衍射峰，很好地对应了锐钛矿在 $20° \sim 70°$ 相应位置的主要特征峰，说明干凝胶主要以锐钛矿晶型存在；在 $2\theta = 30.8°$ 位置存在板钛矿的（121）特征峰。根据峰强度通过相关公式[42]计算可得锐钛矿和板钛矿分别为 80.3% 和 19.7%。为进一步得到胶粒的晶粒尺寸，在 $2\theta = 22° \sim 28°$ 对锐钛矿（101）晶面对应衍射峰进行慢扫描分析，利用谢乐（Scherrer）公式[43]计算大约为 6.5nm±0.2nm。

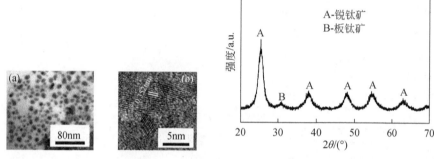

图 2.13   典型纳米晶 TiO_2 溶胶微结构
（a）溶胶的 TEM 照片；（b）溶胶的 HRTEM 照片；（c）干凝胶 XRD 扫描

表 2.8 列出了反应参数的调节对纳米晶 TiO_2 溶胶制备的影响规律。首先是 pH 的调变。当 pH 低于 0 的时候，生成的纳米晶是以金红石结构为主的沉淀；随着 pH 增加到 0.2 左右，逐渐产生锐钛矿和板钛矿混晶结构的纳米晶，并且向溶胶状态过渡；当 pH 增加到 0.5 左右，具有锐钛矿与板钛矿混晶结构的稳定纳米晶溶胶即可生成；一直到 pH 为 2 左右，生成的产物都是稳定的纳米晶溶胶；在 pH 为 2.5 左右时，又生成沉淀，并且一直保持锐钛矿与板钛矿的混晶结构。在 pH 由 0 到 2.5 升高过程中，纳米晶的晶粒尺寸逐渐减小，说明更低的 pH 有利于晶化程度；而产物粒径与 pH 之间没有必然的规律。第二个调节参数是胶溶温度。从表 2.8 可以看出，较低的胶溶温度有利于金红石的生成，随着胶溶温度的升高，纳米晶的晶粒尺寸逐渐增大，说明较高的温度能够得到晶化更好的产物。但是较高的温度同时也容易使溶胶发生絮凝而转为沉淀。最后考察的是胶溶时间。纳米晶溶胶的形成需要一定的时间，并且晶粒尺寸随时间增加而逐渐增大，而过长的胶溶时间又会发生凝胶化。

2.5.2　纳米晶溶胶形成机理推测

基于以上主要影响因素的考察，对纳米晶溶胶的形成机理做了如下推测（图 2.14）：首先，乙醇作为解交联剂与钛酸四异丙酯快速反应，有助于钛酸四异丙酯下一步完全水解为单体产物。钛是六配位过渡金属元素，因而钛醇盐具有较高的交联度，乙醇的羟基可以作为小分子配体占据一个空轨道，从而使钛酸四异丙酯以单体的形式参加反应。随后，由于水远远过量，解交联后的钛酸四异丙酯单体迅速与水发生反应，形成以单体状态存在的水解产物水合物[16,44]。该水合物在酸的作用下逐渐溶解于水，并以六配位的 $[Ti(OH)_x(H_2O)_{6-x}]^{(4-x)}$ 形式存在，其具有八面体结构，其共振式构成了锐钛矿和金红石的前体[45]。较低的温度和 pH 对缩聚反应具有更强的抑制作用，因此更容易形成热力学稳定的金红石，反之则有利于形成动力学稳定的锐钛矿[46]。由于金红石是共用一条棱边的方式进行缩聚，因而容易形成针状纳米晶，并且造成颗粒表面电荷分布的不均匀，对于依靠电荷稳定的粒子溶胶，很容易发生絮凝形成沉淀；而锐钛矿是以共用顶角的方式缩聚，容易形成球形纳米晶，有利于电荷在颗粒表面的均匀分布，在一定的 pH 范围（0.5~2），可以通过静电作用形成稳定的纳米晶溶胶。

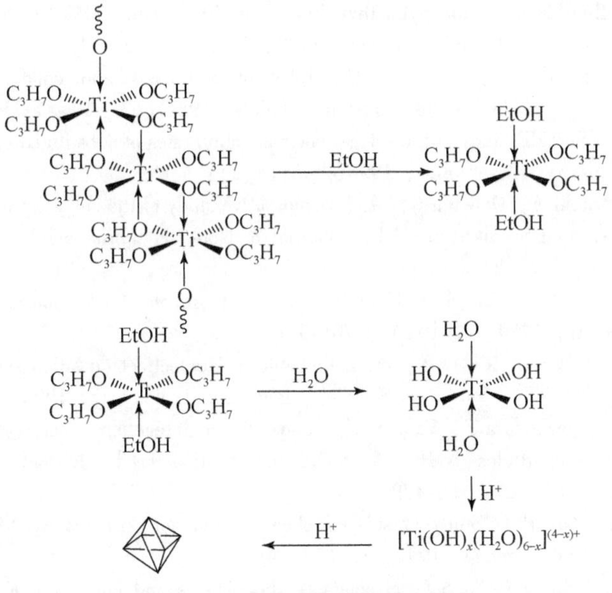

图 2.14　纳米晶溶胶的形成过程

参 考 文 献

[1] McNeil K J, DiCaprio J A, Walsh D A, et al. Kinetics and mechanism of hydrolysis of a silicate triester, tris (2-methoxyethoxy) phenylsilane [J]. Journal of the American Chemical Society, 1980, 102 (6): 1859-1865.

[2] Pohl E R, Osterholtz F D. Kinetics and mechanism of aqueous hydrolysis and condensation of al-kyltrialkoxysilanes [M] //H. Ishida, G. Kumar. Molecular Characterization of Composite Interfaces. Berlin, Heidelberg: Springer Berlin Heidelberg, 1985, 157-170.

[3] Brinker C J. Hydrolysis and condensation of silicates: effects on structure [J]. Journal of Non-Crystalline Solids, 1988, 100 (1): 31-50.

[4] Keefer K D. The effect of hydrolysis conditions on the structure and growth of silicate polymers [M] //C. J. Brinker, D. E. Clark, D. R. Ulrich. Better Ceramics Through Chemistry. New York: North-Holland, 1984, 15-24.

[5] UhlmannD R, Zelinski B J J, Wnek G E. The ceramist as chemist- opportunities for new materials [M] //C. J. Brinker, D. E. Clark, D. R. Ulrich. Better Ceramics Through Chemistry. New York: North-Holland, 1984, 59-70.

[6] Iler R K. The chemistry of silica: solubility, polymerization, colloid and surface properties and biochemistry of silica [M]. New York: Wiley, 1979.

[7] Voronkov M G, Mileshkevich V P, Yuzhelevskii Y A. The Siloxane Bond [M]. New York: Consultants Bureau, 1978.

[8] Swain C G, Esteve R M, Jones R H. Organosilicon chemistry: the mechanisms of hydrolysis of triphenylsilyl fluoride and triphenylmethyl fluoride in 50% water-50% acetone solution [J]. Journal of the American Chemical Society, 1949, 71 (3): 965-971.

[9] Schmidt H, Scholze H, Kaiser A. Principles of hydrolysis and condensation reaction of alkoxysilanes [J]. Journal of Non-Crystalline Solids, 1984, 63 (1): 1-11.

[10] Hook R J. A ^{29}Si NMR study of the sol-gel polymerisation rates of substituted ethoxysilanes [J]. Journal of Non-Crystalline Solids, 1996, 195 (1-2): 1-15.

[11] Jitianu A, Britchi A, Deleanu C, et al. Comparative study of the sol-gel processes starting with different substituted Si-alkoxides [J]. Journal of Non-Crystalline Solids, 2003, 319 (3): 263-279.

[12] Aelion R, Loebel A, Eirich F. Hydrolysis of ethyl silicate [J]. Journal of the American Chemical Society, 1950, 72 (12): 5705-5712.

[13] Sadasivan S, Dubey A K, Li Y, et al. Alcoholic solvent effect on silica synthesis—NMR and DLS investigation [J]. Journal of Sol-Gel Science and Technology, 1998, 12 (1): 5-14.

[14] Green D L, Jayasundara S, Lam Y F, et al. Chemical reaction kinetics leading to the first Stober silica nanoparticles- NMR and SAXS investigation [J]. Journal of Non- Crystalline Solids, 2003, 315 (1): 166-179.

[15] Assink R A, Kay B D. Study of sol- gel chemical reaction kinetics by NMR [J]. Annual Review of Materials Science, 1991, 21 (1): 491-513.

[16] Brinker C J, Scherer G W. Sol- gel science: the physics and chemistry of sol- gel processing [M]. San Diego, CA: Academic press, 1990.

[17] Lee K, Look J L, Harris M T, et al. Assessing extreme models of the stöber synthesis using transients under a range of initial composition [J]. Journal of Colloid and Interface Science, 1997, 194 (1): 78-88.

[18] Mackenzie J D, Ulrich D R. Sol- gel optics: present status and future trends [C]. SPIE,

1990, 1328: 2-13.

[19] Fyfe C A, Aroca P P. A kinetic analysis of the initial stages of the sol-tel reactions of methyltrie-thoxysilane (MTES) and a mixed MTES/tetraethoxysilane system by high-resolution ^{29}Si NMR spectroscopy [J] . The Journal of Physical Chemistry B, 1997, 101 (46): 9504-9509.

[20] Prabakar S, Assink R A. Hydrolysis and condensation kinetics of two component organically modified silica sols [J] . Journal of Non-Crystalline Solids, 1997, 211 (1): 39-48.

[21] Thomas I M. Sol-gel coatings for high power laser optics-past, present and future [C] . SPIE, 1994, 2114: 232-243.

[22] Sato S, Murakata T, Suzuki T, et al. Control of pore size distribution of silica gel through sol-gel process using water soluble polymers as additives [J] . Journal of Materials Science, 1990, 25 (11): 4880-4885.

[23] 孙继红, 范文浩, 徐耀, 等. PEG 分子量和温度对 SiO_2 溶胶及光学增透膜的影响 [J] . 硅酸盐通报, 1999, (5): 3-6.

[24] Sermon P, Vong M, Bazin N, et al. Recent developments in silica sol-gel antireflection (AR) coatings [M] . SPIE, 1995.

[25] Vong M S W, Bazin N, Sermon P A. Chemical modification of silica gels [J] . Journal of Sol-Gel Science and Technology, 1997, 8 (1): 499-505.

[26] Chen Y Y, Wei W C J. Formation of mullite thin film via a sol-gel process with polyvinylpyrrolidone additive [J] . Journal of the European Ceramic Society, 2001, 21 (14): 2535-2540.

[27] Morikawa A, Iyoku Y, Kakimoto M a, et al. Preparation of silica-containing polyvinylpyrrolidone films by sol-gel process [J] . Polymer Journal, 1992, 24 (7): 689-692.

[28] Xu Y, Zhang B, Hao Fan W, et al. Sol-gel broadband anti-reflective single-layer silica films with high laser damage threshold [J] . Thin Solid Films, 2003, 440 (1): 180-183.

[29] Dahlborg U, Dimic V, Cvikl B. Molecular motions in poly (ethylene oxide) solutions [J] . Physica Scripta, 1988, 37 (1): 93-101.

[30] Kaatze U, Gottmann O, Podbielski R, et al. Dielectric relaxation in aqueous solutions of some oxygen-containing linear hydrocarbon polymers [J] . The Journal of Physical Chemistry, 1978, 82 (1): 112-120.

[31] Niederberger M, Garnweitner G, Ba J, et al. Nonaqueous synthesis, assembly and formation mechanisms of metal oxide nanocrystals [J] . International Journal of Nanotechnology, 2007, 4 (3): 263-281.

[32] Doeuff S, Henry M, Sanchez C, et al. Hydrolysis of titanium alkoxides: modification of the molecular precursor by acetic acid [J] . Journal of Non-Crystalline Solids, 1987, 89 (1): 206-216.

[33] Perrin F X, Nguyen V, Vernet J L. FTIR spectroscopy of acid-modified titanium alkoxides: in-vestigations on the nature of carboxylate coordination and degree of complexation [J] . Journal of Sol-Gel Science and Technology, 2003, 28 (2): 205-215.

[34] Zhang Z H, Zhong X H, Liu S H, et al. Aminolysis route to monodisperse titania nanorods with tunable aspect ratio [J] . Angewandte Chemie International Edition, 2005, 44 (22): 3466-3470.

[35] Hwang U Y, Park H S, Koo K K. Behavior of barium acetate and titanium isopropoxide during the formation of crystalline barium titanate [J] . Industrial & Engineering Chemistry Research, 2004, 43 (3): 728-734.

[36] Cozzoli P D, Kornowski A, Weller H. Low-temperature synthesis of soluble and processable organic-capped anatase TiO_2 nanorods [J] . Journal of the American Chemical Society, 2003,

125 (47): 14539-14548.

[37] Mosaddeq-ur-Rahman M, Yu G, Soga T, et al. Refractive index and degree of inhomogeneity of nanocrystalline TiO$_2$ thin films: effects of substrate and annealing temperature [J]. Journal of Applied Physics, 2000, 88 (8): 4634-4641.

[38] Pacheco F, Palomino R, Martínez G, et al. Optical characterization of titania thin films produced by the solgel method and doped with Co^{2+} at different concentrations [J]. Applied Optics, 1998, 37 (10): 1867-1872.

[39] 梁丽萍, 张磊, 盛永刚, 等. 溶胶-凝胶 ZrO$_2$-TiO$_2$ 高折射率光学膜层的抗激光损伤性能研究 [J]. 物理学报, 2007, 56 (6): 3596-3601.

[40] 银董红, 邓吨英, 陈恩伟, 等. 溶胶-凝胶法制备二氧化钛薄膜的研究进展 [J]. 工业催化, 2004, 12 (1): 1-6.

[41] Yu H G, Yu J G, Cheng B. Preparation, characterization and photocatalytic activity of novel TiO$_2$ nanoparticle-coated titanate nanorods [J]. Journal of Molecular Catalysis A: Chemical, 2006, 253 (1): 99-106.

[42] Zhang H Z, Banfield J F. Understanding polymorphic phase transformation behavior during growth of nanocrystalline aggregates: insights from TiO$_2$ [J]. The Journal of Physical Chemistry B, 2000, 104 (15): 3481-3487.

[43] Cullity B D. Elements of X-ray difiaction [M]. Massachusetts: Addison-Wesley, 1978.

[44] Gao Y F, Yoshitake M, Koumoto K. Microstructure-controlled deposition of SrTiO$_3$ thin film on self-assembled monolayers in an aqueous solution of $(NH_4)_2TiF_6$-Sr $(NO_3)_2$-H_3BO_3 [J]. Chemistry of Materials, 2003, 15 (12): 2399-2410.

[45] Mackenzie J D, Ulrich D R. A predictive model for inorganic polymerization reactions [M] // J. D. Mackenzie, D. R. Ulrich. Ultrastructure processing of advanced ceramics. New York: Wiley, 1988.

[46] Gopal M, Moberly Chan W J, De Jonghe L C. Room temperature synthesis of crystalline metal oxides [J]. Journal of Materials Science, 1997, 32 (22): 6001-6008.

第3章 桥式倍半硅氧烷

3.1 倍半硅氧烷

有机-无机杂化材料利用无机和有机组分的杂化，形成均匀的多相材料，其中至少有一相的尺寸和维度在纳米数量级，纳米相与其他相通过化学相互作用（如共价键、螯合键）与物理相互作用（如氢键、静电作用等）在纳米尺度上进行复合，从而产生新的结构类型和功能特性。杂化材料是继单组分材料、复合材料和梯度功能材料之后的第四代材料。与传统的较大微相尺寸的复合材料相比，它在结构上和性能上具有明显的区别[1]。以倍半硅氧烷（silsesquioxane）为前驱体可进一步形成多臂状或星型高分子，从而得到 SiO_2 为核的无机-有机纳米杂化材料，并在液晶、催化剂、介电材料、发光材料、耐热阻燃材料、生物医药材料等方面获得了应用[2]。在这类纳米复合材料中，无机相和聚合物间通过化学键结合后均匀分布在材料中，不仅可以改善有机相与无机相之间的相容性，还能在有机-无机的界面效应影响下产生新的性能，制备方法简便灵活，易于进行分子结构的设计。

倍半硅氧烷的传统合成方法一般采用氯代硅烷的水解。1946 年，Scott[3] 从甲基氯硅烷和二甲基氯硅烷的水解缩合产物中首次分离出低聚甲基倍半硅氧烷。之后 Frye[4] 以 $HSiCl_3$ 为原料，浓硫酸和发烟硫酸为催化剂，在苯溶液中得到 T_{10}（14%）、T_{12}（43%）、T_{14}（39%）和 T_{16}（14%）。Agaskar[5] 根据上述过程中浓硫酸作用的机理提出了以 $FeCl_3$ 催化水解的改进方案，得到更高产率的 T_8（17.5%）和 T_{10}（9.7%）。Feher[6] 利用氯硅烷的水解法在水/丙酮介质中以 $c\text{-}C_5H_9SiCl_3$ 和 $c\text{-}C_7H_{14}SiCl_3$ 合成了几种倍半硅氧烷，产率为 7%～29%，需要反应的时间为几天到几周，有时甚至长达一年。运用这种方法，改变反应条件可制得多种完全水解或未完全水解的多面体低聚倍半硅氧烷（polyhedral oligomeric silsesquioxane，POSS）[7]。未完全水解的 POSS 可经 "顶角-戴帽" 法[8] 合成官能化的 POSS，完全水解的 POSS 可改变不同的取代基应用于相应领域。然而，这种传统方法是一个耗时的多步反应过程，且一般产率较低（小于 30%）。从实验室的角度而言，有时能得到用其他方法不易制备的笼型倍半硅氧烷产物，因而这种方法仍被科研工作者广泛采用。

国内倍半硅氧烷的研究起步较晚，仍有许多研究者在该项研究领域做出有意义的探索性工作。杨荣杰研究团队对 POSS 化合物的合成进行系列性探索研究[9]，以苯基三氯硅烷或苯基三甲氧基硅烷为原料，合成笼状八苯基倍半硅氧烷，优化调整工艺因素，与传统方法相比，体系反应周期缩短，反应产率显著提升；采用三氯化铝或氯化镁作为助反应剂，通过苯基三氯硅烷单体的水解和缩聚，在80℃合成出分链规整度高的梯形苯基倍半硅氧烷，其热稳定性比笼状结构的八苯基倍半硅氧烷更高；以苯基三乙氧基硅烷为原料，与单水氢氧化锂反应，合成缺角的七苯基倍半硅氧烷，这种不完全缩聚的倍半硅氧烷硅醇盐可以扩大倍半硅氧烷的应用范围。刘鸿志研究团队在倍半硅氧烷的合成、功能化及其杂化材料领域做了深入和系统的工作[10]，探索新型 POSS 单体合成，在国际上先后合成了八元羧酸、八元偶氮、八元肉桂酸酯、八元咪唑盐、八元溴苯等功能化的 POSS 单体；将笼型八乙烯基 POSS 与平面分子、四面体分子、立方笼型分子和线性高分子等进行拓扑组合，通过 Heck 和 Friedel-Crafts 反应制备了一系列 POSS 基杂化多孔聚合物。

　　桥式倍半硅氧烷（bridged polysilsesquioxanes，BPSQ）是倍半硅氧烷具有特殊性能的一类新型杂化材料[11]。这类杂化材料不仅兼具无机物和有机物的特性，而且由于在材料组成上的广泛可调性，还具有单一无机物和有机物无法比拟的独特性能，从而使得这类杂化材料被广泛应用于表面改性剂、涂料、催化剂和膜材料。作者研究团队以制备光学防潮膜为目标探索制备桥式倍半硅氧烷，合成桥式倍半硅氧烷的反应机理将在后续章节针对优选的反应体系进行详细讨论，此处仅简单介绍合成倍半硅氧烷的反应介质[2]。Alan 等[12]在四氢呋喃、二氯甲烷和微量水中，由三取代硅烷经四甲基氟化铵催化合成了一系列顶角为不同取代基的倍半硅氧烷，产率为20%～95%，并且利用氧同位素追踪对其机理及影响因素进行了仔细研究。通过 ^{29}Si NMR 测试表明水解前驱体与水的配比正好符合完全水解时的化学计量比，可以使得笼型倍半硅氧烷的产率最大化［式（3.1）］，过量的水容易生成不完全封角的倍半硅氧烷和硅烷醇。然而，袁长友等[13]利用四甲基氢氧化铵催化正硅酸乙酯水解合成（Si_8O_{20}）$^{8-}$ 季铵盐，溶剂全部是水且大大超过化学计量比却得到了规整的笼状结构。由此可见，水的用量对产物结构的影响与反应前驱体的可水解取代基数目也有很大的关系。

$$8RSi(OEt)_3 + 12H_2O \Longrightarrow R_8Si_8O_{12} + 24EtOH \tag{3.1}$$

　　霍玉秋等[14]对正硅酸乙酯水解沉淀过程和溶胶-凝胶过程中溶剂的影响做了系统的研究，发现从反应时间来看，从短到长依次都是正丁醇、异丙醇、乙醇；从产率来看，从大到小依次都是正丁醇、异丙醇、乙醇；从粒子大小来看，无论是在沉淀过程中还是在溶胶-凝胶过程中，都是正丁醇或异丙醇作溶剂时的粒子小于乙醇作溶剂时的粒子，且粒度更均匀。这说明随着共溶剂烷基链的增大，产率增大，反应速度加快，水解产物的粒度也变小，且为较均匀的球形结构。

　　根据原料的取代基类型及水解时生成的醇类物质来决定所用共溶剂是倍半硅氧烷反应过程中确定溶剂的最简单方法。这样选择溶剂的原因，一是因为反应前驱体与大部分的催化剂是互不相容的，如果直接反应速度非常缓慢，在实验中加入醇类作为溶剂，可以增加反应物之间相互接触的机会，从而加快反应进行；二是选用水解生成的醇作为反应介质，由于化学平衡的原理可以使得缩聚反应速度减慢，减少副反应，提高产物的选择性。

3.2　桥式倍半硅氧烷

3.2.1　BPSQ 简介

　　聚倍半硅氧烷（polysilsequioxine）是有机–无机杂化材料研究领域中的一个重要分支，是一种典型的有机和无机组分在分子水平上相互分散的杂化材料[15-17]。相比一般的聚硅氧烷，聚倍半硅氧烷的热稳定性更好，表面能更低。因此，常被用作耐高温涂层的基料，也是一类新的具有良好开发和应用前景的高分子材料。桥式聚倍半硅氧烷（BPSQ）是聚硅氧烷当中较为特殊的一类，分子通式为（$RSiO_{3/2}$）$_n$，由含有可变化的有机桥连基团和两个或多个三官能团化的硅氧烷基团的前驱体按照溶胶–凝胶法通过水解–缩聚反应而得到（图 3.1）[18-20]。改变溶胶–凝胶过程的各种条件和参数可以得到如薄膜、纤维、气凝胶、干凝胶及均一分散的颗粒等不同形态的 BPSQ 材料。BPSQ 中连接在两个三官能化的硅基

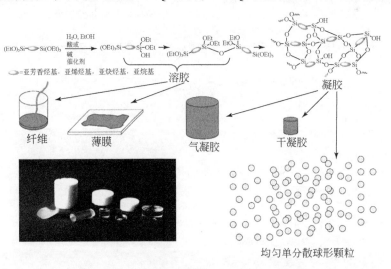

图 3.1　溶胶–凝胶法制备不同形式的 BPSQ

团之间的有机桥连基团可以在柔性、长度、结构和功能化上进行改变调节。由于有机桥连基团在 BPSQ 中能够完整保存，在实际应用中可通过改变有机桥连基团的结构和性能来调节材料的孔结构、机械性能、化学稳定性、热稳定性、光学性能、疏水性和介电性能等各种性能[11]。目前，很多多孔硅载体的性能调节都是通过在后序处理过程中引入有机官能团对其进行表面改性来实现。相比之下，BPSQ 可以利用前驱体的简单水解–缩聚反应来获得。因此，精确控制 BPSQ 前驱体的结构和性能可以使 BPSQ 材料在光学、催化以及生物等众多领域获得更为广泛的应用前景。

3.2.2 BPSQ 前驱体制备方法

如图 3.2 所示为具有代表性的几种不同桥连链结构的 BPSQ 前驱体。图 3.2（a）是有机桥连基团为刚性苯环结构的 BPSQ 前驱体[21]，图 3.2（b）是有机桥连基团为乙炔基的 BPSQ 前驱体[39]，图 3.2（c）是有机桥连基团为柔性烯烃基的 BPSQ 前驱体，图 3.2（d）是有机桥连基团为柔性烷基的 BPSQ 前驱体，其中烷基链中的桥连亚甲基的个数可由 1 ~ 14。图 3.2（e）是有机桥连链中含胺、醚、硫化物、磷化氢、脲基等官能团的 BPSQ 前驱体。图 3.2（f）是有机桥连基团中包括一些有机金属基团的 BPSQ 前驱体，而且这些有机金属基团是桥连链或桥连链附属基团的一部分。

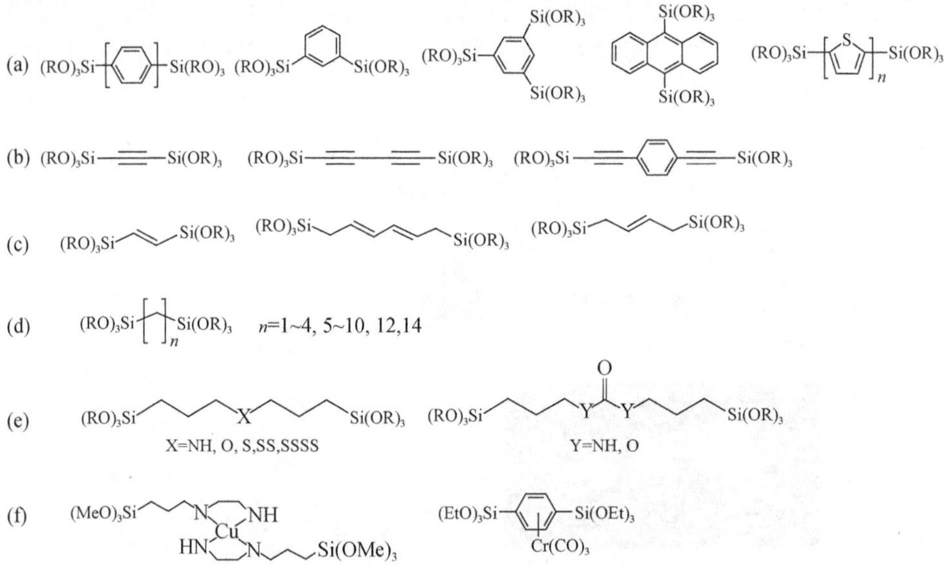

图 3.2 不同有机连接基团的 BPSQ 前驱体

　　较常见的制备 BPSQ 前驱体的方法有①金属化法，用含有金属元素的芳基、炔基或烷基前驱体与四官能化的硅烷进行取代反应制备 BPSQ 前驱体；②硅氢键加成法，用二烯、多烯或者二炔与两个或多个含有硅氢键的三烷氧基硅烷进行加成反应制备 BPSQ 前驱体；③有机硅官能团化法，利用双官能化有机基团和具有活性基团的有机硅氧烷进行加成反应制备 BPSQ 前驱体。下面对以上方法举例进行详细介绍。

1. 金属化法制备 BPSQ 前驱体

　　如图 3.3 所示为金属化方法制备 BPSQ 前驱体的几种反应类型。图 3.3（a）为"格氏"试剂反应，图 3.3（b）为锂-卤素交换的锂有机化反应，图 3.3（c）为乙炔质子化反应。无论哪种方法，都需要贵金属催化剂的支持，而且反应温度一般在 100℃左右。

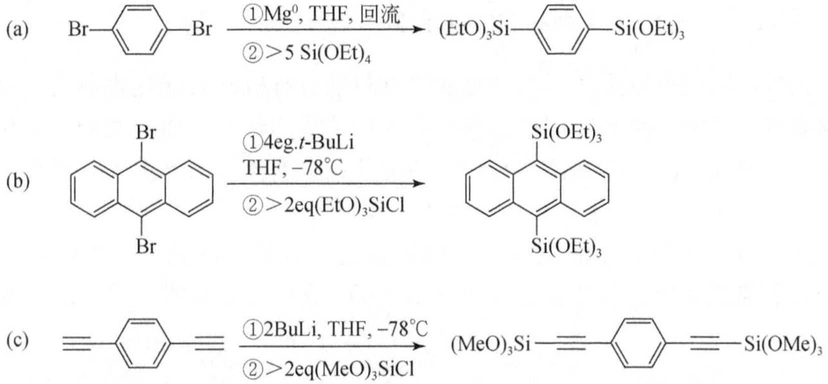

(a) Br—⟨ ⟩—Br →①Mg⁰, THF, 回流 ②>5 Si(OEt)₄→ (EtO)₃Si—⟨ ⟩—Si(OEt)₃

(b) ①4eg.t-BuLi THF, −78℃ ②>2eq(EtO)₃SiCl

(c) ≡—⟨ ⟩—≡ →①2BuLi, THF, −78℃ ②>2eq(MeO)₃SiCl→ (MeO)₃Si—≡—⟨ ⟩—≡—Si(OMe)₃

图 3.3　金属化法制备 BPSQ 前驱体

2. 硅氢键加成法制备 BPSQ 前驱体

　　对于具有两个或者多个终端烯烃基的化合物，硅氢键加成法是制备高产率 BPSQ 前驱体的首选方法，如图 3.4 所示。目前，已经用此方法成功制备出有机桥连基团为不同长度亚烷基的 BPSQ 前驱体。将 Si—H 基团嫁接在三氯硅烷或三乙氧基硅烷的过程中经常采用贵金属催化剂进行催化，例如氯铂酸、斯拜尔（Spier）或卡尔斯特德（Karsted）催化剂。硅氢键加成反应具有较强的区域选择性，易使硅原子处在双键的位置。在钯基催化剂作用下，采用丁二烯和三氯硅烷进行硅氢加成反应可以制备出 3-丁烯基氯硅烷。之后，再通过原位异构化并进行二次硅氢加成反应 [图 3.4（b）] 可以制备出 1, 4-双三乙氧基硅基丁烷

BPSQ 前驱体。实验证明，三氯硅烷能够稳定地转化为含有三烷氧基氯基基团或者乙氧基和胺基基团的三烷氧基硅烷。

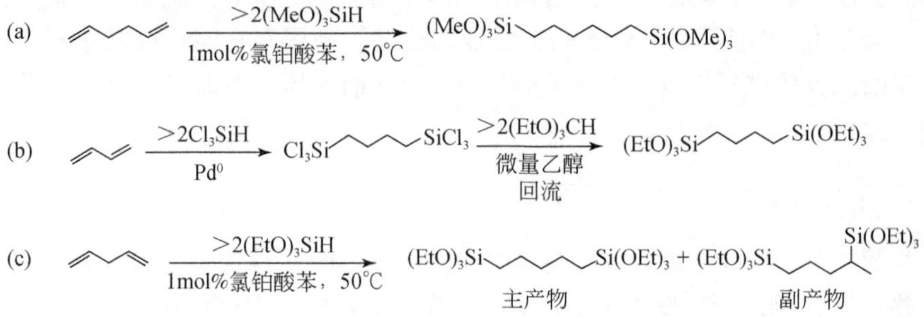

图 3.4　二烯硅氢键加成法制备 BPSQ 前驱体

3. 有机硅官能团化法制备 BPSQ 前驱体

有机桥连基团可以采用一些常见的原材料通过有机硅官能化来制备，这种方法过程简单，且条件温和，因此逐渐成为人们关注的热点。研究表明，有机三乙氧基硅烷上的连接的亲电基团能与含有两个及以上亲核基团的多种有机化合物发生反应。这类亲电基团包括异氰酸酯基、苯甲基、卤素、胺基、丙烯酸盐等。如图 3.5（a）所示为异氰酸酯基三乙氧基硅烷与氨基三乙氧基硅烷反应生成桥连链中含脲基的 BPSQ 前驱体。如图 3.5（b）所示为异氰酸酯基三乙氧基硅烷

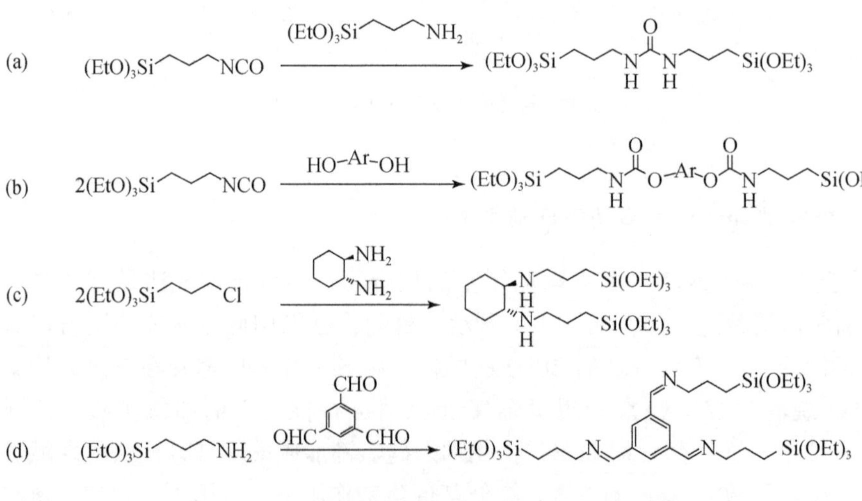

图 3.5　有机硅官能团化法制备 BPSQ 前驱体

与酚羟基反应生成桥连链中含苯基和脲基的 BPSQ 前驱体。如图 3.5（c）所示为卤代烷烃基三乙氧基硅烷与胺基反应生成桥连链中含亚胺基的 BPSQ 前驱体。如图 3.5（d）所示为氨基三乙氧基硅烷与苯醛反应生成复杂桥连结构的 BPSQ 前驱体。

4. 混合途径制备 BPSQ 前驱体

图 3.6（a）~（c）是通过三氯硅烷中的甲硅烷基阴离子与烯丙基和苄基卤化物的反应制备用于合成 2，4-己二烯、2-丁烯和二甲苯桥连的 BPSQ 前驱体。图 3.6（d）是通过钌基催化的硅烷化和脱硅烷化制备 BPSQ 前驱体，图 3.6（e）是通过烯烃光化学的异构化制备 BPSQ 前驱体，图 3.6（f）是通过偶联反应中的赫克反应来制备冠状-41 或寡核苷酸乙烯基芳基桥连的 BPSQ 前驱体，图 3.6（g）是利用双三氯甲硅烷基乙烯和环戊二烯之间的狄尔斯-阿尔德环加成反应来制备前驱体。

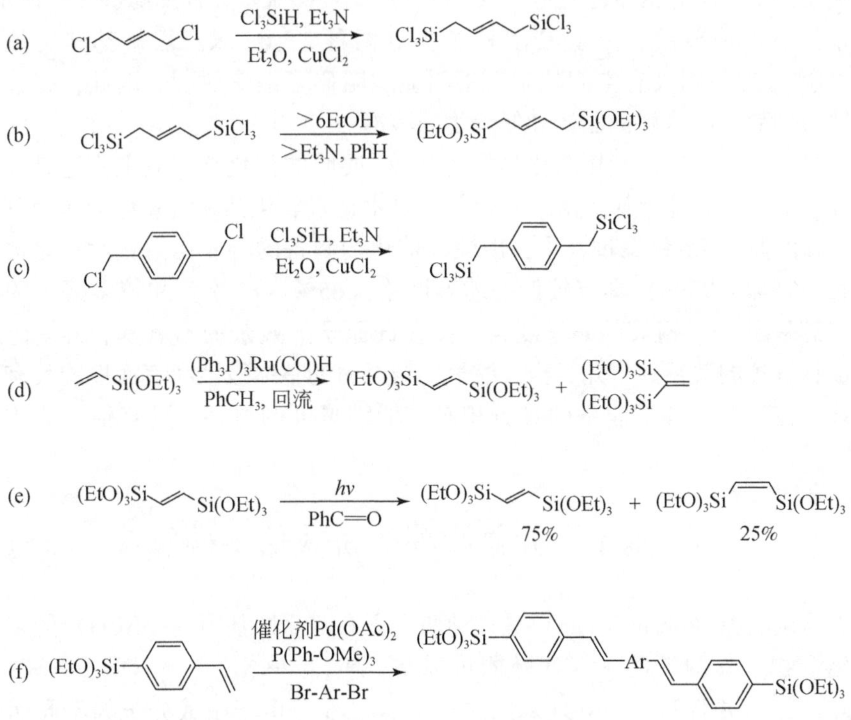

图 3.6　混合途径制备 BPSQ 前驱体

3.2.3　溶胶−凝胶法制备 BPSQ

桥式聚倍半硅氧烷的溶胶−凝胶聚合过程是前驱体在相应的醇或四氢呋喃等极性溶剂中通过一系列的水解−缩聚反应完成的。反应中，至少 3mol/L 的水作为共反应剂被加入其中。通过三乙氧基硅烷基团和乙酸之间的酯交换反应，凝胶已经能够在非极性溶剂如甲苯中制得[22]。最早报道的在超临界二氧化碳中的溶胶−凝胶缩聚反应是通过亚苯基桥连有机硅前驱体和 6mol/L 的乙酸在无水溶液中进行水解−缩聚制备亚苯基桥连的 BPSQ 气凝胶[23]。BPSQ 容易形成凝胶是其主要特点。无论是在传统的水溶液中还是在无水乙酸水解−缩聚过程中，6 个活泼的醇盐基团都可以促进快速凝胶。不同的 BPSQ 前驱体在 0.4mol/L 下的凝胶时间在几分钟到数小时不等。基于通过水解−缩聚过程在数天之内形成凝胶的要求，正硅酸乙酯的浓度的 1/5 大约是最佳浓度[24]。相比之下，大多数的三烷氧基硅烷［RSi(OR)₃］在任何水解−缩聚条件下无法形成凝胶[24]。到现在为止，只有一种类型的 BPSQ 前驱体也就是 5,6-双三乙氧基硅烷基冰片烯能够在任何水解−缩聚条件下形成凝胶。由于 E 型和 Z 型这两种 5,6-双三乙氧基硅烷基冰片烯[25]的冰片烯基团具有空间位阻，很明显地阻碍了缩聚过程。因此，在数月之后能够得到稳定的水解前驱体和低聚物的溶液。

尽管有的研究团队利用氟化物作为溶胶−凝胶的催化剂，但主要还是以酸或碱作催化剂。通常盐酸作为酸性催化剂，氨水、氢氧化钠和氢氧化钾作为碱性催化剂。在溶胶−凝胶缩聚过程中，由酸性催化剂制备的凝胶比由碱性催化剂制备的凝胶（75%~90%）具有较低的缩聚网络（65%~67%）和较多残余的醇盐及硅烷醇基团[18]。凝胶的缩聚度与连接在硅原子上残余的乙氧基和硅烷醇基团的数量有直接的关系。依此类推，缩聚度与材料的整体极性和表面性能具有一定的关系。在酸性条件下制备的具有相对较低缩聚度的材料，具有很多的非极性基团。

3.3　基于二异氰酸酯的桥式倍半硅氧烷

二异氰酸酯（diisocyanate）是一种两端含有双活性基团（—NCO）的多功能有机化合物，其两端的—NCO 基团可以与—NH₂、—NH—、—OH、—SH 等基团反应[26,27]，并且两个—NCO 基团之间的有机部分由于组成分子的不同而存在不同的长度和分子柔顺性。根据二异氰酸酯不同的有机链特性，若利用二异氰酸酯作为桥链分子与有机硅烷反应，那么会制备出具有柔性和长桥链特性的 BPSQ。基于上述文献的研究基础，利用不同种类的二异氰酸酯分别与 3-氨丙基三乙氧基硅烷反应制备 BPSQ 前驱体，通过二异氰酸酯的不同结构制备出无孔结构的

BPSQ 溶胶及凝胶，进一步为硫酸镍晶体 NSH 镀膜，观察薄膜的防潮性能。

3.3.1　二异氰酸酯基 BPSQ 的制备

1. 前驱体的制备

典型前驱体的制备：以间苯亚甲基二异氰酸酯（XDI，纯度 99%，TCI）和 3-氨丙基三乙氧基硅烷（APTES，纯度 99%，Acros）为原料，无水四氢呋喃（THF，分析纯，二次蒸馏）为溶剂。将 5.68g APTES 加入 100mL 的三颈瓶中，三颈瓶中预置 28mL 的 THF 和磁子。同时三颈瓶侧口上放置一个 60mL 的分液漏斗，漏斗中装有 2.42g 的 XDI/THF 混合溶液，另一侧口装有 N_2 通气管。首先将 XDI/THF 混合溶液逐滴加入 APTES/THF 混合液中，同时通入 N_2 并进行强烈搅拌。具体合成示意图见图 3.7。当 XDI/THF 混合溶液滴加结束后继续在室温下搅拌 30min 并形成透明的溶液。然后利用旋转蒸发仪将溶剂去除，得到纯度为 99% 的 7.92g 白色粉末，样品代号为 XDUPTES（a）。

将 XDI 分别替换为等摩尔的 1,6-己二异氰酸酯（HMDI，纯度 99%，Acros）、异佛尔酮二异氰酸酯（IPDI，纯度 99%，TCI）、甲苯-2,4-二异氰酸酯（TDI，纯度 99%，TCI）、双环己基甲烷-4,4′-二异氰酸酯（DMDI，纯度 99%，TCI），经过类似过程合成相应的前驱体，分别标记为 HMDUPTES（b）、IPDUPTES（c）、TDUPTES（d）、DMDUPTES（e）。

利用核磁谱图（图未展示）对前驱体进行结构定性，仍以 XDUPTES（a）为例，^1H NMR（$CDCl_3$）δ：0.53（H-3′），1.21（H-1′），1.47（H-4′），2.92（H-5′），3.75（H-2′），4.06（H-7′），5.70（H-6′），5.72（H-6″），7.13-7.21（H-8′，H-9′，H-10′）；^{13}C NMR（$CDCl_3$）δ：10.21（C-3），21.08（C-1），26.26（C-4），45.4（C-5），46.20（C-7），61.08（C-2），126.50（C-11），127.68（C-9），128.78（C-10），132.80（C-8），162.00（C-6）；^{29}Si NMR（TMS）δ：-45.35。前驱体中具体的 H 和 C 位置见图 3.8。

2. 溶胶及凝胶的制备

溶胶-凝胶聚合二异氰酸酯基 BPSQ 前驱体是在 128mL 无水乙醇中进行的，前驱体的浓度保持在 0.05mol/L。以前驱体 XDUPTES 为例，将前驱体放入可测试体积并预置一定量乙醇的 150mL 长颈瓶中。然后，在强烈搅拌下，将另一半含有催化剂（25% 的氨水）和水的乙醇溶液逐滴加入前面的溶液中。当滴加结束后，再向混合溶液中滴加一定量的乙醇，直到溶液的体积达到 128mL。样品的最终摩尔配比为 1 XDUPTES : 343 EtOH : 1 NH_3 : 1.5 H_2O。然后，将溶液在室温下搅拌 24h 后密封。溶液老化一定时间后得到可镀膜的溶胶，代号为 XDI-

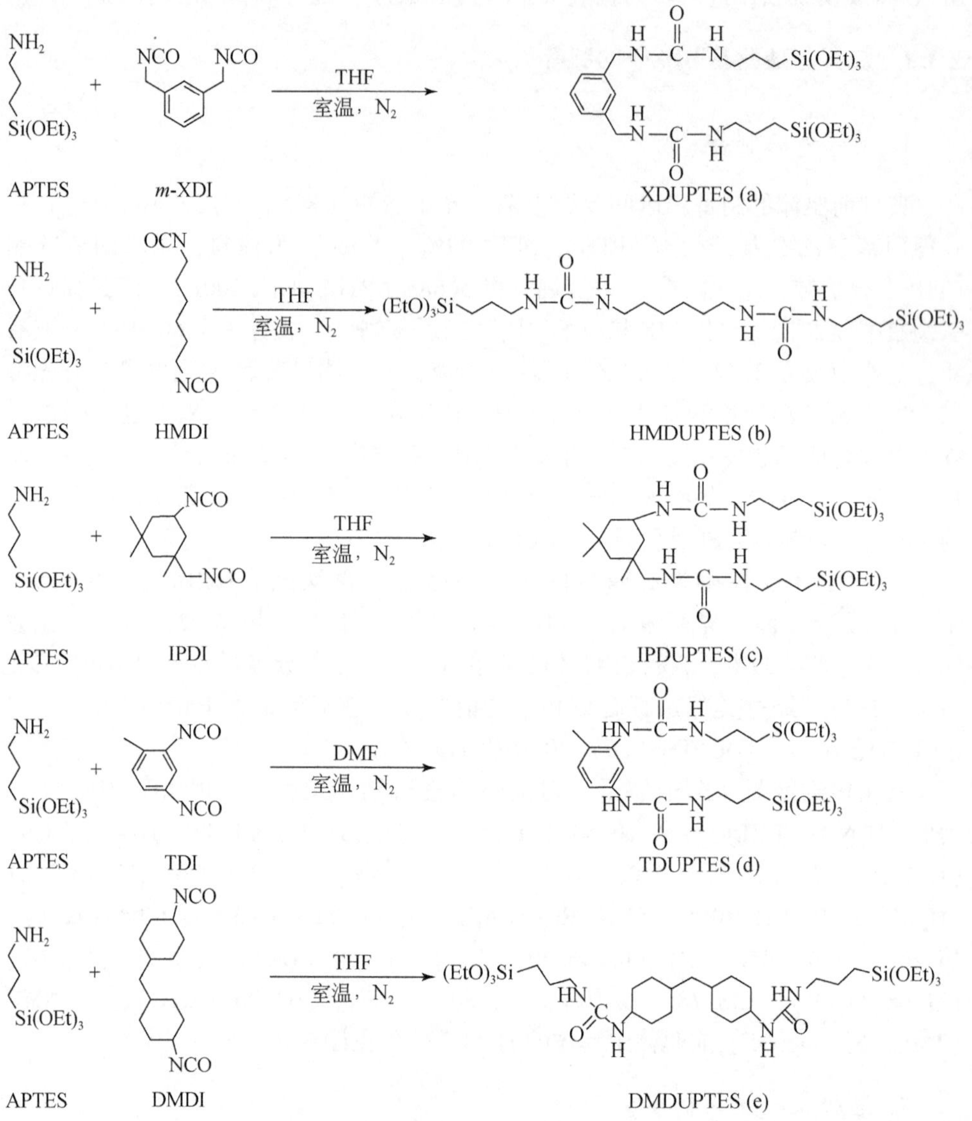

图 3.7　二异氰酸酯基 BPSQ 前驱体合成示意图

BPSQ。溶胶继续老化一定时间后，得到湿凝胶，最后将湿凝胶在 60℃下热处理48h 得到干凝胶，同样将样品代号记为 XDI-BPSQ。利用同样的方法，将前驱体HMDUPTES、IPDUPTES、TDUPTES 和 DMDUPTES 进行水解可制备出代号为HMDI-BPSQ、IPDI-BPSQ、TDI-BPSQ 和 DMDI-BPSQ 溶胶及干凝胶。BPSQ 前驱体的水解–缩聚过程见图 3.9。

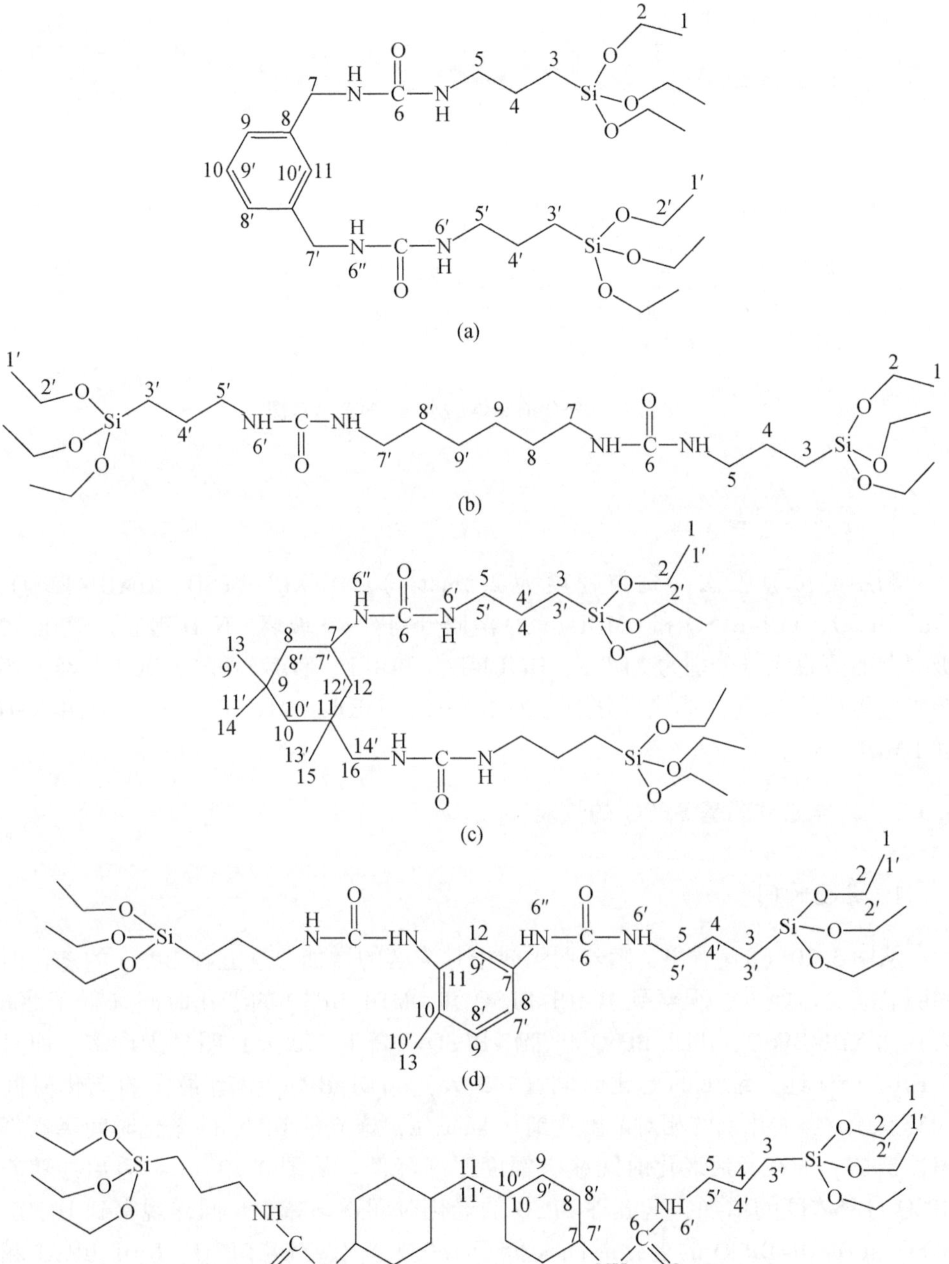

图 3.8　不同 BPSQ 前驱体中 H 和 C 原子的位置

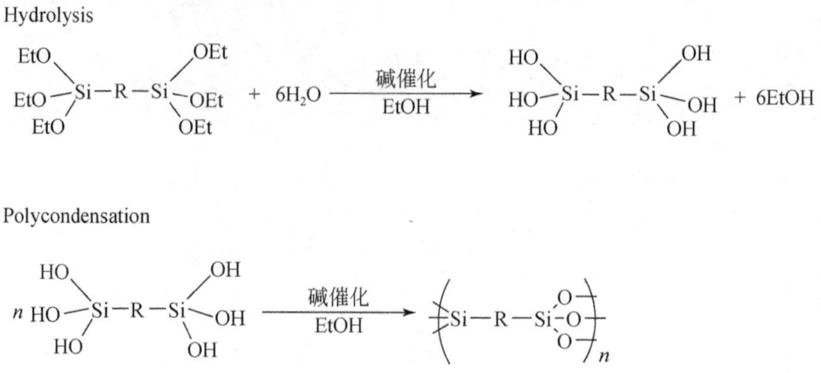

Hydrolysis

Polycondensation

图 3.9　BPSQ 前驱体的水解-缩聚示意图

3. 薄膜的制备

利用提拉镀膜法（提拉速度为 2.5mm/s），用 XDI-BPSQ、HMDI-BPSQ、IPDI-BPSQ、TDI-BPSQ 和 DMDI-BPSQ 溶胶分别对 K9 玻璃、NSH 镀膜。镀在 K9 玻璃上的薄膜代号分别为 XDI-F、HMDI-F、IPDI-F、TDI-F 和 DMDI-F。经上述溶胶包裹后的 NSH 晶体代号分别为 XDI-NSH、HMDI-NSH、IPDI-NSH、TDI-NSH 和 DMDI-NSH。

3.3.2　二异氰酸酯基 BPSQ 的性能

1. 成胶时间

从图 3.10（a）看出，随着催化剂相对浓度的增加，这五种 BPSQ 的老化时间明显减少。此外，观察到 HMDI-BPSQ 和 DMDI-BPSQ 的老化时间（低于 200 天）比 XDI-BPSQ、IPDI-BPSQ 和 TDI-BPSQ（高于 350 天）明显少许多，而且 DMDI-BPSQ 具有最少的老化时间（143 天），TDI-BPSQ 具有最多的老化时间（457 天）。当催化剂的相对浓度达到 0.1mol/L，这五种 BPSQ 的老化时间降幅都超过 50%，而在其后老化时间减少幅度逐渐降低。从图 3.10（b）看出，随着 BPSQ 自身浓度的增加，这五种 BPSQ 的老化时间逐渐减少。同样观察到 HMDI-BPSQ 和 DMDI-BPSQ 的老化时间（低于 150 天）比 XDI-BPSQ、IPDI-BPSQ 和 TDI-BPSQ（高于 250 天）都少。根据 Shea 的研究[28]，具有柔性桥链的 BPSQ 其老化时间随着桥链长度的变化而变化。在一定浓度碱性催化剂下，当柔性桥链的长度低于 5 个碳原子时，BPSQ 的水解-缩聚出现明显的环化现象进而造成溶胶老化的停滞。这是由于在水解-缩聚的过程中，体系内形成了环化的硅氧烷，大量环化硅氧烷阻碍了水解-缩聚的进行。当碳原子数目超过 5 时，BPSQ 的老化时间变得非常少（老化时间低于 1 天）。此外，具有刚性桥连基团的芳基 BPSQ 的老化时间比柔性烷烃基 BPSQ 要少，这是因为具有刚性桥连基团的 BPSQ 在水解-缩聚过程中不会发生环化现象。在本研究中，二异氰酸酯基 BPSQ 主要由两部分组成，其中一部分是相同部分（即—NCO 与 APTES 反应形成的部分），另一部分是二异氰酸酯中除去—NCO 后剩余部分。由于这五种 BPSQ 中都含有相同的部分，因此其柔顺性主要由二异氰酸酯中除去—NCO 后剩余的部分决定。基于以上分析得知，二异氰酸酯中不同的有机桥链结构决定了 BPSQ 不同的老化时间。

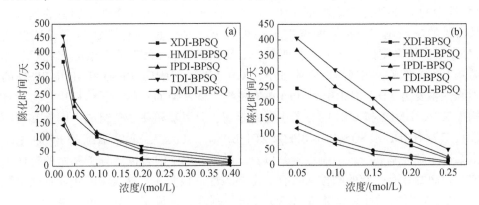

图 3.10　二异氰酸酯基 BPSQ 的老化时间
(a) 以 BPSQ 的浓度为准；(b) 以氨水浓度为准

2. 凝胶的性能

表征薄膜的化学结构比较困难，主要是由于薄膜在一般情况下产量很少，不利于表征。但是鉴于在碱性条件下制备的溶胶及凝胶的结构不会发生明显变化，因此用凝胶代替薄膜来研究薄膜的部分性能[29]。

（1）缩聚度

缩聚度是 BPSQ 的重要性能，通过缩聚度可以观察 BPSQ 是否缩聚完整。而水解-缩聚彻底是形成致密无孔凝胶的充分条件，因此首先观察 BPSQ 的缩聚状况。由样品的 ^{29}Si NMR 得知，XDI-BPSQ、HMDI-BPSQ 和 IPDI-BPSQ 都由位于 -70ppm 附近的 T^3 峰主导，同时在 -60ppm 附近伴有微弱的 T^2 峰，极强的 T^3 峰显示这三种 BPSQ 都具有很高的缩聚度。BPSQ 的缩聚度可用缩聚度公式[30] %$(T^n) = A(T^n)/\sum A(T^n)$ 计算得出，其中 $A(T^n)$ 是整体的积分含量。表 3.1 列出了 XDI-BPSQ、HMDI-BPSQ、IPDI-BPSQ、TDI-BPSQ 和 DMDI-BPSQ 的 ^{29}Si NMR 测试数据。从表 3.1 看出，这五种 BPSQ 的 T^2 和 T^3 峰的化学位移极其接近，说明五种 BPSQ 前驱体中的 Si 原子具有相似的化学环境，同时也间接证明二异氰酸酯基 BPSQ 具有相似的桥链特性。另外也可以看出，HMDI-BPSQ 和 DMDI-BPSQ 体系内没有发现 T^2 峰，说明这两种体系水解-缩聚十分彻底。而 XDI-BPSQ、IPDI-BPSQ 和 TDI-BPSQ 体系内都含有 T^2 峰，说明这三种体系比 HMDI-BPSQ 和 DMDI-BPSQ 体系缩聚相对较弱。但是这三种体系中 T^3 峰的含量都超过了 90%，表明仍旧具有极高的缩聚度。通过计算观察到 XDI-BPSQ、HMDI-BPSQ、IPDI-BPSQ、TDI-BPSQ 和 DMDI-BPSQ 的缩聚度分别为 99.4%、100%、99.0%、97.6% 和 100%。二异氰酸酯基 BPSQ 接近 100% 的缩聚度表明上述几种 BPSQ 前驱体水解-缩聚的十分彻底。根据 Shea 和 Loy[28,31] 的研究，在碱性条件下制备的具有柔性桥链的烷烃基 BPSQ 的缩聚度最高可达 94.1%，而具有刚性桥连基团芳基 BPSQ 最高缩聚度低于 90%。很明显，二异氰酸酯基 BPSQ 的缩聚度比烷烃基和芳基 BPSQ 都高。在当前反应体系中，XDI-BPSQ、HMDI-BPSQ 和 IPDI-BPSQ 的柔顺性主要由 XDI、HMDI 和 IPDI 中有机链（除—NCO）的分子结构决定，而且构成 XDI、HMDI 和 IPDI 的分子主要由苯基、亚甲基和环己基组成，因而其柔顺性状态为 HMDI-BPSQ > IPDI-BPSQ > XDI-BPSQ。其次，二异氰酸酯基 BPSQ 主要由柔性的烷烃基和少量的刚性脲基以及二异氰酸酯中的有机链分子基团的特性组成，因而既具有一定的刚性又具有一定的柔性。很明显，这类 BPSQ 具有比烷烃基 BPSQ 较弱的柔性和比芳基 BPSQ 较弱的刚性，这说明二异氰酸酯基 BPSQ 独特的半柔性和半钢性桥链是造成其比烷烃基和芳基 BPSQ 的缩聚度都高的主要原因。

表 3.1　基于二异氰酸酯的 BPSQ 的 ^{29}Si NMR 数据

样品	T^3/ppm	T^2/ppm	T^0/%	T^1/%	T^2/%	T^3/%	缩聚度/%
XDI-BPSQ	-67.5	-55.0	0	0	1.7	98.3	99.4
HMDI-BPSQ	-67.9	-56.5	0	0	0	100	100
IPDI-BPSQ	-66.8	-57.0	0	0	2.9	97.1	99.0
TDI-BPSQ	-66.2	-56.8	0	0	7.3	92.7	97.6
DMDI-BPSQ	-66.9	-58.8	0	0	0	100	100

（2）孔结构

制备致密无孔的 BPSQ 薄膜是本研究的重要目的，因此重点观察其比表面积。表 3.2 是 XDI-BPSQ、HMDI-BPSQ、IPDI-BPSQ、TDI-BPSQ 和 DMDI-BPSQ 干凝胶的孔结构参数，由凝胶的 N_2 吸附-脱附测试分析得到。从表 3.2 看出，这五种 BPSQ 的比表面积都低于 $1.5\,m^2/g$，并且孔容非常低（低于 $0.01\,cm^3/g$），这说明制备的 BPSQ 凝胶都是致密无孔的。Shea 和 Loy[28,31] 的研究表明 BPSQ 桥链的柔顺性和长度对其最终凝胶的孔隙率具有很大的影响。已知在碱性条件下制备的烷烃基 BPSQ 的比表面积随着桥链长度的增加而减少，其中桥连碳原子的数目从 2 变化到 14。而且只有含有 14 个桥连碳原子的烷烃基 BPSQ 显示最低的比表面积（$4.9 m^2/g$）。但是无论烷基 BPSQ 的桥链长度怎样变化，其都是多孔的。在本研究中，XDI-BPSQ、HMDI-BPSQ、IPDI-BPSQ、TDI-BPSQ 和 DMDI-BPSQ 的桥连碳原子的数目分别是 17、18、16、15 和 21，显然比所有的烷烃基 BPSQ 的桥链都长。结合制备的 BPSQ 的柔性和桥链长度，可以推断出二异氰酸酯基 BPSQ 中桥链独特的柔顺性和更长的长度决定了其最终的致密无孔结构。

表 3.2   二异氰酸酯基 BPSQ 干凝胶的孔结构参数

样品	比表面积/(m^2/g)	孔容/(cm^3/g)
XDI-BPSQ	0.93	1.6×10^{-3}
HMDI-BPSQ	0.86	1.5×10^{-3}
IPDI-BPSQ	1.10	2.0×10^{-3}
TDI-BPSQ	1.73	2.3×10^{-3}
DMDI-BPSQ	0.62	1.4×10^{-3}

（3）热稳定性能

热稳定性能是 BPSQ 的重要性能之一，而且稳定性直接决定了其应用性。图 3.11 是具有不同结构的 XDI-BPSQ 和 HMDI-BPSQ 的 TG 谱图。很明显，无论是在空气或氮气中，XDI-BPSQ 从室温到 270℃ 之间少量的质量损失可归于部分残留凝胶体系内部的溶剂以及 Si—OH 和 Si—OR 基团之间反应形成的副产物的挥发。此外在空气中［图 3.11（a）］，观察到 XDI-BPSQ 在 270℃ 时开始氧化并燃烧，在 700℃ 时彻底转换为 SiO_2 并伴随 66.3% 的质量损失。在氮气中，XDI-BPSQ 在一相对窄的温度范围（300 ~ 650℃）内进行分解并伴有 46.5% 的质量损失。从图 3.11（b）可以看到，HMDI-BPSQ 在一个相对较宽的温度范围（250 ~ 700℃）内进行氧化并伴有 66.4% 的质量损失。在 305 ~ 650℃ XDI-BPSQ 进行分解并伴有 55.1% 的质量损失。除了上述两种典型的二异氰酸酯桥连 BPSQ，作者团队也观察了 TDI-BPSQ 和 DMDI-BPSQ 的热稳定性能，结果表明：这五种 BPSQ 在氮气中显示了相似的分解行为。其中在空气中，HMDI-BPSQ 和 DMDI-BPSQ 显示了比其他四种 BPSQ 相对较弱的热稳定性。前期研究[28,31]表明烷烃基和芳基 BPSQ 的热稳定性最高可达 400℃ 和 500℃，并且具有柔性桥连基团的 BPSQ 的热稳定性比具有刚性桥连基团的 BPSQ 的热稳定性要低。很明显这五种二异氰酸酯基 BPSQ 的热稳定性比已知的烷烃基和芳基 BPSQ 的热稳定性要低。由于在二异氰酸酯基 BPSQ 体系的桥链中存在一定量的脲基基团，因此脲基基团是造成其热稳定性比烷烃基和芳基 BPSQ 的热稳定性低的主要原因。

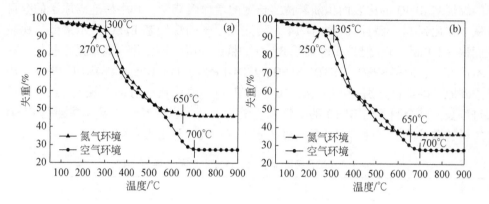

图 3.11　干凝胶在空气和氮气中的 TG 谱图
（a）XDI-BPSQ；（b）HMDI-BPSQ

通过对干凝胶的缩聚度、孔结构和热稳定性分析，对合成的 BPSQ 凝胶的基本性能有了一定了解，确定 BPSQ 凝胶具有极高的缩聚度、致密无孔的比表面积及良好的热稳定性，这也为研究薄膜的化学及物理性能提供了帮助。

3. 薄膜的性能

薄膜是 BPSQ 的重要应用方式之一，制备的二异氰酸酯桥连 BPSQ 主要用途是制备晶体的防潮保护膜，因此在观察薄膜的防潮性能之前首先要研究薄膜的一些基本性能（如光学性能、膜厚及形貌等）以满足其使用要求。

（1）薄膜的透光性

表 3.3 是 K9 玻璃和 BPSQ 薄膜的折射率、膜厚和粗糙度数据。从表 3.3 看出，薄膜 HMDI-F、IPDI-F 和 DMDI-F 的折射率比 K9 玻璃低，薄膜 TDI-F 的折射率比 K9 玻璃明显高很多，而薄膜 XDI-F 的折射率与 K9 玻璃比较接近。

表 3.3　K9 玻璃和 BPSQ 薄膜的折射率、膜厚和粗糙度

薄膜	折射率	膜厚/nm	粗糙度/nm	折射率（潮气处理后）
XDI-F	1.490	331	2.26	1.496
HMDI-F	1.444	335	1.40	1.450
IPDI-F	1.385	330	0.76	1.389
TDI-F	1.824	347	2.61	1.837
DMDI-F	1.437	328	1.56	1.441
K9	1.482	—	—	—

同时观察了薄膜 XDI-F、HMDI-F、IPDI-F、TDI-F 及 DMDI-F 对光学晶体的光学作用。从图 3.12 看出，经薄膜 HMDI-F 和 IPDI-F 包裹后的 NSH 晶体比 NSH 裸片具有明显的增透作用，而经薄膜 XDI-F 包裹后的 NSH 晶体与 NSH 裸片具有相近的透过率，结果与镀在 K9 玻璃上薄膜的光学作用一致。图中显示包裹后的 XDI-NSH、HMDI-NSH、IPDI-NSH 晶体和 NSH 裸片在波长 300nm 的透过率分别为 79.0%、81.1%、83.1% 和 79.6%。

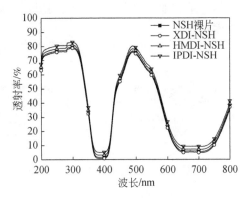

图 3.12　NSH 裸片、XDI-NSH、HMDI-NSH 和 IPDI-NSH 晶体的透射谱

此外，经测试得知经薄膜 TDI-F 和 DMDI-F 分别包裹的 TDI-NSH 和 DMDI-NSH 晶体在波长 300nm 的透过率分别为 74.2% 和 84.3%。

根据薄膜的光学理论[32]，薄膜的折射率决定其透射率，具有低折射率的薄膜具有较高的透射率。本研究中，薄膜 HMDI-F、IPDI-F 和 DMDI-F 比 K9 玻璃低的折射率决定了这三类薄膜的高光透性；薄膜 TDI-F 比 K9 玻璃、NSH 高的折射率决定了其低光透性；薄膜 XDI-F 与 K9 玻璃、NSH 晶体相近的折射率决定了其与这些介质相近的透过率。同样根据减反膜理论得知，薄膜的低折射率与薄膜的孔结构有关。已知具有低折射率的大多数 SiO_2 薄膜是多孔的，而且薄膜的孔隙率越多其折射率越低[33]。有趣的是，作者团队合成的 BPSQ 薄膜都是无孔的，说明 BPSQ 薄膜的折射率与孔隙率无关。显然，BPSQ 薄膜不同的折射率可归于不同的有机桥链及独特的有机-无机结构。

根据以上结果，除薄膜 TDI-F 具有明显的增反性能外，薄膜 XDI-F、HMDI-F、IPDI-F 和 DMDI-F 都具有高光透性，可以满足对 NSH 晶体的减反射要求。

（2）薄膜的形貌

薄膜 XDI-F ［图 3.13（a）］的表面分布着大量类似面包状的小突起，而且这种小突起分布均匀，整体高度相对一致。薄膜 HMDI-F ［图 3.13（b）］的表面形貌与薄膜 XDI-F 的形貌不一样，其表面呈现大型凹凸结构，并未见小型突起结构，这说明该体系薄膜表面的小突起大量堆积形成了这种大型凹凸结构。薄膜 IPDI-F ［图 3.13（c）］的表面则呈现大量针状突起结构，而且分散均匀，说明 IPDI-BPSQ 溶胶颗粒比较细小，同时说明其颗粒之间的交联程度比前两者要低。由于 XDI-BPSQ、HMDI-BPSQ 和 IPDI-BPSQ 分子的不同部分主要由 XDI、HMDI 和 IPDI 中有机链（除—NCO）的分子结构决定，而且构成 XDI、HMDI 和 IPDI 的分子主要由苯基、亚甲基和环己基组成，因此可以推断 XDI、HMDI 和 IPDI 分子中的苯基、亚甲基和环己基结构决定了薄膜 XDI-F、HMDI-F 和 IPDI-F 具有不同表面形貌。

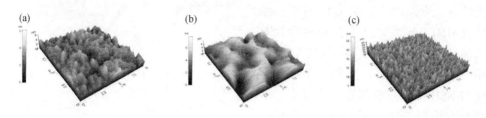

图 3.13　薄膜 XDI-F（a）、HMDI-F（b）和 IPDI-F（c）的 AFM 图片

（3）薄膜的抗紫外辐射性能

由于二异氰酸酯基 BPSQ 中的氨基基团在紫外射线下可能会发生光解，并且光解产生的氨气会具备弱碱性而可能分解 Si—O—Si 键[34]。因此，BPSQ 薄膜的抗紫外性能是其用于实际应用的重要性能之一。图 3.14 是经薄膜包裹后的 XDI-NSH、HMDI-NSH、IPDI-NSH 晶体及 NSH 裸片经输出功率为 5W 和 300W 紫外灯辐照后在波长 300nm 处的透过率谱图。可以看出，NSH 裸片在任何一种紫外灯辐照下在 300nm 处的透过率都不发生变化，表明 NSH 晶体具有优良的抗紫外线性能。同样观察到，经包裹后的 XDI-NSH、HMDI-NSH 和 IPDI-NSH 晶体经输出功率为 5W 的紫外灯辐照 6 天后透过率没有发生明显变化［图 3.14（a）］。通过 FTIR 分析，发现 BPSQ 薄膜的组分没有发生变化，这表明薄膜 XDI-F、HMDI-F 和 IPDI-F 在低能量紫外线辐照下具有明显的抗紫外性能。在更高输出功率紫外线辐照下［图 3.14（b）］，XDI-NSH、HMDI-NSH 和 IPDI-NSH 晶体在 300nm 处的透过率在 4h 之前逐渐降低，并在 4h 后保持不变。辐照实验结束后，观察到 XDI-NSH、HMDI-NSH 和 IPDI-NSH 晶体在波长 300nm 处的透过率分别为 76.6%、78.9% 和 80.6%。与 NSH 裸片的最初透过率相比，其透过率分别损失 3.0%、2.7% 和 3.0%。通过 FTIR 分析已经证明薄膜 XDI-F、HMDI-F 和 IPDI-F 中的有机基团已经全部分解。这些结果表明脲基基团在极强紫外辐照时极其不稳定，脲基分解产生的氨会裂解 Si—O—Si 键，进而造成 BPSQ 薄膜的光学损失。经薄膜 TDI-F 和 DMDI-F 包裹后的 TDI-NSH 和 DMDI-NSH 同样遵循上述规律，在高能量紫外线辐照下，其光学透过率分别损失 3.4% 和 2.4%，而在低能量条件下光学透过率无损失。基于以上结果，制备的二异氰酸酯基 BPSQ 薄膜可以满足在无强紫外光条件下光学元件的实际应用。

（4）薄膜的防潮性能

二异氰酸酯基 BPSQ 薄膜是致密无孔的，可能具有防潮性能。但是薄膜在液态水和气态水中的防潮效果可能不一样，因此首先通过一些实验观察其在液态水

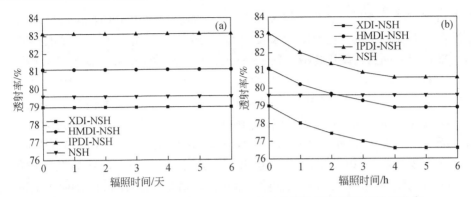

图 3.14　XDI-NSH、HMDI-NSH、IPDI-NSH 晶体及 NSH 裸片经输出功率
为 5W（a）和 300W（b）紫外灯辐照后在波长 300nm 处的透过率

下的防潮性能。具体实验步骤如下：将少量的变色硅胶球分别浸入 XDI-BPSQ、
HMDI-BPSQ、IPDI-BPSQ、TDI-BPSQ 和 DMDI-BPSQ 溶胶中，5min 后将变色硅胶
球取出并在 60℃下干燥 24h。最后将干燥好的硅胶球放入水中观察其颜色变化，
为方便研究，将少量无包裹的硅胶球放入水中进行对比观察。如图 3.15（a）所
示，经 XDI-BPSQ 溶胶包裹后的硅胶球在水中浸泡 1 天后其蓝色仍旧没有发生变
化。而未包裹的硅胶球在水中立刻从蓝色变化成透明的浅红色 [图 3.15（b）]。
进一步观察得知，经 XDI-BPSQ、HMDI-BPSQ、IPDI-BPSQ、TDI-BPSQ 和 DMDI-
BPSQ 浸泡后的变色硅胶球在水中分别经过 58 天、68 天、59 天、47 天和 74 天变
成透明，说明二异氰酸酯基 BPSQ 薄膜在水中具有非常良好的防水性能。

图 3.15　经 XDI-BPSQ 溶胶包裹后（a）和未包裹的变色硅胶球（b）
在水中浸泡 1 天后的数码照片

由于 NSH 晶体很容易在潮气中水解，因此以 NSH 晶体为载体研究二异氰酸
酯基 BPSQ 薄膜的防潮性能，并以薄膜 XDI-F、HMDI-F 和 IPDI-F 为主要研究对
象。如图 3.16 所示，NSH 裸片在每种湿度下其透过率都会明显下降。在湿度
70%［图 3.16（a）］下通过 42 天测试后，NSH 裸片的透过率从最初的 79.6%

减少到 65.7%。相反，包裹后的 XDI-NSH、HMDI-NSH 和 IPDI-NSH 晶体的透过率没有发生任何变化。在湿度为 80% ［图3.16（b）］情况下，经过 42 天处理后，NSH 裸片的透过率迅速减少到 56.8% 并伴有 22.8% 的光学损失。但是 XDI-NSH、HMDI-NSH 和 IPDI-NSH 晶体的光学损失分别只有 1.6%、1.2% 和 2.3%。有趣的是，经过 42 天后 HMDI-NSH 和 IPDI-NSH 晶体的透过率仍旧比 NSH 裸片的初始透射率高。在更高湿度 90% ［图3.16（c）］下处理时，经过 42 天后，NSH 裸片损失 31.3% 的透射率，而 XDI-NSH、HMDI-NSH 和 IPDI-NSH 晶体分别仅仅损失 3.1%、3.0% 和 4.1% 的透射率。并且 IPDI-NSH 晶体的最终透射率（79.6%）仍旧高于 NSH 裸片的初始透射率。针对 TDI-NSH 和 DMDI-NSH 晶体，观察了其在湿度 90% 时的光学透射率损失情况。结果表明：在该湿度下，经过 42 天测试后，TDI-NSH 和 DMDI-NSH 晶体的透射率分别损失 3.2% 和 3.3%，其中 DMDI-NSH 晶体的透射率仍旧高于 NSH 裸片的初始透射率。薄膜 XDI-F、HMDI-F、IPDI-F、TDI-F 和 DMDI-F 经过潮气（湿度 90%）处理后的折射率见表3.3。从表3.3看出，尽管在极高湿度下进行处理了 42 天，这些薄膜的折射率没有发生明显的变化，上述结果间接地说明这些薄膜具有良好的防潮性能。

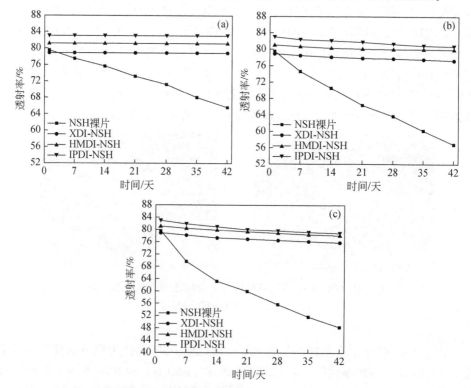

图3.16　包裹前后的 NSH 晶体经湿度 70%（a）、80%（b）和 90%（c）处理后在波长 300nm 处的透过率谱图（温度为 25℃）

通过 BPSQ 薄膜对变色硅胶球在水中的防潮实验以及薄膜对 NSH 晶体在不同湿度潮气下的防潮测试，得知薄膜 XDI-F、HMDI-F 和 IPDI-F 具有良好的防潮性能。显然，这类薄膜优良的防潮性能主要由 BPSQ 中独特的柔顺性的超长桥链决定。

通过 AFM 技术对薄膜的表面形貌进行研究，经过极高潮气处理后，这三种薄膜的表面形貌与其处理之前基本保持一致，这间接说明薄膜 XDI-F、HMDI-F 和 IPDI-F 具有良好的防潮性能。同时观察到薄膜的折射率（表3.3）与其潮气处理之前相比也没有发生明显的变化，这也说明此类薄膜具有明显的防潮性能。

根据表面张力及亲疏水原理[35]，假如薄膜具有相对较高的疏水性能，当潮气中微小的水滴附着于薄膜表面时便会迅速脱落，从而可能提高薄膜的防潮性能。作者考察了二异氰酸酯基 BPSQ 薄膜的疏水性能。薄膜 XDI-F、HMDI-F、IPDI-F、TDI-F 和 DMDI-F 的接触角分别为 60.5°、65.0°、70.5°、69.0° 和 53.5°。这些薄膜的接触角显然比纯 SiO_2 薄膜（40°）的接触角要高，但是要比甲基官能化基团的 SiO_2 薄膜（165°）的接触角要低得多[36]。显然，这些薄膜的弱疏水性要归于桥链中缺乏强疏水基团。此外，这些薄膜中的亲水基团（脲基）也降低了其疏水性能。综合考虑薄膜的弱疏水性，因此推断这些薄膜良好的防潮性能与薄膜的疏水性能无关而与薄膜的无孔结构有关。

3.4　基于环氧基的桥式倍半硅氧烷

基于环氧-胺反应体系的环氧-硅基溶胶-凝胶材料因其独特的柔韧性、热稳定性、抗摩擦性、光学性能以及易与各种材料结合的性能而被广泛研究并用于金属材料防腐蚀、聚合物基质保护、电化学以及光学等诸多领域。桥式聚倍半硅氧烷（BPSQ）作为一种典型的有机-无机杂化材料，其结构中桥连有机链的形式多样，给其独特的性能提供了无限的可能。研究表明，BPSQ 的许多物理及化学性能与其桥连基团的分子结构、长度及柔顺性有密切联系，在碱性条件下，具有较长桥连有机链的 BPSQ 更容易形成致密无孔的结构。综合以上讨论，基于环氧-胺反应体系的 BPSQ 理论上应该具有致密的结构、良好的光学性能和耐摩擦性能且容易与多种基底结合。

本节介绍 BPSQ 的环氧-胺制备体系，以环氧丙氧丙基三甲氧基硅烷（GPTMS）和不同种类的脂肪族有机胺为原料，制备具有不同桥连结构的胺基BPSQ 前驱体。有别于 3.3 节，本节只关注于反应体系的化学过程研究，相应的薄膜制备和分析表征研究方式类同，不再赘述。

3.4.1　无序胺基桥式聚倍半硅氧烷

1. 前驱体制备

环氧基团与胺类亲核试剂的开环反应属于加成反应，关于此类反应的文献报道很多。其中催化剂的选择、反应温度以及溶剂均对开环产物的结构有一定程度的影响。以乙二胺（EDA）和 GPTMS 为研究对象，探索并确定脂肪族有机胺与环氧基团发生开环聚合反应的最佳条件，其他有机胺与 GPTMS 的反应条件将不再做详细的研究，均依照此条件进行。为得到如图 3.17 所示的理想前驱体产物，通过对比实验对以上因素做了详细考察，根据产物的红外图谱中环氧基团特征峰及伯胺基团特征峰的强度变化最终确定了最佳反应条件。在此，将 EDA 和 GPTMS 的反应得到的 BPSQ 前驱体标记为 EG-BSQ。

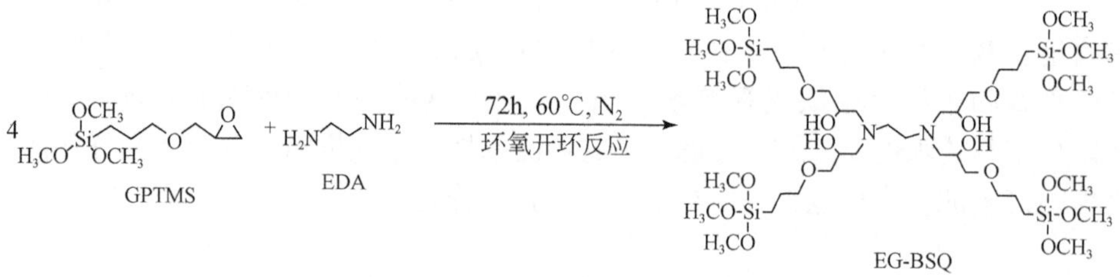

图 3.17　通过 GPTMS 与 EDA 反应制备 BPSQ 前驱体的理想反应过程

首先是催化剂的选择，文献研究表明环氧基团在不同催化条件下开环方式不同。碱性条件下，胺对环氧基团开环主要是进攻环氧环中取代基较少的碳原子，具体开环方式如图 3.18 中 Scheme 1 所示[37,38]；而在酸性条件下，胺对环氧基团开环主要选择性地进攻环氧环中取代基较多的碳原子[39]，具体开环方式如图 3.18 中 Scheme 2 所示。由于反应所选用的有机胺自身就可以作为碱性催化剂催化环氧开环反应，因此，涉及的 BPSQ 前驱体制备过程中均不再引入新的催化剂，环氧开环反应也将按照 Scheme 1 所示进行。

为得到如图 3.17 所示的理想前驱体结构，EDA 中的 4 个氢原子须全部参与环氧开环反应。文献研究表明伯胺中的活泼氢原子在常温下即可诱发环氧基团发生开环反应。对于脂肪族有机胺而言，伯胺中活泼氢与环氧基反应的反应速率常数约为仲胺中活泼氢与环氧基反应的反应速率常数的两倍。因此，需要较高的反应温度才能保证 EDA 中的 4 个氢原子全部参与环氧开环反应。表 3.4 中，分别考察了以 THF 为溶剂时，不同反应温度下 GPTMS 与 EDA 按照摩尔比为 4∶1 进行反应，GPTMS 被全部消耗完时所用的反应时间。

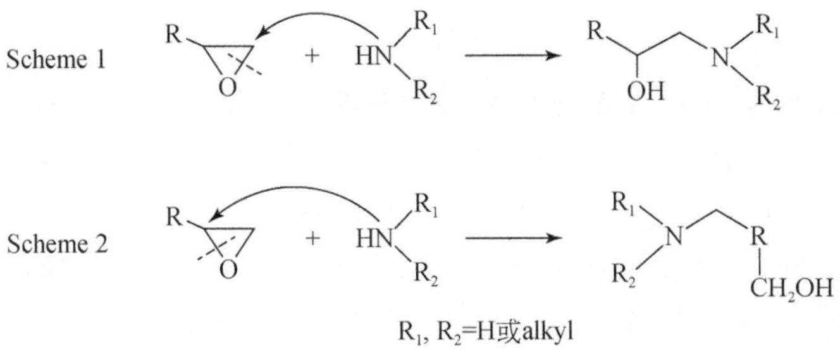
Scheme 1
R
HN
R1
R2
O
+
R
OH
N
R1
R2
Scheme 2
R
HN
R1
R2
O
+
R1
R2
N
R
CH2OH
R1, R2=H或alkyl

图 3.18　环氧基团在胺类试剂攻击下的不同开环机理

表 3.4　同反应温度下 GPTMS 全部消耗完所需时间*

反应温度/℃	25	40	50	60	80	100
时间/h	∞	∞	~126	~68	~40	~40

* 时间为 GPTMS 与 EDA 反应所得产物的 FTIR 图谱保持 12h 不再变化前所需时间。

由表 3.4 可知，当反应温度低于 50℃时，仲胺中的活泼氢很难使环氧基开环；当反应温度高于 50℃时，相同条件下，温度越高，环氧基与胺基的反应速率越快。但是，随着温度升高，副反应发生的概率也越大。产物中副反应产物的量可用气相色谱来判定。具体的副反应将在第 4 章通过质谱表征来讨论。综合以上因素，将 GPTMS 与有机胺反应的反应温度定为 60℃，反应时间为 72h。

文献报道中 GPTMS 与有机胺反应的溶剂一般为四氢呋喃[40]，该溶剂毒性较大，考虑到实验的安全性，希望能用一种安全无毒或毒性较小的溶剂代替四氢呋喃。由于溶剂的极性对反应产物的结构可能有一定程度的影响，选择甲醇、异丙醇、甲苯、乙醇这四种极性不同的溶剂，考察溶剂极性对该反应的影响。实验结果（FTIR）表明相同条件下，溶剂的极性对 GPTMS 与 EDA 的反应结果并未显著影响，但出于对实验安全性的考虑，乙醇和异丙醇是最佳溶剂。由于前驱体结构的表征对纯度要求较高，制备样品时需将溶剂通过旋转蒸发除去，乙醇的沸点较低于异丙醇，因此尝试采用无水乙醇作为溶剂进行 BPSQ 前驱体的制备，如有例外，会单独注明，未做注明的，即默认溶剂是无水乙醇。

此外，作者还考察了加料顺序对前驱体结构的影响，实验结果表明加料顺序对 GPTMS 与 EDA 的开环反应产物无显著影响。考虑到实验中用到的桥连胺多数沸点较低，室温下容易挥发，故前驱体合成步骤中均采用胺的乙醇溶液向 GPTMS 的溶液滴加的方式。

综合以上讨论，GPTMS 与 EDA 的开环反应条件确定如下：溶剂为无水乙醇或异丙醇，反应温度为 60℃，反应时间 72h。

2. 前驱体结构表征

为验证 GPTMS 与 EDA 的反应是否按照图 3.17 所示进行，使用 FTIR 及 ^{13}C NMR 图谱来表征环氧开环反应进行的程度及前驱体的结构。FTIR 实验是直接将前驱体溶液滴在溴化钾片上，在红外灯下照射将溶剂挥发掉即可用于红外测试。将上述前驱体溶液中的溶剂用旋转蒸发仪除去，得到纯度为 99% 的淡黄色黏稠液体状的前驱体。该前驱体样品用于 ^{13}C NMR 表征。

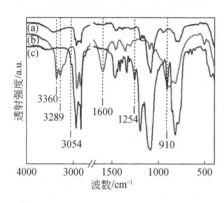

图 3.19 EG-BSQ (a)、EDA (b) 和 GPTMS (c) 的 FTIR 图谱

图 3.19 为 EG-BSQ、EDA 和 GPTMS 的 FTIR 图谱。由图可见，EDA 分子中的 —NH$_2$ 在 3360cm^{-1} 和 3289cm^{-1}（N—H 的对称和反对称伸缩振动）左右有两个特征吸收峰，在 1600cm^{-1}（N—H 的弯曲振动）左右有一个特征吸收峰 [图 3.19 （b）]；GPTMS 分子中的环氧基分别在 3054cm^{-1}（环中亚甲基中 C—H 的伸缩振动）、1254cm^{-1}（环氧基团的呼吸振动）和 910cm^{-1}（环的不对称伸缩振动）左右各有一个特征吸收峰[41] [图 3.19 （c）]。随着反应进行，这些峰的强度越来越弱，直至消失，因此，在 EG-BSQ 的 FTIR 图谱 [图 3.19 （a）] 找不到以上所提到的这些峰，可以认为前驱体合成反应结束后，GPTMS 和胺这两种反应物均被全部消耗。

为进一步确认前驱体的结构，对 EG-BSQ 合成反应的产物做液体 ^{13}C NMR 分析，图谱结果见图 3.20，不同碳原子的化学位移列于表 3.5。反应物 EDA 和 GPTMS 的液体 ^{13}C NMR 图谱来自于日本国立高级工业科学与技术研究院有机化合物光谱数据库。仍以 EG-BSQ 为例，如图 3.20 所示，EDA 分子中与 —NH$_2$ 相连的碳原子的化学位移在 43.6ppm 左右，合成反应结束后，氮原子上的两个氢被两个碳取代，原来与之相连的碳原子的化学位移由于周围化学环境变化而向低场移动至 52.0ppm 左右；GPTMS 分子中的环氧环中两个碳原子的化学位移分别在 50.5ppm 和 43.2ppm 左右[42]，在 EG-BSQ 的 ^{13}C NMR 图谱中不能探测到这两个峰，说明 GPTMS 在反应中被全部消耗，此外，原来与环氧环相连的碳原子因环被打开而变成与 C-OH 相连，化学位移也略向低场移动（71.3ppm 移至 72.9ppm），其他碳原子的化学位移基本不变。结合以上讨论，可以认为 GPTMS 和 EDA 的反应是按照图 3.17 所示进行。

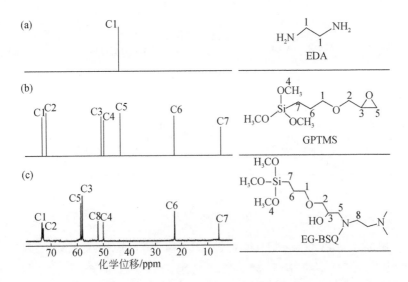

图 3.20　(a) EDA, (b) GPTMS 和 (c) EG-BSQ 的液体^{13}C NMR 图谱

表 3.5　不同反应物和前驱体分子中碳原子的化学位移

	C1	C2	C3	C4	C5	C6	C7	C8	C9	C10	C11	C12
EDA	43.6	—	—	—	—	—	—	—	—	—	—	—
GPTMS	73.1	71.3	50.5	49.5	43.2	22.7	4.8	—	—	—	—	—
EG-BSQ	73.4	72.9	58.1	49.9	58.6	22.6	5.7	52.0	—	—	—	—

3.4.2　层状胺基桥式聚倍半硅氧烷

1. 前驱体制备

选择烷基链中碳原子数为 4 (正丁胺, BA)、6 (正己胺, HA) 和 8 (正辛胺, OA) 的三种有机单胺作为桥连分子, 分别与 GPTMS 反应制备 BPSQ 前驱体, 反应过程如图 3.21 所示。

2. 前驱体结构表征

前驱体的合成反应按照图 3.21 所示进行是得到前文设想中的层状 BPSQ 的必要条件。根据图 3.21, 有机胺中的每一个 N—H 键都参与 GPTMS 中环氧基团的开环反应。图 3.22 显示的是 GPTMS、有机胺与相应的 BPSQ 前驱体的 FTIR 图

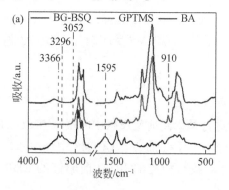

图 3.21　GPTMS 与不同有机单胺反应制备 BPSQ 前驱体的理想反应过程

谱。以 BG- BSQ［图 3.22（a）］为例，BA 分子中的—NH$_2$ 在 3366cm^{-1} 和 3296cm^{-1}（N—H 的对称和反对称伸缩振动）左右有两个特征吸收峰，在 1595cm^{-1}（N—H 的弯曲振动）左右有一个特征吸收峰；GPTMS 分子中的环氧基分别在 3052cm^{-1}（环中亚甲基中 C—H 的伸缩振动）和 910cm^{-1}（环的不对称伸缩振动）左右各有一个特征吸收峰。随着反应进行，这些峰的强度会越来越弱，直至消失，因此，在 EG-BSQ 的 FTIR 图谱找不到以上所提到的这些峰，可以认为前驱体合成反应结束后，GPTMS 和胺均被全部消耗。同样，对 HG-BSQ 和 OG-BSQ 也可得出相同的结论。

　　为进一步确认 BSQ 前驱体的结构，对前驱体的合成产物分别进行元素分析和质谱（MS）分析。元素分析的结果见表 3.6。通过表 3.6 中不同元素的含量，很容易计算出不同元素之间的原子个数比，根据元素的原子个数比，可以推测出样品的实验分子式。三种前驱体合成反应产物的实验分子式分别为 C$_{22}$H$_{51}$O$_5$Si$_2$N、C$_{24}$H$_{55}$O$_5$Si$_2$N 和 C$_{26}$H$_{59}$O$_5$Si$_2$N。

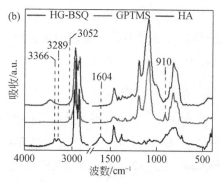

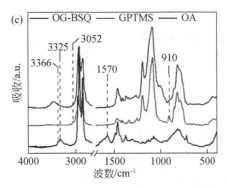

图 3.22　三种 BSQ 及反应物的 FTIR 图谱

表 3.6　三种 BSQ 前驱体的元素分析结果

样品	元素含量/wt%					实验分子式
	C	H	O	Si	N	
BG-BSQ	48.82	9.48	29.24	9.84	2.62	$C_{22}H_{51}O_5Si_2N$
HG-BSQ	50.67	9.53	27.83	9.54	2.43	$C_{24}H_{55}O_5Si_2N$
OG-BSQ	52.12	9.88	26.67	8.98	2.35	$C_{26}H_{59}O_5Si_2N$

为进一步确认 BSQ 前驱体的化学结构，对 BSQ 前驱体做了液体^{13}C NMR、^{1}H NMR 和^{29}Si NMR 表征。图 3.23 ~ 图 3.25 显示的是 GPTMS、有机胺与相应的 BSQ 前驱体的液体^{13}C NMR 图谱，"＊"标记的小峰是前驱体合成反应中所生成副产物的特征峰。^{13}C NMR 图谱中主要碳原子的化学位移列于表 3.7。以 BG-BSQ（图 3.23）为例，BA 分子中与—NH$_2$相连的碳原子的化学位移在 41.9ppm 左右；GPTMS 分子中的环氧环中两个碳原子的化学位移分别在 50.5ppm 和 43.2ppm 左

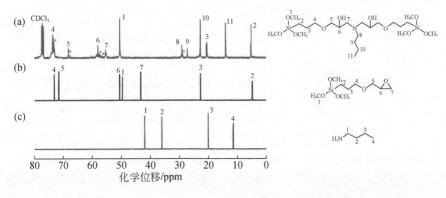

图 3.23　（a）BA，（b）GPTMS 和（c）BG-BSQ 的液体^{13}C NMR 图谱

右，合成反应结束后，在 BG-BSQ 的 ^{13}C NMR 图谱中不能探测到这三个峰，说明 GPTMS 和 BA 在反应中均被全部消耗。同理，根据图 3.24 和图 3.25 也能得出相似结论。

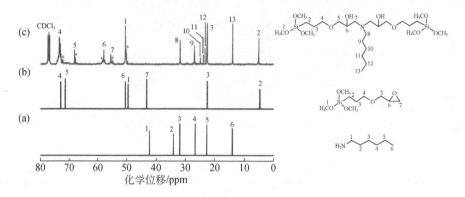

图 3.24　（a）HA，（b）GPTMS 和（c）HG-BSQ 的液体 ^{13}C NMR 图谱

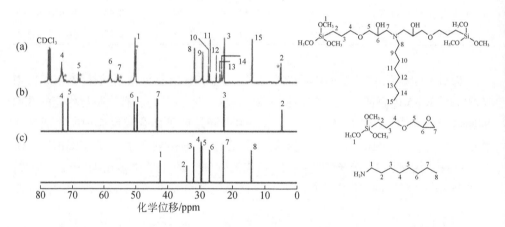

图 3.25　（a）OA，（b）GPTMS 和（c）OG-BSQ 的液体 ^{13}C NMR 图谱

表 3.7　不同反应物分子和 BSQ 前驱体分子中碳原子的化学位移

	BA	HA	OA	GPTMS	BG-BSQ	HG-BSQ	OG-BSQ
C1	41.9	42.4	42.4	49.5	50.4	50.5	50.2
C2	36.2	34.1	34.0	4.8	5.1	5.1	4.9
C3	20.1	31.9	32.0	22.7	22.7	22.5	22.4
C4	13.9	26.7	29.6	73.1	73.5	73.6	73.3

续表

	BA	HA	OA	GPTMS	BG-BSQ	HG-BSQ	OG-BSQ
C5	—	22.8	29.4	71.3	68.2	68.2	68.1
C6	—	14.1	27.0	50.5	57.8	57.9	57.9
C7	—	—	22.8	43.2	55.1	55.6	55.6
C8	—	—	14.1	—	29.1	31.7	31.6
C9	—	—	—	—	27.1	27.0	29.1
C10	—	—	—	—	20.4	25.0	27.4
C11	—	—	—	—	14.0	23.9	26.7
C12	—	—	—	—	—	23.4	24.9
C13	—	—	—	—	—	13.9	23.8
C14	—	—	—	—	—	—	23.4
C15	—	—	—	—	—	—	13.9

图 3.26 为三个 BSQ 前驱体的液体^{1}H NMR 图谱,"＊"标记的小峰是前驱体合成反应中所生成副产物的特征峰。图 3.27 为反应物 GPTMS 和 BA、HA、OA 的液体^{1}H NMR 图谱。反应物和前驱体分子中氢原子的化学位移列于表 3.8。^{1}H NMR 结果与^{13}C NMR 结果很好地证明了 BSQ 前驱体的化学结构。综合以上讨论,本章节中 BSQ 前驱体的结构及合成反应如图 3.17 所示。

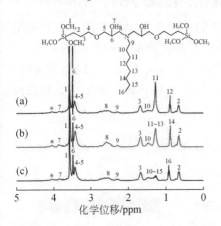

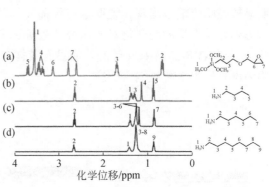

图 3.26　(a) BG-BSQ,(b) HG-BSQ 和 (c) OG-BSQ 的液体^{1}H NMR 图谱

图 3.27　(a) GPTMS,(b) BA,(c) HA 和 (d) OA 的液体^{1}H NMR 图谱

表 3.8　不同反应物分子和 BSQ 前驱体分子中氢原子的化学位移

	BA	HA	OA	GPTMS	BG-BSQ	HG-BSQ	OG-BSQ
H1	1.38	1.16	1.42	3.51	3.57	3.57	3.57
H2	2.63	2.41	2.66	0.66	0.66	0.65	0.66
H3	1.30	1.02	1.26	1.69	1.68	1.68	1.68
H4	1.14	1.02	1.26	3.45	3.43	3.42	3.43
H5	0.86	0.95	1.26	3.71	3.44	3.42	3.44
H6	—	0.95	1.26	3.13	3.49	3.48	3.49
H7	—	0.61	1.26	2.78	3.86	3.85	3.86
H8	—	—	1.26	—	2.59	2.59	2.58
H9	—	—	0.86	—	2.30	2.30	2.30
H10	—	—	—	—	1.49	1.47	1.47
H11	—	—	—	—	1.27	1.28	1.40
H12	—	—	—	—	0.88	1.28	1.39
H13	—	—	—	—	—	1.28	1.35
H14	—	—	—	—	—	0.89	1.32
H15	—	—	—	—	—	—	1.30
H16							0.93

如图 3.28 所示为三种 BSQ 前驱体的液体 ^{29}Si NMR，每个样品均在化学位移 −41.50ppm 左右出现唯一信号峰，该峰为 T_0 峰对应于—Si（OR）$_3$ 基团[39,43]。由于 ^{29}Si NMR 是鉴别处于不同化学环境中 Si 原子的一个重要手段，图中没有其他明显核磁响应信号出现，说明这三种前驱体的纯度都比较高，副产物的量很少。考虑到如此少量的副产物对本研究要验证的科学问题影响不大，可以将其忽略。此外，^{29}Si NMR 图谱中只有 T_0 峰而没有其他 T_1、T_2、T_3 峰出现，说明在此阶段前驱体没有发生水解或缩聚反应。

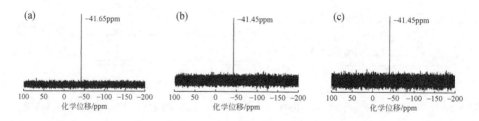

图 3.28　（a）BG-BSQ，（b）HG-BSQ 和（c）OG-BSQ 的液体 ^{29}Si NMR 图谱

3.5　基于硅氢加成的桥式倍半硅氧烷

有机桥连聚硅氧烷的制备过程实际上是在硅氧烷链上嫁接桥连有机链形成 Si—C 键的过程。作为仅次于直接合成 Si—C 键的第二种方法，硅氢加成反应在有机硅杂化材料的制备方法中占据举足轻重的地位。因此，许多科技工作者致力于提高这一反应过程的效率和应用范围。常用的催化剂主要分为两大类：均相催化剂和异相催化剂。均相催化剂制备简单，催化效率高，催化反应机理简单。常用的均相催化剂有两种：Spiere 和 Karstedt 催化剂。异相催化剂虽然催化效率较低，但是容易与反应产物分离，可以回收再利用。从应用性能角度来看，产物中引入的金属离子会影响薄膜的光透射性和抗激光损伤性能，因此，采用异相催化剂将 Pt 催化剂固载在载体上，用于光学晶体防潮薄膜的材料制备，有利于在硅氢加成反应完成后将产物与催化剂分离。

众所周知，铂本身价格昂贵，为了提高 Pt 基催化剂的利用效率，减少其使用量，选用均相 Spiere 催化剂对硅氢加成反应体系进行优化探索[44]，在此基础上构建 Pt 基异相催化反应体系，从而经过硅氢加成反应一步完成反应，制备得到亚烷基桥连聚硅氧烷。

1. 制备方法

以聚甲基氢硅氧烷（PMHS）作为 Si—H 源，1，5-己二烯（6 个碳原子）或 1，7-辛二烯（8 个碳原子）作为 C ≡C 源在 Pt/C 的催化作用下进行硅氢加成反应，样品名称分别标记为亚己基桥连聚硅氧烷 ABPMS6 和亚辛基桥连聚硅氧烷 ABPMS8。

2. 结构表征

FTIR 分析方法用来初步验证 Si—H 与 C ≡C 官能团之间硅氢加成反应进行的程度。由于 ABPMS6 与 ABPMS8 的化学结构的唯一区别是两者的桥连有机链长度不同，因此这里以 ABPMS6 为例。图 3.29 为 ABPMS6 和 PMHS 的红外谱图。可以看到，两者的红外谱图中都存在位于 2160cm^{-1} 和 1259cm^{-1} 处的吸收峰，它们分别归属于 Si—H 和 Si—CH$_3$ 的特征吸收峰。由于 Si—CH$_3$ 在硅氢加成反应中并不参与反应，因此以 Si—CH$_3$ 特征峰的吸收强度作为基准，通过对比反应前后 Si—H 特征峰的相对吸收强度变化程度来判断 Si—H 转化率大小。从图 3.29 可以看出，ABPMS6 中的 Si—H 特征峰的吸收强度明显弱于 PMHS，进一步通过以下转化率公式进行计算[45]：

$$\text{转化率}(\%) \approx \frac{A_{1(2160)}/A_{1(1259)} - A_{2(2160)}/A_{2(1259)}}{A_{1(2160)}/A_{1(1259)}} \times 100\% \tag{3.2}$$

式中，$A_{1(2160)}/A_{1(1259)}$ 为反应前 Si—H 相对于 Si—CH$_3$ 的吸收强度，$A_{2(2160)}/A_{2(1259)}$ 为反应后 Si—H 相对于 Si—CH$_3$ 的吸收强度。通过计算，ABPMS6 的硅氢转化率约为 83%，说明大部分 Si—H 发生了化学反应。另外，在 ABPMS6 的谱图中存在弱的 C=C（1640cm^{-1}）特征吸收峰，表明一小部分的端二烯分子中只有一个 C=C 与 Si—H 发生了加成反应。

为了进一步验证硅氢加成反应中 Si—C 化学键的形成，对 ABPMS6 聚合物进行了 ^{29}Si MAS NMR 分析测试。从图 3.30 可以看到，位于 −22.56ppm 处的核磁共振峰归属于 —CH$_2$—*Si（O—Si）$_2$CH$_3$（D）结构[46]，6.66ppm 和 −38.16ppm 处的核磁共振峰分别归属于 Si—O—*Si（CH$_3$）$_3$（M）和 H—*Si（O—Si）$_2$CH$_3$（D^H）结构。通过以下核磁共振峰积分峰面积公式计算硅氢加成产率：

$$D\% = \frac{D}{D+D^H+D^{OH}+T} \times 100\% \tag{3.3}$$

$$D^H\% = \frac{D^H}{D+D^H+D^{OH}+T} \times 100\% \tag{3.4}$$

通过以上公式计算得出，D 结构积分峰面积占全部峰面积总和的 83%，D^H 结构占 7%。结果表明硅氢加成反应中，PMHS 的硅氢加成产率为 83%，与红外结果一致，表明大部分 Si—H 与 C=C 进行了硅氢加成反应。另外，在图 3.30 中，存在极弱的 D^{OH} 和 T 结构核磁共振峰，这一现象表明少量 Si—H 被空气中的水分水解形成了 Si—OH（D^{OH}），同时两个 Si—OH 发生缩聚形成 Si—O—Si 结构即 T 结构。

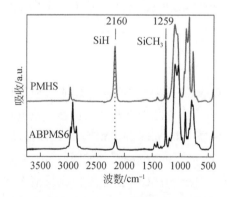

图 3.29　PMHS 和亚烷基桥连聚硅氧烷的 FTIR 谱图

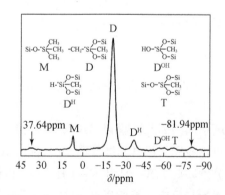

图 3.30　ABPMS6 的 ^{29}Si MAS NMR 谱图，旋转边带分别为 37.64ppm 和 −81.94ppm

为了进一步探究桥连亚己基和亚辛基官能团的精细结构，对两种目标产物

ABPMS6 和 ABPMS8 分别进行了[13]C NMR 分析测试。由于桥连亚己基官能团是对称结构[46]，因此在亚己基桥连链中存在三种典型的 C 原子，图 3.31（a）中分别标记为 1、2 和 3。其中位于 18.26ppm 处的核磁共振峰归属于与 Si 原子距离最近的 C 原子即 C-1；位于 23.49ppm 和 33.55ppm 的核磁共振峰分别归属于 C 原子 C-2 和 C-3；位于 0.64ppm 处的核磁共振峰归属于聚硅氧烷分子链的甲基 C 原子。另外，在核磁谱图的低场区，有两个分别位于 125.42ppm 和 132.21ppm 处的弱核磁共振峰，它们分别归属于 C═C 官能团中的两个 C 原子即 C-5 和 C-6。由于 C-5 和 C-6 的核磁共振峰强度明显弱于 C-1、C-2、C-3 和 C-4 的共振峰强度，表明大部分 Si—H 官能团与端二烯中的两个 C═C 官能团发生了硅氢加成反应，有机亚己基烷基链真正起到了桥连作用。

对于 ABPMS8 来说，由于桥连亚辛基官能团是对称结构，因此在亚辛基桥连链中存在四种典型的 C 原子，图 3.31（b）中分别标记为 1、2、3 和 4。其中位于 18.55ppm 处的核磁共振峰归属于与 Si 原子距离最近的 C 原子即 C-1；位于 23.84ppm、33.91ppm 和 30.39pm 的核磁共振峰分别归属于 C 原子 C-2、C-3 和 C-4；位于 0.54ppm 处的核磁共振峰归属于聚硅氧烷分子链的甲基 C 原子。另外，在核磁谱图的低场区，有两个位于 125.05 ppm 和 132.26ppm 处的弱核磁共振峰，它们分别归属于 C═C 官能团中的两个 C 原子即 C-6 和 C-7。由于 C-6 和 C-7 的核磁共振峰强度明显弱于 C-1、C-2、C-3、C-4 和 C-5 的共振峰强度，表明大部分 Si—H 官能团与端二烯中的两个 C═C 官能团发生了硅氢加成反应，有机亚辛基烷基链真正起到了桥连作用。

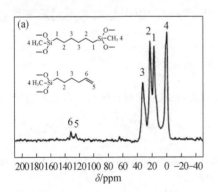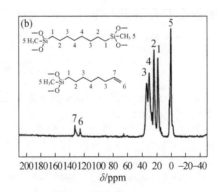

图 3.31　ABPMS6（a）和 ABPMS8（b）的[13]C NMR 谱图

良好的热稳定性是功能薄膜材料应用于实际的重要前提。从图 3.32 可以看出，ABPMS6 和 ABPMS8 在 25～1000℃升温过程中具有相似的热降解行为。将其热解过程分为以下三个阶段：第一阶段，在 25～320℃，ABPMS6 和 ABPMS8 都

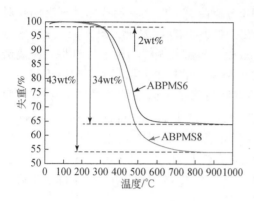

图 3.32　ABPMS6 和 ABPMS8 在 N₂
气氛下的 TG 图

仅有 2wt% 的损失，这少量的损失归因于产物中残留的小分子例如端二烯和甲苯等的挥发；第二阶段，在 320-600℃，两种聚合物具有较多的损失，其中，ABPMS6 伴有 34wt% 的热重损失，ABPMS8 伴有 43wt% 的热重损失，这主要归因于聚合物中亚烷基链中 C—C 键的断裂即桥连有机链发生了热分解；第三阶段，在 600~1000℃，聚合物仍然有微量的热重损失，这主要归因于产物中 H₂ 的生成和释放。需要指出的是，Si—C 键在高温甚至是

1000℃时都不会发生键断裂[47]，即在 ABPMS6 和 ABPMS8 整个热降解过程中，并不存在 Si—C 键的断裂。为了与其他种类的聚硅氧烷进行热稳定性对比，对 ABPMS6 和 ABPMS8 的 T_{d5} 和 T_{d10} 进行了分析计算，其中 T_{d5} 和 T_{d10} 是产物热重损失分别达到 5wt% 和 10wt% 时所对应的温度。对于 ABPMS6 来说，T_{d5} 和 T_{d10} 分别为 444℃ 和 470℃。对于 ABPMS8 来说，T_{d5} 和 T_{d10} 分别为 444℃ 和 467℃。已有报道的含邻苯二甲酰侧链的聚倍半硅氧烷的 T_{d5} 和 T_{d10} 分别为 394℃ 和 438℃[48]，多面体低分子量聚倍半硅氧烷的 T_{d5} 和 T_{d10} 分别为 351℃ 和 368℃[49]。因此，ABPMS6 和 ABPMS8 具有优异的热稳定性。另外，ABPMS6 的热降解损失有 36wt%，而 ABPMS8 的热降解损失为 45wt%。造成热损失差异的原因是两者不同的亚烷基连长度。

参 考 文 献

[1] 马莉, 宋江选, 李齐方. 基于倍半硅氧烷的有机-无机杂化材料研究 [J]. 高分子通报, 2013, (4): 151-164.
[2] 张利利, 刘安华, 曾幸荣. 倍半硅氧烷的合成研究进展 [J]. 化学通报, 2006, 69 (1): 1-7.
[3] Scott D W. Thermal rearrangement of branched-chain methylpolysiloxanes1 [J]. Journal of the American Chemical Society, 1946, 68 (3): 356-358.
[4] Frye C L, Collins W T. Oligomeric silsesquioxanes, (HSiO_{3/2})_n [J]. Journal of the American Chemical Society, 1970, 92 (19): 5586-5588.
[5] Agaskar P A. New synthetic route to the hydridospherosiloxanes O_h–H_8Si_8O_{12} and D_{5h}–H_{10}Si_{10}O_{15} [J]. Inorganic Chemistry, 1991, 30 (13): 2707-2708.
[6] Feher F J, Budzichowski T A, Blanski R L, et al. Facile syntheses of new incompletely condensed polyhedral oligosilsesquioxanes: [(c-C_5H_9)_7Si_7O_9(OH)_3], [(c-C_7H_{13})_7Si_7O_9(OH)_3], and [(c-C_7H_{13})_6Si_6O_7(OH)_4] [J]. Organometallics, 1991, 10 (7): 2526-2528.

［7］ Feher F J, Soulivong D, Lewis G T. Facile framework cleavage reactions of a completely condensed silsesquioxane framework ［J］. Journal of the American Chemical Society, 1997, 119 (46): 11323-11324.

［8］ Feher F J, Newman D A, Walzer J F. Silsesquioxanes as models for silica surfaces ［J］. Journal of the American Chemical Society, 1989, 111 (5): 1741-1748.

［9］ 杨荣杰, 张文超. 多面体硅倍半氧烷合成与表征 ［M］. 北京: 科学出版社, 2021.

［10］ Hura G L, Menon A L, Hammel M, et al. Robust, high-throughput solution structural analyses by small angle X-ray scattering (SAXS) ［J］. Nature Methods, 2009, 6 (8): 606-612.

［11］ Shea K J, Loy D A. A Mechanistic investigation of gelation. the sol-gel polymerization of precursors to bridged polysilsesquioxanes ［J］. Accounts of Chemical Research, 2001, 34 (9): 707-716.

［12］ Bassindale A R, Liu Z, MacKinnon I A, et al. A higher yielding route for T8 silsesquioxane cages and X-ray crystal structures of some novel spherosilicates ［J］. Dalton Transactions, 2003, (14): 2945-2949.

［13］ 袁长友, 胡春野. 笼形八聚 (五甲基二硅氧) 倍半硅氧烷 ［J］. 有机硅材料, 2001, 15 (2): 1-4.

［14］ 霍玉秋, 翟玉春, 童华南. 3 种共溶剂对正硅酸乙酯水解的影响 ［J］. 东北大学学报 (自然科学版), 2004, 125 (2): 133-135.

［15］ Pham Q-T, Chern C-S. Thermal stability of organofunctional polysiloxanes ［J］. Thermochimica Acta, 2013, 565: 114-123.

［16］ Nyczyk-Malinowska A, Dryzek E, Hasik M, et al. Various types of polysiloxanes studied by positron annihilation lifetime spectroscopy ［J］. Journal of Molecular Structure, 2014, 1065-1066: 254-261.

［17］ Qin J, Du Z, Ma X, et al. Effect of siloxane backbone length on butynediol-ethoxylate based polysiloxanes ［J］. Journal of Molecular Liquids, 2016, 214: 54-58.

［18］ Shea K J, Loy D A. Bridged polysilsesquioxanes. molecular-engineered hybrid organic-inorganic materials ［J］. Chemistry of Materials, 2001, 13 (10): 3306-3319.

［19］ Lin D, Hu L, Tolbert S H, et al. Controlling nanostructure in periodic mesoporous hexylene-bridged polysilsesquioxanes ［J］. Journal of Non-Crystalline Solids, 2015, 419: 6-11.

［20］ Hu L-C, Shea K J. Organo-silica hybrid functional nanomaterials: how do organic bridging groups and silsesquioxane moieties work hand-in-hand? ［J］. Chemical Society Reviews, 2011, 40 (2): 688-695.

［21］ Shea K J, Loy D A, Webster O. Arylsilsesquioxane gels and related materials. new hybrids of organic and inorganic networks ［J］. Journal of the American Chemical Society, 1992, 114 (17): 6700-6710.

［22］ Sharp K G, Michalczyk M J. Star gels: new hybrid network materials from polyfunctional single component precursors ［J］. Journal of Sol-Gel Science and Technology, 1997, 8 (1): 541-546.

［23］ Loy D A, Russick E M, Yamanaka S A, et al. Direct formation of aerogels by sol-gel polymerizations of alkoxysilanes in supercritical carbon dioxide ［J］. Chemistry of Materials, 1997, 9 (11): 2264-2268.

［24］ Loy D A, Baugher B M, Baugher C R, et al. Substituent effects on the sol-gel chemistry of organotrialkoxysilanes ［J］. Chemistry of Materials, 2000, 12 (12): 3624-3632.

［25］ McClaint M D, Loy D A, Prabakart S. Controlling porosity in bridged polysilsesquioxanes through elimination reactions [J]. MRS Proceedings, 1996, 435: 277.

[26] Lengyel O, Hardeman W M, Wondergem H J, et al. Solution-processed thin films of thiophene mesogens with single- crystalline alignment [J]. Advanced Materials, 2006, 18 (7): 896-899.

[27] Mallakpour S, Zandi H. Step-growth polymerization of 4-(1-Naphthyl) -1, 2, 4-triazolidine-3, 5-dione with diisocyanates [J]. Polymer Bulletin, 2006, 57 (5): 611-621.

[28] Small J H, Shea K J, Loy D A. Arylene- and alkylene- bridged polysilsesquioxanes [J]. Journal of Non-Crystalline Solids, 1993, 160 (3): 234-246.

[29] Liang L, Xu Y, Wu D, et al. A simple sol- gel route to ZrO_2 films with high optical performances [J]. Materials Chemistry and Physics, 2009, 114 (1): 252-256.

[30] Shea K, Loy D A. Aryl-bridged polysilsesquioxanes-new microporous materials [J]. Chemistry of Materials, 1989, 1 (6): 572-574.

[31] Loy D, Shea K. Bridged polysilsesquioxanes. highly porous hybrid organic- inorganic materials [J]. Chemical Reviews, 1995, 95 (5): 1431-1442.

[32] Macleod H A. Thin-film optical filters [M]. New York: CRC Press, 2010.

[33] San Vicente G, Morales A, Gutiérrez M T. Sol – gel TiO_2 antireflective films for textured monocrystalline silicon solar cells [J]. Thin Solid Films, 2002, 403-404: 335-338.

[34] DeSousa J D, Khudyakov I V. Ultraviolet (UV) - curable amide imide oligomers [J]. Industrial & Engineering Chemistry Research, 2006, 45 (19): 6413-6419.

[35] Akamatsu Y, Makita K, Inaba H, et al. Water- repellent coating films on glass prepared from hydrolysis and polycondensation reactions of fluoroalkyltrialkoxylsilane [J]. Thin Solid Films, 2001, 389 (1): 138-145.

[36] Xu Y, Wu D, Sun Y H, et al. Comparative study on hydrophobic anti- reflective films from three kinds of methyl- modified silica sols [J]. Journal of Non- Crystalline Solids, 2005, 351 (3): 258-266.

[37] Brusatin G, Innocenzi P, Guglielmi M, et al. Basic catalyzed synthesis of hybrid sol- gel materials based on 3- glycidoxypropyltrimethoxysilane [J]. Journal of Sol- Gel Science and Technology, 2003, 26 (1): 303-306.

[38] Ehlers J-E, Rondan N G, Huynh L K, et al. Theoretical study on mechanisms of the epoxy-amine curing reaction [J]. Macromolecules, 2007, 40 (12): 4370-4377.

[39] Loy D A, Jamison G M, Baugher B M, et al. Alkylene- bridged polysilsesquioxane aerogels: highly porous hybrid organic- inorganic materials [J]. Journal of Non- Crystalline Solids, 1995, 186: 44-53.

[40] Romeo H E, Fanovich M A, Williams R J J, et al. Self- assembly of a bridged silsesquioxane containing a pendant hydrophobic chain in the organic bridge [J]. Macromolecules, 2007, 40 (5): 1435-1443.

[41] Rauter A, Slemenik Perše L, Orel B, et al. Ex situ IR and Raman spectroscopy as a tool for studying the anticorrosion processes in (3- glycidoxypropyl) trimethoxysilane- based sol- gel coatings [J]. Journal of Electroanalytical Chemistry, 2013, 703: 97-107.

[42] Innocenzi P, Figus C, Kidchob T, et al. Sol-gel reactions of 3-glycidoxypropyltrimethoxysilane in a highly basic aqueous solution [J]. Dalton Transactions, 2009, (42): 9146-9152.

[43] Fujimoto Y, Heishi M, Shimojima A, et al. Layered assembly of alkoxy- substituted bis (tri-chlorosilanes) containing various organic bridges via hydrolysis of Si—Cl groups [J]. Journal of Materials Chemistry, 2005, 15 (48): 5151-5157.

[44] 张策. 类梯状亚烷基桥连聚硅氧烷合成及光学应用 [D]. 太原: 中国科学院大学博士

学位论文, 2016.

[45] Chung D W, Kim T G. Study on the effect of platinum catalyst for the synthesis of polydimethyl-siloxane grafted with polyoxyethylene [J]. Journal of Industrial and Engineering Chemistry, 2007, 13 (4): 571-577.

[46] Thami T, Nasr G, Bestal H, et al. Functionalization of surface-grafted polymethylhydrosiloxane thin films with alkyl side chains [J]. Journal of Polymer Science Part A: Polymer Chemistry, 2008, 46 (11): 3546-3562.

[47] Kalfat R, Gharbi N. Synthesis and thermal behavior of gels obtained by chemical modification of polymethylhydrosiloxane by vinyl and diols [J]. Journal of Materials Synthesis and Processing, 1994, 2 (6): 379-387.

[48] Miyauchi S, Sugioka T, Sumida Y, et al. Preparation of soluble polysilsesquioxane containing phthalimido side-chain groups and its optical and thermal properties [J]. Polymer, 2015, 66: 122-126.

[49] Tokunaga T, Koge S, Mizumo T, et al. Facile preparation of a soluble polymer containing polyhedral oligomeric silsesquioxane units in its main chain [J]. Polymer Chemistry, 2015, 6 (16): 3039-3045.

第4章 氟化镁的溶胶及应用

氟磷酸盐玻璃具有色散低、非线性折射率低、受激发截面积高、激光损伤阈值高等特点，有望成为新一代紫外透射光学元件，代替传统熔石英，因此为氟磷酸盐玻璃研制减反射膜是必然要求。氟化镁（MgF_2）作为减反射膜材料有许多优点：折射率低、机械性能和稳定性高、在 $110 \sim 8500nm$ 宽波段范围内透明、能量带隙宽，可用于不同领域的光学仪器减反射薄膜。

溶胶–凝胶法制备 MgF_2 薄膜相较于气相沉积法具有成本低、工艺简单、氟源毒性较低（液相 HF 或 CF_3COOH）、基底形状不限、薄膜结构和组分易控制等诸多优势，有望实现氟化镁薄膜的放大生产、折射率随意调控及功能化处理等目标。目前，研究最多的溶胶–凝胶法包括三氟乙酸镁热解法和镁醇盐氟解法，其中三氟乙酸镁热解法需要经 450℃ 以上的高温煅烧才能制备得到 MgF_2 薄膜，该高温煅烧过程不仅会生成 CF_3COF、COF_2 以及 HF 等有害气体，而且限制了基底的材质；而镁醇盐氟解法需要在惰性气氛及非水条件下反应，这种方法要求整个反应过程无水，增加了反应设备成本，同时对反应原料提出更高的要求。尽管许多国内外学者已经对这两种方法做了深入系统的研究，但仍然无法改变它们的不足。2004 年 MURATA 等[1,2] 曾提出采用乙酸镁与氢氟酸水热法制备 MgF_2 溶胶，但是只得到初步的结果，后续并没有系统的研究。溶胶–凝胶法制备 MgF_2 光学薄膜的关键是制备适于大面积镀膜的稳定溶胶，作者团队探索温和条件下，以甲醇镁或乙酸镁为反应前驱物，尝试制备符合实际应用需求的高质量 MgF_2 薄膜。

4.1 甲醇镁路线氟化镁溶胶

1. 溶胶制备

甲醇镁的甲醇悬浮液制备：称取一定量新鲜镁条与无水甲醇在氮气保护下 80℃ 回流反应，制备甲醇镁的甲醇悬浮液。

MgF_2 溶胶的制备：在室温氮气保护下，将甲醇镁悬浮液缓慢滴加到搅拌中的氢氟酸（40% 质量分数）无水甲醇溶液中，滴加完毕继续搅拌 3h，超声 15min 后得 MgF_2 溶胶，对所制备的溶胶分别编号，然后密封老化以备各种测试观察及镀膜。

2. 溶胶的结构

图 4.1 为溶胶 TEM 图，采用甲醇将溶胶稀释，并超声分散均匀。可以清晰地观察到稀释过的溶胶中颗粒的大小形状和交联情况。溶胶中颗粒尺寸均在 10nm 左右，为不规则很小的颗粒；溶胶并不是单分散，而是颗粒之间都有一定的交联。

3. 凝胶 XRD 分析

将制备的溶胶溶剂挥发后得干凝胶，制备成粉末进行 XRD 分析测试。凝胶粉末 XRD 分析谱图见图 4.2。凝胶粉末谱线与 MgF_2 标准卡片 PDF 41-1443 对应，典型的四个衍射峰分别为 27.22°、40.18°、53.62°、67.74°，对应的晶面分别为（110）、（111）、（211）、（112），表明凝胶粉末为四方相的 MgF_2。从图中谱线观察到衍射峰较为宽化，说明粉末结晶度不高，晶粒尺寸较小，由（110）晶面衍射峰的半高宽通过谢乐公式：$D=K\lambda/\beta\cos\theta$（$D$ 为晶粒尺寸大小，K 为常数 0.89，λ 为 X 射线波长 0.1541nm，θ 为衍射角度 13.61°）计算得粒径尺寸为 8.9nm，与 TEM 结果相近。

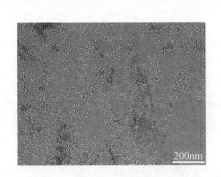

图 4.1　氟化镁溶胶的 TEM

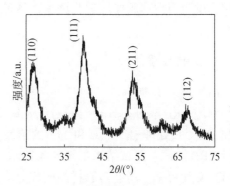

图 4.2　凝胶粉末 X 射线衍射图谱

4.2　乙酸镁路线氟化镁溶胶

4.2.1　氟化镁溶胶的制备及性质

1. 溶胶合成及薄膜制备

氟化镁溶胶的制备流程如图 4.3 所示。首先取 $Mg(CH_3COO)_2 \cdot 4H_2O$ 溶于

CH$_3$OH 中，待溶液澄清透明后，在剧烈搅拌下，加入氢氟酸（40wt%），此时溶液迅速变浑浊，继续剧烈搅拌约 30min，直至溶液完全澄清透明，然后将该溶液转移到聚四氟乙烯内衬反应釜中，在一定温度下进行热处理，即得到淡蓝色氟化镁溶胶。主要考察热处理时间（分别为 5h、15h 和 24h）对 MgF$_2$ 溶胶性质及相应薄膜光学性质的影响。

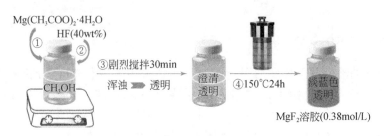

图 4.3　氟化镁溶胶的制备过程示意图

采用浸渍提拉法镀制氟化镁薄膜，将洁净的石英基底浸渍在氟化镁溶胶中约 30s，然后以一定速度匀速提拉，待溶剂慢慢挥发，即可得到均匀的氟化镁薄膜。提拉速度应根据薄膜厚度适当调整，尽量使峰位波长位于可见光范围内，便于观察对比。

2. 溶胶性质分析

（1）物相分析

利用 XRD 表征热处理时间对氟化镁溶胶颗粒的物相和结晶性的影响，将室温和 150℃热处理 5h、15h 和 24h 的溶胶分别烘干得到干凝胶，研磨成粉末后，进行 XRD 测试，测试结果如图 4.4 所示。与氟化镁晶体的标准卡片（PDF：41-1443）对比可知，所有溶胶样品的成分均为四方相氟化镁，不含其他成分（或低于检测下限）。位于 27.3°、40.4°、53.5°、60.6° 和 68.1° 的衍射峰可分别归属于氟化镁的（110）、（111）、（211）、（002）和（301）晶面。随着热处理时间的延长，颗粒尺寸逐渐增大。

（2）粒径分布与 Zeta 电位

利用动态光散射测试溶胶的尺寸分布随热处理时间的变化，测试结果如图 4.5 所示。室温下制备得到的氟化镁溶胶尺寸分布较均匀，峰值在 2nm 左右。当溶胶在 150℃处理 5h 后，溶胶颗粒尺寸变大且出现两个峰，其中较小的峰值位于 3nm 处，较大的则接近 20nm，这说明溶胶经反应釜加热后，氟化镁颗粒会增大，此时的溶胶是尺寸增大过程中的一个过渡态，仍存在部分小颗粒。当进一步延长加热时间，可以看到溶胶粒子的尺寸增大到一个平衡态，只出现一个窄分布，峰值接近 20nm 处，继续延长加热时间，尺寸变化较小，峰值维持在 20nm。

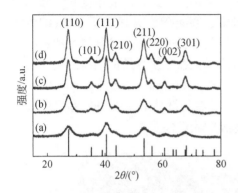

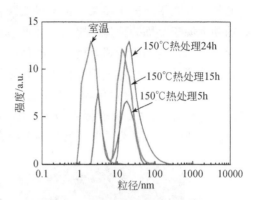

图 4.4　不同热处理时间得到的
氟化镁干凝胶的 XRD 图谱
（a）室温；（b）150℃处理 5h；
（c）150℃处理 15h；（d）150℃处理 24h

图 4.5　不同热处理时间得到的
氟化镁溶胶的尺寸分布图

溶胶颗粒是否能够稳定存在，主要取决于两种对抗作用力对抗的结果，一种是胶粒之间电荷斥力和范德瓦耳斯力的作用结果，另一种是胶粒的布朗运动和重力之间的对抗，因此胶粒的带电情况可直接影响溶胶的稳定性，Zeta 电位是衡量溶胶稳定性的重要指标。Zeta 电位测试结果表明氟化镁胶粒带正电，电位高达+24.6mV，实际制备的氟化镁溶胶可稳定保存 2 年。

（3）颗粒结构形貌

为了更加直观清晰地观察氟化镁颗粒的结构和形貌的变化，对不同热处理时间的氟化镁溶胶分别进行 TEM 分析，如图 4.6 所示。由图 4.6（a）可知，室温下直接反应得到的氟化镁并没有明显的颗粒感，结晶相和无定形相并存，从结晶相的晶格条纹可以估算氟化镁晶粒的大小约为 1~3nm，与动态光散射结果相符。图 4.6（e）给出其中一个晶粒的高分辨，其晶格条纹间距经测量为 0.326nm，可知为四方 MgF_2 的（110）晶面。随着热处理时间的延长 [图 4.6（b）~（d）]，氟化镁晶粒逐渐组装在一起，长成为更大的颗粒，且晶格条纹也越来越明显，当热处理时间达到 24h 后，颗粒直径约为 8nm，而且由高分辨照片 [图 4.6（f）]可以看出，每一个氟化镁颗粒都是由多个晶粒组装而成的。通常晶体的成核生长过程可由经典的 Ostwald ripening 机理解释，即在晶体生长过程中，低表面能的大颗粒逐渐长大，同时表面能高的小颗粒逐渐消融，本研究中氟化镁颗粒只观察到两种尺寸，并没有出现伴随大颗粒长大的小颗粒逐渐消失的过程，而是氟化镁微晶直接进行组装的过程，这明显与 Ostwald ripening[3] 的生长机理不符。早在 1998年，Penn 和 Banfield[4] 就发现水热合成的二氧化钛链状结构是由二氧化钛微晶组装而成，并提出晶体定向附着生长的机理，即相邻的微晶颗粒通过共享表面能较高的晶面并在平界面上接头，最终导致颗粒的生长。从热力学的角度看，微晶组装的动力源于晶面表面能的降低。在此基础上，Tang 等[5] 又报道了 CdTe 纳米线的生长可由该定向附着机理解释，类似的报道还有很多。由此推测热处理过程中氟化镁粒子的生长由定向附着机理解释更为恰当，氟化镁微晶都是通过共享晶面和界面接头组装成为大颗粒。由上述 XRD、DLS 和 TEM 结果可知，在反应釜150℃热处理过程中，氟化镁颗粒逐渐由 2nm 左右的微晶组装成 8nm 左右的较大颗粒，氟化镁尺寸的变化将直接影响最终薄膜的光学性质。

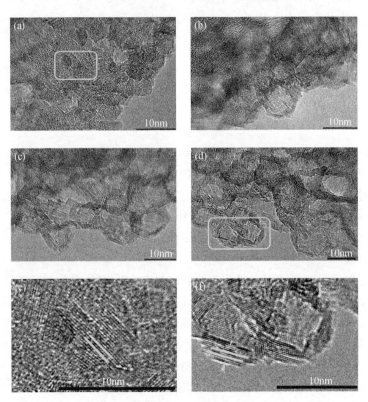

图 4.6　不同热处理时间得到的氟化镁溶胶的 TEM 照片

（a）室温；（b）150℃处理 5h；（c）150℃处理 15h；（d）150℃处理 24h；

（e）（a）中选区 HRTEM；（f）（d）中选区 HRTEM

（4）孔结构与折射率

薄膜的折射率与孔隙率直接相关，关系式[6] 为

$$n_{\mathrm{p}}^{2} = (n_{\mathrm{b}}^{2} - 1)(1 - P) + 1 \tag{4.1}$$

式中，n_{b} 为体材料的折射率，P 为孔隙率，n_{p} 为含孔材料的折射率。对同一种

材料，孔隙率越大，折射率越低。由 BET 吸脱附曲线可以得到凝胶粉末的孔体积，由孔体积可计算出孔隙率，从而根据式（4.1）估算薄膜的折射率[7]。另外由吸脱附曲线的滞后环可看出孔结构类型，也可以得到孔径分布。实验测得氟化镁凝胶粉末的脱附累积孔体积为 0.23cm³/g，则孔隙率可经 0.23/(0.23 + 1/3.148)，计算为 42%，将孔隙率的值代入式（4.1），可估算出薄膜折射率为1.23，其折射率值略大于椭偏测量值，这是因为凝胶粉末和薄膜自然堆积形成的孔隙率不完全一致。由 BET 吸脱附曲线和孔径分布图中滞后环形状可知，氟化镁薄膜堆积孔为典型的墨水瓶状结构（H2 型）[8,9]，口小腔大，堆积孔尺寸在5nm 左右。

4.2.2　氟化镁薄膜的性质

薄膜的光学性质与薄膜微结构直接相关，薄膜内部孔结构越丰富，折射率越低。上述溶胶性质的测试结果表明随着热处理时间的延长，氟化镁颗粒出现一定程度的增大，通常大颗粒的堆积将产生比小颗粒堆积更多的孔结构，因此折射率极有可能出现逐渐降低的趋势。将不同热处理时间得到的氟化镁溶胶分别镀制在硅片上进行折射率的测试，结果如图 4.7 所示。室温下直接得到的氟化镁折射率较高（$n = 1.38$，$\lambda = 632.8$nm），与氟化镁块体折射率一致，表明该薄膜具有致密结构；而经反应釜热处理的氟化镁，折射率降低，且随着热处理时间的增加，折射率越来越低，当热处理时间为 24h 时，折射率可低至 1.20。上述折射率降低的规律与溶胶颗粒增大的规律一致。

根据单层减反射膜零反射需满足的条件：

$$n_{film} = \sqrt{n_{air}\, n_{bulk}} \tag{4.2}$$

上述折射率为 1.20 的氟化镁薄膜若镀制在石英基底上（折射率为 1.45），薄膜可在某一波长处达到零反射，即最高透射率将达到 100%。因此选择 150℃处理 24h 下得到的氟化镁溶胶为研究对象。

如图 4.8 所示为折射率为 1.20 的氟化镁薄膜在石英基底上的透射率曲线，实验曲线和 Filmstar 软件拟合的折射率为 1.20 的透射率曲线完全吻合，与裸片基底相比，透光率明显增加，最高可达 100%。另外，测试了氟化镁薄膜的水接触角，从插图可知，薄膜接触角为 16°，亲水性较强，这来源于氟化镁丰富的表面羟基。

氟化镁薄膜热稳定性的考察对后续复合薄膜的制备有很重要的参考价值，因为复合薄膜制备过程中可能需要高温煅烧处理。因此，将制备好的氟化镁薄膜置于马弗炉中经不同温度煅烧后，分别进行 GIXRD 测试，结果显示，当薄膜在450℃下煅烧 1h 后，MgO 的衍射峰开始出现，当煅烧温度升到 550℃时，氟化镁全部氧化为氧化镁，因此氟化镁薄膜的煅烧温度不能高于 450℃。这个结果也表明，氟化镁并不适合用模板法来制备介孔薄膜，因为完全除去聚合物模板通常需要450℃以上高温。

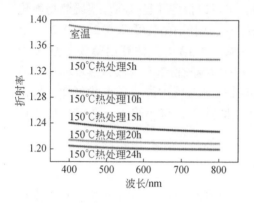

图4.7　氟化镁薄膜的折射率随溶胶热
处理时间的变化

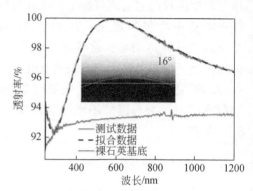

图4.8　折射率为1.20的氟化镁薄膜和
石英基底的透射率曲线，插图为该
薄膜的水接触角结果

4.3　MgF_2/SiO_2复合溶胶及可调折射率涂层

单层膜只能在很窄的波段内实现较理想的减反效果，往往实际需求宽谱带减反射，例如在高功率激光器中，1053nm的基频光输出后，经两次倍频转换器，分别转换为527nm的倍频光和351nm的三倍频光，最终输出以351nm为主，含有少量527nm和1053nm的三波长激光，因此，终端光学组件希望其对基频、二倍频和三倍频激光同时减反射，这就需要研制多层减反射膜[10]。根据膜系设计，在三个波长处减反射需要三层膜才能实现，因此需要制备出三种不同折射率的氟化镁薄膜。为此，本节将探索制备MgF_2/SiO_2复合溶胶，镀制折射率可调的MgF_2-SiO_2复合薄膜。

4.3.1　MgF_2-SiO_2复合溶胶制备

MgF_2-SiO_2复合溶胶的制备流程如图4.9所示。制备了两种MgF_2-SiO_2复合溶胶，一种是将MgF_2溶胶与制备好的酸催化SiO_2溶胶以不同的Si/Mg摩尔比（调节范围为0～1.2）直接混合，在室温老化7d后，用于镀膜，该复合溶胶标记为MgF_2-SiO_2（mix）。另一种方案是将一定量TEOS加入氟化镁溶胶中，在50℃老化10d后，用于镀膜。其中Si/Mg摩尔比分别为0.12、0.35和0.58。该复合溶胶标记为MgF_2-SiO_2（in-situ）。

以熔石英（$\Phi=35mm$，$d=3mm$，折射率$n=1.457$）为镀膜基底，采用浸渍提拉法制备三层膜，镀制过程如图 4.10 所示。上层膜溶胶采用 Si/Mg 摩尔比为 0.35 的 MgF$_2$-SiO$_2$（*in-situ*）复合溶胶，中间层溶胶采用 Si/Mg 摩尔比为 0.12 的 MgF$_2$-SiO$_2$（mix）复合溶胶，下层膜溶胶采用 Si/Mg 摩尔比为 0.47 的 MgF$_2$-SiO$_2$（mix）复合溶胶。首先镀制底层薄膜，待溶剂挥发完全后，开始镀制中间层薄膜，最后镀制上层薄膜。三层膜的薄膜厚度通过调节提拉速度来实现，最终优化的每一层的提拉速度分别为 75mm/min、85mm/min 和 70mm/min。

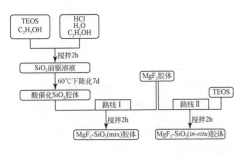

图 4.9　MgF$_2$-SiO$_2$复合溶胶的制备流程图

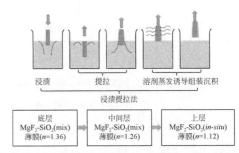

图 4.10　浸渍提拉法镀制三层膜的过程示意图

4.3.2　MgF$_2$-SiO$_2$（mix）复合溶胶及薄膜性质

1. MgF$_2$-SiO$_2$（mix）复合溶胶的性质

在复合溶胶制备中，溶胶稳定性是首要的也是必须考虑的重要性质，若两种溶胶中的胶粒电位相反，混合后将很容易导致聚沉，从而无法进行薄膜的镀制。电动电位（即 Zeta 电位）测试提供了一种分析胶粒带电性质的方法，而且 Zeta 电位的大小也是表征溶胶稳定性的一个重要参数，Zeta 电位越大，胶体稳定性越好。因此在溶胶混合之前，分别测定了两种溶胶的 Zeta 电位。图 4.11（a）为氟化镁和酸催化二氧化硅的 Zeta 电位测试结果，氟化镁溶胶粒子表面带正电（+24.6mV）；二氧化硅溶胶带有微弱的正电（+1.3mV），这似乎与酸催化二氧化硅溶胶的高稳定性不相符，其主要原因可能是酸催化条件下得到的是链状二氧化硅，类似高分子形态。从上述 Zeta 电位结果看，两种溶胶在理论上相容性较好，不易聚沉，因此可行。

在确定混合溶胶可行性后，制备了一系列 MgF$_2$-SiO$_2$（mix）复合溶胶，并进行了 Zeta 电位测试，结果如图 4.11（b）所示。纯氟化镁溶胶的 Zeta 电位最大，加入二氧化硅后，电位开始降低，且随着 Si/Mg 摩尔比的增加，复合溶胶的 Zeta 电位逐渐降低，当 Si/Mg 摩尔比达到 1.20 时，电位降低至+13.6mV，表明二氧化硅加入后，会在一定程度上屏蔽氟化镁颗粒表面的电荷，但是溶胶始终带

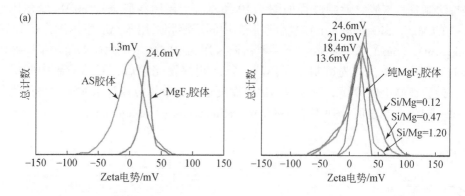

图 4.11 MgF$_2$ 和 SiO$_2$ 溶胶的 (a) Zeta 电位测试结果; (b) 不同 Si/Mg
摩尔比的 MgF$_2$-SiO$_2$ (mix) 复合溶胶的 Zeta 电位测试结果

有较大的正电荷, 稳定性较好, 可以满足镀膜的需求。

上述 MgF$_2$-SiO$_2$ (mix) 复合溶胶 Zeta 电位的变化规律表明二氧化硅的引入影响了氟化镁溶胶粒子的交联状态, TEM 表征可以直观地了解溶胶粒子的尺寸、形貌以及交联状态等微结构信息, 因此对纯二氧化硅、纯氟化镁以及不同比例的 MgF$_2$-SiO$_2$ (mix) 复合溶胶均进行了电镜分析, 结果如图 4.12 所示。图 4.12 (a) 为氟化镁溶胶的 TEM 照片, 其颗粒小于 10nm 且颗粒之间有一定的黏结性, 多形成小的团簇; 图 4.12 (b) 所示的二氧化硅溶胶具有完全致密的结构。当两种溶胶以一定比例混合后, 出现如图 4.12 (c) ~ (e) 所示的黏连状结构, 颗粒状的是氟化镁, 颗粒周围阴影部分是二氧化硅, 随着二氧化硅比例的逐渐增大, 越来越多的氟化镁颗粒黏结在一起, 溶胶结构逐渐变得致密。虽然这两种溶胶粒子的电性相同, 理论上有排斥作用, 但是因为表面都有较丰富的羟基, 在氢键作用下也会相互吸引, 这种溶胶粒子逐渐致密化的过程明显会屏蔽氟化镁颗粒表面的电荷, 同时阻碍颗粒的移动, 可以很好地解释 Zeta 电位逐渐降低的实验结果。另外, 溶胶结构的变化必然会导致薄膜光学性能的改变, 因此制备的 MgF$_2$-SiO$_2$ (mix) 复合溶胶有可能用于薄膜折射率的调控。

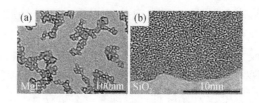

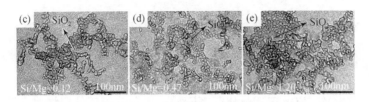

图 4.12　不同溶胶的透射电镜照片

（a）MgF$_2$；（b）SiO$_2$；（c）~（e）不同 Si/Mg 摩尔比的 MgF$_2$-SiO$_2$（mix）复合溶胶

2. MgF$_2$-SiO$_2$（mix）复合薄膜的光学性能

　　MgF$_2$-SiO$_2$（mix）复合薄膜的减反射性质主要由透射率和折射率衡量，图 4.13（a）为不同 Si/Mg 摩尔比的 MgF$_2$-SiO$_2$（mix）复合薄膜在石英基底的透射率曲线，图 4.13（b）为相应的折射率（632.8nm 处）。可知纯氟化镁薄膜的折射率为 1.20，相应的最大透射率可达 100%，而纯二氧化硅的折射率高达1.44，最大透射率仅为 95%。当两种溶胶混合后，MgF$_2$-SiO$_2$（mix）复合薄膜的折射率随着 Si/Mg 摩尔比的增大逐渐增大，透射率相应的逐渐降低，可见，通过调节二氧化硅与氟化镁的混合摩尔比，可以制备出折射率在 1.20~1.44 任意调控的 MgF$_2$-SiO$_2$（mix）复合薄膜，这为多层减反射膜的制备提供了重要基础。将折射率的变化规律与上述溶胶结构随 Si/Mg 摩尔比的变化相结合，不难发现，溶胶结构越致密，薄膜的折射率也越大。图 4.13（a）的插图为 MgF$_2$-SiO$_2$（mix）复合薄膜的膜层示意图，氟化镁颗粒的堆积会形成许多的堆积孔，这些孔有利于折射率的降低，但是随着二氧化硅量的增加，氟化镁颗粒间的空隙就会被填充，导致薄膜孔隙率的降低，折射率就会增大。

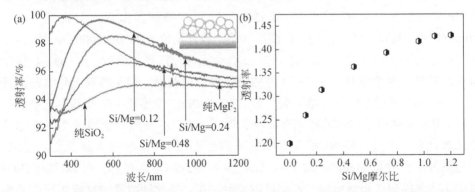

图 4.13　MgF$_2$ 膜、SiO$_2$ 膜以及不同 Si/Mg 摩尔比的 MgF$_2$-SiO$_2$（mix）复合薄膜的透射率曲线，插图为 MgF$_2$-SiO$_2$（mix）复合薄膜示意图；（b）MgF$_2$-SiO$_2$（mix）复合薄膜的折射率随 Si/Mg 摩尔比的变化

4.3.3　MgF$_2$-SiO$_2$ (*in-situ*) 复合溶胶及薄膜性质

1. MgF$_2$-SiO$_2$ (*in-situ*) 复合溶胶的性质

将硅源前驱体 TEOS 引入氟化镁溶胶后，复合溶胶的稳定性是首先应该考虑

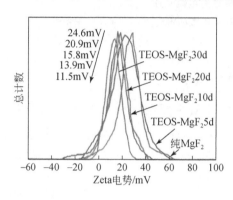

图 4.14　MgF$_2$-SiO$_2$ (*in-situ*) 复合溶胶的
Zeta 电位随老化时间的变化

的问题，因此首先分析了 MgF$_2$-SiO$_2$ (*in-situ*) 复合溶胶的 Zeta 电位随老化时间的变化（以 Si/Mg 摩尔比为 0.35 为例），结果如图 4.14 所示。纯氟化镁溶胶的 Zeta 电位为+24.6mV，当加入 TEOS 后，随着溶胶老化时间的延长，Zeta 电位逐渐减小，同时通过肉眼观察，胶体的淡蓝色越来越明显，当胶体在室温放置 30d 后，电位基本不变，约为+11.5mV，说明溶胶在此时达到一个相对稳定的状态，该复合溶胶在室温下可稳定保存 6 个月，可以满足镀膜需求。上述 Zeta 电位的逐渐降低表明，TEOS 在氟化镁溶胶中发生了反应，且反应产物与氟化镁颗粒之间存在某种相互作用，导致颗粒表面的电荷被屏蔽。

为了分析 TEOS 在氟化镁溶胶中的化学反应，对不同老化时间的复合溶胶做了红外表征。结果显示，纯的氟化镁溶胶在 447cm^{-1} 处有强的吸收峰，可归属为 Mg—F 键的特征伸缩振动峰，另外两个吸收峰分别位于 3000～3700cm^{-1} 和 1630cm^{-1} 处，分别对应于 H—OH 的伸缩振动和弯曲振动峰。在氟化镁溶胶中加入 TEOS 后，Si—O—C 键和 C—H 键的特征吸收峰明显出现，主要观察位于 1105cm^{-1} 和 1083cm^{-1} 的 Si—O—C 键伸缩振动峰以及位于 2800～3000cm^{-1} 的 C—H 键伸缩振动峰。对于老化 10d 的 MgF$_2$-SiO$_2$ (*in-situ*) 复合溶胶，Si—O—C 键的吸收峰依然是两个强峰，且 C—H 键的吸收峰也很明显，但是随着老化时间的延长，1105cm^{-1} 处的吸收峰逐渐减弱，最后在 1080cm^{-1} 处形成一个宽峰，这是 Si—O—Si 键不对称伸缩振动的特征吸收峰，说明了 TEOS 在氟化镁溶胶中反应形成了二氧化硅；另外，C—H 键吸收峰的减弱也表明了 TEOS 的水解过程。总之，通过红外图谱分析 MgF$_2$-SiO$_2$ (*in-situ*) 复合溶胶的老化过程，可以确定 TEOS 发生了水解缩聚，最终形成二氧化硅的实验事实。氟化镁溶胶中反应生成的乙酸为 TEOS 的水解缩聚提供了催化剂，TEOS 在乙酸催化下反应的方程式如下所示，

$$Si(OEt)_4 + nH_2O \xrightarrow{CH_3COOH} (EtO)_{4-n}Si(OH)_n + nEtOH \tag{4.3}$$

$$\equiv SiOH+HOSi \equiv \longrightarrow \equiv SiOSi \equiv +H_2O \qquad (4.4)$$
$$\equiv SiOH+EtOSi \equiv \longrightarrow \equiv SiOSi \equiv +EtOH \qquad (4.5)$$

在确定了 MgF_2-SiO_2（in-situ）复合溶胶的化学组成信息之后，作者利用 TEM 进一步研究了 TEOS 的原位水解缩聚过程对氟化镁结构和形貌的影响。图 4.15 为不同老化时间得到的 MgF_2-SiO_2（in-situ）复合溶胶的 TEM 照片。由图 4.15（a）可知，纯氟化镁溶胶为颗粒状且颗粒之间容易黏结在一起，形成一些小的团簇。而当在上述体系中引入 TEOS 后，溶胶结构发生了变化，从图 4.15（b）可明显看出，氟化镁颗粒不再是小的团簇，而是倾向于组装成为长链状结构，随着老化时间的延长，越来越多的氟化镁粒子组装在一起，长链也会逐渐变粗，最终会形成一种三维的网状结构，如图 4.15（e）所示。这种结构与图 4.12 直接混合得到的 MgF_2-SiO_2（mix）的溶胶结构明显不同。从图 4.15（f）的高分辨 TEM 照片可以看出，无定形的二氧化硅与氟化镁颗粒是黏结在一起的，不会发生相分离，也观察不到单独存在的二氧化硅。从上述整个演变过程推测，TEOS 在氟化镁溶胶中的原位水解缩聚产物与氟化镁颗粒之间必然存在某种相互作用力，在该作用力的引导下，氟化镁颗粒能够被组装为三维网状结构。

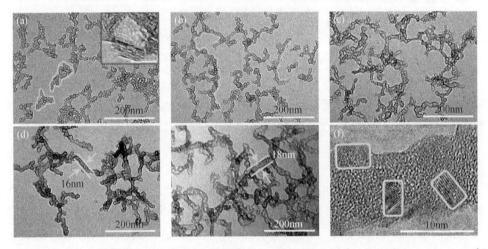

图 4.15　（a）MgF_2 溶胶的 TEM 照片，插图为 MgF_2 的 HRTEM 照片；MgF_2-SiO_2（in-situ）复合溶胶在（b）5d，（c）10d，（d）20d，（e）30d 的 TEM 照片；（f）MgF_2-SiO_2（in-situ）复合溶胶的 HRTEM 照片

2. MgF_2-SiO_2（in-situ）复合薄膜的光学性能

MgF_2-SiO_2（in-situ）复合溶胶的结构随老化时间的延长逐渐变化，主要表现在胶粒间交联程度的增强，薄膜结构的变化必然导致光学性能的差异，因此，

研究了 MgF_2-SiO_2（in-$situ$）复合薄膜的光学性质随老化时间的变化，图 4.16（a）为实验测得的透射率曲线，纯氟化镁薄膜在石英基底上的最高透射率为 100%，因为氟化镁的折射率 1.20 满足单层膜最佳减反射的条件 $n_1 = n_g^{-1/2}$。在氟化镁溶胶中加入 TEOS 后，随着老化时间的延长，透射率逐渐降低，当 MgF_2-SiO_2（in-$situ$）复合溶胶老化 30 天后，透射率为 98.9% 且基本不变，此时经椭偏仪测试，薄膜的折射率为 1.12，图 4.16（b）插图为实验测试的该薄膜的折射率色散曲线。同时，将实验测试的透射率曲线与用 Filmstar 软件拟合的折射率为 1.12 的透射率曲线作对比［图 4.16（b）］，两条透射率曲线很好地重合在一起，说明了 MgF_2-SiO_2（in-$situ$）复合薄膜的折射率可降低至 1.12，该超低折射率薄膜在多层膜的应用中至关重要。

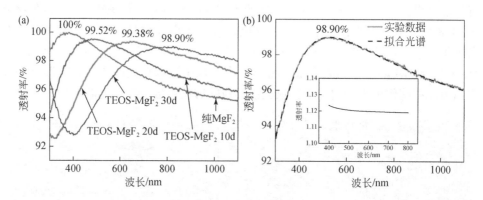

图 4.16　（a）MgF_2 薄膜的透射率曲线及由不同老化时间的 MgF_2-SiO_2（in-$situ$）复合溶胶镀制的复合薄膜的透射率曲线；（b）由老化 30d 的 MgF_2-SiO_2（in-$situ$）复合溶胶镀制薄膜的透射率及折射率曲线

　　薄膜的折射率也可由 BET 测试的孔体积进行估算。由氟化镁凝胶粉末的孔体积 $0.23cm^3/g$，则孔隙率计算为 42%，然后由折射率与孔隙率的关系式[6]推导出氟化镁薄膜的折射率为 1.23。MgF_2-SiO_2（in-$situ$）凝胶粉末经 BET 测试为 $0.73cm^3/g$，远远大于纯氟化镁薄膜，由此可定性推断该复合薄膜一定具有超低折射率，进一步通过理论公式计算出孔隙率为 68%，折射率约为 1.14。与氟化镁的估算结果类似，由凝胶粉末 BET 估算出的折射率略大于实际折射率，这可能是因为薄膜堆积孔不易遭到破坏，通常比凝胶粉末的大。MgF_2-SiO_2（in-$situ$）凝胶粉末的 BET 吸脱附结果显示，其滞后环明显不同于氟化镁，属于典型的 H1型，一般可认为具有圆柱状结构，其孔径约为 15nm。由此可见，MgF_2-SiO_2（in-$situ$）薄膜中的孔不是堆积孔，而是交联孔，与 TEM 结果一致。

3. TEOS 与 MgF₂胶粒的作用机理分析

TEOS 加入 MgF_2 溶胶后，复合溶胶的电位、结构和组成都会随老化时间的延长而呈现规律的变化，另外，TEOS–MgF₂复合薄膜的折射率出现逐渐降低的规律。根据以上实验结果和 TEOS 的水解缩聚机理，提出如图 4.17 所示的作用机理图。首先，由红外图谱分析得知，TEOS 在 Mg_{F2} 溶胶中会发生水解缩聚反应，最终生成二氧化硅，催化剂是氟化镁溶胶中存在的乙酸。根据经典的硅醇盐水解缩聚机理，当溶液的 pH 大于二氧化硅等电点 pH＝2 时，硅醇盐水解缩聚的产物硅氧烷带有负电荷（$Si—O^-$）[11]，而 MgF_2 溶胶的 Zeta 电位经测试为＋24.6mV，胶粒带正电[12]，在静电引力的作用下，带负电的硅氧烷必然倾向于吸附在 MgF_2 颗粒的表面，MgF_2–SiO_2（in-$situ$）复合溶胶 Zeta 电位随时间逐渐降低恰好说明了这个吸附过程，因为硅氧烷的吸附屏蔽了氟化镁颗粒表面的正电荷，导致电位的降低，同时，TEM 照片中溶胶粒子的形貌也可以证明的推测。那么，氟化镁颗粒是如何被组装成网络结构的呢？这是因为 TEOS 在酸性条件下倾向于缩聚成链状结构，氟化镁颗粒在二氧化硅缩聚过程中逐渐形成交联状结构，最终得到三维网络状结构。该网络结构中丰富的孔结构造成了该薄膜的超低折射率。另外研究了不同 Si/Mg 摩尔比时 MgF_2–SiO_2（in-$situ$）复合薄膜的折射率，发现当 Si/Mg 低至 0.12 时，复合薄膜折射率只能降低至 1.18；当 Si/Mg 高至 0.58 时，网络结构中的交联孔被过量的二氧化硅堵塞，导致折射率变化不大，且胶体稳定性变差，易形成凝胶。

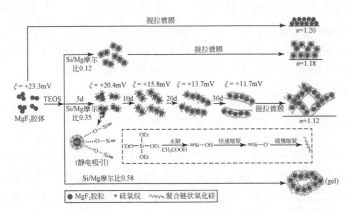

图 4.17　MgF_2–SiO_2（in-$situ$）复合溶胶网络结构的形成示意图

4.4　MgF$_2$/PVA 复合溶胶及应用

聚碳酸酯（PC）具有透光率高（>90%）、变形温度高（>140℃）、质量轻和可弯折等诸多优异性能[13]，是一种重要的光学材料，但是 PC 的抗摩擦性能很差，极易划伤，限制了它的应用。本节以 PC 基底为减反射目标，以氟化镁基有机–无机杂化薄膜为研究对象，目的是制备出光学性能和机械性能都比较好的氟化镁基减反射膜。氟化镁以离子键的形式存在，F 倾向于暴露在颗粒的表面，因此容易以氢键的形式吸收空气中的水。利用氟化镁颗粒表面强烈的氢键作用，将具有丰富羟基的聚乙烯醇（PVA）引入氟化镁中，试图通过氟化镁颗粒和 PVA 长链之间的氢键作用制备出性能优异的杂化膜。通过调节 PVA 的加入比例，制备出一系列 MgF$_2$–PVA 复合溶胶，首先利用 DLS、TEM、IR 和 XPS 等研究了复合溶胶的基本性质，确定了氟化镁颗粒与 PVA 之间的强氢键作用，证明 PVA 可以将氟化镁颗粒均匀地黏结在一起，形成网状结构。然后采用紫外–可见光谱仪、摩擦仪和纳米压痕仪分别测试 MgF$_2$–PVA 复合薄膜的光学性能和机械性能。结果表明，随着 PVA 加入比例的增加，光学透射率逐渐降低，抗摩擦性能逐渐增强，因此，在实际应用中，需要权衡这两种性能的重要性，选择最合适的 PVA 比例。

4.4.1　MgF$_2$–PVA 复合溶胶制备

MgF$_2$–PVA 复合溶胶由氟化镁溶胶和 PVA 水溶液混合制得，其中氟化镁溶胶的制备方法同 4.2.1 小节的实验部分，PVA 水溶液是将一定量的 PVA 溶于 6mL 水中，60℃加热溶解而得。待 PVA 水溶液冷却到室温后，在搅拌下逐滴加入氟化镁溶胶中，室温下老化 7d，备用。其中，PVA 加入量分别为 0.06g、0.18g 和 0.32g，相对应的复合溶胶中 PVA 质量分数［$m_{PVA}/(m_{PVA}+m_{MgF_2})$］分别为 4.3%、11.8% 和 18.2%。

4.4.2　MgF$_2$–PVA 复合溶胶性质

PVA 加入氟化镁溶胶后，MgF$_2$–PVA 复合溶胶是否能稳定保存，不发生相分离或聚沉，这是首先应该考察的问题。经过简单地肉眼观察，发现所有的复合溶胶都能稳定保存至少一个月，镀膜之前，只需超声 15min，溶胶即为澄清透明状。那么 PVA 的加入会对溶胶性质造成怎样的影响，氟化镁颗粒和 PVA 之间是否有相互作用？首先利用动态光散射研究了 PVA 加入量对 MgF$_2$–PVA 复合溶胶 Zeta 电位和粒度的影响，测试结果如图 4.18 所示。由图 4.18（a）可以看出，纯氟化镁溶胶的 Zeta 电位为 +24.6mV，加入 PVA 后，电位明显降低，且随着 PVA 比例的增大，复合溶胶电位呈现出逐渐降低的规律，当 PVA 质量分数为

18.2% 时，Zeta 电位降低至 +9.75mV，这表明 PVA 对氟化镁胶粒表面的电荷有明显的屏蔽作用。图 4.18（b）为 MgF_2-PVA 复合溶胶粒度随 PVA 比例的变化，由于动态光散射测的是溶胶粒子的水合半径，因此得到的尺寸通常比真实半径大，但是尺寸的变化规律是可以借鉴的。图中 MgF_2-PVA 复合溶胶的胶粒尺寸随着 PVA 加入比例的增加而逐渐变大。由上述实验结果可以推断，PVA 在复合溶胶中均匀分散，而且可与氟化镁颗粒产生相互作用，导致 Zeta 电位的降低和尺寸的增加。

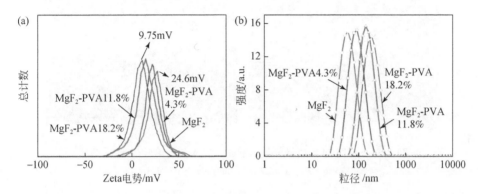

图 4.18　MgF_2-PVA 复合溶胶的（a）Zeta 电位和（b）粒度分布随 PVA 质量分数的变化

　　为了更加直观形象地观察复合溶胶的结构形貌，研究了 MgF_2-PVA 复合溶胶在不同 PVA 比例时的 TEM 照片，如图 4.19 所示。图 4.19（a）为纯氟化镁溶胶，氟化镁颗粒分散较好，颗粒之间有一定的黏联，但只是形成小的团簇，并没有大面积的交联，由插图的高分辨照片可以看到明显的晶格条纹；当在氟化镁溶胶中加入 PVA 后 [图 4.19（b）]，氟化镁粒子间的黏结程度明显增加，形成交联的大团簇；继续增加 PVA 的量，颗粒基本上全部以交联的形式黏结在一起 [图 4.19（c）]，从图中的交联结果可以推测，氟化镁颗粒极有可能沿着 PVA 分子链的铺展方向黏结在一起，因此结构并不是完全致密，而是出现一些交联孔，这些孔结构有利于折射率的降低。另外，从插图中的高分辨照片可以看出，氟化镁的晶格条纹已经非常模糊，只能看到 PVA 的无定形类似褶皱的结构，这些结果表明 PVA 可以缠绕在氟化镁颗粒表面，并将氟化镁颗粒交联在一起。当 PVA 质量分数高至 18.2% 时，大量的 PVA 已经可以将氟化镁颗粒完全黏结在一起，形成致密结构。TEM 结果说明氟化镁颗粒和 PVA 长链间存在一定的相互作用力，这个作用力的存在使 PVA 均匀分布在氟化镁颗粒周围，这必然会对薄膜的性质造成影响。

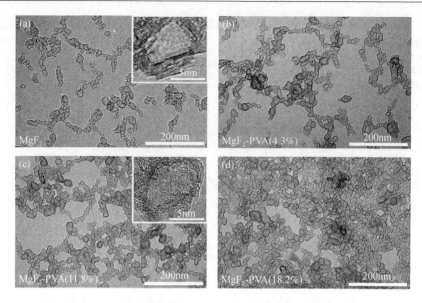

图 4.19　不同 PVA 质量分数的 MgF_2-PVA 复合溶胶的 TEM 照片

(a) 0；(b) 4.3%；(c) 11.8%；(d) 18.2%

XPS 结果表明，纯氟化镁薄膜表面 F 1s 的电子结合能在 685.87eV；而对于所有的 MgF_2-PVA 复合薄膜，其表面 F 1s 的结合能均低于氟化镁，当 PVA 质量分数为 4.3% 时，结合能降低至 685.43eV，当 PVA 比例继续增加时，F 1s 结合能继续逐渐降低，但是降低的程度很小。因此，MgF_2-PVA 复合薄膜中 F 元素的化学环境与 MgF_2 薄膜的差别较大，而 PVA 的比例对复合薄膜中 F 1s 的结合能影响并不大，结合红外图谱分析，这极有可能是由于氟化镁颗粒表面的 F 与 PVA 之间强烈的氢键作用。

依据上述溶胶的结构和化学组分性质的变化规律，提出氟化镁胶粒和 PVA 之间的相互作用机理，分析了该复合薄膜可能存在的优势（图 4.20）。Zeta 电位测试表明氟化镁胶粒带正电，F 原子倾向于暴露在颗粒表面，而且 F 具有很强的电负性，极易形成氢键。当把带有丰富羟基的 PVA 加入氟化镁溶胶后，PVA 长链与氟化镁颗粒通过强烈的氢键作用结合在一起，当 PVA 加入量较少时，形成的是小的团簇，当 PVA 比例较大时，即形成沿着 PVA 链伸展方向交联的网状结构，当 PVA 比例过大时，氟化镁粒子完全被缠绕在一起，形成致密结构。溶胶的结构决定薄膜的性质，因此，可以推断 MgF_2-PVA 复合薄膜应该具备的两个性质，第一，随着 PVA 比例的增加，薄膜折射率增大，因为一方面 PVA 本身的折射率较大（约为 1.52），另一方面，薄膜变得越来越致密；第二，PVA 包覆在氟化镁颗粒的表面，并将氟化镁颗粒黏结在一起，形成均匀的有机-无机杂化薄膜，这种复合薄膜极有可能与塑料基底有较强的结合力，而且薄膜本身的抗摩擦性能也会增强。因此，MgF_2-PVA 复合薄膜极有可能在塑料基底上有潜在的应用。

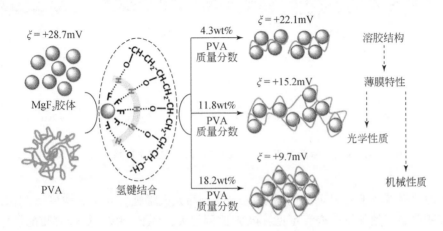

图 4.20　MgF_2 与 PVA 相互作用机理图

4.4.3　MgF_2-PVA 复合薄膜性质

为了探究 MgF_2-PVA 复合薄膜在塑料基底上的性质，本研究均采用 PC 为薄膜基底。图 4.21 为不同 PVA 比例时 MgF_2-PVA 复合薄膜的透射率曲线和折射率色散曲线。纯氟化镁薄膜的折射率为 1.20，在石英基底上的透射率为 100%，而在 PC 基底的透射率为 99.1%，这是因为聚碳酸酯基底的折射率为 1.586，其单层薄膜的最佳折射率约为 1.26。当 PVA 质量分数为 4.3% 时，薄膜的折射率为 1.31，透射率比氟化镁薄膜略有提高，因为 1.30 与理想折射率 1.26 较接近。当 PVA 比例为 11.8% 时，折射率继续增大至 1.37，透射率为 98.9%；当 PVA 比例增大至 18.2% 时，薄膜折射率可高至 1.42，透射率大幅度降低至 96%，减反射效果不明显。MgF_2-PVA 复合薄膜折射率随 PVA 质量分数增大的规律与溶胶结构越来越致密相一致。

氟化镁薄膜和不同 PVA 比例的 MgF_2-PVA 复合薄膜的抗摩擦性能结果如图 4.22 所示。纯氟化镁薄膜在摩擦 20 个循环后，透射率降低了 4.7%［图 4.22（a）］，薄膜基本被擦掉。图 4.22（b）~（d）为 MgF_2-PVA 复合薄膜在不同 PVA 质量分数的抗摩擦测试结果，当 PVA 质量分数为 4.3% 时，复合薄膜经摩擦 20 次后，透射率降低 4.2%，与纯氟化镁薄膜相比，抗摩擦性能并没有明显提高；PVA 质量分数为 11.8% 的复合薄膜，经相同条件下摩擦 20 次后，薄膜的透射率没有降低，40 次后降低了 0.36%，60 次后也仅降低 1%，相较于氟化镁薄膜，该复合薄膜的抗摩擦性能大大提高；当 PVA 质量分数增加到 18.2% 时，MgF_2-

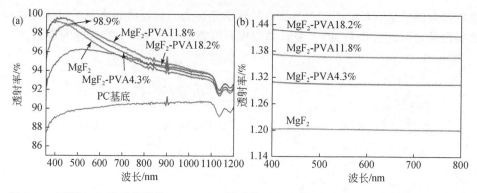

图4.21　不同 PVA 质量分数的 MgF_2–PVA 薄膜的（a）透射率曲线；（b）折射率色散曲线

PVA 复合薄膜本身以及薄膜与基底的结合力都大大增强，在 140 次摩擦测试后，薄膜透射率仍然保持不变，可见，PVA 比例越大，MgF_2–PVA 复合薄膜的抗摩擦性能越优异，这是因为 PVA 的增加不仅将氟化镁黏结得更加紧密，同时增强了薄膜与基底的结合力。

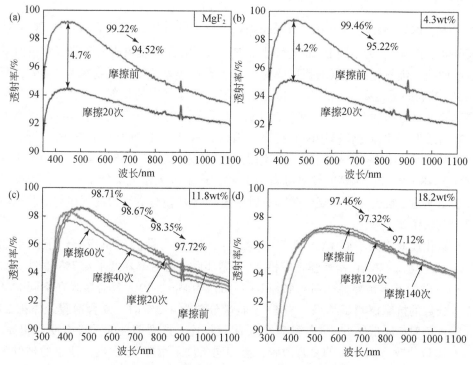

图4.22　不同 PVA 质量分数的 MgF_2–PVA 薄膜摩擦前后的透射率曲线

（a）0；（b）4.3%；（c）11.8%；（d）18.2%

综上所述，MgF$_2$-PVA 复合薄膜在 PC 基底上的透射率随 PVA 比例的增加逐渐降低，而机械性能随 PVA 比例的增加而逐渐增强，在实际应用中，需要在光学性能和机械性能之间寻找一个合适的平衡点，即若对机械性能有很高的需求，则应选择 PVA 比例较大的复合薄膜，如 18.2%；若对光学性能和机械性能均有较高要求，则应选择 PVA 比例为 11.8% 左右的复合薄膜。

参 考 文 献

[1] Murata T, Ishizawa H, Motoyama I, et al. Investigations of MgF$_2$ optical thin films prepared from autoclaved sol [J]. Journal of Sol-Gel Science and Technology, 2004, 32 (1): 161-165.

[2] Murata T, Ishizawa H, Tanaka A. Investigation of MgF$_2$ optical thin films with ultralow refractive indices prepared from autoclaved sols [J]. Applied Optics, 2008, 47 (13): C246-C250.

[3] Voorhees P W. The theory of Ostwald ripening [J]. Journal of Statistical Physics, 1985, 38 (1): 231-252.

[4] Penn R L, Banfield J F. Imperfect oriented attachment: dislocation generation in defect-free nanocrystals [J]. Science, 1998, 281 (5379): 969-971.

[5] Tang Z, Kotov N, Michael G. Spontaneous organization of single CdTe nanoparticles into luminescent nanowires [J]. Science (New York, N. Y.), 2002, 297: 237-240.

[6] Yoldas B E. Investigations of porous oxides as an antireflective coating for glass surfaces [J]. Applied Optics, 1980, 19 (9): 1425-1429.

[7] Zhang Y, Zhao C, Wang P, et al. A convenient sol-gel approach to the preparation of nanoporous silica coatings with very low refractive indices [J]. Chemical Communications, 2014, 50 (89): 13813-13816.

[8] Karthik D, Pendse S, Sakthivel S, et al. High performance broad band antireflective coatings using a facile synthesis of ink-bottle mesoporous MgF$_2$ nanoparticles for solar applications [J]. Solar Energy Materials and Solar Cells, 2017, 159: 204-211.

[9] Thommes M. Physical adsorption characterization of nanoporous materials [J]. Chemie Ingenieur Technik, 2010, 82 (7): 1059-1073.

[10] Thomas I. Two-layer broadband antireflective coating prepared from methyl silicone and porous silica [M]. SPIE, 1997.

[11] Curran M D, Stiegman A E. Morphology and pore structure of silica xerogels made at low pH [J]. Journal of Non-Crystalline Solids, 1999, 249 (1): 62-68.

[12] Nandiyanto A B D, Ogi T, Okuyama K. Control of the shell structural properties and cavity diameter of hollow magnesium fluoride particles [J]. ACS Applied Materials & Interfaces, 2014, 6 (6): 4418-4427.

[13] Srivatsa K, Bera M, Basu A, et al. Antireflection coatings on plastics deposited by plasma polymerization process [J]. Bulletin of Materials Science, 2008, 31: 673-680.

第 5 章　弦长分布理论及应用

5.1　弦长分布理论

当一个任意形状和维度的几何体被随机取向的直线贯穿时，在几何体内部留下的线段就是"弦"（chord），不同长度的弦构成的分布称为"弦长度分布"（chord length distribution，CLD）。利用小角 X 射线散射（SAXS）技术可以对三维样品的随机弦长度分布进行间接测量。在 SAXS 实验中，样品被精确准直的单色 X 射线穿过就会产生随机弦长度分布[1]。弦长度分布的特点与样品中所包含散射体的形状和尺寸信息直接相关，对弦长度分布进行解释，可以更为准确地获得研究对象的结构信息。从几何概率的角度出发，有多种方法推导弦长度分布函数[2-4]。任何形状的几何体都有特定的"指纹"弦长度分布，在这方面，Levitz[5] 和 Gille[1,6] 已经做了大量卓有成效的数学物理研究，并且在弦长度分布的应用上也做了很多研究[7,8]。

自 20 世纪 90 年代初期，Beck[9] 和 Zhao[10] 等运用季铵盐类表面活性剂作为多孔硅酸盐的模板剂分别合成了 M41S 与 FSM-16 中孔氧化硅分子筛材料后，具有规整孔道的中孔分子筛受到了材料研究者的极大关注。然而，对中孔分子筛孔结构的精确表征不是一件简单的事情。对于具有严格六方排布的直孔道中孔分子筛，如 MCM41 和 SBA-15 等，可以通过组合运用高分辨透射电子显微镜（HRTEM）、X 射线衍射（XRD）和 N_2 吸附来确定其孔结构参数[11]。但是对大多数非六方直孔道的中孔分子筛以及孔道规整度较差的样品，这些方法的准确性也不高。另外，应用于选择性吸附的中孔分子筛要求孔道表面有机官能化，而有机官能团存在于孔道内表面或者使孔道界面模糊，或者使孔道排列规整度变差，因此有机官能化中孔分子筛的精确结构解析更为困难。相对于其他表征技术，SAXS 方法能从纳米尺度对样品的内部结构进行"观察"，其解决方法不依赖于制样条件和数学模型，具有普适性。利用 SAXS 实验数据，通过弦长度分布函数精确解析了中孔分子筛的孔结构。

纳米尺度散射体的结构信息包含在 SAXS 曲线 $I(q)$ 中，由此计算得到的电子密度空间相关函数［correlation function，$\gamma(r)$］是散射强度数据和结构信息之间的桥梁。理想两相体系的 SAXS 结果与几何体的随机弦长度分布之间的联系基于以下理论[12]，即：物质的原子结构决定了 SAXS 的尺度上界（即散射矢量的最大值，或者说空间距离最小值 $r_{min} \approx 1 \sim 2nm$），在此之下，颗粒边界没有几何敏感性，单个散射中心之间的距离在 SAXS 实验中是不可辨认的，因此在 $r>r_{min}$ 内样品密度可以由分段连续函数近似，而 $r<r_{min}$ 内颗粒的精细表面结构被消除了，这样 SAXS 可以用来仅仅研究散射体的几何结构。

任意各向同性体系的散射强度[13]为：

$$I(q) = I_e < (\Delta\rho)^2 > V \int_0^\infty \gamma(r) \sin(qr)/(qr) 4\pi r^2 \mathrm{d}r \tag{5.1}$$

式中，散射矢量 $q = 4\pi\sin\theta/\lambda$，$2\theta$ 为散射角，λ 为入射 X 射线波长，I_e 为一个电子的散射强度，V 为 X 射线辐照的样品体积，$<(\Delta\rho)^2>$ 为体系中粒子和周围介质之间电子密度涨落的平方均值。对 $I(q)$ 进行变换可以得到相关函数

$$\gamma(r) = \frac{\int_0^\infty h^2 I(h) \frac{\sin(hr)}{hr} \mathrm{d}h}{\int_0^\infty h^2 I(h) \mathrm{d}h} \tag{5.2}$$

由 $\gamma(r)$ 可以获得一些简单的结构信息，如相关长度和周期长度等，但 $\gamma(r)$ 不能表现结构的细微之处。而变形相关函数 [transformed correlation function, $\gamma_T(r)$] 比 $\gamma(r)$ 对散射体的空间距离更敏感，可以用来初步确定散射体的尺寸。$\gamma_T(r)$ 的定义[14]如下：

$$\gamma_T(r) = \frac{2}{\pi} \sin^{-1}[1 - \gamma(r)^{1/3}] \tag{5.3}$$

通过变形相关函数极大值为 1 时所对应的空间尺度，可以估计平均孔径[15]。在此基础上引入相关函数的二次微分 $\gamma''(r)$，可以对精细孔结构进行进一步计算。$\gamma''(r)$ 的定义[12]如下：

$$\gamma''(r) = \frac{\int_0^\infty [q^4 I(q)]'' \frac{\sin(qr)}{qr} \mathrm{d}q}{r^2 \int_0^\infty q^2 I(q) \mathrm{d}q} \tag{5.4}$$

实际的弦长度分布函数 $g(r)$ 与 $\gamma''(r)$ 具有如下关系：

$$g(r) = \frac{4V_0}{S_0} \gamma''(r) \tag{5.5}$$

式中，V_0 和 S_0 分别为散射体的体积和表面积，可见 $g(r)$ 与 $\gamma''(r)$ 成正比关系。因此研究弦长度分布函数 $g(r)$ 可以用 $\gamma''(r)$ 来代替。中孔分子筛实际所得的 $\gamma''(r)$ 并非单一函数形式，而是由如下两部分构成：

$$\gamma''(r) = l_0 \exp[-l_1(r+l_2)^2] + m_0 \exp[-m_1(r-m_2)^2] \tag{5.6}$$

对式（5.6）进行非线性拟合，可以得到孔的弦长度分布 $\phi(r)$ 和孔壁的弦长度分布 $f(r)$：

$$\phi(r) = l_0 \exp[-l_1(r+l_2)^2] \tag{5.7}$$

$$f(r) = m_0 \exp\left[-m_1(r - m_2)^2\right] \tag{5.8}$$

式中，l_0、l_1、l_2、m_0、m_1 和 m_2 为拟合参数，孔的平均弦长度 $\bar{l}$ 和孔壁的平均弦长度 $\bar{m}$ 与 $\phi(r)$ 和 $f(r)$ 分别存在以下关系：

$$\bar{l} = \int_0^L r\phi(r)\,\mathrm{d}r \tag{5.9}$$

$$\bar{m} = \int_0^L r f(r)\,\mathrm{d}r \tag{5.10}$$

按照无限长圆柱体（直径为 d）的弦长度分布标准表达式 $g_0(r, d)$ [16]：

$$g_0(r,d) = \begin{cases} \dfrac{3r}{4d^2} \cdot {}_2F_1\left(\dfrac{1}{2};\dfrac{5}{2};3;\dfrac{r^2}{d^2}\right) = \dfrac{3r}{4d^2} + \dfrac{5r^3}{16d^4} + \dfrac{105r^5}{512d^6} + O[r]^9; 0 \leqslant r \leqslant d \\[4mm] \dfrac{3d^3}{4r^4} \cdot {}_2F_1\left(\dfrac{1}{2};\dfrac{5}{2};3;\dfrac{d^2}{r^2}\right) = \dfrac{3d^3}{4r^4} + \dfrac{5d^5}{16r^6} + \dfrac{105d^7}{512r^8} + O\left[\dfrac{1}{r}\right]^9; d \leqslant r \leqslant \infty \end{cases}$$

$$\tag{5.11}$$

结合式（5.12）可以将孔的弦长度分布 $\phi(r)$ 反推得到孔径分布 $V_{\mathrm{SAXS}}(d)$ [17]：

$$V_{\mathrm{SAXS}}(d) = \frac{\displaystyle\int_0^L r g_0(r,d) \phi(r)\,\mathrm{d}r}{\displaystyle\int_0^L r\phi(r)\,\mathrm{d}r} \tag{5.12}$$

5.2　利用弦长分布函数研究介孔材料的界面

自孔道结构规整的介孔分子筛材料首次发现以来，因具有高比表面、大孔容、窄孔分布和可调孔径等优点，在催化、吸附分离等领域有潜在的应用而备受重视[18,19]。经过不同有机基团改性的介孔氧化硅分子筛可以改变孔表面的亲-疏水、配位等性能，增加了孔表面的活性位以及介孔吸附的选择性，从而进一步增加了其应用范围[20]。但有机基团的引入势必会导致介孔孔道结构的改变，进而影响其使用性能，因此必须对有机官能化介孔分子筛的结构进行深入研究，以深入理解其物理化学效应。

长期以来，高分辨透射电子显微镜（HRTEM）、氮气吸附-脱附、小角X射线衍射（SXRD）等[11,21]被用来确定介孔的结构参数。但经过有机基团改性的介孔分子筛受有机官能团稳定性和分辨率的影响，表征有机基团在介孔中的分布等信息方面 HRTEM 显得无能为力。介孔分子筛骨架上覆盖的有机基团也使得气体吸附行为变得更为复杂，从而影响吸附测试的准确性。而小角X射线衍射方法需要样品至少3个可辨的衍射峰才能确定分子筛的晶胞结构，对结构缺少足够有序性的样品难以确定结构。作为一种非破坏性的结构分析方法，小角 X 射线散射技术，被广泛应用于解析纳米尺度电子密度不均匀物质（纳米颗粒或纳米孔洞）的结构尺寸、比表面、孔径分布、界面信息等。当前 SAXS 已被普遍用于表征介孔材料结构，但大多只针对散射曲线中的衍射峰进行解析，以获得介孔有序结构的周期性特征，而忽略了散射曲线中包含的其他有价值信息。

本研究中，以同步辐射 SAXS 为主要研究手段，使用 Bragg 衍射信息、相关函数理论（correlation function）、弦长分布函数（chord length distribution，CLD）理论等对一步法制备的羧基官能化 SBA-15 型分子筛及不同长度烷基后改性的大孔笼型介孔分子筛结构进行了解析，同时辅以氮气吸附-脱附、透射和扫描电子显微镜等表征技术做对比研究，在不需要对目标结构建立模型和模拟的基础上获得了独立的孔径、壁厚弦长分布、两相界面及其随有机基团改性的变化、有机基团在介孔材料中的分布等信息，证明 SAXS 方法是一种非常有价值的介观结构解析工具。

5.2.1　羧基官能化 SBA-15 型分子筛的小角 X 射线散射研究

羧基官能化的 SBA-15 样品合成根据文献[22]进行，其中有机硅源为 3-氰乙基三乙氧基硅烷（CETES），其他条件不变。具体合成步骤为：以 TEOS 和 CETES 为硅源，三嵌段共聚物 P123 为模板剂，在无机盐 KCl 存在下于酸性溶液中合成 SBA-15，根据 CETES 在硅源中的摩尔含量分别为 10%、15%、25%、40% 和 50%，对应的样品编号分别记为 C-10、C-15、C-25、C-40 及 C-50，未加 CETES 的样品记为纯 SBA-15。

有机官能化的介孔分子筛主要通过两种方法实现。一种是通过硅烷化试剂使有机官能团与介孔分子筛上残余的硅羟基反应而嫁接在介孔孔道的表面，另一种即本研究中所用的共缩聚法。前者制备的有机官能化分子筛中，有机基团无疑分布于介孔的表面，在介孔的孔壁界面形成一层有机覆盖层。但共缩聚法制备的有机官能化分子筛中有机基团分布比较复杂，大多认为有机硅源的官能团参与表面活性剂和无机硅源的自组装过程，并且形成的结构难以进入骨架而是分布于介孔的内外表面[23]。但亦有研究表明不同种类、不同数量的有机硅源可以进入骨架结构[24]。有机基团在介孔分子筛上的分布对于其性能将产生重要的影响。

图 5.1（A）为不同有机硅源含量制备的羧基官能化 SBA-15 介孔分子筛的 SAXS 强度曲线，对于未官能化的 SBA-15 样品，在散射矢量 $q = 0.622\text{nm}^{-1}$ 处出现了明显的衍射峰，这可归属于六方晶系 d_{100} 晶面的衍射峰。在 $q = 1.09\text{nm}^{-1}$ 和 $q = 1.25\text{nm}^{-1}$ 处还有两个可辨的衍射峰，分别归属为六方晶系的 d_{110} 和 d_{200} 晶面的衍射峰。随着样品中羧基引入量的增加，d_{110} 和 d_{200} 衍射峰逐渐消失，说明样品的介孔有序性随着有机官能团引入有所降低。但除样品 C-50 外，其他所有样品的 d_{100}

晶面的衍射峰依然明显，说明在较大范围内引入羧基，分子筛依然具有高度有序的六方孔道结构（$p6mm$）。而所有样品的 d_{100} 衍射峰所在的 q 值变化很小，晶胞大小变化不大，有机硅烷的作用对介孔分子筛的周期结构影响有限。

从图 5.1（B）看出，在散射曲线的尾端所有样品均趋于水平，即使在有机官能团引入量最大的样品中（C-50）Porod 曲线的走向也不发生明显偏离。样品中强衍射峰的存在使 Porod 曲线发生严重畸形，但并未影响 Porod 曲线在大 q 值方向的偏离情况。这与其他官能化介孔分子筛在孔的界面形成模糊的界面层使 Porod 曲线偏离明显不同[25]。有机硅源 CETES 上的氰基与甲基等基团相比，氰基由于强烈的吸电子效应使得 CETES 的水解速度明显快于 TEOS[26]。氰基虽有一定的疏水性但与表面活性剂 P123 的疏水基团作用不够强烈，且水解较快因此容易与无机硅源共聚而部分进入介孔骨架结构。因此可初步猜测这些羧基官能化介孔分子筛样品的孔界面较为清晰，或存在界面层但不明显难以减小大 q 值的散射强度，同时表明羧基基团可能进入氧化硅的骨架并均匀分布，而不是仅仅富集在内外表面。

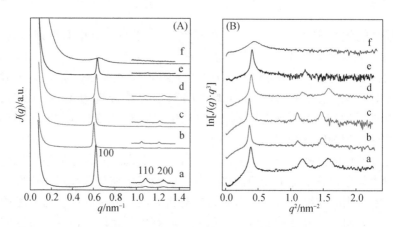

图 5.1　样品的 SAXS 散射曲线（A）和 Porod 曲线（B）

为了更清楚地得到介孔分子筛的结构周期性，图 5.2 做出了羧基化分子筛的归一化相关函数曲线。可以看出，随着引入羧基的增加，样品相关函数曲线的振幅逐渐减小。在有机硅源含量 50% 的样品中，相关函数曲线已不再出现周期性振荡行为，这与图 5.1 中分子筛衍射信息得到的结果一致，说明振荡周期性与样品的有序程度直接相关。表 5.1 给出了由相关函数计算的周期长度 L 和由图 5.1 中（100）衍射峰计算的晶胞参数 a。从表 5.1 看出，由相关函数计算的周期长度 L 与由衍射峰计算晶胞参数 a 的周期性信息有类似的变化规律，随着羧基的增加，周期长度略微变小，说明有机官能团对分子筛结构的影响有限，只有当大比例引入羧基时（有机硅氧烷比例达 50%）时，才对孔道结构产生非常大的影响。所有用相关函数计算的周期长度均略小于衍射方法，这是因为相关函数法得到的周期长度受峰的宽化影响存在一定的误差。不过衍射方法计算的周期取决于样品晶胞的完整性，在计算晶胞参数时需要首先确定结构。高有机官能化的介孔分子筛有序性较差，难以得到 3 个以上可辨的衍射峰，通过确定晶胞结构来获得周期性信息比较困难。而这种相关函数计算的值可在不用确定晶胞结构而直接得到，其结果只与两相体系的重复性、界面信息和有序程度有关。从图 5.2 中相关函数接近 0 处曲线开始呈线性所对应的横坐标值可确定为样品中孔壁和孔两相间的界面层厚度 $t^{[27]}$。由图 5.2 可知所有官能化样品的 t 值与纯 SBA-15 样品的差值不大，说明大量引入有机基团对界面层厚度影响不大。同时发现随着羧基引入量的增加，相关函数曲线偏离理想的情况越大，这说明羧基应该是进入了氧化硅的骨架结构，使孔壁结构变得疏松，孔和孔壁之间的两相电子密度差异减小。

表 5.1　介孔分子筛样品的结构参数

样品	W_{CETES}/mol%	$L^{\#}$ /nm	a^{*} /nm	表面积/m²/g	D_{BJH}/nm	D_{CLD}/nm	H_{CLD} /nm	$D_{CLD}+H_{CLD}$ /nm
SBA-15	0	11.2	11.7	810	7.7	7.8	3.2	11.0
C-10	10	11.4	12.0	596	8.1	8.1	4.4	12.5
C-15	15	11.2	12.0	573	7.9	7.8	3.8	11.6
C-25	25	10.8	11.6	544	5.5	7.2	3.8	11.0
C-40	40	10.5	11.4	430	4.5	5.0	5.8	10.8
C-50	50	—	11.1	391	3.8	4.3	5.8	10.1

注：#由相关函数确定的周期长度，* 晶胞参数 $a = d_{100}/(\sqrt{3}/2)$，D_{BJH} 为 BJH 方法计算得到的孔尺寸，D_{CLD} 为 CLD 得到的孔尺寸，H_{CLD} 为 CLD 确定的孔壁厚度。

　　图 5.3 为样品的氮气吸附-脱附等温曲线。随有机基团引入量的增加，样品的 BET 比表面由纯 SBA-15 的 810m²/g 逐渐减少到 C-50 的 391m²/g。当有机官能团引入量低时，样品的吸附-脱附等温线都是典型的 Langmuir IV 型，带有 H1 型滞后环，在 N_2 相对压力 $p/p_0 = 0.6 \sim 0.8$ 处有一个很明显的突跳，这些都是具有圆柱形细长孔道结构 SBA-15 介孔材料的典型的 N_2 吸附-脱附曲线。但对于样品 C-40 和 C-50，吸附-脱附曲线已经明显偏离 H1 型，在 N_2 相对压力 $p/p_0 = 0.4 \sim 0.5$ 的突跃显示介孔类型由圆柱类型的直孔道向具有 H2 型滞后环的瓶颈型孔道结构发生转变。由衍射数据和相关函数结果可知样品的晶胞参数（周期性）随羧基引入量变化很小，但表 5.1 表明，除纯 SBA-15 外，BJH 孔径大小基本上随着羧基引入量的增加而大幅减少，这隐含着孔壁厚度的变化。

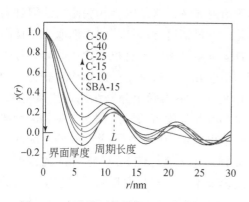

图 5.2　介孔分子筛样品的相关函数曲线

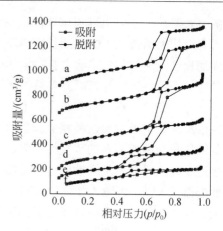

图 5.3　介孔分子筛样品的氮气吸附-脱附
等温曲线

（a）纯 SBA-15；（b）C-10；（c）C-15；

（d）C-25；（e）C-40；（f）C-50

图 5.4 为羧基改性 SBA-15 介孔分子筛的弦长分布函数。纯 SBA-15 对应曲线的第一个峰和第二个峰为孔壁和孔径的弦长极大，分别对应于图 5.5 的 SBA-15 沿 [110] 方向上的孔径 D_{CLD} 以及最小壁厚 H_{CLD}，CLD 曲线中 11nm 左右的峰谷则对应于孔的最小重复周期，且最小孔壁 H_{CLD} 和孔径 D_{CLD} 之和对应为一个周期长度。从图 5.4 的振荡曲线还可以看出随着羧基的引入，孔的弦长极大和孔壁的弦长极大相互靠近，当有机硅氧烷比例达 40% 及以上时，已经不能区分孔壁和孔径分布。原因是通过共缩聚方法制备的羧基改性的介孔分子筛，羧基绝大部分分布于孔内壁，随着羧基含量的提高，有序性下降，孔的规整性下降。纯 SBA-15 具有简单的孔壁和孔径分布，在一个周期里仅有壁厚和孔径两个弦长极大，但过

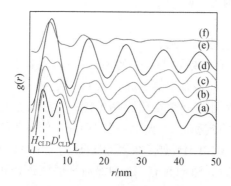

图 5.4　介孔分子筛的弦长分布函数

（a）纯 SBA-15；（b）C-10；（c）C-15；

（d）C-25；（e）C-40；（f）C-50

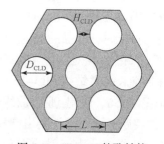

图 5.5　SBA-15 的孔结构

[110] 方向；D_{CLD}：尺寸；H_{CLD}：

孔壁厚度；L：周期长度（$L=D_{CLD}+H_{CLD}$）

多的有机基团引入使壁厚和孔结构变得无序和不均匀，最终使得弦长分布函数不能给出孔和孔壁的弦长极大值。弦长分布的周期与相关函数得到的类似，对于小比例的羧基化介孔分子筛样品，直接计算的孔径和壁厚有较高的可信度。

表 5.1 列举了 CLD 法得到的孔径（D_{CLD}）、孔壁（H_{CLD}）以及吸附法得到的孔径（D_{BJH}）数据。结果表明纯 SBA-15 和较小含量的羧基化样品孔径计算的结果两种方法偏差不大。但随着羧基含量的增加，CLD 法得到的孔壁和孔径难以区分，因此图 5.6 分别做出了经分峰处理分离后的孔-壁弦长分布函数。结合表 5.1 看出，相对高羧基引入量的样品（C-50，C-40），D_{CLD} 和 D_{BJH} 比低有机基团引入量的样品（C10，C-15）小，且比表面积变化亦随有机基团引入量的增加而下降。表明在样品晶胞参数（或晶胞参数）变化不太大的情况下，大量CETES 的引入，导致有机基团进入孔壁，从而得到疏松的骨架结构，使孔径减小。因此除纯 SBA-15 样品外的羧基官能化样品，随着羧基引入量的增大，在比表面积下降的同时，两种方法计算的孔径均有所下降。图 5.6（b）相对图 5.6（a）来说，高的羧基含量使两者的孔壁弦长分布极大值均大于孔径的极大值，但不同的是在 9nm 附近样品 C-50 还可以分离出另一个强度较弱的弦长分布极大值C。由氮气吸附-脱附的数据表明 C-50 样品的吸附-脱附曲线已经由 H1 迟滞环向H2 迟滞环转变，表明出现新的孔结构，而出现新的弦长极大值恰验证了这个结果。根据对立方相笼型分子筛 SBA-16 的弦长分布函数结果研究和氮气吸附-脱附数据，C-50 的结构已经具有立方相介孔分子筛的特征。因此 CLD 方法既可以得到合理的孔径、孔壁参数，亦可以对介孔的结构进行鉴定。同时由表 5.1 数据可知，CLD 法得到的壁厚数据基本由引入官能团的引入量和样品的晶胞参数（或周期长度）共同决定。晶胞大小差异不大但有机官能团增加时，如纯样品 SBA-15 和 C-15，孔壁随有机官能团的增加而变得疏松变厚，孔径变化不大。而在样品 C-40 和 C-50 中，官能化程度增加，孔径减小，但同时晶胞参数亦有所减小，导致最终样品壁厚大小基本一致。将 CLD 法得到的孔弦长分布极大 D_{CLD} 和孔壁弦长分布极大 H_{CLD} 相加，其大小与相关函数和衍射法得到的周期变化规律一致，结合图 5.5，验证了孔壁和孔径弦长分布极大与实际 SBA-15 结构相对应。

5.2.2　长链烷基化大孔笼型分子筛的 SAXS 研究

立方相介孔氧化硅分子筛 FDU-12 具有超大且可调的笼型孔洞以及小的窗口，二者相互连接成三维贯通的介观空间结构[28]。与 2D 圆柱状类型介孔结构相比，这种大孔洞笼型连通孔结构更有利于大分子物质的三维扩散，并有潜力形成一种介观限制空间结构，可以作为纳米反应器以及酶、多肽大分子等的选择性富集材料[29]。对这些分子筛经过不同有机基团改性可以改变孔表面的亲-疏水、配位等性能，进一步增加了其应用范围，但其复杂的孔道结构，尤其进行有机官能

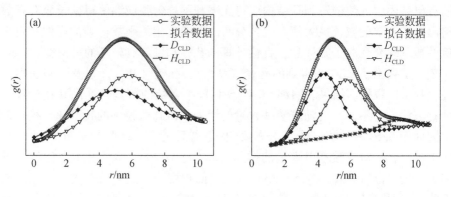

图 5.6 孔-壁分离的介孔分子筛弦长分布函数

(a) C-40; (b) C-50

化后复杂的基团分布等信息一般方法难以获取。

大孔笼型介孔分子筛 FDU-12 使用非离子三嵌段共聚物 F127 表面活性剂为模板剂，TEOS 为硅源，在无机盐 KCl 和扩孔剂均三甲苯（TMB）存在下于酸性溶液中 15℃下进行水解缩聚，并经水热处理、水洗、干燥、焙烧后得到 FDU-12 介孔材料，具体合成步骤参见文献[28]。长链烃基修饰采用不同长度的烃基硅氧烷，分别为甲基三乙氧基硅烷 [$CH_3 Si(OEt)_3$]、丙基三乙氧基硅烷 [$CH_3(CH_2)_2 Si(OEt)_3$]、辛基三乙氧基硅烷 [$CH_3(CH_2)_7 Si(OEt)_3$] 和正十八烷基三甲氧基硅烷 [$CH_3(CH_2)_{17} Si(OMe)_3$]，在无水乙腈中对分子筛进行后嫁接处理，根据硅烷中侧链长度可将最终的烷基改性分子筛记为 C1、C3、C8 和 C18，C0 为未经过修饰的样品。

样品 C0 的散射曲线显示在散射矢量 s 分别为 $0.036nm^{-1}$、$0.065nm^{-1}$ 以及 $0.102nm^{-1}$ 处出现了 3 个可辨的衍射峰，它们的晶面间距（d）的比例接近 $\sqrt{3}$：$\sqrt{11}$：$\sqrt{24}$。这些衍射峰可被指认为在一个立方晶胞中的（111）、（311）和（422）晶面衍射，晶胞结构满足面心立方空间群为 $Fm\bar{3}m$ 的对称性。因此可初步确认样品为 FDU-12 型分子筛。

图 5.7 为各样品 SAXS 测试数据的弦长分布函数分析结果。根据弦长理论，理想的两相体系一般 $g(0)$ 的值均为 0，但当两相体系中出现尖锐的棱角或曲率比较大的界面时，$g(0)$ 的值往往大于 $0^{[30]}$。对于介孔材料，孔壁的粗糙度越大或狭长的微孔含量越大，其结果相应于以上界面中曲率较大的情形，对应的两相弦长分布中 $g(0)$ 的值大于 0。相反两相界面光滑，则对应的 $g(0)$ 的值小于或等于 0。因本研究中采用的函数无限逼近于 0 而不能取 $g(0)$ 值，采用 r 最靠近 0 的值 $g^*(0)$ 来代替 $g(0)$。由图 5.7（a）可发现，样品 $g(r)$ 在 r 接近 0 处的值

C0，C8 和 C18 都大于 0，而 C1 和 C3 的值均小于 0。这说明 C1 和 C3 改性的样品微孔率较小，后嫁接的过程许多 C1、C3 硅氧烷能进入介孔的微孔中起到"填塞"微孔的作用，从而使 $g^*(0)$ 小于 0。同时 C8 和 C18 由于长链的位阻较大，很难进入微孔孔道中，其结果与 C0 的 $g^*(0)$ 值相当。观察图 5.7（a）可以发现在 r 从 5 ~ 35nm 出现了四个特征极大值。但对比各样品可以发现，C1 和 C3 出现的峰最明显，而 C18、C8 的情形与 C0 类似。这可能是由于 C1 和 C3 侧链较小的体积易于堵塞介孔孔壁中的微孔，从而相当于将体系中一些因微孔存在断开的弦长"连接"起来，故在特定位置出现了较明显的特征弦分布。

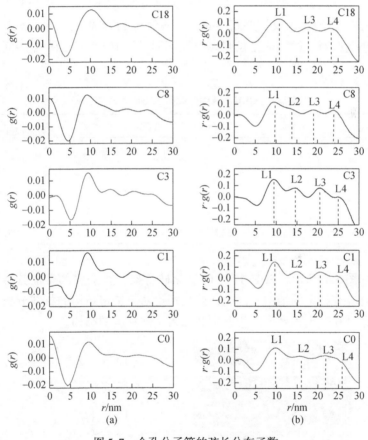

图 5.7　介孔分子筛的弦长分布函数
（a）$g(r)$；（b）$r \cdot g(r)$

为更加清晰地显示特征弦长，图 5.7（b）则做出了 $g(r) \cdot r - r$ 的分布图，这样更易于显示因峰宽化而难辨别的特征峰。其对应的特征弦长 $L1$ 和 $L3$ 分别为最小壁厚以及笼型孔径。从图 5.7（b）发现，样品 C0、C1、C3、C8、C18 对应

的特征弦长孔径 *L3* 的值分别为 21.7nm、20.6nm、20.6nm、19.1nm、17.9nm，除碳链较短差异的 C1 和 C3 之间孔径值基本随修饰的烷基链长而减小。这说明烷基硅氧烷已较多进入笼型孔道并均匀地修饰于介孔的孔壁。特征弦长以及吸附-脱附法获得的相关数值列于表 5.2。通过比较可知，吸附-脱附法由脱附分支曲线计算得到的所有烷基化样品最可几孔径相差不大，这明显与实际不符，说明氮气吸附-脱附法在测量这类有机改性的介孔分子筛方面结果复杂，与实际有出入。弦长理论特征弦长得到的孔径分布极大 C18 与纯样品 C0 之间相差 3.8nm，差不多是两倍的 C18 链长，这说明弦长理论结果的可靠性。另外，与 5.2.1 小节中羧基官能化的样品测试结果类似，所有纯样两种方法得到的结果均相差不大，如此处 C0 的 BJH 孔径和 *L3* 仅相差 0.2nm，且该值与 FESEM 的结果也较吻合。CLD 理论中最小壁厚对应的特征弦长则规律性不明显，但 C0 和 C18 样品间壁厚相差 1nm 仍然有一定可信度。

表 5.2　CLD 和吸附-脱附法得到的织构参数

样品	*L1*/nm	*L3*/nm	比表面积/（m²/g）	P_{BJH}/nm
C0	9.75	21.7	727.1	21.5
C1	9.42	20.6	603.6	17.8
C3	9.59	20.6	600.3	17.6
C8	9.50	19.1	523.2	17.3
C18	10.7	17.9	468.0	17.4

此外如图 5.8 所示，FDU-12 中的氧化硅骨架存在众多的特征弦结构，而特征的弦又对应着特定的结构。因此，弦长理论对于特定结构的材料分析所得的特征弦长分布可在一定程度上用于鉴别和深入了解材料的结构。

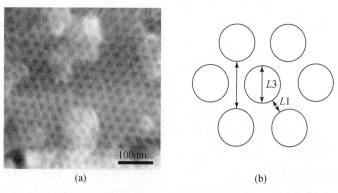

(a)　　　　　　　　　　　　(b)

图 5.8　FDU-12 孔结构示意

(a) 样品 C0 (111) 方向 FESEM 图片；(b) (111) 方向结构示意图

参 考 文 献

[1] Gille W. The chord length distributions of selected infinitely long geometric figures-connections to the field of small-angle scattering [J]. Computational Materials Science, 2001, 22 (3): 318-332.

[2] Serra J. Image analysis and mathematical morphology [M]. London: Academic Press, 1982.

[3] Stoyan D, Kendall W S, Mecke J. Stochastic geometry and its applications [M]. Berlin: Akademie Verlag, 1987.

[4] Stoyan D, Stoyan H. Fraktale formen punktefelder [M]. Berlin: Akademie Verlag, 1992.

[5] Levitz P, Tchoubar D. Disordered porous solids : from chord distributions to small angle scattering [J]. Journal de Physique I, 1992, 2 (6): 771-790.

[6] Gille W. Small-angle scattering curves of two parallel, infinitely long circular cylinders [J]. Computational Materials Science, 2005, 32 (1): 57-65.

[7] Gille W, Enke D, Janowski F. Pore size distribution and chord length distribution of porous VYCOR glass (PVG) [J]. Journal of Porous Materials, 2002, 9 (3): 221-230.

[8] Gille W, Enke D, Janowski F, et al. Platinum dispersion analysis depending on the pore geometry of the support [J]. Catalysis Letters, 2004, 93 (1): 13-17.

[9] Beck J S, Vartuli J C, Roth W J, et al. A new family of mesoporous molecular sieves prepared with liquid crystal templates [J]. Journal of the American Chemical Society, 1992, 114 (27): 10834-10843.

[10] Zhao D, Huo Q, Feng J, et al. Nonionic triblock and star diblock copolymer and oligomeric surfactant syntheses of highly ordered, hydrothermally stable, mesoporous silica structures [J]. Journal of the American Chemical Society, 1998, 120 (24): 6024-6036.

[11] Kim S S, Karkamkar A, Pinnavaia T J, et al. Synthesis and characterization of ordered, very large pore MSU-H silicas assembled from water-soluble silicates [J]. The Journal of Physical Chemistry B, 2001, 105 (32): 7663-7670.

[12] Gille W. Chord length distributions and small-angle scattering [J]. The European Physical Journal B-Condensed Matter and Complex Systems, 2000, 17 (3): 371-383.

[13] Debye P, Bueche A M. Scattering by an Inhomogeneous Solid [J]. Journal of Applied Physics, 1949, 20 (6): 518-525.

[14] Gille W. Determination of the largest microparticle diameter operating with the correlation function of small-angle scattering [J]. Computational Materials Science, 2000, 18 (1): 65-75.

[15] Gille W, Enke D, Janowski F. Order distance estimation in porous glasses via transformed correlation function of small-angle scattering [J]. Journal of Porous Materials, 2001, 8 (2): 111-117.

[16] Gille W, Kabisch O, Reichl S, et al. Characterization of porous glasses via small-angle scattering and other methods [J]. Microporous and Mesoporous Materials, 2002, 54 (1): 145-153.

[17] Gille W. Volume fraction of random two-phase systems for a certain fixed order range from the SAS correlation function [J]. Materials Chemistry and Physics, 2003, 77 (2): 612-619.

[18] Ooi Y-S, Zakaria R, Mohamed A R, et al. Catalytic conversion of fatty acids mixture to liquid fuel and chemicals over composite microporous/mesoporous catalysts [J]. Energy & Fuels, 2005, 19 (3): 736-743.

[19] Yang X-L, Dai W-L, Gao R, et al. Synthesis, characterization and catalytic application of

mesoporous W-MCM-48 for the selective oxidation of cyclopentene to glutaraldehyde [J]. Journal of Molecular Catalysis A: Chemical, 2005, 241 (1): 205-214.

[20] Sayari A, Hamoudi S. Periodic Mesoporous silica-based organic-inorganic nanocomposite materials [J]. Chemistry of Materials, 2001, 13 (10): 3151-3168.

[21] Doshi D A, Gibaud A, Goletto V, et al. Peering into the self-assembly of surfactant templated thin-film silica mesophases [J]. Journal of the American Chemical Society, 2003, 125 (38): 11646-11655.

[22] Xu W, Gao Q, Xu Y, et al. Controlled drug release from bifunctionalized mesoporous silica [J]. Journal of Solid State Chemistry, 2008, 181 (10): 2837-2844.

[23] Chen Q, Han L, Che S. Synthesis of carboxylic group functionalized monodispersed mesoporous silica spheres (MMSSs) via costructure directing method [J]. Chemistry Letters, 2009, 38 (8): 774-775.

[24] Kao H-M, Liao C-H, Hung T-T, et al. Direct synthesis and solid-state NMR characterization of cubic mesoporous silica SBA-1 functionalized with phenyl groups [J]. Chemistry of Materials, 2008, 20 (6): 2412-2422.

[25] Zhi Hong L, Yan Jun G, Min P, et al. Determination of interface layer thickness of a pseudo two-phase system by extension of the Debye equation [J]. Journal of Physics D: Applied Physics, 2001, 34 (14): 2085.

[26] Yang C-m, Wang Y, Zibrowius B, et al. Formation of cyanide-functionalized SBA-15 and its transformation to carboxylate-functionalized SBA-15 [J]. Physical Chemistry Chemical Physics, 2004, 6 (9): 2461-2467.

[27] Roe R J. Methods of X-ray and neutron scattering in polymer science [M]. Oxford: Oxford University Press, 2000.

[28] Yu T, Zhang H, Yan X, et al. Pore structures of ordered large cage-type mesoporous silica FDU-12s [J]. The Journal of Physical Chemistry B, 2006, 110 (43): 21467-21472.

[29] Xu Y, Wu Z, Zhang L, et al. Highly specific enrichment of glycopeptides using boronic acid-functionalized mesoporous silica [J]. Analytical Chemistry, 2009, 81 (1): 503-508.

[30] Weber J, Antonietti M, Thomas A. Mesoporous poly (benzimidazole) networks via solvent mediated templating of hard spheres [J]. Macromolecules, 2007, 40 (4): 1299-1304.

第6章　介孔氧化硅薄膜

6.1　介孔氧化硅薄膜的制备及表征

6.1.1　介孔氧化硅薄膜的制备概述

1992年，Mobil公司的科学家为了制备介孔分子筛，成功合成了M41S（MCM-41、MCM-48、MCM-50）系列硅基有序介孔材料，揭开了这类新型功能材料的新纪元[1,2]。薄膜形态的介孔氧化硅材料保持了块状和粉末状介孔材料的特点，但又因更为明显的界面效应使其合成与应用研究在介孔材料领域具有极其重要的意义。介孔氧化硅薄膜具有传统溶胶–凝胶多孔氧化硅薄膜的各种优良特性（如低的折射率、超低介电常数以及适于在各种基底上实现大面积镀膜等），同时由于存在的有序网络状孔洞结构，使其具有比传统颗粒堆积型多孔氧化硅薄膜更优异的机械性能，故在传感器、低介电常数涂层、增透膜等光学、电子学材料等领域具有应用潜力。

1994年，M. Ogawa[3]首次在酸性条件下以CTAB为模板剂、TMOS为硅源通过旋涂法于玻璃基底上制备了一层透明二氧化硅介孔薄膜。此后，各种制备负载于基底或无支撑结构孔道定向排列的介孔薄膜研究便引起了广泛关注[4-6]。尽管有各种不同制备介孔氧化硅薄膜的方法，但大多还是在提拉、旋涂等镀膜作用过程中通过模板导向剂的自组装并定向有序沉积无机硅源形成介观有序结构，再经脱除模板剂后形成均匀、有序的纳米多孔薄膜。这些方法制备的薄膜可以是二维六方（2D-hexagonal）、层状（lamellar）、立方（cubic）、蠕虫状（wormlike）或三维结构（图6.1）[7,8]，厚度从几十纳米到几微米，通过改变模板剂及其与硅源的比率、水含量、pH、溶剂等，可调控孔的有序结构以及孔率、孔径和介孔壁厚等孔结构参数，以获得预期结构的薄膜并应用于光学、电子、传感和膜分离领域。

介孔氧化硅薄膜的制备大多涉及复杂的溶胶–凝胶化学、大分子自组装及界面现象，通过化学或物理–化学相互作用得到多孔有序介观结构薄膜。如图6.2所示，目前制备介孔氧化硅薄膜的主要方法有蒸发诱导自组装法（evaporation induced self assembly，EISA）、两相界面外延生长、蒸汽渗透方法（vapor infiltration technique）、电致自组装法（electro-assisted self-assembly，EASA）和激

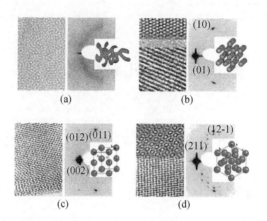

图 6.1　不同结构的介孔薄膜表征，对每一个特征结构，左图为 HRTEM 结果，
右图为 2D SAXS 图像，内嵌图为介孔分布示意图
（a）蠕虫状；（b）二维六方；（c）三维六方；（d）立方

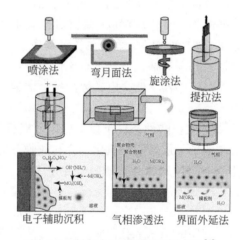

图 6.2　制备介孔薄膜的不同方法[7]

光脉冲镀膜法（pulsed laser deposition，PLD）[9]等。EISA 法通过浸渍－提拉、旋涂、喷涂以及弯月面镀膜等常见的商业化大面积制膜设备实现，因其经济、可操作强等特点而成为大多数报道的介孔膜制备方法。基于此，下面对 EISA 法进行简单介绍。

在介孔薄膜形成中，由模板剂的自组装与无机物种之间溶胶－凝胶过程产生的无序结构是两个相互竞争的因素，最终得到的介孔薄膜是由非晶的氧化硅孔壁有序堆积而成的薄膜结构。为了加快成膜速度，抑止溶液中的均相成核，Lu 等[5]报道利用 EISA 方法制备了有序介孔氧化硅薄膜。图 6.3 是典型的浸渍－提拉

EISA 方法制备介孔二氧化硅薄膜示意图。开始时溶液是由乙醇、水、表面活性剂、硅源前驱体组成的稀溶液，其中表面活性剂的浓度远远小于临界胶束浓度（$c_0 << c_{mc}$）。随着基片从溶胶中提拉出来，溶剂迅速蒸发，表面活性剂达到临界浓度，形成球形、棒状或层状结构的胶束并堆积成有序组织，为硅源通过水解-缩聚形成有序介孔骨架结构作为模板导向剂。在浸渍提拉成膜过程中，薄膜表面溶剂的蒸发速度相当快（10～30s），自组装成核的过程是自表面而至薄膜内部，从气-液界面开始逐渐形成。依赖于初始溶液中表面活性剂类型和浓度的不同，可以制得二维六方（$p6m$）、三维六方（$P6_3/mmc$）、立方（$Pm3n$、$Fm\overline{3}m$、$Im\overline{3}m$）或层状结构的有序介孔二氧化硅薄膜。无机氧化硅骨架经充分地缩聚除去表面活性剂后可得到有序介孔薄膜。除浸渍提拉外，EISA 方法可以通过旋转涂膜、喷雾法和弯月面法实现，薄膜的形成机理一致。

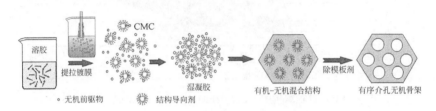

图 6.3　蒸发诱导自组装的过程

EISA 方法虽然实施非常简单，但影响该过程的因素很多。溶剂的蒸发、硅源、表面活性剂种类及各物质之间的浓度配比、pH 以及环境中的湿度等均能在较大程度上影响最终的介观结构。如图 6.4 所示为介观结构形成到处于一个稳定的阶段（modulable steady state，MSS）时的各因素对介观结构影响[8]。可见随溶剂乙醇的蒸发，$CTAB/SiO_{1.25}(OH)_{1.5}/EtOH/H_2O$ 体系中硅源与表面活性剂之比，硅源前驱体的性质以及环境的湿度对介观结构的影响最大。由图 6.4（a）的包括乙醇组分在内的"金字塔"型织构图可知，随溶剂的蒸发，到图 6.4（b）的MSS 阶段时，乙醇基本蒸发完毕，其含量以零计算，因此只考虑表面活性剂CTAB、硅源预聚体 $SiO_{1.25}(OH)_{1.5}$ 和相对湿度（RH）的影响。图 6.4 中的无填充区域属于无序或未确定结构的区域。CTAB/Si 为 0.1 处的填充区域对应于能形成 $P6_3/mmc$ 3D Hexagonal 结构，在这个区域下表面活性剂的胶束形状主要为球形或其他高曲率的胶束（$g<0.3$），其形成需要最少浓度的水和表面活性剂，因此仅存于一个狭长范围内（CTAB/Si = 0.1）并难于控制各种制备参数获得。高的CTAB 浓度（CTAB/Si≥0.18）和高湿的环境下使表面活性剂亲水端含水量增加，使 g 值减小，有利于形成 2D Hexagonal 结构（$g≈0.5$），相同 CTAB 浓度和干燥的条件下则形成层状相结构（$g≈1$）。

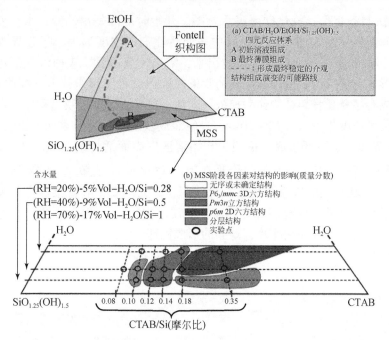

图 6.4　EISA 过程织构图，CTAB/SiO$_{1.25}$(OH)$_{1.5}$/EtOH/H$_2$O 体系[8]

6.1.2　薄膜孔结构的表征方法

1. 高分辨电子显微分析

透射电子显微镜（TEM）是一种高分辨率、高放大倍数的显微镜，它以聚焦电子束为照明源，使用对电子束透明的薄膜试样，以透射电子为成像信号。作为显微技术的一种，透射电子显微镜是一种可靠和直观的分析方法，可以观察样品的大小、形状等细节特征。与 TEM 相比，高分辨透射电镜（HRTEM）有相似的工作原理。电镜的高分辨率来自电子波极短的波长，波长越短，可得到的图像分辨率越高，现代高分辨率电镜的分辨率可达 0.1～0.2nm。HRTEM 主要用来观察和分析单个颗粒的微观结构，例如直接观察晶体材料的晶格及其晶界结构，观察非晶颗粒中的微孔结构。在介孔材料的结构分析中，由于介孔材料的有序性低及缺陷多的特点，HRTEM 有其他分析方法不可替代的重要地位。从 HRTEM 图像中可以确定介孔孔径和晶胞的大小，可与 XRD 和吸附结果相互印证。

2. 小角 X 射线衍射

小角 X 射线衍射是表征介孔材料有序孔道结构最直接、最有效的方法之一。

有序介孔材料最显著的特征之一是孔道呈周期性有序排列，并且大多数的介孔材料其骨架结构呈非晶状态，有序孔道结构的周期性较长，晶胞参数较大，因此 XRD 的衍射峰都出现在较低的角度（一般 2θ 角为 $0.8°\sim7°$），这样小角度 XRD 衍射谱的测量要十分细心。一般需要窄的狭缝宽度、较低的 X 光功率和较慢的测量速度，否则容易出现人造的衍射峰。利用 XRD 衍射谱判断已知的相结构，相对比较简单，通过比较 XRD 谱和 d 值，一般可以简单地判断已知的物相。但从 XRD 谱图来判断新的介孔物相是一项艰巨的工作，因为除小角 XRD 的误差外，介孔材料的衍射峰往往很少，出现少于 3 个衍射峰是正常的。这样从介孔材料 XRD 衍射谱指标化来定出空间群，还是相当困难的。一般需要从高质量介孔材料的 XRD 衍射峰再参照表面活性剂的液晶相 XRD 谱图，给出一定空间群的信息，同时结合高分辨 TEM 表征结果，来理解新型介孔材料结构是十分必要的[10]。另外从 XRD 的峰宽和相对强度可以粗略地判断介孔材料的质量和有序性。但需要注意的是 XRD 的相对强度与测量条件有紧密的关系，用它来比较介孔材料的周期性要特别谨慎。薄膜状态的介孔材料因为往往负载于基底上且厚度仅有数百纳米，其在小角区的散射异常强烈容易掩盖衍射峰，故介孔薄膜使用传统的 XRD 表征往往得到的是噪音比较大、散射比较强的信息。

膜层内部存在有序结构排布时，X 射线掠入射小角散射（grazing incidence small angle X-ray scattering，GISAXS）能够探测其有序结构单元的结构排布类型、取向及结构参数。图 6.5 是 GISAXS 测试示意图，X 射线掠入射到膜层表面，α_i 是入射角，$2\theta_f$ 和 α_f 分别表示膜面内和膜面外的散射角，用二维平面探测器收集散射信息。一般情况下，透射直通光和镜向反射光由于强度太大，容易掩盖有用的散射结构信息，因此 GISAXS 测试中需要在探测区域中部加光强吸收片（示意图中黑色竖条）。对于一个特定的膜层有序结构排布，利用衍射理论计算能够得到倒易空间中衍射斑点的分布。为了量化分析 GISAXS 衍射图样，可借助 NANOCELL 软件[11]进行理论拟合，获得有序排布的结构类型和结构参数。

3. X 射线反射

介孔薄膜的 X 射线反射（X-ray reflectivity，XRR）实验在北京同步辐射 1W1A 漫散射站和上海同步辐射光源 BL14B1 衍射站完成，图 6.6 为 XRR 测试示意图。样品在切光后使薄膜平面与 X 光束水平，从而保证角度尽量准确，之后采用 θ-2θ 联动分段扫描，测试角度一般选取为 $0.2°\sim4°$。有序介孔薄膜可视为含介孔层与无孔材料层的交替堆叠的周期结构[12]，XRR 可测量得到与此周期结构相应的衍射峰位分布，这是对 GISAXS 衍射图样中缺失的镜向散射信息的有效补充。

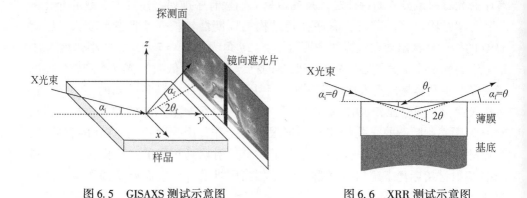

图 6.5　GISAXS 测试示意图　　　　　图 6.6　XRR 测试示意图

4. 氮气等温吸附–脱附分析

氮气等温吸附–脱附分析作为一种物理吸附分析方法是表征介孔材料孔结构最有效的工具之一。由吸附等温线的形状、滞后环和吸附量，可以判断孔结构的类型，如微孔、介孔、大孔圆柱形状、瓶颈形孔等，也可以计算孔径分布、孔体积和比表面积。IUPAC 定义的 6 种不同类型的吸附等温曲线，其中只有四种（I、II、IV、VI）适用于多孔材料，而典型的介孔材料是 IV 型吸附等温线[10,13]。吸附量变化越陡峭，表明孔径分布越均匀。介孔孔径一般应从吸附等温线的吸附分支计算出来，通过脱附曲线可以计算出瓶颈形孔径的窗口大小。一般通过滞后环的形状可以判断孔的结构类型[14]，例如 MCM-41 或 SBA-15 具有柱状孔，因此窗口大小与介孔孔径相同，滞后环呈平行状 H1 型。从脱附曲线或吸附曲线分支算出来的孔径应该是一样的；而笼状立方介孔材料的窗口较小（一般小于 4nm）所以应该出现 H2 型较大的滞后环。近年来，利用 SBA-15，MCM-41 分子筛为基础材料，研究吸附理论和其孔结构越来越受到人们重视。从 N_2 吸附等温线一般可以测定孔径上限为 300nm 的孔结构材料，但实际上大孔径的测量误差太大，一般只能测定 100nm 甚至 50nm 以下的介孔孔径，大于 100nm 一般使用压汞的方法测定。

6.2　笼形介孔氧化硅薄膜

以 SBA-16 为代表的笼型孔介孔薄膜同时具有笼及通道两种孔结构[15]。这种介孔中连接笼之间的通道犹如瓶颈，便于各种修饰方法改性而减少孔之间的传质作用。本节采用非离子表面活性剂三嵌段共聚物 F127 作为模板剂、TEOS 为硅源，在酸性条件下经水解–缩聚过程再通过溶剂蒸发自组装的方式制备出具有结构规整的介孔氧化硅薄膜。通过各原料之间的配比、薄膜的镀制工艺、氨气后处理以及模板剂的去除等可调控薄膜中孔的形态。利用多种表征手段获得了薄膜的结构信息以及测试了薄膜的光学性能，并应用于 1053nm Nd：YAG 激光减反射膜，得到了较好的实验结果。

6.2.1　笼形介孔薄膜的制备

以 TEOS 为硅源，F127 为表面活性剂在酸性条件下制备胶体。首先将正硅酸乙酯、无水乙醇、盐酸和去离子水混合均匀后，在 60℃ 搅拌条件下封闭加热 1.5h 得到溶胶 A。其次将 F127、无水乙醇、盐酸和去离子水混合均匀得到溶胶 B。待溶胶 A 冷却至室温后，将溶胶 B 加入 A 中室温下搅拌 24h 后老化一周待用，最终溶液中正硅酸乙酯、无水乙醇、去离子水、表面活性剂 F127、盐酸的摩尔比为 1：30：6：x：0.015。在室温相对湿度 40% 左右的条件下于洁净的石英基底上提拉镀膜，将制备的薄膜在相同温湿度条件下自然干燥 24h。最后将薄膜在 550℃ 空气气氛中焙烧 1h 除去表面活性剂得到有序介孔薄膜。表面活性剂 F127 和硅源的比率 x = 0.001、0.003、0.005、0.007、0.009 和 0.011，将所得膜记为 F01、F03、F05、F07、F09 和 F11。因 F01 和 F03 光学透射率很低，F11 薄膜表面布满斑点，薄膜品质差，因此重点研究薄膜 F05、F07 和 F09。为了提高骨架结构的致密度，将制备的薄膜在饱和氨气中处理 20min，采用同样条件焙烧所得的薄膜分别记为 F05N、F07N 和 F09N。

6.2.2　笼形介孔薄膜的结构分析

1. 薄膜的 GISAXS 分析

图 6.7 为有序介孔氧化硅薄膜的 GISAXS 花样。从图中可以看到清晰的衍射斑点，说明薄膜具有高度有序的结构。采用 NANOCELL 软件对散射图像中的衍射斑点进行拟合从而得出薄膜的准确结构。NANOCELL 软件能够定量地拟合在大于临界角入射得到的布拉格斑点的位置。在 GISAXS 图像中的中空的圆圈和方框代表了拟合的透射和反射斑点。也可以看出观察到的斑点和拟合的斑点能够很好地吻合，所有的斑点可以拟合为 *Fmmm* 结构且（010）面平行于基底。

具体来说，对于薄膜 F05 ［图 6.7（a）］，可以看到五个清晰的斑点，可以归属为 *Fmmm* 空间群的（020）、（040）、（111）、（131）和（002）的衍射。采用 PEO-PPO-PEO 作为模板剂，当 EO/PO 基团的比例高于 1.5 时一般得到具有三维结构的介孔薄膜[15]。而使用三嵌段共聚物 F127 作为模板得到 *Fmmm* 结构的薄膜在文献中已有报道[16,17]。从 F127 的相图可以看出球形胶束排列形成 *Im3m* 结构[18]，因此有序介孔薄膜的 *Fmmm* 结构应该是在焙烧除去模板的过程中 *Im3m*

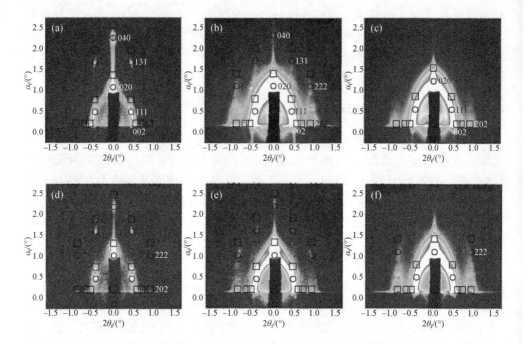

图 6.7　有序介孔氧化硅薄膜的 GISAXS 图像，采用 NANOCELL 软件对图像进行拟合。
图中空心圆圈和方框分别表示透射和反射的衍射斑点。拟合结果
表明薄膜结构可归属于（010）取向的 *Fmmm* 空间群
（a）F05；（b）F07；（c）F09；（d）F05N；（e）F07N；（f）F09N

结构沿着基底法线方向收缩产生的。随着表面活性剂与硅源的比例增加到 0.007
［图 6.7（b）］，仍然可以看到清晰的衍射花样，但是在小角区域出现了衍射环。
继续增加表面活性剂含量到 0.009［图 6.7（c）］，一些衍射斑点消失，衍射环变
得更加明显。衍射环的出现来自于随机的孔取向和差的周期性排列[19]，说明薄
膜 F09 的有序性变差。表 6.1 为有序介孔薄膜的结构参数，a、b_{SAXS}、c 表示采用
NANOCELL 软件拟合得到的薄膜的晶胞参数。对于薄膜 F05，拟合得到的晶胞参
数分别为 $a=20.5\text{nm}$、$b_{SAXS}=11.8\text{nm}$ 和 $c=24.5\text{nm}$。随着表面活性剂含量的增加，
b_{SAXS} 逐渐减小，薄膜 F09 的 $b_{SAXS}=10.4\text{nm}$，这是因为表面活性剂含量越高，在焙
烧除去模板的过程中收缩严重，因此 b_{SAXS} 逐渐减小。当表面活性剂含量增加时，
晶胞参数 a 和 c 不变，这是因为薄膜附着在基底上，在焙烧的过程中由于附着力
的存在，薄膜在平行于基底方向的结构收缩被阻止。

　　有序介孔氧化硅薄膜的制备是采用蒸发诱导自组装形成有机–无机复合物，
在这个过程中，有机相作为模板，无机骨架围绕在周围，在焙烧除去模板后，介
孔形成。通常在高温热处理时介孔骨架会发生坍塌，为了使介孔骨架结构更加致

密，在焙烧除去模板之前，尝试采用饱和氨蒸汽处理薄膜。图 6.7（d）~（f）为氨处理有序介孔氧化硅薄膜的 GISAXS 衍射花样，可以看出氨处理的薄膜有更多明显的衍射斑点，说明氨处理的过程有助于提高薄膜的有序性。从表 6.1 可以看出，氨处理后的薄膜具有更大的 b_{SAXS}，因为氨处理增加了骨架结构的致密性，减小了焙烧过程中薄膜的收缩和坍塌。

表 6.1 有序介孔氧化硅薄膜的结构参数

样品	GISAXS			XRR		孔径/nm	比表面积 /(m²/g)	孔容 /(cm³/g)
	a /nm	b_{SAXS} /nm	c /nm	α_{fc} /(°)	b_{XRR} /nm			
F05	20.5	11.8	24.5	0.134	11.8	4.9	352.86	0.19
F07	20.5	11.5	24.5	0.126	11.5	4.9	478.26	0.22
F09	20.5	10.4	24.5	0.122	10.3	4.9	482.22	0.30
F05N	20.5	12.2	24.5	0.130	12.1	6.4	537.03	0.30
F07N	20.5	12.1	24.5	0.120	12.2	6.4	560.83	0.34
F09N	20.5	11.2	24.5	0.118	11.2	6.4	577.70	0.40

2. 薄膜的 XRR 分析

采用 XRR 对有序介孔氧化硅薄膜的结构进一步分析（图 6.8）。可以看出所有的样品均具有明显的 Kiessig 振荡峰和布拉格衍射峰。Kiessig 振荡峰由空气–薄膜界面和薄膜–基底界面上的 X 射线反射波干涉形成，因此可以对 Kiessig 振荡峰进行拟合来估算介孔薄膜的厚度[20]。布拉格衍射峰对应周期性的有序结构。在 0.5°内所有的样品均具有两个明显的临界角，其中一个是薄膜的临界角，另一个是石英基底的临界角约为 0.174°。表 6.1 中列出了 XRR 曲线中所有薄膜样品的临界角，随着表面活性剂含量增加，有序介孔薄膜的临界角从 F05 的 0.134°减小为 F09 的 0.122°，氨处理薄膜的临界角从 F05N 的 0.130°减小为 F09N 的 0.118°，这主要是因为孔增加引起薄膜平均电子密度减小导致的。氨处理后各薄膜的电子密度比不处理的薄膜的电子密度小，因为氨处理过程增加了骨架结构的致密度，减小了收缩和坍塌，所以有更大的孔和更低的电子密度。

从图 6.8（a）可以看出，薄膜 F05 具有三个明显的布拉格衍射峰，可以归属为 $Fmmm$ 空间群的（020）、（040）和（060）的衍射峰。根据 $Fmmm$ 对称，晶胞参数 $b=2d_{020}$，为了区别 GISAXS 拟合得到的晶胞参数 b 值，XRR 得到的 b 记为 b_{XRR}（表 6.1）。从表 6.1 发现两种测试方法得到的晶胞参数 b 很好地吻合。随着表面活性剂含量增加到 0.007 [图 6.8（c）]，观察到两个衍射峰，且峰形宽

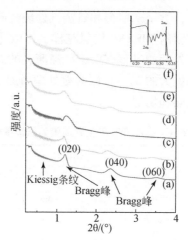

图 6.8　介孔氧化硅薄膜的 XRR 曲线，右上角是临界角附近区域的放大图，
α_{fc} 是薄膜的临界角，α_{sc} 是基底的临界角

(a) F05；(b) F05N；(c) F07；(d) F07N；(e) F09；(f) F09N

化。继续增加表面活性剂含量到 0.009 [图 6.8 (e)]，只观察到一个很宽化的衍射峰，说明随着表面活性剂含量的增加，薄膜的有序性下降。每一个氨处理薄膜的衍射峰左移 [图 6.8 (b)，(d) 和 (f)]，说明晶胞参数增大，原因在于氨处理过程减小了在焙烧过程中介孔的收缩和坍塌。

3. 薄膜的氮气吸脱附分析

为了更加准确地得到有序介孔薄膜的孔结构信息，将焙烧后的介孔薄膜从基片上刮下进行氮气吸脱附测试。图 6.9 为介孔氧化硅薄膜样品的氮气吸附−脱附曲线，可以看出所有的样品均呈明显的 IV 型等温线，说明薄膜中介孔的存在。对于薄膜 F05 [图 6.9 (a)]，等温线出现较大的 H_2 型迟滞环，脱附曲线在相对压力 p/p_0 为 0.4~0.6 时陡然下降，说明薄膜中存在笼型介孔[15]。增加表面活性剂含量到薄膜 F07 [图 6.9 (b)]，样品的吸附−脱附等温线仍然出现 H_2 型迟滞环，但形状略有改变，说明一定程度增加表面活性剂的浓度，介孔薄膜仍然能保持笼型孔道结构。图 6.9 (c) 中薄膜 F09 的吸附−脱附等温线与 F05 和 F07 相比差异较大，H_2 型迟滞环变形，在相对压力 p/p_0 为 0.4~0.7 处呈现平行状的 H_1 型迟滞环结构特征[21]，说明有类似圆柱状孔道结构的存在。柱状介孔的存在主要有两方面原因：①在表面活性剂与硅源的比为 0.009 时，相对少量的硅源不能完全覆盖 F127 胶束表面，因此焙烧除去模板的过程中产生很多连通孔；②硅源浓度不变时增加表面活性剂含量，胶束数量增多，导致亲水端 EO 基团之间相互靠近，笼型孔的笼相互靠近，重叠区域增大，从而使孔道结构中笼之间的通道变粗，孔道之间的连通性增强，所以出现了类似圆柱状孔道结构特征（图6.10）。薄膜样品的比表面积、孔容和孔径结果列于表6.1。随着表面活性剂含量的增加，比表面积从F05的352.86m²/g增加到F09的482.22m²/g，孔容从F05的0.19cm³/g增加到F09的0.30cm³/g，然而孔径不变。

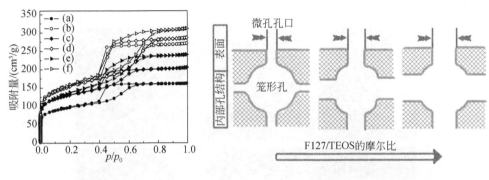

图6.9　薄膜样品在−196℃下的
　　　氮气吸脱附曲线
　（a）F05；（b）F05N；（c）F07；
　（d）F07N；（e）F09；（f）F09N

图6.10　随着表面活性剂含量的
　　　　增加笼形孔结构的变化

　　氨处理介孔氧化硅薄膜的氮气吸脱附曲线见图6.9（d）~（f）。可以看出每一个氨处理薄膜比未处理的薄膜具有更大的迟滞环，表明存在更大的笼型孔。表6.1的比表面和孔容结果也说明笼型孔增大，在氨处理后，比表面积从薄膜F05的352.86m²/g增加到F05N的537.03m²/g，孔容从F05的0.19cm³/g增大到F05N的0.30cm³/g。类似地，其他两个样品氨处理后的薄膜比表面积和孔容也增大，因为氨处理过程使氧化硅骨架更加致密，从而减少了介孔的收缩和坍塌，所以氨处理的薄膜具有更大的孔。从表6.1还可以看出，与未处理的介孔薄膜相比，氨处理后薄膜样品的孔径统一增大为6.4nm。

4. 薄膜的 TEM 分析

　　图6.11为薄膜样品的TEM照片，可以看出所有样品的孔均呈球形，具备笼形孔结构特征。由图6.11（a）可知薄膜样品F05具有相对规整的孔道结构，介孔孔径在10nm左右；图6.11（b）显示薄膜F07的介孔排列出现一定扭曲，孔道之间的连通性增加，有序性下降；图6.11（c）表明薄膜F09在较大范围内介孔排列出现扭曲，孔之间的开口增多，连通性增强并最终出现类似圆柱状孔道。氨处理介孔薄膜的TEM图像见图6.11（d）~（f），对比看出，氨处理过程很好地保持了薄膜的结构。透射电镜结果说明：在硅源含量相同的情况下，随着表面活性剂浓度的增加，孔径变化不大，这与氮气吸脱附结果一致。但原本较为"孤

立"的笼形孔道之间连通性逐渐增加，有序性下降。而且增加表面活性剂的含量，极大地增加了体系的黏度，在镀膜过程中不利于介观结构的延伸，薄膜结构的轴向性也随之变差。TEM 得到的孔径与氮气吸脱附结果有差异的原因主要是因为高分辨电镜测量的为直观的笼型孔径大小，而氮气吸脱附计算得到的孔径是基于假定模型的。

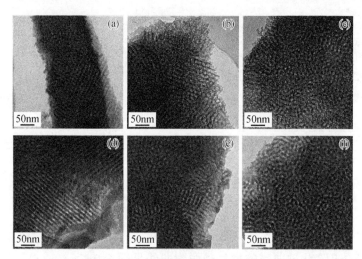

图 6.11　　介孔氧化硅薄膜的 TEM 图片
(a) F05；(b) F05N；(c) F07；(d) F07N；(e) F09；(f) F09N

6.2.3　笼形介孔薄膜的光学应用表现

图 6.12 为石英玻璃基底上有序介孔氧化硅薄膜样品在 300 ~ 1100nm 波长范围内的紫外/可见/近红外透射光谱。改变提拉速度使薄膜的中心波长位于基频 1053nm 处，薄膜在 1053nm 处的光学透射率列于表 6.2。从图 6.12 可以看出石英基底在 1053nm 波长处的光学透射率约为 93%。提拉镀膜后，石英基底在 1053nm 的光学透射率至少提高 6%。随着表面活性剂含量的增加，介孔减反膜的透射率从 F05 的 99.02% 提高到 F09 的 99.99%。在氨处理后，薄膜 F05N 的透射率从 F05 的 99.02% 提高到 99.69%，薄膜 F07N 的光学透射率从 F07 的 99.74% 提高到 99.98%，薄膜 F09N 的透射率也从 99.99% 提高到 100%，说明氨处理后薄膜具有更好的光学性能。上述结果表明有序介孔氧化硅薄膜能较好地满足光学减反射薄膜对透射率要求。

有序介孔氧化硅减反膜的应用对象是高功率激光器，因此除了研究 1053nm 的基频激光，还考察了三倍频 351nm 处的光学透射率。通过调节提拉速度将薄膜的光学厚度调整到 351nm 处，对应的 351nm 处的透射率列于

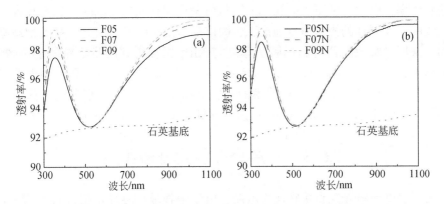

图 6.12　有序介孔氧化硅减反膜在 1053nm 波长处的透射光谱

（a）未处理的薄膜；（b）氨处理的薄膜

表 6.2。石英基底在 351nm 处的透射率约为 92.5%，镀膜后石英基底的透射率提高 6.5% 以上，具有很好的光学性能，说明有序介孔氧化硅薄膜也可以用作三倍频光学减反射膜。

表 6.2　有序介孔氧化硅减反膜的参数

样品	n_f	d_{EP} /nm	d_{XRR} /nm	V_p /%	T_{1053nm} /%	T_{351nm} /%
F05	1.295	203.6	203.8	32.77	99.02	99.07
F05N	1.249	211.7	212.1	42.57	99.69	99.25
F07	1.244	212.0	211.9	43.65	99.74	99.47
F07N	1.223	215.6	216.0	48.22	99.98	99.76
F09	1.220	216.5	216.1	48.89	99.99	99.60
F09N	1.214	217.6	218.3	50.20	100.00	99.67

　　薄膜的折射率及膜层厚度等参数采用椭圆偏振仪测试拟合得到（表 6.2）。为了比较不同薄膜在 1053nm 中心波长下的透过率，镀膜时改变提拉速度确保所有膜层的光学厚度为 1/4 中心波长。随着表面活性剂含量的增加，未处理的薄膜样品的折射率从 F05 的 1.295 降低到 F09 的 1.220，氨处理的薄膜样品折射率从 F05N 的 1.249 降低到 F09N 的 1.214。主要是因为表面活性剂含量增加，薄膜内部的孔增多，从而使折射率降低。氨处理有序介孔薄膜的折射率低，薄膜 F05N 的折射率从 1.295 降低到 1.249，薄膜 F07N 的折射率从 1.244 降低到 1.223，薄膜 F09 的折射率从 1.220 降低到 1.214，因为氨处理增加了膜层的致密度减小了

收缩和坍塌，因此得到更大的孔。上述折射率规律与氮气吸脱附得到的孔容结果是一致的。在同样的光学厚度前提下，膜层的折射率降低，因此薄膜的物理厚度增加。采用椭圆偏振仪得到的膜层厚度与 XRR 拟合得到的膜层厚度是一致的。详细结果见表 6.2。通过 Lorentz- Lorenz 关系[22]计算得到薄膜的孔隙率也列于表 6.2。可以看出，每一个氨处理薄膜的孔隙率高于对应的未处理薄膜。薄膜折射率越低，孔隙率越大，薄膜 F09N 折射率最低为 1.214，孔隙率最高达 50.20%。

6.3　双层介孔氧化硅薄膜

　　太阳能电池将光能直接转换为电能，由于盖板玻璃存在反射，有大约 8% 的太阳光被反射，严重影响了太阳能电池的转换效率，所以有必要在太阳能电池盖板上镀制一层减反射薄膜。传统的减反射薄膜只有一个中心波长，只能在某一波长处达到减反射作用。为提高太阳能电池的转换效率，在实际的太阳能电池系统中，需要吸收较宽光谱范围内的太阳光，宽谱带减反射薄膜可以在较宽光谱范围内有良好的减反射作用，是应用在太阳能电池盖板玻璃表面最好的减反射薄膜材料。

　　宽谱带减反射薄膜的制备方法主要包括化学刻蚀法和物理气相沉积法，目前这两种方法成本较高，均无法满足大口径镀膜的批量生产需求。溶胶–凝胶工艺能有效地解决这一问题，通过蒸发诱导自组装（SEISA）制备的介孔二氧化硅薄膜，具有较低的折射率和完整的介孔结构，且制备温度较低，具有优越的机械强度[23]。在本书作者的工作中[24]，曾利用介孔 SiO_2 薄膜和 SiO_2 颗粒堆积薄膜制备双层宽谱带减反射薄膜。基于此，本节分别以嵌段共聚物 F127 和十六烷基三甲基溴化铵（CTAB）为表面活性剂，TEOS 为硅源、盐酸为催化剂，制备出折射率递变的 SiO_2 薄膜，制备过程如图 6.13 所示。

6.3.1　双层介孔氧化硅薄膜的制备

　　以 TEOS 为硅源、F127 为结构导向剂、HCl 为催化剂，制备具有大介孔的 SiO_2 薄膜，最终胶体中反应物摩尔比为 TEOS : EtOH : HCl : H_2O : F127 = 1 : 25 : 0.02 : 7 : 0.0085，胶体被命名为 F-SiO_2 胶体。

　　以 TEOS 为硅源、CTAB 为结构导向剂、HCl 为催化剂，制备小介孔的 SiO_2 薄膜，最终胶体中反应物摩尔比为 TEOS : EtOH : HCl : H_2O : CTAB = 1 : 25 : 0.002 : 5 : 0.1，胶体被命名为 C-SiO_2 胶体。

　　根据设计要求：400 ~ 1200nm 的透过率均在 99.0% 以上，通过 Filmstar 薄膜设计软件得到宽谱带双层减反射薄膜的理论透过率曲线、单层薄膜的厚度及折射率。根据理论数值，通过调节 SiO_2 胶体中正硅酸乙酯的添加比例、表面活性剂和

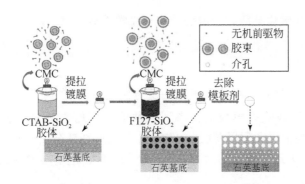

图6.13　宽谱带双层介孔二氧化硅减反射薄膜的制备示意图

催化剂的含量，以及老化时间和温度，得到折射率和厚度可调的单层减反射薄膜。其中以 F127 为结构导向剂制备的薄膜折射率可 1.16 ~ 1.3 调节，以 CTAB 为结构导向剂制备的薄膜折射率可 1.18 ~ 1.45 调节[25,26]。上下层薄膜的折射率和厚度对双层减反射薄膜透过率的影响列于表 6.3，当上层薄膜的折射率为 1.16，厚度为 110nm；下层薄膜的折射率为 1.32，厚度为 110nm 时，双层减反射薄膜在 410 ~ 1070nm 的透过率均在 99.0% 以上，其中最大透过率达 99.97%，符合太阳能电池的工作需要。采用提拉镀膜的方法，在基底上先后镀制上下层含有模板剂的薄膜，经 500℃ 煅烧后除去模板剂，得到宽谱带双层减反射薄膜。

表6.3　宽谱带双层减反射薄膜的光学参数

样品序号	顶层		底层		$T>99\%$ 的谱带区域	T_{max} /%
	折射率	厚度/nm	折射率	厚度/nm		
C1	1.16	120	1.31	120	410 ~ 1000	99.94
C2	1.16	110	1.32	110	410 ~ 1070	99.97
C3	1.16	150	1.32	150	520 ~ 1310	99.99
C4	1.16	200	1.32	180	645 ~ 1610	99.99
C5	1.16	200	1.32	200	690 ~ 1760	99.95
C6	1.17	100	1.33	100	340 ~ 870	99.92
C7	1.17	120	1.33	120	400 ~ 1040	99.88
C8	1.17	120	1.34	120	430 ~ 1000	99.88
C9	1.17	100	1.35	100	339 ~ 883	99.98
C10	1.18	120	1.35	120	410 ~ 950	99.80

6.3.2　双层介孔氧化硅薄膜的微观结构和光学性能

1. 结构表征

采用提拉镀膜法在干净的石英基底上分别镀制含有两种模板剂的 SiO_2 薄膜，然后在 500℃下煅烧除去模板剂，得到两种单层介孔 SiO_2 减反射薄膜。图 6.14（a）、(b) 分别为上层和下层薄膜的 TEM 图。通过 TEM 分析，除去模板剂后，上层和下层薄膜均表现为有序的六方直孔道介孔结构，上下层薄膜的孔尺寸分别为 7.4nm 和 1.6nm。

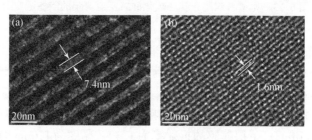

图 6.14　介孔 SiO_2 薄膜的 TEM 图

（a）上层薄膜；(b) 下层薄膜，显示为六方直孔道介孔结构

为了得到薄膜有序介孔结构的更多信息，采用二维 GISAXS 技术来研究薄膜的有序介孔结构。图 6.15 是上层、下层和双层介孔 SiO_2 薄膜的二维 GISAXS 图片，可明显观察到证明具有有序介孔结构的 Bragg 衍射光斑，通过 NANOCELL 软件与理论值拟合，得到薄膜中有序介孔结构的类型和结构参数。通过对图 6.15（a）(b) 中的光斑进行拟合，可以确定上层 SiO_2 薄膜是 F127 作为模板剂的面心正交 Fmmm 结构的薄膜，下层 SiO_2 薄膜是 CTAB 作为模板剂的三维六方 $P6/mmc$ 结构的薄膜。其中图 6.15（a）显示五个清晰的光斑，可以分别归属为 Fmmm 空间群的五个晶面衍射，分别是（131）、（111）、（311）、（222）和（020）[25]。图 6.15（b)显示三个光斑，分别归属为 $P6/mmc$ 空间群的（002）、（011）、（010）三个晶面衍射[27]。从图 6.15（c）可以清楚地看到七个分别与上层和下层薄膜对应的衍射光斑，这说明双层介孔 SiO_2 薄膜中同时存在上层和下层薄膜的介孔结构。GISAXS 和 TEM 分析相互补充，能够对薄膜结构进行精确表征。

2. 光学性能

表 6.3 列出了上下层薄膜的折射率和厚度对双层薄膜透过率影响的设计值，当上层薄膜和下层薄膜的折射率分别为 1.16 和 1.32 时，可得到光学性能最好的

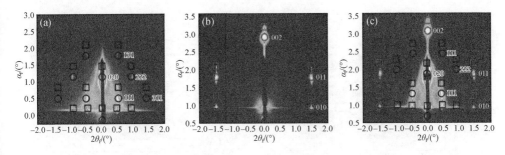

图 6.15　介孔 SiO$_2$ 薄膜的 2D GISAXS 图，图中空心圆圈和方框分别表示
NANOCELL 软件理论拟合得到的透射衍射光斑和反射衍射光斑
（a）上层薄膜，对应 *Fmmm* 空间群；（b）下层薄膜，对应 *P6/mmc* 空间群；
（c）双层薄膜，对应 *Fmmm* 和 *P6/mmc* 的混合空间群

宽谱带减反射薄膜。在提拉过程中，随着乙醇的蒸发，表面活性剂 F127 或 CTAB 的浓度迅速升高达到临界胶束浓度并自组装形成胶束。经过 500℃ 煅烧除去模板剂，在薄膜中形成介孔结构。根据 TEM 分析可知，CTAB 作为模板剂的介孔薄膜比 F127 作为模板剂的介孔薄膜具有更小的介孔结构，以 CTAB 为模板剂的介孔薄膜的折射率明显大于 F127 为模板剂的介孔薄膜，且透过率明显低于 F127 为模板剂的薄膜[28]，因此选择下层薄膜采用 CTAB 为模板剂，而上层薄膜采用 F127 为模板剂。

上层薄膜和下层薄膜的光学透过率曲线如图 6.16（a）、（b）所示，其中上层薄膜的最大透过率可达 100%，下层薄膜的最大透过率仅为 98.1%。采用椭圆偏振仪测量薄膜的折射率和厚度，证明上层薄膜和下层薄膜的真实厚度和折射率均与设计值相同。通过断面 SEM 图片可以看出，上层和下层薄膜的厚度分别为 106nm 和 112nm，进一步证明单层薄膜的真实厚度与设计值相同。

宽谱带双层减反射薄膜的真实透过率曲线和模拟透过率曲线见图 6.16（c）。可以看出，双层减反射薄膜在 440 ~ 1130nm 的透过率均在 99.0% 以上，其中 825nm 处为最大透过率 99.80%。但是通过对比发现，真实的透过率略低于设计值，这是由于在镀膜的过程中，上层薄膜与下层薄膜之间有微小的渗透。通过断面 SEM 图片可以看出，上下层薄膜之间的界线非常明显，这也说明了上下层薄膜间的渗透较小。镀膜后的玻璃基底的数码照片如图 6.16（d）所示，可清晰看出镀制了宽谱带减反射薄膜的玻璃基底的光反射现象下降，透过率明显增强。

6.3.3　双层介孔氧化硅薄膜应用于太阳能电池的性能

当前，商用多晶硅太阳能电池的效率约为 19%[29]，降低生产成本以及提高

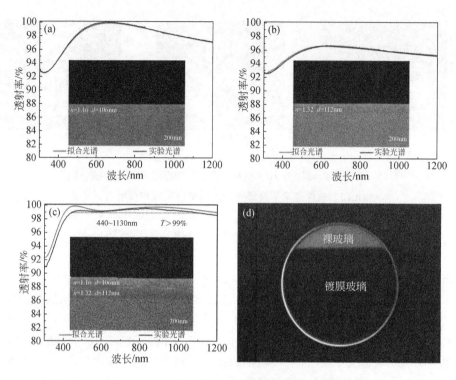

图 6.16　介孔 SiO$_2$ 薄膜的模拟和实际透过率图谱

（a）上层薄膜；（b）下层薄膜；（c）双层薄膜，内部分别为三种薄膜的断面 SEM 图片；
（d）镀制宽谱带双层减反射薄膜后的玻璃基底数码照片

电池的转换效率依然是多晶硅太阳能电池的研究热点。将宽谱带减反射薄膜分别镀制在三种常用的光学玻璃上，分别是石英玻璃、硼硅玻璃和 K9 玻璃，均得到较好的光学性能。图 6.17 为镀制了双层减反射薄膜的三种盖板玻璃在 300 ~ 2400nm 的透过率曲线。以实际太阳能光谱（AM1.5）分布为基准，计算减反射薄膜在 300 ~ 2400nm 的太阳能加权平均透过率 T_{PV}，计算公式如下：

$$T_{PV} = \frac{\int_{300}^{2400} T_\lambda S_\lambda d_\lambda}{\int_{300}^{2400} S_\lambda d_\lambda} \tag{6.1}$$

式中，T_λ 为与波长相关的镀膜后玻璃的透过率，S_λ 为太阳能辐射强度，d_λ 为波长间隔。T_{PV}、最大透过率 T_{max} 以及 $T_{PV} > 99\%$ 的波长范围列于表 6.4。镀制了宽谱带减反射薄膜的石英玻璃、硼硅玻璃和 K9 玻璃的 T_{PV} 分别为 99.10%、98.62% 和 98.55%。随后，通过比较文献中常用于太阳能电池盖板的减反射薄膜的光学性能，证明所制备的宽谱带减反射薄膜可在最大波长范围内实现 $T_{PV} > 99\%$[30,31]，这对提高太阳能电池的转换效率是非常有意义的，相关的对比数据列于表6.4。

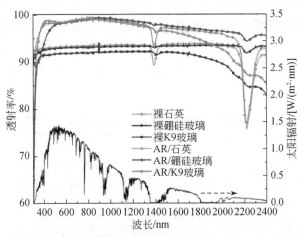

图 6.17　镀制宽谱带减反射薄膜的不同基底的透过率曲线及太阳光谱辐射

表 6.4　减反射薄膜的光学性能

样品	T_{max} /%	T_{PV} /%	$T_{PV}>99\%$ 的谱带区域	文献
宽谱带 AR 涂层/石英玻璃	99.8	99.1	440~1130nm	本研究
宽谱带 AR 涂层/硼硅玻璃	99.6	98.6	660~1200nm	本研究
宽谱带 AR 涂层/K9 玻璃	99.3	98.5	590~1050nm	本研究
TiO_2-SiO_2多层 AR 涂层	99.2	97.2	530~570nm	[30]
单层 AR 涂层	99.9	98.7	540~840nm	[23]
SiO2-PEG/PVPAR 涂层	99.4	94.8	490~570nm	[31]
SiO_2膜/NSsAR 涂层	98.7	97.5	—	[32]

注：T_{PV}为太阳能加权平均透过率。

通过测试镀制减反射薄膜前后的多晶硅太阳能电池的光伏 I-V 曲线和外量子效率曲线，得到器件光伏参数列于表 6.5。通过与空白基底对比，太阳能电池的短路电流密度（J_{sc}）在镀制了宽谱带减反射薄膜后均明显提高，其中以石英玻璃为盖板的电池由 24.3mA/cm^2 增加到 25.71mA/cm^2，以硼硅玻璃为盖板的电池由 24.29mA/cm^2 增加到 25.6mA/cm^2，以 K9 玻璃为盖板的电池由 24.08mA/cm^2 增加到 25.65mA/cm^2。太阳能电池的光电转换效率 PCE（η）在镀制了宽谱带减反射薄膜后也有明显提高，以石英玻璃为盖板的电池由 18.93% 提高到 20.16%，以硼硅玻璃为盖板的电池由 18.91% 提高到 20.22%，以 K9 玻璃为盖板的电池由

18.81%提高到20.18%。另外，太阳能电池的填充因子在镀制减反射薄膜后下降了，这意味着镀膜后的太阳能电池具有更高的串联电阻和更低的并联电阻[33]。镀制宽谱带减反射薄膜后的太阳能电池比未镀膜电池的外量子效率在 300 ~ 900nm 提高7%~9%，将宽谱带双层减反射薄膜应用在多晶硅太阳能电池盖板玻璃上，可以明显降低盖板玻璃表面的反射现象，大大提高了多晶硅太阳能电池的光伏性能。

表 6.5　盖板玻璃镀膜前后多晶硅太阳能电池的光伏性能

样品	T_{max} /%	T_{PV} /%	ΔT_{PV} /%	V_{oc} /mV	J_{sc} /(mA/cm^2)	FF /%	η /%	$\Delta\eta$ /%
裸太阳能电池	—	—	—	1173.7	25.63	67.50	20.30	—
空白石英	99.56	93.46	5.64	1150.0	24.30	67.55	18.93	1.23
AR/石英玻璃	99.80	99.10		1163.0	25.71	67.34	20.16	
空白硼硅玻璃	93.17	92.93	5.69	1148.9	24.29	67.76	18.91	1.31
AR/硼硅玻璃	99.66	98.62		1170.3	25.60	67.49	20.22	
空白 K9 玻璃	92.02	91.85	6.70	1156.0	24.08	67.51	18.81	1.37
AR/K9 玻璃	99.34	98.55		1170.0	25.65	67.23	20.18	

注：T_{PV}是太阳能加权平均透过率；ΔT_{PV}是镀膜前后 T_{PV}的增加值，由镀膜后 T_{PV}减去镀膜前的 T_{PV}得到；V_{oc}是太阳能电池的开路电压；J_{sc}是太阳能电池的短路电流密度；FF是填充因子；η是太阳能电池功率转换效率；$\Delta\eta$是镀膜前后电池功率转换效率的增加值，由镀膜后 η减去镀膜前的 η得到。

6.4　有机-无机杂化介孔薄膜

聚酰亚胺（PI）作为一种高性能聚合物，具有热稳定好、介电常数低、化学稳定性好、力学性能优良等优点，在微电子和光电子领域得到了广泛的应用。将聚酰亚胺用作柔性 OLED 显示器的前面板，将发挥不可替代的作用。近年来，科学家尝试了很多方法来制备高透过率无色的聚酰亚胺材料，其中最常用的方法是在反应物中加入含氯、含氟以及柔性结构单元来制备无色聚酰亚胺[34-36]。这些聚酰亚胺材料具有较高的折射率、较高的热稳定性、良好的机械性能以及在可见光范围有高达90%的透过率，使其成为柔性显示基板的最佳选择。为了达到更好的视觉效果并同时提高用电效率，必须通过减反射（AR）薄膜来提高聚酰亚胺材料的透过率。

传统的减反射膜仅适用于无机基底材料。为此，许多研究者尝试制备有机基底上的高性能减反射涂层。Guo 等[37]制备了一种基于中空二氧化硅纳米复合材料的减反射薄膜，可明显提高太阳能电池盖板玻璃的透过率。然而，该减反射薄膜的煅烧温度高达 550℃，使得这种减反射薄膜不能用于柔性的有机基底。由于传统的减反射薄膜材料很难与有机基底结合，所以，近年来很少有与柔性基底上镀制减反射薄膜相关的报道。一篇刚发表的文章中介绍了一种用于聚甲基丙烯酸甲酯（PMMA）基底的减反射薄膜，通过将介孔二氧化硅纳米颗粒部分嵌入到基底表面可将 PMMA 的透过率提高到 98.0%[38]。Yildirim 等在乙酸纤维素（CA）和聚醚酰亚胺（PEI）基底上镀制了一种有机修饰的纳米多孔二氧化硅薄膜，可将 CA 基底和 PEI 基底的透过率分别提高 8% 和 10%[39]。Jiang 等通过旋涂法制备了 PMMA/聚苯乙烯（PS）混合的格子结构材料，然后选择性除去了 PS 颗粒，得到具有减反射效果的 PMMA 材料，其反射率可降低到 0.02%[40]。以上所提到的提高有机基底材料透过率的方法都比较复杂，同时减反射薄膜与基底材料的附着力均不理想。与其他有机材料基底相似，在聚酰亚胺基底上镀制减反射薄膜同样面临两大问题，如硅基薄膜等无机减反射薄膜与有机基底之间的附着力较差；聚合物基薄膜本身存在较差的耐久性[41]。因此，在 SiO_2 孔道壁内有大量有机基团的有序介孔有机–无机杂化二氧化硅（periodic mesoporous organosilica，PMO）薄膜可能是解决这两个问题的理想选择。在前期桥式倍半硅氧烷合成的基础上，作者团队成功合成了氨基有机–无机杂化介孔减反射薄膜。

1. EG-BSQ 溶胶和 PMO 薄膜的制备方法

使用以下方法制备 TEG 胶体。EG-BSQ（bridged silsesquioxane）根据之前报道的方法进行制备[42]，具体的制备过程见 3.4.1 小节和图 3.17。

采用 TEOS 和 EG-BSQ 两种硅烷前驱体合成了用于制备 PMO 薄膜的 TEG 胶体。甲醇（MeOH）作为溶剂，乙酸作为催化剂。最终溶液的摩尔比为 Si（TEOS 和 EG-BSQ 中的 Si 之和）：MeOH：CH_3COOH：H_2O：F127 = 1：25：0.02：7：0.05。根据胶体中 TEOS/EG 的摩尔比为 9、4、2、1、0.5，将胶体分别命名为 TEG9-S、TEG4-S、TEG2-S、TEG1-S、TEG0.5-S。TEG 凝胶是由 TEG 胶体在 100℃ 下蒸发掉溶剂后，在 250℃ 下煅烧 30min 除去表面活性剂后得到的。根据使用的 TEG 胶体不同，将 TEG 凝胶分别命名为 TEG9-X、TEG4-X、TEG2-X、TEG1-X、TEG0.5-X。

TEG 胶体及二氨基 PMO 薄膜制备过程如图 6.18 所示。通过提拉镀膜法在 PI 基底上镀制 PMO 减反射薄膜：首先，PI 基底被浸泡在 TEG 胶体中 60s，随后以 100mm/min 的速度提拉，最后在 250℃ 下煅烧 30min 除去表面活性剂，得到 PMO 薄膜。这里，根据使用的 TEG 胶体不同，将 PMO 薄膜分别命名为 TEG9-F、TEG4-F、TEG2-F、TEG1-F、TEG0.5-F。

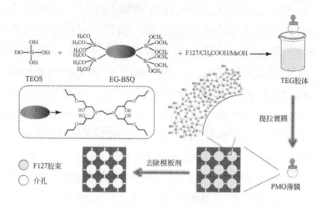

图 6.18　有序介孔有机–无机减反射薄膜的制备示意图

2. 溶胶结构分析

（1）二氨基 PMO 胶体的核磁分析

采用液体 ^{13}C NMR 和固体 ^{29}Si NMR 的分析方法对 TEG 胶体进行表征。图 6.19 为 TEOS，EG-BSQ 和未添加表面活性剂的 TEG9 前驱体的液体 ^{13}C NMR 谱图。可以看到在 TEG9 前驱体中有 10 个液体 ^{13}C NMR 峰，分别对应 TEOS 的两个碳原子和 EG-BSQ 中的八个碳原子，这说明 TEOS 和 EG-BSQ 成功发生了反应。另外，通过固体 ^{29}Si NMR 谱图确定了 PMO 薄膜中硅原子的种类。从干凝胶 TEG9-X 的固体 ^{29}Si NMR 谱图中可以清楚观察到有三个 Q_n（理论上 $n = 1 \sim 4$）峰，位置分别为 -110.21ppm $[Q_4，(SiO)_4Si]$、-101.80ppm $[Q_3，(SiO)_3SiOH]$ 和 -91.75ppm $[Q_2，(SiO)_2Si(OH)_2]$。除了上述的 Q_n 峰外，图中还存在两个对应 EG-BSQ 中硅原子的 T_m（理论上 $m = 1 \sim 3$）峰，位置分别为 -67.32ppm $[T_3，(SiO)_3SiCH_3]$ 和 -63.94ppm $[T_2，(SiO)_2SiCH_2(OH)]$，说明在最终的 PMO 薄膜介孔框架中存在稳定的 Si—C 键。

（2）PMO 薄膜的热重分析

图 6.20 为 EG-BSQ 前驱体、TEG2 和 F127 的热重曲线。可以看出，在空气气氛下，F127 从 150℃ 左右开始分解，在 250℃ 时失重率高达 97.1%。而 EG-BSQ 在 250℃ 时失重仅为 3.2%，主要为吸附水的逸出。因此，除去表面活性剂的最佳煅烧温度为 250℃。从热重曲线可以看出，TEG2 在 25 ~ 250℃ 失重为 56.3%，主要归因于 F127 模板剂的分解[43]。热重分析的结果表明，在 250℃ 下煅烧，不仅可将 F127 除去，而且可完整地保留 PMO 框架结构。

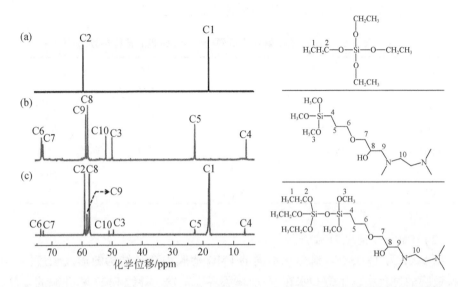

图 6.19　(a) TEOS, (b) EG-BSQ 单体, (c) TEG9 前驱体的液体[13]C NMR 谱图

3. PMO 薄膜的结构与性能

(1) PMO 薄膜的氮气吸脱附分析

由煅烧后薄膜的氮气吸脱附曲线可以看出, TEOS/EG 摩尔比不同的 PMO 薄膜均为 IV 型等温线, 说明薄膜中均为典型的介孔结构, 随 TEOS/EG 摩尔比不同的 PMO 薄膜的结构参数见表 6.6。对于薄膜 TEG9-F、TEG4-F、TEG2-F 和 TEG1-F, 等温线在相对压力为 0.4 ~ 0.7 出现 H_2 型迟滞环, 说明薄膜中存在笼型介孔结

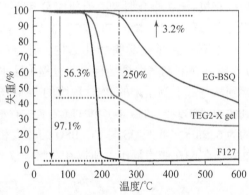

图 6.20　样品在空气气氛下的 TG 曲线

构[44]。随着 EG-BSQ 浓度的升高, 迟滞环逐渐变窄, 当 TEOS/EG 摩尔比为 0.5 时迟滞环几乎消失。可以清楚观察到薄膜 TEG9-F、TEG4-F 和 TEG2-F 的孔径均为 5.4nm, 说明形成薄膜的三种胶体中胶束尺寸是相同的。然而, 薄膜 TEG1-F 的孔径为 4.5nm, 比 TEOS/EG 摩尔比大于 1.0 的薄膜孔径小了 0.9nm。这主要是由于胶体 TEG1-S 中的胶束尺寸明显小于胶体 TEG9-S、TEG4-S 和 TEG2-S。从表 6.6 可以看出, 薄膜的比表面积和孔体积从 TEG9-F 的 624.6m²/g 和 0.5078cm³/g 下降到 TEG1-F 的 284.7m²/g 和 0.2398cm³/g, 这是由于随着 TEOS

浓度的下降，薄膜的二氧化硅骨架在煅烧后发生了倒塌。

表 6.6　TEOS/EG 摩尔比不同的 PMO 薄膜的结构参数

样品	比表面积 /(m²/g)	孔体积 /(cm³/g)	孔径 /nm	孔隙率/%
TEG9-F	624.6	0.5078	5.4	46.69
TEG4-F	623.1	0.5010	5.4	46.69
TEG2-F	581.7	0.4785	5.4	42.35
TEG1-F	284.7	0.2398	4.5	34.88
TEG0.5-F	156.3	0.3832	22.2	30.06

（2）PMO 薄膜的 TEM 分析

图 6.21 为 TEOS/EG 摩尔比不同的 PMO 薄膜中介孔结构的形成示意图。在提拉镀膜的过程中，甲醇和水在空气/薄膜界面蒸发，导致 F127 和硅源的浓度迅速增加。随后，在溶剂蒸发诱导自组装过程中，无机硅和有机硅物种开始包围在胶束表面。最后，通过煅烧除去表面活性剂，有机硅链和无机硅网络相互交缠，形成有机-无机杂化骨架。有机组分和无机组分之间的化学键提高了薄膜的机械强度和热稳定性。随着 EG-BSQ 浓度的增加，无机组分变得越来越少，柔软的有机硅链不能支撑住薄膜的孔结构，孔壁变得越来越薄。当 TEOS/EG 摩尔比为0.5 时，在溶剂蒸发诱导自组装过程中几乎没有有序胶束的形成。从图 6.21 可观察到从基底上刮下来的 PMO 薄膜的 TEM 图片。通过这些 TEM 图片，可以清楚看到薄膜 TEG9-F、TEG4-F 和 TEG2-F 中存在高度有序的介孔结构，其中介孔孔径约为 6.5nm。当 TEOS 与 EG-BSQ 的浓度相同时，由于无机组分的含量太少，不能完全包围在胶束周围，所以在薄膜中仅有少量的有序介孔结构存在。另外，也

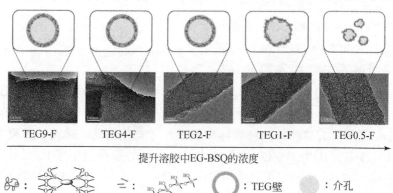

图 6.21　TEOS/EG 摩尔比不同的 PMO 薄膜的介孔结构形成示意图

可以看出，由于有机硅链相互缠绕在一起，使得薄膜 TEG0.5-F 的骨架变得蓬松且孔结构呈蠕虫状，F127 在整个过程中几乎没有起到模板剂的作用。

（3）PMO 减反射薄膜的光学性能

为了探究 PMO 减反射薄膜的光学性能，采用 100mm/min 的提拉速度将 TEG 胶体镀制在高度透明的 PI 基底上。图 6.22 为 PMO 减反射薄膜的透过率曲线，同时对比了空白 PI 基底的光学性能，对应的最大透过率

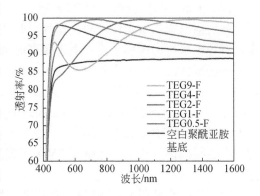

图 6.22 镀制在无色透明 PI 基底上的 PMO 薄膜的透过率曲线

（T_{max}）列于表 6.7。在 550~1500nm，随着 TEOS 含量的增加，镀制了 PMO 减反射薄膜的 PI 基底的透过率由 98.15% 提高到 99.67%，与空白 PI 基底（88.68%）相比提高了 10% 以上。由图 6.22 可以看出薄膜 TEG9-F、TEG4-F 和 TEG2-F 的最大透过率均在 99.50% 以上，并且薄膜 TEG9-F、TEG4-F 和 TEG2-F 的最大透过率相差不大，所以在较宽范围内选择 TEOS 与 EG 的含量，均可实现 PI 基底较高的透过率。

采用椭圆偏振光谱仪测量了 PMO 减反射薄膜的折射率和厚度（表 6.7）。随着 TEOS/EG 的摩尔比从 9.0 降低到 0.5，PMO 薄膜的折射率从 1.235 升高到 1.308，厚度从 274nm 减少到 95nm。在溶剂蒸发诱导自组装过程中，薄膜的厚度主要与胶体的黏度和提拉速率相关[45]。随 TEOS/EG 摩尔比的不同，TEG 胶体的黏度在 3.5~4.5mPa·s 变化，并且 TEG 胶体的黏度随不同剪切速率 $300s^{-1}$、$500s^{-1}$、$800s^{-1}$ 变化不大。因此，薄膜厚度的变化与胶体的黏度无关，主要是由于在相同的提拉速度下，薄膜中介孔的倒塌或没有介孔生成导致薄膜厚度降低，这与孔结构分析的结果一致。

表 6.7 TEOS/EG 摩尔比不同的 PMO 薄膜的光学参数

样品	TEOS/EG 摩尔比	n_f	膜厚/nm	T_{max}/%	Rq/nm
TEG9-F	9	1.235	274	99.67	2.26
TEG4-F	4	1.235	227	99.66	2.20
TEG2-F	2	1.250	176	99.62	2.22
TEG1-F	1	1.285	130	99.45	2.02
TEG0.5-F	0.5	1.308	95	98.15	2.28

（4）PMO 减反射薄膜的超亲水性

减反射薄膜的亲水性可防止雾气引起图像畸变和透过率降低。一般来说，对于具有超亲水性的薄膜来说，由于凝聚的水滴可在表面迅速扩散，所以薄膜具有良好的防雾性能。为了直观地观察 PMO 减反射薄膜的防雾性能，在玻璃基底的 1/2 部分镀制了 PMO 薄膜，剩余空白部分作为对比，然后将玻璃在 −5℃ 下冷却 24h，随后置于潮湿的室温环境中。通过图 6.23 的数码照片可以看出，没有镀制 PMO 减反射薄膜的玻璃表面被细小的水滴覆盖，由于严重的光散射现象，下方的文字变得模糊。相反，镀制了 PMO 薄膜的玻璃表面，依然可以清楚地看到下方的文字。

为了进一步证明 PMO 薄膜具有超亲水性，测量了薄膜的水接触角，PMO 薄膜的水接触角均小于 9°。为了深入探究 PMO 薄膜的亲水性，设计了三组对比实验并测量其水接触角，分别是无 F127 添加的二氧化硅薄膜，命名为 A-silica 薄膜；无 TEOS 添加的 EG-BSQ 薄膜；无 EG-BSQ 添加的介孔二氧化硅薄膜。三组薄膜对应的水接触角分别为 41.56°、60.05° 和 21.65°，均大于 PMO 薄膜的水接触角，进一步说明 PMO 薄膜具有超亲水性[46]。PMO 薄膜的超亲水性主要是由于 EG 结构中存在大量的羟基和氨基（图 6.24）。PMO 薄膜的真空傅里叶变换红外光谱图显示，在 3400cm^{-1} 处存在较宽的吸收峰归属于 —OH，在 961cm^{-1} 处的吸收峰归属于 Si—OH 的伸缩振动，在 1383cm^{-1} 处的吸收峰归属于叔胺基中的 C—N 伸缩振动。因此，水分子可以通过氢键迅速地被吸附到薄膜的亲水段中[47]，从而避免覆盖在薄膜表面引起光散射现象。

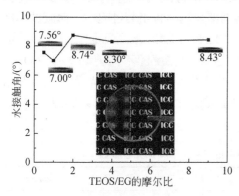

图 6.23 镀制在玻璃基底上的 PMO 减
反射薄膜的接触角照片。插图为具有
防雾性能的 PMO 薄膜的数码照片

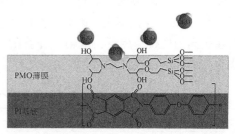

图 6.24 PMO 薄膜超亲水性机理示意图

参 考 文 献

[1] Kresge C T, Leonowicz M E, Roth W J, et al. Ordered mesoporous molecular sieves

synthesized by a liquid-crystal template mechanism [J]. Nature, 1992, 359 (6397): 710-712.

[2] Beck J S, Vartuli J C, Roth W J, et al. A new family of mesoporous molecular sieves prepared with liquid crystal templates [J]. Journal of the American Chemical Society, 1992, 114: 10834-10843.

[3] Ogawa M. Formation of novel oriented transparent films of layered silica-surfactant nanocomposites [J]. Journal of the American Chemical Society, 1994, 116 (17): 7941-7942.

[4] Yang H, Kuperman A, Coombs N, et al. Synthesis of oriented films of mesoporous silica on mica [J]. Nature, 1996, 379 (6567): 703-705.

[5] Lu Y, Ganguli R, Drewien C A, et al. Continuous formation of supported cubic and hexagonal mesoporous films by sol-gel dip-coating [J]. Nature, 1997, 389 (6649): 364-368.

[6] Yang H, Coombs N, Sokolov I, et al. Free-standing and oriented mesoporous silica films grown at the air-water interface [J]. Nature, 1996, 381 (6583): 589-592.

[7] Sanchez C, Boissière C, Grosso D, et al. Design, synthesis, and properties of inorganic and hybrid thin films having periodically organized nanoporosity [J]. Chemistry of Materials, 2008, 20 (3): 682-737.

[8] Grosso D, Cagnol F, Soler-Illia G J d A A, et al. Fundamentals of mesostructuring through evaporation-induced self-assembly [J]. Advanced Functional Materials, 2004, 14 (4): 309-322.

[9] Balkus K J, Scott A S, Gimon-Kinsel M E, et al. Oriented films of mesoporous MCM-41 macroporous tubules via pulsed laser deposition [J]. Microporous and Mesoporous Materials, 2000, 38 (1): 97-105.

[10] 徐如人, 庞文琴, 于吉红, 等. 分子筛与多孔材料化学 [M]. 北京: 科学出版社, 2004.

[11] Tate M P, Urade V N, Kowalski J D, et al. Simulation and interpretation of 2D diffraction patterns from self-assembled nanostructured films at arbitrary angles of incidence: from grazing incidence (above the critical angle) to transmission perpendicular to the substrate [J]. Journal of Physical Chemistry B, 2006, 110 (20): 9882-9892.

[12] Dourdain S, Bardeau J-F, Colas M, et al. Determination by X-ray reflectivity and small angle X-ray scattering of the porous properties of mesoporous silica thin films [J]. Applied Physics Letters, 2005, 86 (11): 113108.

[13] Sing K S W. Reporting physisorption data for gas/solid systems with special reference to the determination of surface area and porosity (Recommendations 1984) [J]. Pure and Applied Chemistry, 1985, 57 (4): 603-619.

[14] Rouquerol F, Rouquerol J, Sing K. Adsorption by powders and porous solids [M]. London: Academic Press, 1999.

[15] Zhao D, Yang P, Melosh N, et al. Continuous mesoporous silica films with highly ordered large pore structures [J]. Advanced Materials, 1998, 10 (16): 1380-1385.

[16] Falcaro P, Grosso D, Amenitsch H, et al. Silica orthorhombic mesostructured films with low refractive index and high thermal stability [J]. The Journal of Physical Chemistry B, 2004, 108 (30): 10942-10948.

[17] Tanaka S, Katayama Y, Tate M P, et al. Fabrication of continuous mesoporous carbon films with face-centered orthorhombic symmetry through a soft templating pathway [J]. Journal of Materials Chemistry, 2007, 17 (34): 3639-3645.

[18] Hwang Y K, Patil K R, Jhung S H, et al. Control of pore size and condensation rate of cubic

mesoporous silica thin films using a swelling agent [J] . Microporous and Mesoporous Materials, 2005, 78 (2): 245-253.

[19] Richman E K, Brezesinski T, Tolbert S H. Vertically oriented hexagonal mesoporous films formed through nanometre-scale epitaxy [J] . Nature Materials, 2008, 7 (9): 712-717.

[20] Bolze J, Ree M, Youn H S, et al. Synchrotron X-ray reflectivity study on the structure of templated polyorganosilicate thin films and their derived nanoporous analogues [J] . Langmuir, 2001, 17 (21): 6683-6691.

[21] Branton P J, Hall P G, Sing K S W, et al. Physisorption of argon, nitrogen and oxygen by MCM-41, a model mesoporous adsorbent [J] . Journal of the Chemical Society, Faraday Transactions, 1994, 90 (19): 2965-2967.

[22] Born M, Wolf E. Principles of optics [M] . Oxford: Pergamon Press, 1983.

[23] Xu Y, Fan W H, Li Z H, et al. Antireflective silica thin films with super water repellence via a solgel process [J] . Applied Optics, 2003, 42 (1): 108-112.

[24] Sun J, Cui X, Zhang C, et al. A broadband antireflective coating based on a double-layer system containing mesoporous silica and nanoporous silica [J] . Journal of Materials Chemistry C, 2015, 3 (27): 7187-7194.

[25] Xu L, He J. A novel precursor-derived one-step growth approach to fabrication of highly antireflective, mechanically robust and self-healing nanoporous silica thin films [J] . Journal of Materials Chemistry C, 2013, 1 (31): 4655.

[26] Sun J, Wu B, Jia H, et al. Fluoroalkyl-grafted mesoporous silica antireflective films with enhanced stability in vacuum [J] . Optics Letters, 2012, 37 (19): 4095-4097.

[27] Deng Y, Wei J, Sun Z, et al. Large-pore ordered mesoporous materials templated from nonpluronic amphiphilic block copolymers [J] . Chem Soc Rev, 2013, 42 (9): 4054-4070.

[28] Dourdain S, Mehdi A, Bardeau J F, et al. Determination of porosity of mesoporous silica thin films by quantitative X-ray reflectivity analysis and GISAXS [J] . Thin Solid Films, 2006, 495 (1): 205-209.

[29] Chen H-C, Chang L-B, Jeng M-J, et al. Characterization of laser carved micro channel polycrystalline silicon solar cell [J] . Solid-State Electronics, 2011, 61 (1): 23-28.

[30] Li D, Wan D, Zhu X, et al. Broadband antireflection TiO_2-SiO_2 stack coatings with refractive-index-grade structure and their applications to Cu(In,Ga)Se_2 solar cells [J] . Solar Energy Materials and Solar Cells, 2014, 130: 505-512.

[31] Li D, Liu Z, Wang Y, et al. Efficiency enhancement of Cu(In,Ga)Se_2 solar cells by applying SiO_2-PEG/PVP antireflection coatings [J] . Journal of Materials Science & Technology, 2015, 31 (2): 229-234.

[32] Zhang X, Lan P, Lu Y, et al. Multifunctional antireflection coatings based on novel hollow silica-silica nanocomposites [J] . ACS Applied Materials & Interfaces, 2014, 6 (3): 1415-1423.

[33] Li D, Han S, Li A, et al. Novel-type nanostructured SiO_2 antireflection coatings and their application in Cu(In,Ga)Se_2 solar cells [J] . Materials Chemistry and Physics, 2015, 165: 97-102.

[34] Hasegawa M, Horie K. Photophysics, photochemistry, and optical properties of polyimides [J] . Progress in Polymer Science, 2001, 26 (2): 259-335.

[35] Yang C-P, Su Y-Y. Colorless polyimides from 2, 3, 3′, 4′-biphenyltetracarboxylic dianhydride (α-BPDA) and various aromatic bis(ether amine)s bearing pendent trifluoromethyl groups [J] . Polymer, 2005, 46 (15): 5797-5807.

[36] You N- H, Fukuzaki N, Suzuki Y, et al. Synthesis of high- refractive index polyimide containing selenophene unit [J] . Journal of Polymer Science Part A: Polymer Chemistry, 2009, 47 (17): 4428-4434.

[37] Guo Z Q, Liu Y, Tang M Y, et al. Superdurable closed- surface antireflection thin film by silica nanocomposites [J] . Solar Energy Materials and Solar Cells, 2017, 170: 143-148.

[38] Mizoshita N, Tanaka H. Versatile antireflection coating for plastics: partial embedding of mesoporous silica nanoparticles onto substrate surface [J] . ACS Applied Materials & Interfaces, 2016, 8 (45): 31330-31338.

[39] Yildirim A, Budunoglu H, Yaman M, et al. Template free preparation of nanoporous organically modified silica thin films on flexible substrates [J] . Journal of Materials Chemistry, 2011, 21 (38): 14830-14837.

[40] Jiang H, Zhao W, Li C, et al. Polymer nanoparticle- based porous antireflective coating on flexible plastic substrate [J] . Polymer, 2011, 52 (3): 778-785.

[41] Dafinone M, Feng G, Brugarolas T, et al. Mechanical reinforcement of nanoparticle thin films using atomic layer deposition [J] . ACS Nano, 2011, 5 (6): 5078-5087.

[42] Zhang C, Zhang C, Sun J, et al. A double- layer moisture barrier & antireflective film based on bridged polysilsesquioxane and porous silica [J] . RSC Advances, 2015, 5 (70): 56998-57005.

[43] Zhou Q, Zhang Z, Chen T, et al. Preparation and characterization of thermosensitive pluronic F127- b- poly (ε- caprolactone) mixed micelles [J] . Colloids and Surfaces B: Biointerfaces, 2011, 86 (1): 45-57.

[44] Grudzien R M, Pikus S, Jaroniec M. Periodic mesoporous organosilicas with *Im3m* symmetry and large isocyanurate bridging groups [J] . The Journal of Physical Chemistry B, 2006, 110 (7): 2972-2975.

[45] Calleja A, Ricart S, Aklalouch M, et al. Thickness- concentration- viscosity relationships in spin- coated metalorganic ceria films containing polyvinylpyrrolidone [J] . Journal of Sol- Gel Science and Technology, 2014, 72 (1): 21-29.

[46] Murakami A, Yamaguchi T, Hirano S-i, et al. Synthesis of porous titania thin films using car-bonatation reaction and its hydrophilic property [J] . Thin Solid Films, 2008, 516 (12): 3888-3892.

[47] Venkateswara Rao A, Latthe S S, Nadargi D Y, et al. Preparation of MTMS based transparent superhydrophobic silica films by sol-gel method [J] . Journal of Colloid and Interface Science, 2009, 332 (2): 484-490.

第 7 章　介孔氧化硅中的选择性吸附

7.1　模板法介孔氧化硅的制备方法及表面修饰

　　介孔材料（又称中孔材料）的制备始于 1990 年，日本科学家 Yanagisawa 等[1]将层状硅酸盐材料 Kanemite 与长链烷基三甲基胺在碱性条件下混合处理，通过离子交换作用，得到孔径分布狭窄的三维介孔氧化硅材料。这是最早发现的介孔氧化硅材料，但因其结构不够理想，当时并没有引起人们的重视。直到 1992 年，Mobil 公司的 Beck 和 Kresge 等[2]报道了利用阳离子表面活性剂为模板剂，成功制备了孔径在 1.5 ~ 10nm 可调的新型 M41S 系列氧化硅基有序介孔材料（MCM-41、MCM-48、MCM-50）（图 7.1），从而为有序介孔材料的研究吹响了号角[3]。

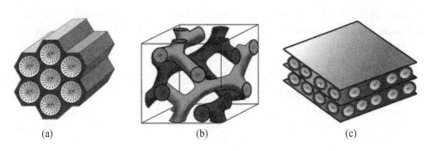

(a)　　　　　　　　　　(b)　　　　　　　　　　(c)

图 7.1　三种典型 MS41 介孔氧化硅：MCM-41 (a)、MCM-48 (b) 和 MCM-50 (c)[4]

　　受 Beck 等工作的启发，运用不同类型的表面活性剂作为模板剂，人们陆续成功制备了多种具有不同孔道结构的介孔氧化硅材料，如 SBA-1、SBA-2、SBA-6、SBA-8、SBA-11、SBA-12、SBA-15、SBA-16、HMS、MSU-n、KIT-1、FDU-1、FDU-5、FDU-12 等。其中，具有里程碑意义的工作有很多，譬如，1998 年 Zhao 等[5]首次报道利用非离子型的三嵌段共聚物合成了大孔径的 SBA-15 介孔氧化硅材料，由于其具有较大的孔径（5 ~ 30nm）和壁厚（3.1 ~ 6.4nm）使其热和水热稳定性有了显著提高，从而拓宽了介孔材料的应用范围；2004 年 Che 等[6]报道利用阴离子的手性表面活性剂为模板，制备了具有螺旋孔道的手性介孔氧化硅材料，这种具有独特孔道结构的介孔材料有望在手性分子识别、分离和催化方面发挥作用。总的来说，研究者在拓展介孔氧化硅材料的制备途径、调变介孔氧化硅的织构（孔道形状、孔径、孔容、比表面等）、阐述介孔氧化硅的制备机理等方面进行了大量有益探索，为介孔材料的继续发展奠定了坚实的理论和实践基础。同时，介孔氧化硅材料的出现为异相催化、传感检测、吸附分离、纳米反应器、光学和电磁学材料等方面的应用提供了一大类优良的基体材料。

　　然而，由于介孔氧化硅材料的主要成分是氧化硅，并且其表面主要由"硅羟基"组成，因此介孔氧化硅在化学上表现出相对惰性，故其应用受到很大限制。事实上，在许多应用中，不仅要求材料拥有大的表面积和分布窄的孔径，而且需要这些材料的孔表面具有特殊的化学特性，因此对介孔氧化硅材料进行表面修饰，使其具有特殊的物化性质以满足某些特定的用途，一直是材料领域的热点。

7.1.1　模板法介孔氧化硅的制备方法

　　表面活性剂充当孔道模板剂，在介孔氧化硅的合成过程中发挥着至关重要的作用[7]。不同的表面活性剂具有不同的结构和荷电性质，且随浓度的变化在水相中会形成不同的聚集形态[8]。根据极性基团性质，可分为以下几种类型：阴离子型，$C_mH_{2m+1}COONa$、$C_mH_{2m+1}OPO_3H_2$、$C_mH_{2m+1}OSO_3H$ 或 $C_mH_{2m+1}OSO_3Na$ 等；阳离子型，常用的有 $C_mH_{2m+1}(CH_3)N^+Br$ 或 $C_mH_{2m+1}(CH_3)N^+Cl$；非离子型，亲水基团不带电，如长链烷胺 $C_mH_{2m+1}NH_2$、烷基–聚乙烯氧化物或聚氧乙烯–聚氧丙烯共聚物（PEO-PPO）以及三嵌段共聚物（PEO-PPO-PEO）等；两性型，一个表面活性剂分子拥有两个亲水基团，一个正电、一个负电，如椰油酰胺丙基甜菜碱（cocamidopropyl betaine）。选用不同的表面活性剂，可以有不同的制备过程和途径。归纳起来，大致分为以下六种制备介孔氧化硅的方法，不同类型的介孔分子筛所具有的结构及所用表面活性剂总结于表 7.1。

　　①S^+I^- 路线：在碱性条件下，使用阳离子型表面活性剂时，带负电荷的无机硅物种离子可以直接和表面活性剂以静电引力结合，形成 S^+I^- 形式的介孔中间相，经过水热处理或室温下特定时间的晶化即得介孔氧化硅。该路线是制备介孔氧化硅极其常用且有效的途径，如典型的 MCM-41、MCM-48 和 MCM-50 都是通过此路线制备得到。

　　②$S^+X^-I^+$ 路线：相同种类的电荷之间进行有机–无机的组合作用也是有可能的，但需要在两者之间架起一座"桥梁"，在强酸条件下制备硅基介孔氧化硅就是一个该路线的佐证（pH<2）。此时，无机硅物种可能携带正电荷（I^+），并通过中间过渡离子如 Cl^-、Br^-、NO_3^- 或 SO_4^{2-} 与亲水基头部带正电的表面活性剂结合为介孔中间相，如在高浓度 HCl 存在时，CTAB 与硅酸正离子通过 Cl^- 为中间离子可制备纯硅基 MCM-41。值得一提的是，强酸性条件有利于介孔结构单元组装成具有一定宏观形貌（如膜或纤维等）的介孔材料。

表 7.1　不同空间结构的介孔氧化硅及其合成所用的表面活性剂

介观相	符号表示	表面活性剂
$p6m$	MCM-41	$C_nTMA^+(n=12\sim18)$
		$C_{16-n-16}(n=4,6,7,8,10)$
		CTAB 和 $C_{18\text{-}3\text{-}1}$
		$[(CH_3)_3N^+H_{24}OC_6H_4C_6H_4OC_{12}H_{24}N^+(CH_3)_3][2Br^-]$
		CPBr, $C_nH_{2n+1}N(CH_3)_3$
$p6m$	SBA-3	$C_nTMA^+(n=14\sim18)$
		$C_{16}H_{33}N(CH_3)(C_2H_4OH)_2^+$
		$C_{16-n-16}(n=3,4,6,7,8,10,12)$
$p6m$	SBA-15	P123, P103, P85, P65
		B50-1500
$Pm3n$	SBA-1	$H_{33}N(CH_3)(C_2H_5)^{2+}$
	SBA-6	$C_{16}H_{33}N(C_2H_5)_3^+$
		$C_{18\text{-}3\text{-}1}$
$Im3m$	SBA-16	F127
	FDU-1	B50-6600
$Ia3d$	MCM-48	$C_nTMA^+(C_nTAB, C_nTACl, C_nTAOH, n=14\sim20)$
		$C_nTAB+C_{12}(EO)_m(n=12,14,16,18; m=3,4)$
		CTAB+OP-10
		$CTAB+C_{12}NH_2$
		$C_nTAB+C_nH_{2n+1}COONa(n=11,13,15,17)$
		$C_{16\text{-}12\text{-}16}$
	FDU-5	P123
$Pm3m$	SBA-11	Brij56($C_{16}EO_{10}$)
$P63/mmc$	SBA-2	$C_{12\text{-}3\text{-}1}$, $C_{14\text{-}3\text{-}1}$, $C_{16\text{-}3\text{-}1}$
		Brij76($C_{16}EO_{10}$)
		F127(膜和纤维)
		omega-hydroxyalkylammonium
cmm	SBA-8	$[(CH_3)_3N^+H_{24}OC_6H_4C_6H_4OC_{12}H_{24}N^+(CH_3)_3]2Br^-]$
		P123, Brij58, F123(膜)
$M\alpha$		$[(CH_3)_3N^+H_{24}OC_6H_4C_6H_4OC_{12}H_{24}N^+(CH_3)_3][2Br^-]$
		omega-hydroxyalkylammonium
$L3$		Brij30($C_{12}EO_4$)
C_2mm	KSW-2	$C_{16}TMA$
$Fd3m$	FDU-2	$C_{18\text{-}2\text{-}3\text{-}1}$, $C_{16\text{-}2\text{-}3\text{-}1}$

③S⁻I⁺路线：阴离子表面活性剂 S⁻ 通过静电引力，可以和带正电的无机离子 I⁺结合，其形式如使用 $C_{16}H_{33}SO_3H$ 为表面活性剂合成介孔材料。

④S⁻M⁺I⁻路线：在强碱性条件下，带负电的表面活性剂离子可以通过金属阳离子 Na⁺、K⁺等作为中间过渡离子，与带负电的无机离子结合，如用负离子模板剂 $CH_3(CH_2)_{16}COO^-M^+$（M⁺ = Na⁺、K⁺）在碱性条件下合成层状介孔材料。

⑤S-I路线：由表面活性剂 S 和无机离子 I 还可以通过共价键或配位键直接结合得到介孔材料。

⑥S°-I°路线：利用中性表面活性剂 S°（伯胺、聚乙烯氧化物或其衍生物）通过氢键与中性无机离子 I°结合，可制备 S°-I°型的介孔氧化硅。由于该合成路线中所使用的模板剂可生物降解、价格低廉且易于从孔道中彻底抽提，再加上所得介孔氧化硅较①和②途径中所得的材料具有更高的稳定性（孔壁较厚），因而该途径已为广大工作者广泛采用。该途径的实质是一般通过氢键相互作用，但在有些体系中这种氢键相互作用并非是单一的作用形式，因为 S°和 I°在酸、碱介质中都可以被部分质子化或带有电荷，如赵东元等在强酸性条件下，以中性嵌段共聚物（PEO-PPO-PEO）为模板剂制备孔壁较厚、较大且稳定性较好的 SBA-15 的过程就属于氢键和静电引力共同作用的形式。

7.1.2 介孔氧化硅的形成机理

自 MCM41S 的制备方法公开以来，人们就对介孔分子筛的形成过程表现出极大的兴趣，尝试运用各种表征手段如¹⁴N（或²H、²⁹Si、²⁷Al、¹²C、¹²⁹Xe 等）MAS NMR、EPR、(in-situ)XRD、TEM、SEM、、TG-DTA（或 DSC）、偏振光显微镜、FTIR、N_2吸附–脱附等温线等来研究介孔分子筛的形成过程，并且提出了各种模型来解释介孔氧化硅的形成机理。代表性的有液晶模板机理、硅酸盐棒状自组装模型、硅酸盐层折叠模型、电荷密度匹配模型以及协同自组装模型。

1. 液晶模板机理（liguid crystal templating mechanism，LCT）

Mobil 公司的科学家根据介孔分子筛的微观结构（从透射电子显微镜得到的图像和从 X 射线衍射得到的数据）同表面活性剂在水中生成的溶致液晶相似的特点，提出了液晶模板机理[2]。认为介孔分子筛的合成是以表面活性剂的不同溶致液晶相为模板得到的，如图 7.2 所示。在该机理中，科学家认为介孔分子筛的形成可能按照两种途径进行。一种是表面活性剂首先在溶液中形成棒状胶束，规则地排列成为六角结构的液晶相。当加入无机硅源物种后，无机硅聚阴离子就沉淀在六角棒状胶束的周围，从而形成以液晶相为模板的有机–无机复合物（图 7.2 的途径①）。另一种可能是，加入的硅源使得表面活性剂胶束同它们之间发生相互作用，通过自组装形成六角相结构的介孔分子筛（图 7.2 的途径②）。

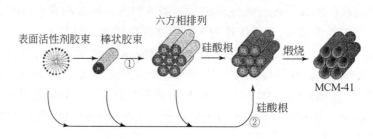

图 7.2　液晶模板机理及其两种可能途径：①先于硅酸盐加入之前形成液晶模板；
②硅酸盐加入形成六方相液晶结构

应用 LCT 机理，人们很容易想到利用表面活性剂的有效堆积参数与表面活性剂之间的关系来随心所欲地设计合成具有不同结构介孔分子筛。但是，随着研究的不断深入，人们对此机理提出了一些质疑。因为在合成过程中，溶液中表面活性剂的浓度远低于要形成液晶相时所需的浓度。例如，在合成 MCM-41 时所用的表面活性剂十六烷基溴化铵的浓度为 2%，而十六烷基溴化铵形成六方相液晶所需要的浓度为 28% 以上，形成立方相所需要的浓度为 80% 以上，显然其用量都远远大于介孔分子筛合成过程中的用量。因此，LCT 机理的第一种途径，也就是先通过表面活性剂形成液晶相再导向成孔的过程是不可能发生的。第二条途径也只能含糊地推测有机铵表面活性剂同硅酸盐无机种之间发生了协同自组装，但对于当改变表面活性剂与硅酸盐的比例就能生成不同结构（六角、立方和层状相）介孔分子筛的现象无法解释。

2. 硅酸盐棒状自组装模型（silicate rod assemble model）

Davis 和他的同事运用[14]N NMR 技术研究了溶液中形成 MCM-41 的过程，发现在形成 MCM-41 的溶液中并没有出现六角相液晶，从而否定了 LCT 机理。在该研究的基础上，该研究团队提出了硅酸盐棒状自组装模型[9]。他们认为，尽管在溶液中并不存在液晶相，但最后还是形成了堆积的六角介孔结构，说明硅酸盐的加入导致了硅酸根离子同胶束之间发生了强烈的相互作用，使得由三两个硅酸盐单层组成的硅酸盐层沉积在单个胶束棒表面，所有这些胶束棒在溶液中随机排列，最后形成了六角堆积的二氧化硅介观结构。当加热或老化时就发生硅酸盐缩聚作用，进而形成 MCM-41 介孔分子筛（图 7.3①）。

硅酸盐棒状自组装机理不能解释 MCM-41 具有很长的孔道，因为在溶液中不存在那么长的棒状胶束。事实上，在合成条件下的表面活性剂溶液中，表面活性剂的聚集方式除棒状外，更多的是由球状胶束组成。因此，假如胶束周围有二氧化硅，那么胶束自发聚集在一起生成六角相的 MCM-41 外，更应该生成其他的

相。同时，此机理也不能很好地解释立方相的 MCM-48 和层状相的 MCM-50 的
生成。

3. 硅酸盐层折叠模型（folding of silicate layers）

Steel 及其同事同样借助[14]N NMR 技术研究了 MCM-41 的形成过程，发现当硅
酸盐加入时，表面活性剂可以直接自组装成六角液晶相[10]。硅酸盐物种在溶液
中首先自组装成薄层，层与层之间与成排的圆柱形胶束棒相互插入，当发生老化
时，由硅酸盐物种组成的薄层围绕成六角液晶相发生折叠并重排，最后生成含有
表面活性剂的 MCM-41 介观结构（图 7.3②）。当硅酸根离子与表面活性剂的比
例较低时，硅酸根离子首先排布成层状夹在表面活性剂六方相之间，接着层状的
硅酸根离子开始发生折皱，直到将表面活性剂六方相包裹在其中，进而形成有机
–无机复合的介孔结构。其实，该原理与上述的电荷匹配模型中层状向六方结构
的转化过程类似。当反应溶液中硅酸根离子与表面活性剂的比例较高时，这种状
态下硅酸根离子层较厚，不易产生折皱，这时保持有机–无机层状结构，故最终
产物将是稳定性较低的层状介观结构。

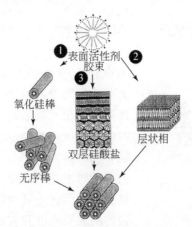

图 7.3　几种介孔氧化硅材料可能的合成模型：①硅酸盐棒状模型，
②硅酸盐折皱模型，③电荷匹配作用机理

4. 电荷密度匹配模型（charge density matching，CDM）

Monnier 等根据 X 射线电子衍射（XRD）观察到在形成 MCM-41 六方相之
前，溶液中已经先生成了层状中间相，然后再发生相转变而生成六角介孔分子筛
的实验现象，提出了电荷密度匹配模型[11]。该模型认为，层状中间相的形成，
有利于高电荷硅酸盐阴离子物种同表面活性剂之间发生电荷匹配。在形成表面活

性剂-硅酸盐介观结构的过程中，硅酸盐阴离子物种在表面活性剂与硅酸盐之间的界面层发生聚合，一旦硅酸盐发生聚合，负电荷密度就降低，使得表面活性剂亲水基团表面积增加，为保持电荷中性，就得增加二氧化硅的比例，于是引起无机物种和表面活性剂之间的界面起皱以增加界面面积来维持电荷平衡，使得分子筛从层状相到六角相的转变。这种电荷密度匹配理论可以用来解释介孔分子筛在合成过程中的相转变（图 7.3③）。

5. 协同自组装机理（cooperative formation mechanism，CFM）

Firouzi 等在合成过程中采用低温和高碱度的手段抑止硅物种的缩聚，借助 ^{2}H 和 ^{29}Si NMR 观察到真实的协同自组装过程：在硅酸盐阴离子加入表面活性剂溶液时，硅酸盐阴离子同表面活性剂的抗衡离子发生离子交换，十六烷基三甲基溴化铵胶束在硅酸盐存在下转变为六方相，形成硅致液晶相[12]。这种现象同聚合电解质对胶束转变的影响效果一致。前人已总结了这种协同自组装机理（图 7.4）。有机物种和无机物种之间的协同自组装形成了长程有序的介观结构，硅酸盐多聚体阴离子同阳离子表面活性剂的亲水基团在有机-无机界面发生相互作用。无机层的电荷密度随着硅酸盐的缩聚发生变化，导致表面活性剂疏水链紧密堆积，有机-无机物种间的电荷密度匹配控制着表面活性剂-无机物种复合物的排列。随着无机物种的缩聚，无机层的电荷密度发生变化，最终转化为有机-无机复合物。因此，复合物的最终结构取决于无机物种的缩聚程度和表面活性剂-无机物种组装

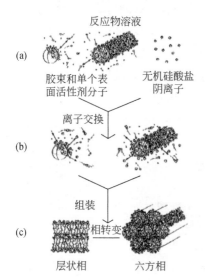

反应物溶液

(a)

胶束和单个表　　无机硅酸盐
面活性剂分子　　阴离子

离子交换

(b)

组装

(c)　　　　相转变

层状相　　　六方相

图 7.4　形成介孔材料的协同
自组装机理示意图

的电荷密度匹配。按照该理论，电荷密度的匹配对自组装作用和终产物的结构起决定作用，并由此推断出有机-无机离子相互作用的几种方式（如静电吸引力、氢键作用或配位键等）。这种机理模型有助于解释介孔分子筛合成中的诸多实验现象，具有一定的普遍性，因此成为一种被广大科研工作者广泛接受的介孔材料的形成机理。

7.1.3　介孔氧化硅表面有机修饰

由于介孔氧化硅表面仅有"硅羟基"一种官能团，缺少活性中心，大大限制了介孔材料的实际应用。对介孔氧化硅表面进行修饰、嫁接活性中心，或将功

能物质组装到介孔材料的孔道中，是使介孔材料功能化、提高介孔材料表面活性的有效途径。材料表面进行有机基团修饰可使介孔硅表面带有特定的官能团从而赋予其一些新的性质，在纳米尺度上改变分子筛表面的物理、化学特性，进而满足于介孔材料在不同领域的应用。自 1996 年 Burkett 等首次实现硅基介孔材料的有机基团表面改性以来[13]，这一研究方向经过二十余年的发展取得了如下进展：①基本涵盖不同路线合成的各种无机介孔材料，如 M41S、SBA、MSU 等；②深入探讨了影响有机基团改性介孔材料制备的工艺条件，如温度、组分配比、老化时间、酸碱性等；③实现了多种有机基团在介孔材料上的修饰，如羧基、氨基、巯基、磺酸基、甲基、苯基、荧光分子、二茂铁等；④对担载的有机官能化基团的量与材料结构的变化进行了大量的研究，涉及的测试手段包括扫描/透射电镜、核磁共振、傅里叶红外、X 射线衍射、热失重-差热分析等。如果从制备角度来看，实现介孔材料表面有机基团修饰的基本方法主要分为两大类：①通过有机硅氧烷与其他有机或无机硅源的共水解-缩聚一步合成（one-pot synthesis）；②基于介孔氧化硅材料表面硅羟基作用，使有机硅氧烷、硅氯烷、重氮硅烷试剂的有机基团共价接枝于介孔材料的表面上（post-synthesis）。下面分别讨论这两种方法的制备过程以及各自的优缺点。

1. 共水解-缩聚一步合成法

所谓共水解-缩聚一步合成法，是指将含有特定有机基团的硅烷偶联剂与无机硅源一起在表面活性剂溶液中水解、缩聚后形成介孔材料，再用索氏提取法或离子交换法除去有机模板剂，便得到硅烷偶联剂官能团化的介孔分子筛材料（图 7.5）。在一些早期的报道中，不同的研究小组采用共水解-缩聚一步合成法在不同的反应条件下成功合成了多种有机官能化介孔硅基材料。受到这些开创性工作的启发，人们对于不同合成路线所制备的典型介孔硅（如 MSU、SBA-15、MCM-41）都成功实现了共水解-缩聚法一步合成有机-无机复合介孔材料。共水解-缩聚法具有合成过程简单、制备时间短、有机组分稳定性高而分布均匀等优点。更为重要的是，通过共水解-缩聚法合成有机官能化介孔硅基材料可以精确控制所得材料中有机基团的搭载量。鉴于这些优点，共水解-缩聚法现已成为合成有机官能化介孔硅基材料的一种重要方法。但由于许多含有有机基团的硅氧烷在酸、碱或热的条件下不稳定，因而通过这种方法得到的有机-无机杂化介孔材料种类有限，只限于稳定的有机基团。而且，当有机基团负载量过大时（>20wt%），会显著破坏介孔分子筛的结构。另外，采用该方法时，有两个关键点必须重视：①有机硅烷和所选的另一种硅源不能在水解-缩聚反应中发生各自缩聚的情况，否则会产生相分离；②所选有机硅烷的 Si—C 键应该能在共水解-缩聚反应和随后的溶剂萃取去除模板剂过程中保持化学惰性。

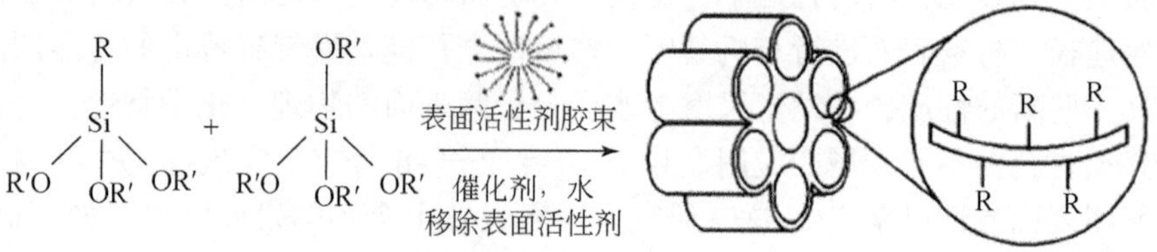

图 7.5 共水解–缩聚一步合成法示意图[4]

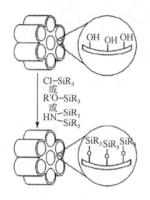

图 7.6 后嫁接处理法
合成有机官能化中孔
硅基材料的示意图[4]

2. 后嫁接法

在介孔分子筛合成过程中，Si—OH 基团不能完全缩合，使其表面存在丰富的硅羟基（$2.5 \sim 3$ 个/nm^2）。这些硅羟基可作为反应的活性位点，通过与硅烷化试剂反应，引入预期的功能基团，制备有机官能团化的介孔分子筛。后嫁接处理法，顾名思义，指的是在介孔硅基材料合成好以后，再将有机官能团嫁接到材料的孔表面或材料颗粒的外表面上（图 7.6）。正如无定形的硅，介孔硅基材料中的硅羟基可以作为锚点来进行有机官能化。在后嫁接处理法中，硅烷化作用是最为常用的一条途径来嫁接所需的有机组分，另外酯化作用也可以用来嫁接有机基团。在分子筛表面的三种硅羟基中，只有孤立硅羟基和偕硅羟基可以发生硅烷化作用，而水合硅羟基容易相互形成亲水的网络结构，一般不能发生硅烷化作用。由于后嫁接处理过程一般在无水条件下进行，而且反应条件比较温和，所以在经过后嫁接处理过程后原介孔硅基材料的骨架结构一般都可以得以保持。利用这种方法，目前研究者已成功地将烷基、胺基、过渡金属复合物、巯基、环氧化合物、二茂铁等基团共价接枝于介孔材料表面。但该方法的缺点是有机基团的担载量很低，功能基团在孔道内分布不均匀，而且会导致孔体积减小。

7.2　无模板法介孔氧化硅的制备与吸附性能

自 1992 年美国 Mobil 公司首次以表面活性剂为模板，合成具有特定孔道结构和规则孔径的介孔分子筛以来，表面活性剂一直在介孔材料的合成中起到至关重要的作用[7,8]。由于不同的表面活性剂具有不同的结构和荷电性质，且随浓度的不同、反应介质的不同会形成不同的存在形态，最终会导致具有不同结构的介孔分子筛的形成（表7.1）。但是目前常用的表面活性剂往往价格昂贵，而且后处理极为麻烦，往往还会造成环境破坏，因此开发新的结构导向剂来替代常用的表面活性剂是一项极具实际意义的研究工作。

1998年，Wei等报道了以葡萄糖、麦芽糖和酒石酸衍生物等非表面活性剂为模板剂制备了具有高比表面、孔径可调且分布窄的介孔MCM-41分子筛[14]；随后，Jansen等利用三乙胺作为模板剂合成了具有三维结构的中孔材料[15]。实验过程中避免了使用表面活性剂，但是仍然需要对材料进行烦琐的后处理除去小分子模板剂，才能得到期待的孔材料。此外，由于反应体系中的结构导向剂是小分子化合物，孔结构的调变是通过变化小分子化合物的用量来实现的。但是当这些小分子化合物在体系中的含量达到一定值后，就会从体系中结晶析出，因此该方法对介孔材料的调控，特别是对孔径大小的调控是有限的。值得一提的是，Yao等利用超声技术在不添加任何表面活性剂的前提下制备了具有中孔结构的硅铝复合材料，但是其孔径分布宽，孔道仅仅是无定形硅铝纳米颗粒的堆积[16]。此外，Kaneko等还仅利用聚硅氧烷的键合制备了高度有序的具有六方结构的硅基介孔材料[17]，只是该类材料的比表面积仅有 $6m^2/g$，很难有应用前景。后续Shimojima等报道了利用新合成的含有不同链长烷烃的硅基前驱体直接水解分别得到了具有层状结构和六方结构的硅基有机–无机复合材料[18]，该方法既不需要添加任何表面活性剂，又无烦琐的后处理过程，但是由于在有机硅烷前驱体的合成过程中要引入长链的烷基，这不仅大大增加了成本，还使得整个制备过程复杂化。

针对上述研究现状，作者团队在系统深入研究基础上，提出了采用有机硅烷聚合物（聚甲基含氢硅氧烷，PMHS）[19]同无机硅物种（正硅酸乙酯，TEOS）共缩聚[20]，来制备有机–无机杂化介孔分子筛[21]。在整个合成过程中，没有添加任何的表面活性剂或者其他具有结构导向功能的试剂，介孔孔道的形成来源于有机硅烷聚合物的自组装。

7.2.1　PMHS 导向合成硅基介孔分子筛的制备

分别配制三份不同PMHS浓度的乙醇溶液，然后再加入少量的NaOH，在磁力搅拌器上剧烈搅拌一天，使PMHS分子上的活泼氢原子完全被乙氧基取代。将适量的去离子水分别滴加到上述的溶液中，搅拌约1h后，再分别滴加一定量TEOS。剧烈搅拌3h后，静置老化两天后得到凝胶。将得到的三种凝胶干燥，除去体系中的乙醇，得到块状白色透明固体。将所得产物研磨成粉状后，用去离子水充分洗涤，然后烘干。根据制备过程中PMHS与TEOS的质量比不同，分别将制得的样品命名为MS1（PMHS/TEOS = 1∶5）、MS2（PMHS/TEOS = 1∶8）和MS3（PMHS/TEOS = 1∶10）。

7.2.2 PMHS 导向合成硅基介孔分子筛的物性特征与吸附性能

1. 材料中的介孔

图 7.7 是样品 MS1、MS2 和 MS3 的 N_2 吸脱附等温线和 BJH 孔分布图。根据 IUPAC 的分类标准，三种样品都呈现 IV 型 N_2 吸附等温线的特点，是具有强烈吸附效果的有机–无机杂化硅基介孔分子筛的常见吸附等温线。样品 MS1 的吸脱附回滞环呈三角形 [图 7.7 (a)]，脱附线有突然下降趋势，表现为 H2 型，该类型往往是由相互贯通的"墨水瓶"孔造成的。MS2 和 MS3 则表现为典型的 H1 型回滞环 [图 7.7 (b) 和 (c)]，该类型的回滞环表明介孔材料的孔径大小均一且孔间贯通性良好。MS1 的 BJH 孔径分布曲线显示该材料的孔径集中在 3.6nm。相比之下，MS2 和 MS3 的孔径显著增大，前者为 9nm，后者为 13nm。而且，进一步的计算结果显示，样品的比表面积随着 PMHS 含量降低而降低、孔容则呈增加趋势。具体地，MS1 为 $680m^2/g$ 和 $0.65cm^3/g$，MS2 为 $580m^2/g$ 和 $1.00cm^3/g$，MS3 为 $470m^2/g$ 和 $1.07cm^3/g$。此外，与制备的微孔/介孔硅基杂化材料的吸脱附曲线不同，三个样品的吸附线和脱附线在较高的相对压力（<0.4）下就已经闭合，说明所合成材料基本不含有微孔结构。因此，从样品的 N_2 吸附等温线及其 BJH 孔分布图可以断定，通过调节 PMHS 与 TEOS 的质量比，成功制备了具有纯粹介孔结构的硅基分子筛材料。该材料的介孔孔径、比表面积和孔容都可以通过调变 PMHS 的含量来调控，而且其孔径分布范围也随着 PMHS 含量的降低逐渐变宽。

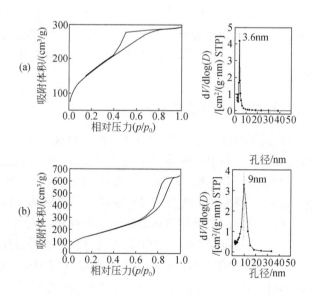

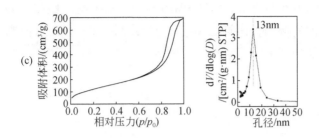

图 7.7　MS1（a）、MS2（b）和 MS3（c）的 N_2 吸附等温线和 BJH 孔径分布图

2. 材料的化学成分

图 7.8 给出了样品的 ^{29}Si MAS NMR 谱。所有样品都呈现了 4 个明显的共振峰位，它们分别位于 $-110ppm$、$-100ppm$、$-65ppm$ 和 $-56ppm$。其中，化学位移在 $-110ppm$ 和 $-100ppm$ 的峰分别隶属于 $Q^4[Si^*(OSi)_4]$ 和 $Q^3[(HO)Si^*(OSi)_3]$。与高 PMHS/TEOS 质量比（$>1:3$）时所合成的微孔/介孔双孔分布的样品相比较，Q^4/Q^3 的值更接近于采用表面活性剂为模板剂制备得到的普通 MCM-41 介孔分子筛，此外在 $-90ppm$ 左右出现了微弱的 Q^2 峰，说明该分子筛骨架聚合度相对较低。化学位移在 $-65ppm$ 和 $-56ppm$ 的峰则分别隶属于 $T^3[(SiO)_3Si^*CH_3]$ 和 $T^2[(HO)(SiO)_2Si^*CH_3]$，对应于 PMHS 分子链中间连有甲基的硅原子。而且随着样品中 PMHS 含量的增加，T^3 和 T^2 峰的强度也会相应提高，这说明 PMHS 分子已经同 TEOS 通过共水解聚合到一起。高的 T^3/T^2 值意味着由 PMHS 水解后所产生的—OH 数目在缩聚后所剩不多，反映出 PMHS 大分子与 TEOS 硅源之间具有很高的聚合度。此外，由于反应体系中 PMHS 含量过低，谱图中并没有在 $12ppm$ 高场处显现 $M^1[SiOSi^*(CH_3)_3]$ 共振峰。

3. 成孔机理

经过大量的设计与验证实验，提出了 PMHS 水解自组装成螺旋构象导向介孔的形成机理（图 7.9）。PMHS 在碱性条件下水解后，生成了一侧是羟基、另一侧是甲基的 PMHOS 大分子，在乙醇体系中会自组装成螺旋结构。在 PMHS 含量高的制备体系中（质量比：PMHS/TEOS$>1:3$），由 PMHOS 自组装形成的螺旋构象体数目众多，由于范德瓦耳斯力的存在，各螺旋体之间互相排斥、互相积压。这种排斥力导致每一个螺旋体都有一种自我紧束的趋势，在这种条件形成的螺旋体的"线圈"的个数多，而且内径小。在 PMHOS 与 TEOS 共缩聚后，每个螺旋体的"线圈"上的少量未反应的—OH 成为空位，并最终成为从外侧包裹的 SiO_2

颗粒进入螺旋体内部的通道。由于 PMHOS 螺旋体上的"线圈"数目众多，所产生的空位相应也会增加，由这些空位形成的数目众多的孔道构成了发达的微孔结构。

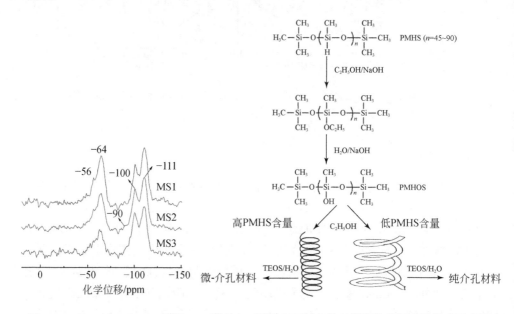

图 7.8　MS1、MS2 和 MS3 的²⁹　　图 7.9　不同 PMHS 含量对螺旋构象的成孔影响示意图
　　　　Si MAS NMR 谱图

　　相反，在 PMHS 含量较低的制备体系中（质量比：1∶10<PMHS/TEOS<1∶3），PMHOS 螺旋体构象则呈现另一种形态。由于反应体系中 PMHS 的含量少，水解后的 PMHOS 螺旋体数目较少，各螺旋体之间的互相排斥力也会相对较小。在这种情况下形成的螺旋体应该内径较宽，组成"线圈"的数目则相对较少。尽管从样品的²⁹Si MAS NMR 谱图（图 7.8）已经观察到 Q^3、Q^2 和 T^2 峰，也就是说在 PMHOS 螺旋"线圈"的外侧存在未反应的—OH，仍然有空位的存在，有形成微孔相的直接诱因。但不能忽视另外一个重要方面，即在该体系中的 PMHOS 螺旋"线圈"的数目太少，这些"线圈"之间的缝隙也少，它们很难形成大量的微孔，而是仅保留了孔径变大的介孔相。

　　对于为什么所得介孔材料的孔径分布会对 PMHS 的含量存在明显的依赖性，可用 PMHS 含量与 PMHOS 螺旋构象的分布特征来加以解释。首先，当制备体系中 PMHS 的含量较高时（如 MS1），乙醇溶液中水解得到的 PMHOS 分子数目相对较多，较强的范德瓦耳斯力导致各个螺旋体之间相互排斥，每个分子都处于一种互相束缚的状态，各螺旋体相互关联，形态相似，内径偏小且大小相仿［图

7.10（a）］。在这种状态下，所得到的介孔材料的孔径较小，而且孔分布窄。然而当制备体系中的 PMHS 含量较低时（如 MS3），乙醇溶液中水解得到的 PMHOS 分子数目相对较少，螺旋体之间的作用力相对较小，每个 PMHOS 分子都处于一种相对自由的状态。在这种自由态下，各螺旋体的内径会普遍变大，同时由于各螺旋体之间关联性小，构象会相对随意［图 7.10（b）］。普遍增大的螺旋体内径导致了介孔材料的孔径变大，构象的随意性致使材料的孔径分布变宽。

4. 水热稳定性

表 7.2 是水热处理前后样品的比表面积和孔参数的比较。经过在沸水中处理 280h 后，体系中甲基化程度最高的样品 MS1 的比表面积从 680m^2/g 降低到 352m^2/g，孔容从 0.65cm^3/g 降低到 0.46cm^3/g，比表面损失为 48%。PMHS/TEOS 的质量比为 1∶8 时所制得的样品 MS2 经沸水处理后，比表面积从 470m^2/g 降低到 223m^2/g，孔容从 1.00cm^3/g 扩到 1.59cm^3/g，损失比表面积约为 60%。体系中甲基化程度最低的样品 MS3 在沸水处理后，比表面积和孔容分别从 470m^2/g 和 1.07cm^3/g 降低到 153m^2/g 和 0.70cm^3/g，比表面积损失近 70%。显然，甲基化程度对该类介孔材料的水热稳定性起着至关重要的作用，甲基的疏水性能提高了材料水热稳定性。

表 7.2　水热处理前后样品的比表面积和孔参数

样品	PMHS∶TEOS（质量比）	比表面积/（m^2/g）		孔容/（cm^3/g）	
		水热处理前	水热处理后	水热处理前	水热处理后
MS1	1∶5	680	352	0.65	0.46
MS2	1∶8	580	223	1.00	1.59
MS3	1∶10	470	153	1.07	0.70

5. 吸附性能

分别称量 0.5g 不同的样品，测量它们对水、乙醇、环己烷和苯四种具有不同极性的常见溶剂的吸附能力。图 7.11 给出了 MS1、MS2 和 MS3 的吸附量对比关系。可以看到，这些介孔材料的吸附能力随着溶剂的极性降低而逐次增强。需要注意的是，这些纯粹的介孔杂化材料对溶剂吸附能力的强弱并不是随着材料的甲基化程度的提高而增加，而是与材料的孔容密切相关。具体以对溶剂苯的吸附为例来说明。甲基化程度最高的样品 MS1 每 0.5g 可以吸附约 0.25g 的苯，样品 MS2 能吸附 0.35g 的苯，而甲基化程度最小的样品 MS3 却可以吸附约 0.4g 的苯。考虑到它们的孔容分别是 0.65cm^3/g（MS1）、1.00cm^3/g（MS2）和 1.07cm^3/g

（MS3），因此对这些纯粹的介孔材料而言，孔容是决定它们吸附能力的关键所在。

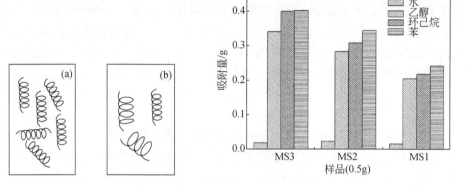

图 7.10　PMHOS 在乙醇中的构象　　图 7.11　样品对几种不同极性的溶剂的吸附能力图
（a）高浓度；（b）低浓度

7.3　氨基酸在介孔氧化硅中的吸附

　　氨基酸是蛋白质的基本结构单元，在众多领域显示了突出的价值，尤其在固相多肽合成、制药、农产品加工和生物传感等领域得到了广泛的应用。然而，这些应用一般首先需要对氨基酸进行固载；同时，氨基酸在固体吸附剂表面的吸附不仅有助理解多肽、蛋白质的吸附规律，而且为实际中氨基酸的分离、提纯等工艺提供有益的理论基础[22]。此外，有研究表明，氨基酸在矿石材料上的吸附可能在生命起源中起到重要的作用[22]。基于此，人们对氨基酸在固体吸附剂上的固载化进行了广泛而深入的研究，吸附剂包括矿石、活性炭、硅胶、高岭土、羟基磷灰石、多孔聚合物、高分子树脂、二氧化钛、氧化铝、氧化纤维素、壳聚糖、无机膜、沸石分子筛等。2005 年，研究者将新型吸附材料介孔分子筛 MCM-41、SBA-15、CMK-3 等引入氨基酸的吸附研究中[23]。结果表明，硅基介孔分子筛表面对氨基酸有较好的吸附。但同时人们对此吸附体系的吸附参数的考察较少，缺乏系统研究。此外，人们对氨基酸在硅基介孔分子筛表面的吸附究竟受何种作用主导，存在明显争议。众所周知，氨基酸是两性分子，由三部分构成：氨基、羧基及余下的疏水单元。其中，羧基和氨基为氨基酸的亲水部分，余下的疏水单元则表现斥水性。而纯硅基介孔分子筛表面除了官能基团 SiOH（亲水、可电离）外，还有骨架组分 ≡Si—O—Si≡（疏水）。因此，氨基酸在介孔氧化硅表面的吸附究竟是静电作用占主导，还是靠疏水作用推动？更进一步，能否得到一般性的吸附规律？还未有一致性的结论。对此，作者团队开展了系统的介孔氧化硅吸附氨基酸的研究工作[24]，力图揭示氨基酸在硅基介孔分子筛表面吸附的主导推动力，厘清主要吸附参数对氨基酸吸附的影响规律。

7.3.1　氨基酸的选择与特性分析

在本工作中，五种氨基酸［酸性氨基酸谷氨酸（Glu），碱性氨基酸精氨酸（Arg），中性氨基酸苯丙氨酸（Phe）、亮氨酸（Leu）和丙氨酸（Ala）］被挑选作为模型吸附质，表 7.3 给出了它们主要的物性数据。为了后续讨论方便，此五种氨基酸被分为两组：第一组由酸性氨基酸 Glu、中性氨基酸 Phe 和碱性氨基酸 Arg 组成；第二组由三种中性氨基酸 Ala、Leu 和 Phe 组成。中性氨基酸（Ala、Leu 和 Phe）包含一个羧基和一个氨基，而碱性氨基酸 Arg（酸性氨基酸 Glu）在其侧链上还额外带有一个氨基（羧基）。

表 7.3　代表性氨基酸的主要物性特征

氨基酸	分类	pK_a			pI	疏水性指标*
		pK_1	pK_2	pK_3		
Glu		2.19	4.25	9.67	3.22	0.043
Phe	第一组	1.83	9.13	—	5.48	1.000
Arg		2.17	9.04	12.48	10.76	0.000
Ala		2.34	9.69		6.02	0.616
Leu	第二组	2.34	9.60	—	5.98	0.943
Phe		1.83	9.13	—	5.48	1.000

*疏水性指标表征了氨基酸的疏水性，其值越大表明氨基酸疏水性越强。

氨基酸具有两性分子的特点，在水溶液中的分子组成随 pH 不同而变化。以第一组氨基酸酸性氨基酸谷氨酸（Glu）、中性氨基酸苯丙氨酸（Phe）和碱性氨基酸精氨酸（Arg）为例，在不同的 pH 条件下，它们各自的分子组成可以通过如图 7.12 所示平衡关系来表示。

由如图 7.12 所示的平衡关系，结合质量作用定律，可以得出（以 Arg 为例）：

$$K_1 = [H^+][Arg^+]/[Arg^{2+}] \tag{7.1}$$

$$K_2 = [H^+][Arg^\pm]/[Arg^+] \tag{7.2}$$

$$K_3 = [H^+][Arg^-]/[Arg^\pm] \tag{7.3}$$

因此，$[Arg^{2+}]:[Arg^+]:[Arg^\pm]:[Arg^-] = [H^+]^3 : K_1[H^+]^2 : K_1K_2[H^+] : K_1K_2K_3$ \tag{7.4}

对 Phe 和 Glu，同理有：

$$[Phe^+]:[Phe^\pm]:[Phe^-] = [H^+]^2 : K_1[H^+] : K_1K_2 \tag{7.5}$$

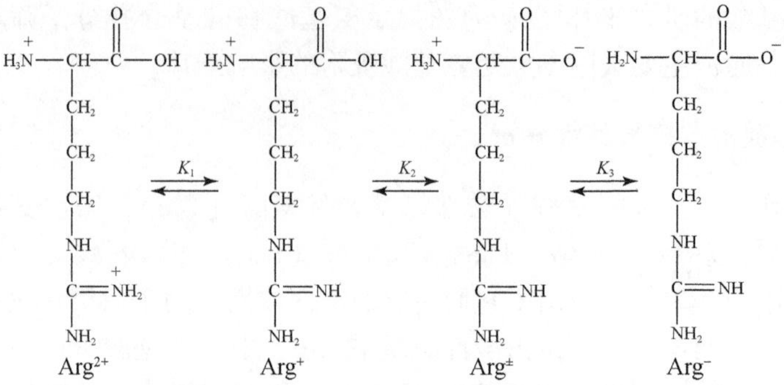

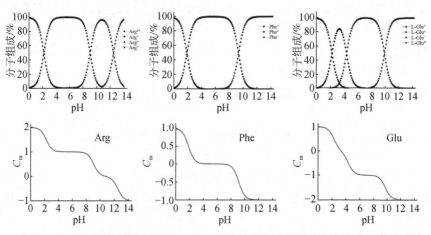

图 7.12　水溶液中 Arg 的电离平衡示意图

$$[\text{Glu}^+]:[\text{Glu}^\pm]:[\text{Glu}^-]:[\text{Glu}^{2-}]=[\text{H}^+]^3:K_1[\text{H}^+]^2:K_1K_2[\text{H}^+]:K_1K_2K_3$$

$$(7.6)$$

以 pH 为变量, 得出不同 pH 下氨基酸分子组成的分布曲线 (图 7.13 的上排)。可以清晰地看出 (以精氨酸为例): 当 pH<2 时, 精氨酸分子主要以 Arg^{2+} 形式为主; 当 pH=4~8 时, 基本以 Arg^+ 形式存在; 当 pH=10~12 时, 主要以不带电的两性离子 $\text{Arg}^\pm$ 形式存在; 当 pH>13 时, 带一个负电荷的 Arg^- 是主要组成。对于苯丙氨酸和谷氨酸, 也能清晰看出不同 pH 下的分子组成。对图 7.13 的 pH 分布曲线进一步处理, 可以得出氨基酸在水溶液中单位分子的平均电荷 (标记为 C_m) 随 pH 变化的情况 (图 7.13 的下排)。可以看出, 精氨酸、苯丙氨酸、谷氨酸的等电点 (pI) 分别为 10.76、5.48、3.22, 依据是任何一种氨基酸在其等电点处其单位分子的平均电荷值为 0。

图 7.13　不同 pH 条件下精氨酸 (Arg)、苯丙氨酸 (Phe) 和谷氨酸 (Glu) 的
分子组成分布曲线 (上排) 与其单位分子的平均电荷 (C_m) (下排)

第二组氨基酸由中性氨基酸苯丙氨酸 Phe、亮氨酸 Leu 和丙氨酸 Ala 组成。这三种氨基酸有相似的分子结构（表 7.3），区别在于各自的侧链长短互异。因此，可以肯定的是，这三种氨基酸不仅有相似的电离常数值（pK_1 和 pK_2），而且等电点也相近。因而，三种氨基酸不同 pH 条件下的组成分布曲线也应很接近。

7.3.2　介孔 SBA-15 吸附材料的设计合成、表征与表面特性

1. 设计合成

材料设计基于以下考虑：①如果溶液的 pH、离子强度和氨基酸自身的化学组成对吸附产生显著影响，那么可以推断氨基酸和硅基介孔分子筛之间的主导吸附力是静电力，而且对硅基介孔分子筛进行铝掺杂应能达到提高氨基酸吸附量的目的。②如果氨基酸的吸附表现为 pH 不敏感，而对硅基介孔分子筛甲基化以后能明显提高氨基酸吸附量，那么可以推断此氨基酸的吸附主要受疏水作用推动。反之，如果②成立，那么对分子筛的甲基化处理就达到了提高氨基酸吸附量的目的。基于以上分析，本节中合成了四种 SBA-15 类型的硅基介孔分子筛：纯硅介孔分子筛 SBA-15、掺铝介孔分子筛 Al-SBA-15 和两种甲基官能化介孔分子筛 [CH$_3$（10%）-SBA-15 和 CH$_3$（20%）-SBA-15]。

其中，纯硅基 SBA-15 分子筛参考文献[5]合成。甲基官能化的 SBA-15 分子筛 CH$_3$（10%）-SBA-15 和 CH$_3$（20%）-SBA-15 则以四乙氧基硅氧烷（TEOS）和甲基三乙氧基硅氧烷（MTES）为硅源，通过一步共水解-缩聚制得（具体过程与制备纯硅基 SBA-15 类似）。铝掺杂介孔材料（Al-SBA-15）的合成，以异丙醇铝 AIP 为铝源，具体的合成步骤如图 7.14 所示。

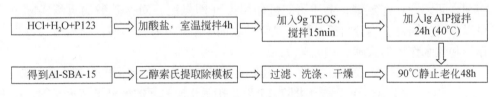

图 7.14　Al-SBA-15 分子筛的制备流程图

2. 织构与化学成分

经 XRD 分析，发现除了 CH$_3$（20%）-SBA-15，所有样品都显示三个分辨率较高的（100）强峰和（110）与（200）两弱峰，表明它们具有六方有序的介孔结构。此外，（110）与（200）两个峰的分辨率随甲基官能化程度的增加而降低，表明一步法合成的分子筛介孔有序度随甲基含量的增加而有所下降。通过

N_2 吸附-脱附测试，计算得出四个介孔样品的织构参数如表 7.4 所示。

表 7.4　SBA-15 型分子筛织构参数

样品	孔径/nm	比表面积/(m^2/g)	孔容/(cm^3/g)
SBA-15	7.6	930	1.21
CH_3（10%）-SBA-15	6.6	831	1.1
CH_3（20%）-SBA-15	6.5	745	1.06
Al-SBA-15	9.2	1031	1.34

^{29}Si MAS NMR 能够提供硅原子化学环境方面的信息并定量得出甲基化 SBA-15 样品的甲基官能化程度；而 ^{27}Al MAS NMR 用来揭示 Al-SBA-15 分子筛中 Al 的配位情况。通过计算，得出 CH_3（10%）-SBA-15 和 CH_3（20%）-SBA-15 的甲基物质的量百分数分别为 9.9% 和 19.6%，这说明样品的甲基官能化程度符合预期。而且，^{29}Si MAS NMR 数据表明，71.8% 的铝已经成功掺入 SBA-15 的氧化硅骨架。

3. 表面性质

纯硅 SBA-15 的表面由带电成分 ≡SiOH$_2^+$ 和 ≡SiO⁻、中性极性成分 ≡SiOH 以及非极性成分 ≡Si—O—Si≡ 组成。原则上，在水溶液中氨基酸在纯硅介孔 SBA-15 分子筛表面的吸附主要受以下三种作用力推动：①氨基酸离子组分和 ≡SiOH$_2^+$ 和 ≡SiO⁻ 之间的静电作用；②氨基酸中性分子和 ≡SiOH 之间的氢键作用；③氨基酸疏水侧链和 ≡Si—O—Si≡ 之间的疏水作用。但是，由于水体系中氨基酸与溶剂之间无疑存在氢键，上述第二种作用力（即氢键）对氨基酸的贡献实际上可以忽略。因此，当分析氨基酸在氧化硅表面吸附主导作用力时，仅需考虑静电作用和疏水作用的贡献。

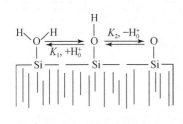

图 7.15　水溶液中纯硅 SBA-15 表面组分的平衡关系

为了阐明氨基酸吸附所受静电力的作用机制，图 7.15 为介孔氧化硅表面的静电平衡示意图。K_1 和 K_2 分别是表面硅羟基的酸度常数（或称为质子化常数）和碱度常数（或称为电离常数），H_0^+ 代表吸附溶液和介孔氧化硅界相的氢离子浓度。从图 7.15 可以看出，≡SiOH$_2^+$ 和 ≡SiO⁻ 的相对浓度受溶液体相的 pH 控制（准确地说，是受固-液界面相的 pH 控制，考虑到界面相和溶液体相的氢离子浓度应满足玻尔兹曼关系式，因此，≡SiOH$_2^+$ 和 ≡SiO⁻ 的相对浓度受界面相的 pH 控制可说成受溶液体相 pH 控制)。通过测定在不同 pH 溶液中 SBA-15 表面 ξ 电位曲线，获知此分子筛在溶液相 pH = 2.7 时，SBA-15 表面静电荷为零。因此，pH = 2.7 即为 SBA-15 的等电点。当 pH<2.7 时，$[\equiv SiOH_2^+] > [\equiv SiO^-]$，SBA-15 表面带正电；当 pH>2.7 时，$[\equiv SiOH_2^+] < [\equiv SiO^-]$，SBA-15 表面带负电。

7.3.3　介孔 SBA-15 吸附材料对氨基酸的吸附规律

1. 吸附液 pH 对吸附的影响

考察了吸附液 pH 对氨基酸在纯硅介孔分子筛 SBA-15 上吸附量的影响。考虑到在溶液 pH>12 时，固体 SBA-15 样品或将溶解，因此，将吸附液 pH 的考察范围定在 2 ~ 10。图 7.16 (a) 中并没有显示 Glu 的吸附曲线，因为它在 SBA-15 几乎没有吸附。从表 7.3 可以看到，Glu 的等电点 (isoelectric point, pI) 为 3.2；其在 pH<3.2 时带正电，而在 pH>3.2 时带负电。另一方面，SBA-15 的等电点 (pzc) 为 2.7，其表面在 pH<2.7 时带正电，而在 pH>2.7 时带负电。源于两者较为接近的等电点，致使 Glu 和 SBA-15 表面之间的静电力在整个吸附液 pH 考察范围几乎为库仑排斥力。因此，Glu 的吸附量可忽略不计。

相比之下，Arg 的吸附比较可观，其吸附量随着吸附液 pH 的增加而逐步增加 [图 7.16 (a)]。在 pH<2.5 时，Arg 和 SBA-15 表面均带正电，因此 Arg 的吸附量可以忽略不计。当 pH 落在 2.5 ~ 6.9，Arg 的吸附量快速增加，因为此时 Arg 带正电且其 C_m 基本不变，而 SBA-15 表面的带电变得越来越负。尽管在更高的 pH 区间，带正电 Arg 的 C_m 逐渐减小，但是 Arg 的吸附量依然缓慢增加，可能的解释是此时带负电的 SBA-15 表面电荷密度 (surface charge density, σ) 较之 Arg 的 C_m 降低更快。从上述结果可以看出，Arg 在 SBA-15 表面的吸附量和两者之间的静电力有一致的变化趋势，因此，初步推断 Arg 的吸附主要受静电力推动。

对于 Phe 而言，其吸附量在 pH = 2.5 ~ 4.6 从 0.35mmlo/g 逐渐提高到 0.39mmol/g，然后在 pH=4.6 ~ 7.5 保持 0.39mmol/g 基本不变，最后在 pH=7.5 ~ 9.0 逐渐减少到 0.29mmol/g [图 7.16 (a)]。对于 Phe，其 C_m 值可以分为三部分：在 pH=2 ~ 4 时，C_m 为正值而且随 pH 增加其值减小；在 pH=4 ~ 8 时，C_m 的值约等于零，这意味着在此 pH 区间 Phe 和 SBA-15 表面的静电力可以忽略；在 pH=8 ~ 11，C_m 为负值而且随着 pH 增加其值减少。因此，在 pH=2.5 ~ 4.6 和 pH=7.5 ~ 9.0，缘于 Phe 和 SBA-15 表面之间的静电力为库仑排斥力，Phe 的吸附量很小。而在 pH=4.6 ~ 7.5，Phe 和 SBA-15 表面之间的静电力为零，因此也不难理解在此 pH 区间，Phe 的吸附对吸附液 pH 不敏感。至于 Phe 在 pH=4.6 ~ 7.5 有很高的吸附量，应归因于受疏水作用力推动。

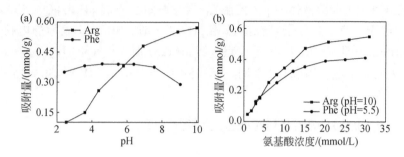

图 7. 16　Arg 和 Phe 在不同 pH 吸附液中的吸附量（a）；Arg 和 Phe 的
吸附等温线图（b），吸附剂为 SBA-15

图 7. 16（b）给出了 Arg 和 Phe 的吸附等温线。选择 pH=10 和 pH=5. 5 的溶液分别作为 Arg 和 Phe 的吸附液，因为这两种氨基酸的吸附分别对应这两个 pH 时吸附效果最佳［图 7. 16（b）］。而且，Arg 和 Phe 的吸附等温线都能按 Langmuir 形式拟合。Arg 和 Phe 的最大吸附量分别为 0. 57mmol/g 和 0. 41mmol/g。

2. 吸附液离子强度对吸附的影响

为了考察吸附液离子强度对氨基酸吸附的影响，Arg 被选作模型吸附质。配制了一系列的吸附液，其 pH 控制在 10，但是其盐（NaCl）浓度逐渐提高。从图 7. 17（a）看出，当 NaCl 的浓度从 0 增加到 100mmol/L，Arg 的吸附量从 0. 57mmol/g 减低至 0. 1mmol/g。如果全面考虑吸附液离子强度对吸附的影响，应该包括以下三个方面：

①随着电解质加入量的增多，SBA-15 表面带更多的负电荷，即在相同 pH（pH>pH_{pzc}）条件下，σ 的绝对值较纯水介质时的要大，其机制由下式表述：

$$\equiv SiOH + Na^+ \longleftrightarrow \equiv SiO^- + H^+ \tag{7.7}$$

因此在氨基酸的带电和吸附剂表面带电异号时，会有较之以前更强的静电吸附，而导致更好的吸附效果。

②电解质的加入会导致氨基酸在水中溶解度的变化。当电解质浓度较小时，氨基酸的溶解度变大，这使得已被吸附的氨基酸有"逃离"吸附剂表面的倾向，使吸附量减少；当电解质浓度很高时，液相中的氨基酸因去溶剂化效应，倾向于在吸附剂表面聚集，而使得吸附量增大。

③当 NaCl 添加到吸附体系，Na^+ 也会因静电吸引而被吸附到吸附剂表面，氨基酸的吸附会因 Na^+ 的强烈竞争而导致吸附量下降（假设体系为氨基酸以阳离子形式吸附到带负电的吸附剂表面）。当 Na^+ 浓度足够大的时候，甚至对界面产生屏蔽作用，而使氨基酸难以靠近吸附剂。

从实际效果来看，Arg 的吸附量随着 NaCl 浓度的增加而一直下降 ［图 7.17 （a）］，因此，将 NaCl 对 Arg 吸附的削弱归因于 Na$^+$ 对带电 SBA-15 表面的屏蔽作用是合理的。这进一步证实了静电作用对 Arg 的吸附起主导作用。

3. 介孔分子筛骨架掺铝对吸附的影响

图 7.17 （b） 给出了 Arg 在 SBA-15 和 Al-SBA-15 表面的吸附等温线，吸附液 pH 均为 10。与在 SBA-15 表面的吸附情况相似，Arg 在 Al-SBA-15 的吸附也基本可归属为 Langmuir 型吸附，其最大吸附量达到 0.71mmol/g。显然，经过掺铝改性，Al-SBA-15 取得了比 SBA-15 更好的吸附效果。对于 Al-SBA-15 分子筛，Al 原子取代 SBA-15 骨架的 Si 原子，从而增加了分子筛表面的负电荷中心数目，进而提高了对带正电的 Arg 的吸附。因此，通过向 SBA-15 的骨架引入 Al 原子，达到了提高 Arg 吸附量的目的。

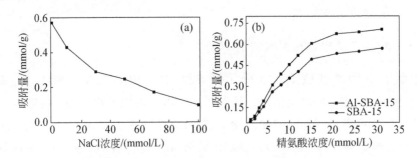

图 7.17　Arg 吸附量随 NaCl 加入量的变化图 （吸附剂为 SBA-15，pH=10） （a）；
pH=10 条件下 Arg 在 SBA-15 和 Al-SBA-15 表面的吸附情况 （b）

4. 氨基酸疏水性对吸附的影响

为考察氨基酸的疏水侧链对吸附的影响，选择了 Ala、Leu 和 Phe 为模型吸附质。图 7.18 （a） 给出了这三种氨基酸在 SBA-15 表面的吸附等温线 （pH=5.5），可知 Ala、Leu 和 Phe 的最大吸附量分别是 0.19mmol/g、0.34mmol/g 和 0.41mmol/g。根据前面的理论分析，这些氨基酸应有相似的离子分布图进而有相似的 C_m-pH 关系。因此，在相同的吸附条件下，这三种氨基酸和 SBA-15 表面的静电作用力应基本相等。那么，三者吸附量的差别应该归因于氨基酸和介孔吸附剂之间疏水作用大小的不同。另一方面，众所周知中性氨基酸的疏水性随着氨基酸的侧链碳原子个数的增加而增加：Ala （1C）<Leu （4C）<Phe （7C）。Black 等以 "小片断法" （small fragment approach） 用定量的形式给出了各个氨基酸疏水性的相对值 （表 7.3）[25]。因此，这三种氨基酸吸附量的差异应该归因于它们侧

链的长短不同而导致疏水性的不同。从而也可以推断，疏水作用对于中性氨基酸在 SBA-15 表面的吸附起到了重要的作用。

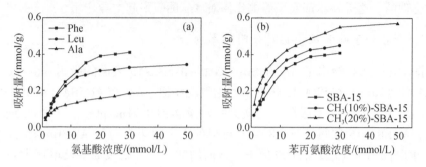

图 7.18 中性氨基酸 Phe、Leu 和 Ala 在 SBA-15 表面的吸附情况（pH＝5.5）（a）；Phe 在 SBA-15、CH₃（10%）-SBA-15 和 CH₃（20%）-SBA-15 表面的吸附情况（pH＝5.5）（b）

5. 介孔分子筛甲基化对吸附的影响

考察了模型氨基酸 Phe 在分子筛 SBA-15、CH₃（10%）-SBA-15 和 CH₃（20%）-SBA-15 表面的吸附情况。从图 7.18（b）可以看出，Phe 的吸附量随着分子筛甲基化程度的增加而增加，SBA-15、CH₃（10%）-SBA-15 和 CH₃（20%）-SBA-15 三种吸附剂对应的 Phe 吸附量分别是 0.41mmol/g、0.45mmol/g 和 0.57mmol/g。考虑到分子筛的疏水性随甲基化程度的增加而增加：SBA-15＜CH₃（10%）-SBA-15＜CH₃（20%）-SBA-15。另外，考虑到 Phe 的吸附主要受疏水作用的推动，因此通过提高分子筛的疏水性，达到了提高中性氨基酸 Phe 吸附量的目的。

总体而言，对于酸性氨基酸 Glu 和碱性氨基酸 Arg，它们在 SBA-15 表面的吸附主要受静电力推动，因此吸附量主要受溶液 pH、离子强度和介孔吸附剂的表面带电性质决定。中性氨基酸 Phe、Ala 和 Leu 的吸附主要受疏水作用推动，因而它们的吸附量可以通过增强介孔吸附剂的表面疏水性来提高。以上结论虽源自五种模型氨基酸，但其规律可拓展到其他氨基酸的吸附情况。

7.4 胆红素在介孔氧化硅中的吸附

7.4.1 血液灌流与胆红素吸附

急性肝功能衰竭是危害最大的肝脏疾病之一，全球每年因肝衰竭死亡人数超过百万。治疗肝衰竭必须首先清除血液中因代谢紊乱而积累的大量胆红素。正常人血液中胆红素总量为 $1.7 \sim 17\mu mol/L$，当肝功能失常时，胆红素代谢出现障碍，致使其在血液中积累，当超过 $17\mu mol/L$ 时就会出现黄疸等胆红素血症。过高的胆红素不但会引起肝、胆系统的损害，甚至对心脏、肾脏和胃肠等多系统都会造成不同程度的影响，严重者可导致多器官衰竭，因此清除过高的胆红素是临床急待解决的难题之一。然而，目前尚无特异性的治疗药物。血液净化能快速清除血液中过高的胆红素，可在短期内缓解病情，给病体肝细胞自我修复甚至肝移植争取时间，对挽救患者生命具有十分重要的意义。血液灌流（hemoperfusion，HP，又称血液吸附）是血液净化最重要的方式之一，它借助体外循环，将人体血液引入到装有固体吸附剂的装置中，通过吸附作用清除血液中的有毒物质，从而达到净化血液的目的（图 7.19）。

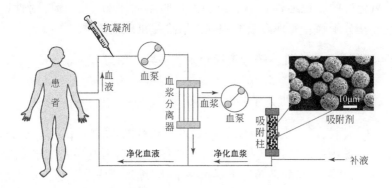

图 7.19　常见的血液灌流示意图

胆红素（bilirubin）分子尺寸约为 1.7nm，是一种弱酸（带有羧基），并具有一定的脂溶性（疏水性），可通过静电、疏水、氢键等作用力与吸附剂作用。一般来说，用于血液胆红素清除的吸附剂必须符合以下标准：①对人体安全无毒；②有稳定的化学性质；③具有稳定的几何尺寸，不发生形变，不易破碎、不易脱落；④具有良好的血液相容性；⑤不损害有关组织、不引起热源、过敏及毒性反应，不致癌；⑥易于灭菌和存储。制备血液相容性好、吸附性能强、高选择性或高特异性的血液灌流用吸附材料是发展血液灌流技术的关键所在，因此医用吸附材料的研究已成为生物医学和材料科学研究的一个热点课题。

到目前为止，常用的胆红素吸附剂主要包括活性炭、树脂、多糖类、二氧化钛、磁性材料以及嫁接蛋白质等生物大分子吸附剂。然而，这些吸附材料大都孔径大、孔径分布不均匀、比表面积低等，使其不同程度存在吸附选择性不佳、吸附容量低等不足。另一方面，借助成熟的氧化硅溶胶–凝胶技术、介孔氧化硅织构调控技术以及表面有机修饰技术，人们已能方便地制备出各种物性和表面活性特征的介孔氧化硅材料。尽管目前介孔氧化硅材料在血液净化领域起步较晚，但其突出的织构特性以及在分离科学方面取得的巨大成功，实际上已为其在未来广泛应用于胆红素吸附做出了有力铺垫。以下研究事实及成果，更展现出介孔氧化硅可作为血液灌流吸附剂的应用潜力：①硅基材料无生理毒性且生物相容性良好，已被广泛应用于药物缓释、氨基酸/多肽/蛋白质固载等生物医学领域；②介孔氧化硅比表面积和孔容大，极易实现高的吸附容量；③各种表面改性的介孔氧化硅已被成功研制，为胆红素的选择性吸附创造了有利条件；④介孔氧化硅用于各种有机物质的吸附分离所获得的热力学、动力学基础数据，可作为其在胆红素吸附应用中的理论与实践参考。基于此，作者团队围绕介孔氧化硅吸附胆红素开展了系统的研究工作，力图澄清胆红素在介孔氧化硅表面的主导吸附作用[26]，探讨介孔氧化硅的微观结构和形貌对胆红素吸附的影响[27]，为针对性地设计优良的硅基介孔分子筛、实现高效的胆红素清除提供理论依据。

7.4.2　胆红素分子在介孔分子筛表面吸附的主导作用力

1. 不同表面改性介孔分子筛的制备

以 P123 为模板剂、正硅酸乙酯（TEOS）和有机硅氧烷［甲基三乙氧基硅氧烷（MTES）、氨丙基基三乙氧基硅烷（APTES）或氨丙基甲基二乙氧基硅氧烷（AMDES）］为硅源，在酸性条件下通过共水解–缩聚合成分子筛，反应混合物的摩尔比为 0.02 P123：6 HCl：166 H_2O：0.9 TEOS：0.1 有机硅氧烷。经过乙醇索氏提取、干燥得到目标样品，分别命名为 MS（对应加入 MTES）、AS（对应加入 APTES）和 AMS（对应加入 AMDES）。

2. 介孔分子筛的主要物性

从纯 SBA-15 和官能化产物的 SEM 图可知，纯 SBA-15 具有纤维状形貌，这与文献报道一致。通过 N_2 吸脱附测试，计算得出样品的比表面、孔径、孔容分别如下：①SBA-15：$810m^2/g$、7.1nm 和 $0.95cm^3/g$；②MS：$793m^2/g$、6.6nm 和 $0.94cm^3/g$；③AS：$599m^2/g$、6.7nm 和 $0.85cm^3/g$；④AMS：$553m^2/g$、6.9nm 和 $0.79cm^3/g$。进一步对样品进行 ^{29}Si MAS NMR 测试，证实样品 MS、AS、AMS 已如预期改性。

3. 不同表面改性介孔分子筛对胆红素的吸附性能

胆红素分子与各种功能化 SBA-15 之间的作用力主要包括：①SBA-15 表面的硅羟基或氨基与胆红素分子中羧基之间的静电作用力；②SBA-15 表面的甲基与

胆红素分子中疏水部分的疏水作用力；③SBA-15 表面的硅羟基或氨基与胆红素分子中羧基或亚氨基之间的氢键作用力。氢键作用力对吸附的贡献可以忽略，这是因为在水体系中，胆红素分子与溶剂（水）之间也应同时存在氢键。如果不考虑静电作用和疏水作用，而只单独考虑氢键，那么与溶剂相比，固体吸附剂对胆红素分子的吸附一般是没有优势可言的。因此，分析胆红素分子在介孔氧化硅表面吸附主导作用力时，仅仅考虑静电作用和疏水作用的贡献。

各个介孔材料在不同胆红素初始浓度时的胆红素吸附容量如图 7.20（A）所示。各个介孔材料的胆红素吸附容量都随着胆红素浓度的增加而增大。并且含有氨基官能团的介孔材料 AMS［图 7.20(A) d］和 AS［图 7.20(A) c］比甲基官能化 MS［图 7.20(A) b］和纯 SBA-15［图 7.20(A) a］都有更大的胆红素吸附容量。如前所述，MS 和 SBA-15 都较 AMS 和 AS 具有较大的比表面积和孔径。一般地，较大的比表面积和孔径，更有利于胆红素分子的吸附。而氨基功能化的 AMS 和 AS 较纯 SBA-15 和甲基官能化 SBA-15 具有较大的胆红素吸附容量，说明氨基与胆红素分子中羧基之间的静电作用力是胆红素分子在 SBA-15 表面吸附的主导作用力。

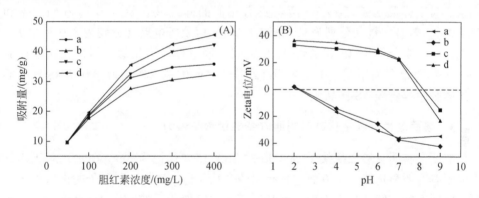

图 7.20　胆红素初始浓度对 SBA-15（a），MS（b），AS（c）和 AMS（d）吸附
能力的影响（A）；SBA-15（a）、MS（b）、AS（c）和 AMS（d）的 Zeta 电位
随溶液 pH 的变化曲线（B）

图 7.20（B）为各个介孔材料的 Zeta 电位随溶液 pH 变化的曲线。可以看到，纯 SBA-15 与 MS 的 Zeta 电位曲线类似，Zeta 电位均随着 pH 的增大而持续减小，等电点（IEP）分别为 2.3 和 2.2。相比之下，样品 AS 和 AMS 具有不同的 Zeta 电位变化趋势。随着溶液 pH 的增大，初始 Zeta 电位变化不明显，随后 Zeta 电位急剧减小，并且样品 AS 和 AMS 的等电点分别为 8.2 和 8.0。在胆红素溶液中（pH＝7.4），胆红素分子中的羧基（pKa＝4.2～4.5）主要以—COO⁻ 形式存

在，而纯 SBA-15 和 MS 的等电点小于 7.4，其表面的硅羟基则主要以 Si—O⁻ 形式存在。因而 Si—O⁻ 与—COO⁻ 之间的静电排斥力，阻碍了胆红素分子在纯 SBA-15 和 MS 样品表面的吸附。而对于氨基官能化的 AMS 和 AS 样品，由于氨基的存在，其等电点大于 7.4，氨基在其表面主要以 NH_3^+ 形式存在，故而 NH_3^+ 与—COO⁻ 之间存在的静电吸引力促进胆红素分子在 AMS 和 AS 样品表面的吸附。基于以上两点，不难理解 AMS 和 AS 样品较纯 SBA-15 和 MS 样品具有较大的胆红素吸附容量。

纯 SBA-15 和 MS 材料表面的羟基含量分别为 41.3% 和 59.3%。纯 SBA-15 表面的羟基含量小于 MS 表面的羟基含量，这主要是由于纯 SBA-15 在制备过程中煅烧除去模板剂的同时，造成部分羟基的丢失。由于纯 SBA-15 和 MS 具有相似的等电点，表面越多的羟基导致越多的 Si—O⁻，进而导致更强的静电排斥力。因而，胆红素分子与 MS 样品之间的静电排斥力较与纯 SBA-15 之间的静电排斥力更大。虽然 MS 样品中的甲基与胆红素分子之间的疏水作用力能够促进胆红素分子的吸附，但这不足以补偿 MS 表面的 Si—O⁻ 与胆红素分子之间的静电排斥力。概括来说，MS 样品表面较多的 Si—O⁻ 导致 MS 样品具有较小的胆红素吸附容量。对于样品 AMS 和 AS，两者具有相似的硅羟基含量（分别为 51.2% 和 53.3%）、氨基含量（分别为 9.5% 和 9.6%）以及等电点（分别为 8.0 和 8.2）。因此，胆红素分子与 AS 和 AMS 样品之间的静电作用力相似。但是相比于样品 AS，AMS 样品具有甲基，甲基与胆红素分子之间的疏水作用力导致 AMS 样品的胆红素吸附容量较 AS 样品大。

7.4.3 表面改性介孔氧化硅吸附胆红素的优势与潜力

有研究指明，表面嫁接 10% AMS 的 SBA-15（标记为 AMS-10%）对于胆红素吸附具有明显优势：一方面它具有短的介孔孔道，为胆红素分子的进入提供了更多实际有效空间；另一方面，甲基和氨基双官能化后的 SBA-15 表面含有大量的氨基和甲基功能基团，这些功能基团通过静电作用和疏水作用增强了对胆红素分子的吸附。需要指出的是，进一步提高嫁接量，将破坏介孔的有序度并进一步降低孔径，不利于胆红素的吸附。因此，接下来围绕 AMS-10% 进行该类材料吸附胆红素的优势与潜力进行介绍。

1. 血液相容性

溶血实验是血液相容性评价经典实验方法，主要是采用体外法测定由器械、材料和（或）浸提液导致的红细胞溶解和血红蛋白释放的程度。当生物材料与血液接触时，血液中的红细胞可能会发生不同程度的破坏，释放出血红蛋白，发生溶血。生物材料对红细胞的影响主要是毒害红细胞，导致红细胞破裂，红细胞破裂后释放出大量红细胞素，后者是一种具有类似组织凝血酶和磷脂作用的物质，从而促进凝血反应。另外红细胞破坏时释放的大量二磷酸腺苷（ADP）又加重了血小板的聚集，从而促进凝血反应及微血栓的形成。因此，在研究材料的血液相容性时考虑材料对红细胞的破坏程度是非常重要的方面。血红细胞因其中含有血红蛋白而显示红色，通过测试材料与血液接触一段时间后，血液中红细胞释放出的血红蛋白量，即可获得该种材料的溶血率，表征其对红细胞的损伤程度。该方法具有敏感、可靠、数字量化较为直观等优点。

一般地，溶血实验是通过红细胞（RBC）与吸附剂直接接触，测定红细胞破裂情况。然而在血液净化临床上，红细胞与血浆被分离为两流动相。血浆流经吸附剂以除去血浆中的胆红素毒素。然后红细胞与被净化过的血浆汇合并流回体内完成一个吸附循环。因此，测定与吸附剂接触后的血浆再与红细胞接触时是否会导致溶血也是非常重要的。在本部分设计两种溶血率测试方法：①直接溶血效应；②间接溶血效应。

当 AMS-10% 样品与红细胞直接接触时定义为直接溶血效应。图 7.21（a）为红细胞与 AMS-10%/PBS 悬浮液在微量离心管（EP）中直接接触 2h 后的溶血率及其照片，其中分别用 RBC/PBS 悬浮液与去离子水和 PBS 溶液混合作为正、反对照。如图 7.21（a）插图所示，当 AMS-10% 样品浓度在 15.6~250mg/mL 时，EP 管都显示较深的红色，意味着许多红细胞发生了较严重的破裂。取 EP 管上层溶液，利用 UV-Vis 光谱仪在 541nm 下测定吸光度，计算得到溶血率。如图 7.21（a）所示，随着悬浮液中 AMS-10% 样品含量的增加，溶血率逐渐增加，溶血率范围在 34.6%~84.1%。按照 ISO 标准，若溶血率小于 5%，则认为材料符合生物材料溶血率要求；若溶血率大于 5%，则预示着材料有溶血作用。AMS-10% 样品的溶血率远远大于 5%，因此，材料具有严重的溶血作用，这与 EP 管的照片颜色相一致。结合 EP 管照片和溶血率计算结果，认为 AMS-10% 直接与血液接触时会发生严重的溶血作用。

在实际临床血液净化技术中，血浆分离技术是一种非常成熟且应用广泛的技术。血浆分离技术是指将患者的血液引出体外，经过膜式血浆分离方法将患者的血液分离成血浆和血细胞成分（红细胞、白细胞、血小板）。用吸附剂将血浆中的有害物质吸附后，再把血细胞成分和吸附后的血浆一起回输到患者的体内。因此，考察与吸附剂接触后的血浆是否会引起红细胞的溶血效应也是非常有必要的。

间接溶血效应定义为：先将 AMS-10% 与血浆混合，然后离心分离后得到的血浆再与 RBC 混合，测定其溶血率。其中用 RBC/PBS 悬浮液与去离子水溶液混合作为阳性对照。红细胞分别与 PBS 和血浆混合作为双阴性对照。如图 7.21（b）插图所示，随着 AMS-10% 样品含量的增加，EP 管的颜色变化不大，即使是

250mg/mL EP 管也呈现血浆的淡黄色（因含有胆红素），并没有出现红色，说明红细胞未破裂，未发生溶血现象。如图 7.21（b）所示，随着 AMS-10%/血浆中 AMS-10% 含量的增加，溶血率逐渐增加，但溶血率范围在 0.53%~1.47%。其溶血效率都低于 5%，说明其溶血并不严重，符合 ISO 标准，这与 EP 管的照片颜色一致。结合 EP 管照片和溶血率计算结果，可以认为 AMS-10% 间接与血液接触时不会发生严重的溶血作用。

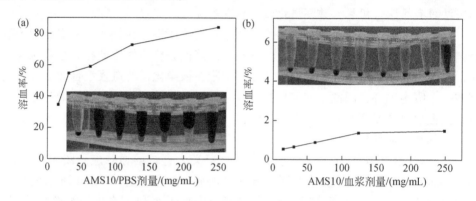

图 7.21　RBC 与不同浓度 AMS-10% 样品直接接触（a）和间接接触（b）时的
溶血率曲线及其相应的照片，去离子水以及 PBS 溶液分别作为阳性对照和阴性对照

溶血率与材料的性质有关，血液相容性好的材料具有较低的溶血率。AMS-10% 属于介孔二氧化硅材料的一种，许多研究者已经对介孔二氧化硅材料与 RBC 直接接触时的溶血效应进行了研究，并认为引起溶血效应的主要原因有：二氧化硅会引发红细胞内富含活性氧，主要包括氧阴离子自由基（O_2^-）、单线激发态氧（$^1O_2$）、羟基自由基（·OH），会对细胞造成不可逆的破坏作用；二氧化硅表面羟基和功能基团与红细胞膜蛋白之间的静电作用是一个非常重要的原因；红细胞膜表面丰富的四烷基胺基团易与二氧化硅结合造成细胞膜损坏。认为 AMS-10% 引起红细胞溶血的主要原因是材料表面大量的羟基和氨丙基与细胞膜蛋白之间强的静电作用。

当生物材料与红细胞间接接触时，也可能会引起溶血效应。AMS-10% 样品先于血浆涡旋接触，在这一过程中样品可能会释放或者溶解出有毒物质，影响红细胞的外环境，使红细胞代谢产物不能及时排除，将增加红细胞内溶质分子数，并导致细胞内渗压的增加，细胞膨胀超过临界体积时，将导致膜结构的破坏或破裂，细胞内容物渗出。实验结果表明 AMS-10% 样品的间接溶血作用非常小，其血液相容性良好。

2. 与商业化胆红素吸附材料对比

为了进一步确定吸附材料的临床应用前景，在同等条件下对比了 AMS-10% 样品与市售商品化 HB-H-6 树脂型胆红素吸附材料的吸附性能。

如图 7.22（a）所示，总胆红素浓度较小时，HB-H-6 胆红素清除率比 AMS-10% 明显要高，但随着总胆红素浓度的增加，AMS-10% 清除率与 HB-H-6 清除率相当甚至更大。如图 7.22（b）所示，直接胆红素清除率的变化曲线与总胆红素清除率变化曲线类似，总胆红素浓度较小时，直接胆红素清除率较小，随着总胆红素浓度的增加，AMS-10% 直接胆红素清除率与 HB-H-6 相当甚至更大。

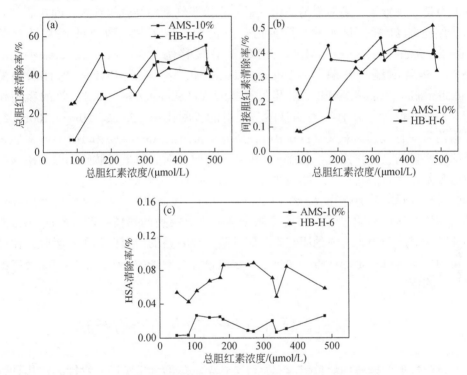

图 7.22　AMS-10% 和 HB-H-6 树脂对总胆红素（a）、直接胆红素（b）和 HAS（c）的
清除率变化曲线

由于被吸附的胆红素分子、直接胆红素分子以及间接胆红素分子之间存在平衡，在总胆红素浓度比较低时，AMS-10% 吸附剂吸附胆红素分子的驱动力较小，因而 AMS-10% 清除率较小，而 HB-H-6 具有较大的孔径，可以吸附直接和间接胆红素，从而有较大的总胆红素清除率。这一点可以从两种吸附剂对人血清白蛋白的吸附率上得到证实。图 7.22（c）为 AMS-10% 样品和 HB-H-6 树脂对血浆中

白蛋白吸附率曲线。可见 HB-H-6 对每个黄疸病人血浆中的白蛋白的吸附率都比
AMS-10% 的吸附率要高，由此可以推断 HB-H-6 树脂在吸附直接胆红素的同时也
吸附了部分间接胆红素，因而 HB-H-6 树脂表现出较高的总胆红素清除率。而随
着总胆红素浓度的增加，吸附剂吸附胆红素分子的驱动力较大，AMS-10% 和
HB-H-6 的总胆红素清除率都会增大，但由于 AMS-10% 的比表面积以及孔容较
大，导致两种材料的清除率相差不大。

进一步临床实验随机选取 62 例高胆红素血症患者的自愿者，每例于清晨抽
取空腹血 10mL，离心所得血清用于 AMS-10% 和 HB-H-6 的吸附实验，用
12.5mg、25mg、50mg、100mg 四个不同剂量的 AMS-10% 和 HB-H-6 分别吸附
1mL 血清。观察了二者对血清总胆红素、直接胆红素即结合胆红素、间接胆红素
即非结合胆红素、胆汁酸；总蛋白、白蛋白、球蛋白；丙氨酸氨基转移酶
（alanine aminotransferase，ALT）、门冬氨酸转移酶（aspartate aminotransferase，
AST）、γ-谷氨酰转移酶（γ-glutamyltransferase，γ-GT 或 GGT）、碱性磷酸酶
（alkaline phosphatase，ALP）以及胆碱酯酶（cholinesterase，ChE）等的吸附作
用。AMS-10% 和 HB-H-6 对胆汁酸有明显的吸附作用，25mg、50mg、100mg 组
吸附前后均有统计学意义（$p<0.01$），所有剂量组的 AMS-10% 和 HB-H-6 对胆碱
酯酶有明显的吸附作用（$p<0.05$），在 100mg 时，对谷氨酰转肽酶和碱性磷酸酶
也有吸附作用（$p<0.01$），50mg 时对谷氨酰转肽酶仍有吸附作用，但只有 AMS-
10% 对碱性磷酸酶有作用（$p<0.01$ 或 $p<0.05$）。AMS-10% 对谷氨酰转肽酶和碱
性磷酸酶的活性有明显影响，这可能影响临床对疾病的病情判断。AMS-10% 能
明显吸收对肝病患者有害的胆红素、胆汁酸，而有益的白蛋白几乎不吸收，比已
上市的材料具有一定的优势，通过进一步改进，有望进一步形成成熟产品而广泛
应用于临床。

7.5　有机修饰介孔氧化硅中的药物释放

材料科学的创新往往是相关领域科学技术进步的一个基础和条件。介孔材料
的出现，尤其是如介孔氧化硅材料具有高比表面、大孔容、孔径分布窄且在介观
大小范围内可方便调节、材料表面易于被有机基团修饰等，加之溶胶–凝胶来源
硅材料本身无毒及具有优良的生物相容性等，预示着介孔氧化硅材料有望开发成
一种高载药量的、药物释放速度可控的新型载体[28-30]。自从 2001 年 Vallet-Regi
及其合作者首次报道了关于硅基介孔 MCM-41 材料为载体[31]，探究药物布洛芬
的吸附行为以及组装布洛芬的释放行为受载体效应的影响[32]，这一领域的研究
引起了广泛的关注[33]。

到目前为止，该领域相关的进展可综合归纳如下：①考察了纯介孔氧化硅载

体实现药物的可控释放，如除了 Vallet-Regi 课题组的后续工作外，Andersson 等同样以布洛芬为目标药物分子，考察了不同孔结构及孔比表面的纯硅介孔材料在药物吸附及体外模拟实验中影响规律[34]，结论认为药物从介孔中的释放行为往往受制于药物扩散过程快慢的影响，直孔道的介孔载体有利于药物的缓释；②有机基团修饰介孔载体实现药物可控释放的可行性，结果显示得到了比纯硅材料更有利于药物缓释的载体系统，胺丙基修饰介孔载体 MCM-41 更有利于布洛芬的缓释，这可能是由于官能团氨基与药物布洛芬中羧基基团之间正负离子作用导致了药物的缓释，更进一步的结论是官能化链长度也制约药物的释放；③在外磁场辅助作用下，利用铁磁性物质的掺杂实现药物在人体内的靶向传输。显然，以延长组装药物在生理环境中的释放时间为目的的研究具有创新性和重要意义。

作者团队在前人研究的基础上，试图主要从延长药物在生理环境中的释放时间作为研究目的。具体实施是通过共水解–缩聚直接官能化法和后嫁接官能化法合成不同种类基团（二甲基硅、羧基）修饰的复合硅基介孔材料，并考察了基团修饰对复合载体吸附药物（布洛芬、法莫替丁）能力的影响以及基团修饰对组装药物释放行为的调控[35]。结合 X 射线衍射（XRD）、N_2 吸附–脱附分析、高分辨透射电镜（HRTEM）、热重分析（TG）、紫外–可见（UV-Vis）、固体 ^{29}Si MAS-NMR 等技术研究了样品的物相结构，有机基团存在形态和含量，并对药物的吸附和脱附过程进行跟踪。

7.5.1　二甲基硅改性介孔 MCM-41 材料实现药物的缓慢释放

1. 二甲基硅改性介孔 MCM-41 材料的制备

①后嫁接法。以合成的纯硅介孔材料 MCM-41（未脱模板剂）与二甲基二乙氧基硅烷（DDS）通过后嫁接处理得到二甲基硅修饰的系列介孔 MCM-41 材料。首先，采用十六烷基三甲基溴化铵（CTAB）为介孔导向剂合成 MCM-41，并命名为 M41+surf（未脱模板剂）。M41+surf 中模板剂用 NH_4NO_3 的乙醇溶液脱除，所得样品命名为 M41-p。然后，以甲苯为溶剂、DDS 为硅烷改性剂，在回流条件下将二甲基修饰至 M41+surf 表面，进一步通过 NH_4NO_3 的乙醇溶液脱除模板剂，得到样品分别命名为 P-M41-1 和 P-M41-2（注：两个样品制备中 DDS 的投加量不同，最终材料表面二甲基含量亦不同）。

②共水解–缩聚直接合成法。以该方法合成 DMS 修饰的介孔材料的步骤与样品 M41-p 的制备过程基本相同，只是合成中的硅源总量（DDS+TEOS）相当于 M41-p 合成初始物中的 TEOS 的量。根据初始混合物中加入 DDS：（TEOS+DDS）的不同摩尔比为 1：10、2：10 和 3：10，最后产物分别标记为 C-M41-10、C-M41-20 和 C-M41-30。

2. 二甲基硅改性介孔 MCM-41 材料的主要物性特征

通过 N_2 吸脱附测试，计算得到 MCM-41 及二甲基硅改性产物的织构参数（表7.5）。

表7.5　样品的织构参数

样品	d_{100} /nm	孔径 /nm	比表面积 /(m²/g)	孔容 /(cm³/g)
M41-p	4.3	2.7	953	0.78
P-M41-1	4.1	2.6	872	0.75
P-M41-2	4.0	2.6	860	0.73
C-M41-10	3.7	2.5	1197	0.65
C-M41-20	3.4	2.3	1637	0.77
C-M41-30	3.4	2.1	1389	0.66

进一步，基于核磁共振表征，计算相关硅化学位的相对累积百分比强度，并通过公式 $(D^2)/[(D^2) + \Sigma(Q^n)]$ 的计算结果可以定量分析材料中有机 DMS 基团的搭载量（表7.6）。材料 P-M41-1 和 P-M41-2 中 DMS 基团的搭载量相对于总硅原子数分别为 7.8% 和 8.2%，这一定量分析结果证实了 N_2 吸附-脱附分析中初步判断二者的官能化程度基本上相同的结论。在 P-M41-x 中 DMS 基团的最大嫁接量与前人对后嫁接法基团的高搭载量相比明显偏低，这是因为样品 M41+surf 孔道内被模板剂填充，故能提供与 DEDMS 反应的硅羟基活性位是非常有限的。C-M41-x 系列样品中有机 DMS 基团的搭载量与初始 DEDMS 的加入量存在递进关系，相比于总硅原子数，DMS 基团在样品 C-M41-10、C-M41-20 和 C-M41-30 中的搭载量分别为 7.0%、14.9% 和 24.16%，这一结果表明 DEDMS 的合成效率大约在 70%~80%。

表7.6　样品固体 ^{29}Si MAS NMR 图谱中对应峰的相对累积百分比强度

样品	δ［相对积分强度（%）］					CSG/%
	Q^4	Q^3	Q^2	D^2	$D^2/(D^2 + \Sigma Q^n)$	
M41-p	63.3	35.0	1.7	—	—	38.4
P-M41-1	60.0	32.2	—	7.8	7.8	32.2
P-M41-2	60.8	31.0	—	8.2	8.2	31.0
C-M41-10	52.0	32.8	7.5	7.7	7.7	47.8
C-M41-20	50.1	29.3	5.7	14.9	14.9	40.7
C-M41-30	47.1	25.4	2.9	24.6	24.6	31.2

对合成材料表面硅羟基基团的含量（contents of the silanol groups，CSG）进行了定量分析。CSG 通过下面的公式计算：

$$CSG = (2Q^2 + Q^3)/[D^2 + \Sigma(Q^n)] \tag{7.8}$$

之所以在 Q^2 累积强度前面乘以 2，是因为 Q^2 硅化学位上有两个硅羟基。分析结果（表 7.6）表明，样品表面硅羟基的含量（CSG）不仅与 DMS 基团的搭载量有关，也决定于材料的具体制备方法。对于 C-M41-x 系列样品，CSG 值随 DMS 官能化程度提高而减小。此外，在含有相当 DMS 基团搭载量（约 7%~8%）的样品 C-M41-10、P-M41-1 和 P-M41-2 中，后处理制备样品的 CSG 值比一步合成的 CSG 值低得多，这是因为在后处理制备样品过程中实际发生了 DEDMS 与载体表面硅羟基的反应，从而导致材料中 CSG 的减小。

3. 二甲基硅改性介孔 MCM-41 材料中的药物释放

（1）DMS 修饰及 DMS 搭载量调控布洛芬的释放行为

与纯硅载体 M41-p 中组装布洛芬的释放速度相比，以后嫁接法制备的 P-M41-x 系列材料为载体，其中组装布洛芬在体外模拟实验中的释放速度明显减缓 [图 7.23（a）]。经过 48h 体外模拟实验测定，仅有 85% 左右的组装布洛芬从载体 P-M41-1 中释放出来，并且 P-M41-2 和 P-M41-1 中组装布洛芬的释放曲线基本上是一致的，可能是由于两个载体中有机 DMS 基团搭载量近似相等的原因所导致。此外，XRD 表征及 N_2 吸脱附表征结果显示，载体 P-M41-2、P-M41-1 与纯硅样品 M41-p 都具有规整排列的六方介孔结构，并且三者的孔织构参数（包括 BET 比表面、孔容、孔径）相当，因此，在分析三者中组装布洛芬的释放速度差异原因时基本上可以排除孔织构参数的变化对布洛芬释放速度的影响。上述分析结果非常明确地表明，正是由于介孔载体表面有机 DMS 基团的嫁接延缓了组装布洛芬的释放速度。

另外，从图 7.23（b）可以看出，布洛芬的释放速度也可以通过共水解-缩聚法制备的有机 DMS 基团修饰的介孔材料作为载体来调控。C-M41-x 系列载体材料中组装的布洛芬在体外模拟释放测定中的释放速度比纯硅载体 M41-p 中组装布洛芬的释放速度明显减缓。就载体 C-M41-10 而言，经过 1h 左右的体外模拟释放评价后，约有 60% 的吸入布洛芬释放出来，然而，达到相同比例的布洛芬的释放，吸入了布洛芬的载体 C-M41-20 和 C-M41-30 分别要经过 10h 和 20h 左右的评价时间。综上所述，通过共水解-缩聚法实现 DMS 在载体中的官能化能有效调控布洛芬在体外模拟释放评价实验中的释放速度，并且布洛芬的释放速度受 DMS 搭载量的制约，随着 DMS 搭载量的增加，布洛芬的释放速度变慢。此外，一般来说，材料孔径的变化也是影响药物释放速度的重要因素，这里涉及的 C-M41-x 系列材料的孔径都比载体 M41-p 的孔径小，并且 C-M41-x 系列材料的孔径随

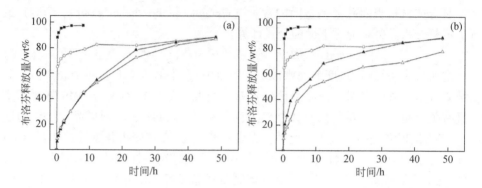

图 7.23 初始药物载体 M41-p (■)、C-M41-10 (○)、P-M41-1 (△) 和 P-M41-2 (▲) 中吸入布洛芬的释放曲线 (a)；初始药物载体 M41-p (■)、C-M41-10 (○)、C-M41-20 (▲) 和 C-M41-30 (△) 中吸入布洛芬的释放曲线 (b)。释放液为人工模拟体液 (SBF)

DMS 基团搭载量的增加而减小，载体材料的孔径变化与其中组装布洛芬的释放速度变化具有一致性，因此材料孔径的变化很可能是导致布洛芬释放速度的下降的原因之一。还应该注意的是，M41-p 和 C-M41-x 系列材料的孔道结构规整性的不同也可能影响布洛芬释放速度。已有研究表明，介孔材料 MCM-41 的规整排列的六角直孔道系统不利于其中组装药物从载体相中向流体相的扩散。如 XRD 和 HRTEM 表征结果，材料 M41-p 拥有典型的介孔 MCM-41 的孔结构，而 C-M41-x 系列材料的孔结构规整性有所下降，但是，在布洛芬释放规律上，规整直孔道的 M41-p 中布洛芬的释放却是最快的，这一讨论更突显出材料表面有机 DMS 基团修饰对布洛芬释放速度的缓释效果。

（2）DMS 在材料表面的"位置选择性官能化"控制布洛芬的释放

前面已经讨论了硅基介孔材料表面有机基团 DMS 修饰及搭载有机基团的量不同可以调控药物的释放速度。另一个非常有意思的发现是，疏水基团 DMS 在材料表面的位置分布在很大程度上影响布洛芬的释放速度。同样，以拥有近似有机 DMS 基团搭载量（约 7%~8%）的样品 C-M41-10、P-M41-1 和 P-M41-2 为例，各自样品中组装布洛芬的释放速度相差很大 [图 7.23（a）]。以 C-M41-10 为载体，组装布洛芬的释放速度明显比其他两个载体中布洛芬的释放速度快。基于对 C-M41-x 系列样品的 N_2 吸附–脱附分析结果（即 C-M41-x 中 DMS 基团进入材料孔道内表面）以及前人关于共水解–缩聚法制备的样品中有机基团在孔道内均匀分布的结论，可以判定样品 C-M41-10 中的有机 DMS 基团应均匀分布在材料孔道表面。另外，基于 N_2 吸附–脱附分析结果，材料 P-M41-1 和 P-M41-2 中的 DMS 基团主要分布在材料的外表面及孔道内表面靠近孔口的一小段。因此在相同 DMS 基团搭载量的情况下，相比于 C-M41-10 样品中 DMS 均匀分布而言，样品 P-M41-1 和 P-M41-2 中 DMS 基团位置选择性官能化使得 DMS 基团在孔外表面及孔口有更紧密的堆积。从组装布洛芬的脱附过程来分析，首先释放流体要进入孔道，然后才能导致布洛芬的溶解和向载体外扩散，由于材料外表面及孔口是释放流体进入孔道内必须经过的第一道关卡，同时材料外表面及孔口的物理和化学环境也直接影响溶解的布洛芬从孔道内向载体外扩散的过程，因此不难理解 DMS基团在孔外表面及孔口更紧密堆积的状态更有利于药物的缓释。已有研究表明，对于 MCM-41 型系列载体材料，小孔径更有利于药物布洛芬的缓释，目前讨论所涉及的三个样品中，小孔径的载体 C-M41-10 对应的布洛芬的释放速度是最快的，显然，这一结果更加突显出 DMS 基团在材料外表面及孔道内表面靠近孔口的"位置选择性官能化"分布更有利于布洛芬的缓释。实际上，对于 DMS 基团搭载量更高的载体 C-M41-20，其对应的布洛芬的释放速度依然比载体 P-M41-1 和 P-M41-1 对应的布洛芬的释放速度快。吸入了布洛芬的载体 C-M41-20、P-M41-1 和 P-M41-2 中，完成 60% 组装布洛芬的释放所需要的时间分别 9.5h、15h 和 16h。

7.5.2　羧基改性介孔 MSU 材料实现药物的缓慢释放

在介孔氧化硅药物控释领域，围绕模型药物分子布洛芬（酸性药物分子，端基含有一个羧基，易于与介孔硅表面的羟基结合）所做的研究居多，并且正是由于布洛芬分子结构中含有羧基基团，因此可以与载体上的活性位结合而被吸附固定到材料孔道中，例如，可以与纯硅介孔材料表面的硅羟基活性位形成氢键结合而固定在孔道内；也可以与载体表面搭载的有机碱性基团，如与胺丙基基团通过库仑力作用固定在孔道内；还可以与缩水甘油异丙基的环氧环开环发生脂化反应固定在孔道内。但是，药物的组成是多种多样的，有些药物分子中含有酸性基团，如布洛芬、酮洛芬、萘普生等；有些药物分子中主要含有碱性基团，如法莫替丁、乙胺嘧啶等。由此可见，前面讨论的介孔载体组装药物的结合力不是对任何药物都有效的。因此，有目的地对介孔材料进行改性，从而拓展硅基介孔材料在不同类型药物分子的包埋及可控释放中的应用具有创新性和研究意义。

本小节中，材料合成以 AEO$_9$［C$_{11\sim15}$H$_{23\sim31}$(CH$_2$CH$_2$O)$_9$H］作为模板导向剂，以 TEOS 和有机硅氧烷氰丙基三乙氧基硅烷（CPTES）为硅源，采用共水解－缩聚法一步合成氰基基团修饰的介孔 MSU 材料，然后在酸催化水解的条件下将材料表面氰基基团转化为羧基，实现材料表面有机羧酸改性。再以羧基基团改性介孔 MSU 系列材料作为药物载体，考察了碱性药物法莫替丁的吸附行为及组装法莫替丁在体外模拟释放实验中的释放行为。

1. 羧基改性介孔 MSU 材料的制备

纯硅介孔材料 MSU 与羧基基团修饰系列介孔材料 MSU-x/CA 由共水解－缩聚

法制备，初始混合物中各组分摩尔比为 $(1-x)$ TEOS：xCPTES：0.1AEO$_9$：0.027NaF：146 H$_2$O，x 分别设定为 0、0.05、0.15、0.2。当 $x=0$ 时所得纯硅介孔材料命名为 MSU，其他所得氰丙基官能化介孔材料根据初始 x 值为 0.05、0.15、0.2，分别命名为 MSU-5$_{CN}$、MSU-15$_{CN}$、MSU-20$_{CN}$。材料表面的羧基官能化是通过酸催化水解表面氰基有机基团得到。对应于样品 MSU-5$_{CN}$、MSU-15$_{CN}$ 和 MSU-20$_{CN}$，最后所得产物分别标记为 MSU-5/CA、MSU-15/CA 和 MSU-20/CA。

2. 羧基改性介孔 MSU 材料的主要物性特征

基于 N$_2$ 吸脱附测试，得到 MCM-41 及二甲基硅改性产物织构参数（表7.7）。

进一步，对样品进行固体 ^{29}Si MAS NMR 分析，并对其谱图进行拟合，确定 MSU-5$_{CN}$、MSU-15$_{CN}$ 和 MSU-20$_{CN}$ 中的有机组分的搭载量量分别为 4.1%、12.6% 和 16.4%（以 Si 计，mol），显然，样品中有机基团搭载量主要由初始 CPTES 的加入量决定。

表 7.7　介孔样品的物理—化学参数

样品	d_{100}/nm	孔径 /nm	比表面积 /(m^3/g)	孔容 /(cm^3/g)
MSU-5/CA	7.36	4.9	721	0.89
MSU-15/CA	7.03	4.3	690	0.74
MSU-20/CA	6.17	4.0	650	0.63
MSU-20/CA+famo	6.69	3.8	283	0.33
MSU-20/CA-famo	6.84	3.8	583	0.51

利用 FTIR 谱图可以定性说明材料的表面羧基基团官能化的情况 [图 7.24 (a)]。氰基基团在红外光谱中的特征伸缩振动峰往往出现在 2253cm^{-1} 附近，氰基基团在红外光谱中的特征伸缩振动峰往往出现在 2253cm^{-1} 附近，样品 MSU-5/CA、MSU-15/CA 和 MSU-20/CA 的红外光谱图中难以观察到氰基基团的特征伸缩振动峰，然而，却可以看到羧基基团的强特征伸缩振动峰（1716cm^{-1}），这充分说明了样品中存在羧基基团，而羧基基团的来源不外乎是在酸催化水解的条件下，材料表面的氰基基团转化的产物。结合前面对样品 MSU-5$_{CN}$、MSU-15$_{CN}$ 和 MSU-20$_{CN}$ 的固体 ^{29}Si MAS-NMR 表征结果的讨论，表明氰基修饰系列介孔材料在酸催化水解的情况下其表面氰基基团几乎全部转化为羧基基团。虽然不能从 FTIR 谱图对材料表面的羧基基团进行定量分析，但从羧基基团在 1716cm^{-1} 处的吸收峰强度可以初步估计样品之间的羧基基团的相对含量。随着初始合成组分中 CPTES/（CPTES+TEOS）摩尔比的增加，1716cm^{-1} 处的吸收峰强度增加，表明样

品中羧基基团的搭载量增加。

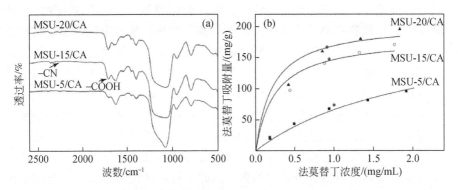

图 7.24 相关有机基团修饰系列介孔样品的 FTIR 图（a）；法莫替丁在不同羧基基团
修饰介孔载体上的吸附等温线（b）

3. 羧基改性介孔 MSU 材料对药物的吸附性能

法莫替丁吸附等温线的测定是把 1.0g 的介孔样品加入 1000mL 的去离子水与甲醇组成的共溶液中，法莫替丁的浓度为 0.2 ~ 2.0mg/mL。吸附体系在轻微搅拌下吸附 4h 足够使吸附实验达到平衡［图 7.24（b）］。吸附数据可用 Langmiur 单层吸附等温方程拟合（$R^2 > 0.99$）。结果表明，在相同吸附条件下，材料 MSU-5/CA、MSU-15/CA 和 MSU-20/CA 吸附法莫替丁的能力是不同的。例如，在初始法莫替丁浓度均为 1.0mg/mL 的吸附体系中，1g 的样品 MSU-5/CA、MSU-15/CA 和 MSU-20/CA 吸附法莫替丁的量分别是 67.7mg、142.2mg 和 160.4mg。根据拟合曲线得到各个样的理论最大法莫替丁吸附量分别为（155.52±0.79）mg、（307.92±4.98）mg 和（342.54±0.32）mg。样品吸附能力的差异可能是由于各个材料表面不同的羧基基团搭载量造成的。并且，纯硅样品 MSU 的吸附实验表明，在完全相同的吸附体系中，MSU 几乎不吸附法莫替丁。基于上述吸附结果，可以明确的是，正是由于材料表面羧基基团修饰提供给了法莫替丁固定在材料上的活性位。换句话说，法莫替丁的吸附是由于材料表面的羧基基团与法莫替丁分子作用的结果。

4. 羧基改性介孔 MSU 材料的药物体外释放性能评价

实验测定了样品 MSU-20/CA+famo 中组装的法莫替丁在不同释放液中的可控释放行为，并与纯法莫替丁在相同体系中的溶解行为进行了比较。在测定法莫替丁的溶解曲线实验中，体系中法莫替丁完全溶解后的浓度设定为 0.056mg/mL，该浓度值相当于载体中组装法莫替丁完全释放所能达到的浓度值。

药物的释放百分比与时间的关系如图 7.25 所示，如前所述，法莫替丁的溶解速度与释放流体 pH 差异有关，酸性溶液（模拟胃液，pH=1.3）加速了药物的溶解速度。比较各自释放流体中组装法莫替丁的释放与对应流体中法莫替丁的溶解，均能看到组装法莫替丁的释放速度比法莫替丁的溶解速度明显要慢，即用羧基基团修饰介孔 MSU 作为药物载体时，由于载体效应的存在，对组装法莫替丁的缓释作用非常显著。在模拟胃液中，MSU-20/CA+famo 中组装的药物要 2h 左右的体外释放评价时间才能基本上释放完全；在模拟体液中，80% 的组装法莫替丁的释放需要 13h。有意思的是，在模拟胃液中，药物的释放速度比在模拟体液中要快，显然，组装法莫替丁的释放速度受溶剂类型的影响与法莫替丁的溶解速度受溶剂类型的影响具有一致的趋势。因此，可以推论法莫替丁本身的弱碱性在很大程度上制约了介孔载体中组装药物的释放速度，这一点结论与前述相关结论相符。一般来说，对于多孔性药物载体，吸入药物的释放可以用如下具体过程来描述：一方面，释放流体沿着孔道渗入材料里面；另一方面，药物在渗入的流体中溶解，然后溶解的药物通过扩散作用沿孔道被带出载体与药物组成的复合相。依照上述描述，在低 pH 的模拟胃液有助于加快组装法莫替丁在释放流体中的溶解速度，因而整体加快了药物的释放速度。

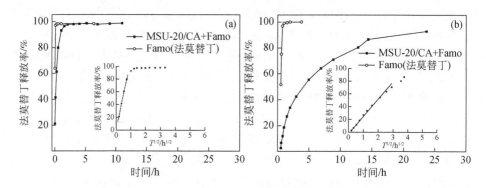

图 7.25　在模拟胃液（a）、模拟体液（b）中法莫替丁的溶解曲线和释放曲线，内插图表示药物的释放百分比与释放时间平方根的关系

上面分析的是药物的释放速度受法莫替丁本身物理及化学性质的影响，事实上，在对释放结果的分析中也提到了所谓的载体效应。基于对药物释放过程的具体描述及对前人相关文献的总结，载体效应的来源在两个方面是非常明确的。其一，释放评价实验中使用药片剂型有助于药物的缓释，通过施加压力把固体粉末 MSU-20/CA+famo 制成片剂（约 12mm×3mm），片剂的使用直接导致其本身被释放流体接触渗入的比表面积极大地下降，从而影响流体向片剂内部及材料孔道内扩散的速度，进行延缓了药物的释放速度。其二，法莫替丁分子与材料表面有机

组分以 COO⁻—N⁺ 键形式结合也有助于药物的缓释。已有研究表明，组装布洛芬
阴离子与材料表面有机组分氨丙基阳离子之间存在的库仑力作用延缓了布洛芬的
释放速度。那么，基于同样的作用力，有理由相信在本小节体系中法莫替丁与有
机基团之间 COO⁻—N⁺ 键结合延缓了法莫替丁的释放速度。

　　图 7.25 中的内插图是根据 Higuchi 药物释放动力学模型中在 Q_t 与 $t^{1/2}$ 之间作
图，Higuchi 模型用方程式表述如下[36]：

$$Q_t = Kt^{1/2} \tag{7.9}$$

式中，Q_t 是释放时间为 t 时的药物累积释放量，K 是释放常数。对于最初的 60%
的药物释放，Q_t 与 $t^{1/2}$ 之间有很好的线性关系。而超过 60% 的药物释放过程中 Q_t
与 $t^{1/2}$ 之间的关系明显偏离了原来的线性。与前人报道的结果一样，以介孔材料
作为药物载体考察组装药物的释放动力学时，均发现类似的药物释放过程（超过
60% 的药物释放过程）出现脱离原先线性关系的现象。

7.6　pH 敏感功能化介孔氧化硅中的药物可控释放

　　自 2001 年以来，利用介孔氧化硅作为载体的药物缓释取得了重要进展，
尤其是通过引入特定有机官能团和选择合适的孔道织构（包括孔径及孔道结
构）能有效地调变药物的缓释程度，显示出介孔材料在药物缓释应用上的巨大
优势[37-39]。然而，单纯的或者经常规有机改性（如嫁接甲基、苯基）的介孔
氧化硅为惰性载体，虽能延缓药物的释放时间且能调变药物缓释速率，但是对
人体生理环境的刺激信号（如 pH、温度等）不具备感知和应答能力（即缺乏
智能性），因而不能将药物以可控的方式释放（controlled release）到指定的
地点。

　　为了解决上述难题，赋予惰性介孔氧化硅以智能性，从而实现药物在人体生
理环境中的"靶向释放"（target drug delivery），一个可行的策略是将刺激敏感聚
合物（stimuli-responsive polymer，SRP）包覆在介孔氧化硅表面。构成以介孔氧
化硅（MS）为核，刺激敏感聚合物为壳的包覆结构（MS/SRP）[40]。其中，介孔
氧化硅作为载药"仓库"，而 SRP 作为刺激敏感的分子"开关"，对人体环境的
刺激信号（pH、温度等）有明显的响应性，控制药物从 MS 核向外释放[41]。基
于此思路，人们进行了深入的探索并大致得到两种方案，即"层层自组装"
（layer-by-layer）和"表面自由基聚合"（surface radical polymerization）。前种方
法基于静电作用将阴/阳离子聚电解质逐层包覆在介孔氧化硅表面。后种方法是
首先在介孔氧化硅外表面嫁接烯键（或引发剂），然后和功能性单体进行聚合反
应而实现包覆。非常值得称道的是，MS/SRP 很好地继承了 SRP 载药体系和 MS
载药体系的优点，机械稳定性好且具有环境刺激应答功能。但是，不论采用"层

层自组装"方法还是表面自由基聚合方法，依然存在以下不足："层层自组装"法从聚合物出发，通过静电作用将聚合物包覆在介孔氧化硅外表面，但是相对较弱的静电吸引力决定了此包覆过程需多次进行（阴、阳离子聚合物交替），使得操作烦琐；而"表面自由基聚合"法实施聚合物对介孔氧化硅的包覆是从单体出发，将单体引发后由表面聚合反应达到目的，但是单体通常会发生自聚，导致包覆体和单体自聚物分离困难。

因此，基于药物控释的实际需要，选择（或合成）合适的智能有机小分子和介孔氧化硅，从而构造具有分子开关性能的智能药物载体，不仅意义显著，而且大有可为。

7.6.1 基于聚合物包覆介孔氧化硅球的 pH-敏感药物控释系统

1. 材料设计原理

通过深入分析"层层自组装"和"表面自由基聚合"这两种方法特别是前种方法的特点和不足，作者团队获得一条重要的思路：如果能制备分子链上带有锚定基团（anchor groups）的智能聚合物，然后利用锚定基团能选择性地和氧化硅表面（–SiOH）形成共价键的特点，则可一步将智能聚合物包覆在介孔氧化硅外表面[42]。这不仅避免了"层层自组装"因弱的组装作用力（静电力）而需多层包覆的烦琐，同时也避开了"表面自由基聚合"过程中产生大量自聚体的麻烦。结合氧化硅表面修饰的各种途径，容易想到将锚定基团设计成—Si(OR)$_3$。利用–Si(OR)$_3$和–SiOH 容易发生脱醇缩聚（无水条件下或在有水条件下先水解后脱水缩聚）的特点，将目标聚合物嫁接在介孔氧化硅外表面。基于以上分析，提出一种新的聚合物包覆方法（命名为"锚定法"）：首先将聚合物单体和带双键的有机硅氧烷（如 VTES）共聚（嵌段共聚或均聚）形成带有侧基—Si(OR)$_3$的刺激敏感聚合物（PMV），然后利用脱醇缩聚（或脱水缩聚）将其嫁接在介孔氧化硅外表面，最后通过药物控释效果来评价刺激敏感聚合物包覆型载体的智能性。

2. MSS/PMV 材料的合成

利用 Modified–Stöber 方法制备大小均匀、分散性良好的介孔硅球（MSS），然后向 MSS 悬浮液加入 PMV，得到含模板的包覆结构 MSS/PMV，脱除模板后进行载药及随后的 pH 控释实验。具体合成过程如下：

①介孔硅球（MSS）的合成。在经典的 Stöber 方法基础上稍做改动，合成含有模板剂的 MSS（标记为 MSS-a）。然后，通过离子交换法除去其中的模板，得到的样品标记为 MSS-b。

②刺激敏感聚合物（PMV）的合成。通过甲基丙烯酸（MAA）和乙烯基三乙氧基硅氧烷（VTES）发生自由基反应，制得 PMV 粗品溶液。为了获得 PMV 的纯品，向 PMV 粗品溶液加过量正己烷，待 PMV 析出后倒出其中的液体，然后加入大量的乙醇使 PMV 溶解。为除净 PMV 外的杂质，上述操作重复多次。最后经干燥得到 PMV 粉末。

③PMV 包覆 MSS。在强烈搅拌条件下，将 PMV 的乙醇分散 A 逐滴加入 MSS 悬浮液中。持续搅拌、过滤、水/乙醇多次冲洗、干燥，得到的样品标记为 MSS/PMV-a。MSS/PMV-a 样品中模板剂的除去同上述 MSS-a，标记为 MSS/PMV-b。作为对比，在无水四氢呋喃中实施包覆，得到的样品标记为 MSS/PMV-n。

3. 材料的基本物性

图 7.26 给出了样品 MSS-a、MSS/PMV-n 的 TEM 照片。从图 7.26（a）看出，MSS-a 为分散性良好的球状结构，大小均匀，直径约为 660nm，而且各个 MSS-a 的球体的边缘光滑。但是，在无水条件下以 PMV 包覆 MSS 得到的样品 PMV/MSS-n 分散度下降，各个球体团聚在一起［图 7.26（b）］，而且通过对 PMV/MSS-n 各球体边缘的观察并和 MSS-a 对比，可以判断 PMV 已锚定在 MSS-a 表面，但是锚定结果不理想：团聚严重，包覆层单薄。在无水条件下，PMV 在 MSS 表面的包覆由 PMV 上的硅乙氧基和 MSS 表面的硅羟基的脱醇缩合反应推动，而阻力来源于反应的空间位阻。因此造成包覆层很薄的原因可能是脱醇缩合的反应活性相对较低，难以克服反应中的空间位阻。另外，在无水条件下，MSS 的分散度不佳，使得 PMV 和 MSS 形成"珍珠项链式"结合，造成团聚严重。

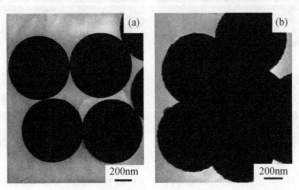

图 7.26　MSS-a（a）和 MSS/PMV-n（b）的 TEM 图

相比之下，在 Modified-Stöber 体系中实施包覆，得到的包覆体 MSS/PMV-a 大小均匀，直径约为 680nm，各个 MSS/PMV-a 球体边缘呈绒状（图 7.27）。这表明 PMV 已均匀地包覆在 MSS 外表面，形成了厚度大约为 20nm 蓬松的"壳"。

对比无水条件和 Modified-Stöber 体系各自得到的产物，前者包覆较差，而后者形成了满意的包覆。认为造成两者之间差别的原因在于：在富水条件下，PMV 在 MSS 表面的包覆主要由脱水缩合反应推动，而脱水缩合的反应活性非常高，使得来自空间位阻的包覆阻力退居次要。另外，为何在 Modified-Stöber 体系（富水）下 PMV 包覆效果良好而自聚较弱，后续详细探讨。

经氮气吸脱附测试，结果表明 MSS-b 和 MSS/PMV-b 均显示了明显的 IV 曲线和 H1 型滞后环，证实了两样品的有序介孔结构。此外，MSS 和 MSS/PMV 的孔径接近，表明 PMV 仅包覆在 MSS 颗粒的外表面，而没有进入 MSS 的介孔孔道。

4. 材料的 pH-敏感特性

从前述研究结果已知 MSS/PMV-a 的壳层蓬松，呈绒状结构。分析原因，可能是制备体系即 Modified-Stöber 体系的碱性较强（大量氨水的加入），PMV 高度电离而使得 PMV 聚合物之间互相静电排斥所致。为了验证此论点，对 MSS/PMV-a 进行酸处理，得到样品 MSS/PMV-H-a（图7.28）。很明显，MSS/PMV-H-a 的壳层变得紧缩、外表面趋于光滑。这应该是 PMV 聚合物在低 pH 条件下体积收缩的缘故，表明 PMV 具有明显的 pH-敏感性。

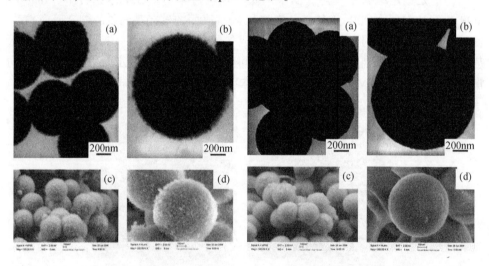

图 7.27　MSS/PMV-a 的 TEM 照片 [（a）和（b）] 和 SEM 照片 [（c）和（d）]　　图 7.28　MSS/PMV-H-a 的 TEM 照片 [（a）和（b）] 和 SEM 照片 [（c）和（d）]

5. pH 敏感和包覆机理

由单体 MAA 自聚或与其他单体（少量）共聚得到的聚合物如 PMAA、

PMAA-PEG、PMAA-PS 等已有广泛报道。这类聚合物的突出特点是聚合物链上有大量羧基，从而表现非常明显的 pH 相关的体积"膨胀-收缩"性能（即 pH 敏感性）。这类聚合物的 pKa 值通常在 5～6，当 pH 小于 pKa 时，聚合物链呈中性，聚合物链自身以及聚合物链-链之间通过氢键和疏水作用而体积收缩；当 pH 大于 pKa 时，聚合物链上的羧基离子化，使得聚合物链因静电（负电）作用而体积膨胀。此类聚合物的 pKa 值一般在水溶液中测定，而聚合物 PMV 在相同的条件下将发生自缩聚，因此并未直接测定它的 pKa 值，而是通过控制 VTES 和 MAA 的摩尔比小于 1∶10（即 MAA 的量远远大于 VTES 的量），以期 PMV 具有和上述 PMAA-型聚合物相似的 pH 敏感性能。从结果来看，MSS/PMV 的 PMV 壳对溶液的 pH 确有响应。这种响应性应该类似前述 PMAA-型聚合物的 pH 相关的体积"膨胀-收缩"性能。

另一方面，缘于 VTES 的掺入，PMV 链上带有一定数量的—Si（OC$_2$H$_5$）基团，因此 PMV 可以看为一种氧化硅前驱物。一般来说，在单纯的酸性或碱性溶液中，氧化硅前驱体将历经溶胶-凝胶过程而生成自聚产物。但是，倘若上述酸性或碱性溶液中已含有氧化硅颗粒（前期生成或后期加入），则上述加入的氧化硅前驱体水解成硅酸后，除了硅酸和硅酸分子之间可能发生缩聚（脱水或脱醇，R1 反应）外，也可能发生硅酸与氧化硅表面硅羟基的脱水或脱醇缩聚（R2 反应）。对于这对动力学控制的竞争缩聚反应，其反应速率均受体系的反应条件（如溶液组成、温度等）制约，若调节反应条件适当，则可能使后种缩聚反应在动力学上占据主导。分析至此，则不得不提及人们熟知的一个事实：在 Stöber 体系下，TEOS 通过水解-缩聚能形成大小均匀、分散性良好的氧化硅球形颗粒。尽管人们对该氧化硅球的形成机制还未能充分揭示，但是根据 LaMer 的无机颗粒成核理论[43]，可以对 Stöber 体系下氧化硅球的形成过程进行描述：TEOS 水解成硅酸后，导致溶液中硅酸浓度过大（过饱和），硅酸缩聚并均匀成核（若非均匀成核则最后的氧化硅球大小不等）。然后，体相游离的硅酸分子在各个核体上均匀生长（若自身缩聚成新的核体则最后的氧化硅球也将大小不等）。此即"均匀成核-均匀生长"过程，已被人们广泛接受。而且，大量研究表明，如果在经典的 Stöber 体系引入介孔模板剂（称之为"Modified-Stöber"体系）则制备出的大小均匀、分散性良好的介孔氧化硅球形（MSS）颗粒也是源自这一过程。基于这一事实，认为，PMV 能在 Modified-Stöber 体系均匀包覆体系中的 MSS，而几乎不发生自缩聚，最可能的原因是该体系使得反应 R2 在动力学上明显优于 R1，而正是 R2 反应主导了 PMV 在 MSS 表面的有效包覆。

6. pH 控释性能

图 7.29 给出了布洛芬（IBU）在 MSS/PMV-b 和 MSS-b 上的释放曲线，配置

的释放介质分别是 pH＝4.0、5.0 和 7.5 的 PBS 缓冲液。对于 MSS/PMV-b，当介质 pH＝7.5 时，IBU 释放很快：1h 释放 85% 而不到 2h 就释放完全［图 7.29 (a)］，这和 MSS 且 pH＝7.5 的情形几乎一样［图 7.29 (b)］。这说明，当 pH＝7.5 时，MSS/PMV-b 的聚合物壳处于 "open" 状态，几乎不阻止 IBU 在其中的传输。但在 pH＝4.0 或 5.0 时，IBU 从 MSS/PMV-b 向介质释放的速度明显减小，8h 后释放量均不超过 15%［图 7.29 (a)］。而在 pH＝4.0 和 5.0 介质中，相同时间内 IBU 从 MSS-b 释放量分别达到了 72% 和 51%［图 7.29 (b)］。需说明的是，因为 IBU 是酸性药物，所以在不同的 pH 介质中其溶解度会有一定的差别，这导致了随 pH 下降，IBU 从 MSS-b 向外释放的速度亦随之有一定程度的下降。但通过对比 MSS-b 和 MSS/PMV-b 在 pH 较低（pH＝4.0、5.0）的介质的释放结果，依然不难得出：在介质的 pH 较低时，药物被有效限制在 MSS/PMV-b 的介孔孔道内。而对比高、低 pH 介质的药物释放结果，则可以有以下结论：MSS/PMV-b 的聚合物壳对 IBU 的释放起到了明显的孔口开关的作用，其 "open-closed" 机制通过 pH 控制。

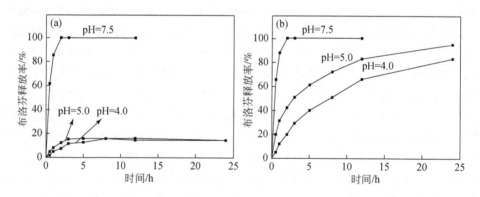

图 7.29　IBU 在载体 MSS/PMV-b (a) 和 MSS (b) 上的释放效果图

另外，实验中还发现大部分 IBU 分子存在于 MSS/PMV-b 的 MSS 核，而有小部分处在聚合物壳层。尽管聚合物壳在低 pH 时是相对致密结构，但是居于其中的 IBU 分子依然可以通过扩散机理释放出来（尽管缓慢）——这在单纯聚合物载药系统中较为常见。所以，在 pH 为 4.0 和 5.0 时，IBU 的释放量仍能达到 15%。然而，令人欣喜的是，8h 后不再有 IBU 从 MSS/PMV-b 中释放出来。这表明，当 pH 低于 5.0 时，处于 MSS/PMV-b 核的那部分 IBU 分子被 PMV 严格限制在 MSS 的介孔孔道。对于靶向释放而言，最希望的结果是载药体在将药物运输到指定的给药部位之前能 "零释放"（zero release）。因为这样的载药系统能提供最大的药效，而使药物对人体的毒性降至最低。研究结果表明，MSS/PMV-b 可能符合这一目标：聚合物壳 PMV 通过 pH-相关的体积"膨胀-收缩"机制，能够在低 pH 区域以"零释放"形式传送药物，而在高 pH 区（靶点）将药物全部释放出来。当然，如果要实现这样的医学用途，需要预先将 PMV 中的药物分子通过扩散的形式将其排除。

7.6.2　基于孔口嫁接型介孔氧化硅球的 pH-敏感药物控释系统

单纯的或者通过常规有机改性的介孔氧化硅为惰性载体，对人体生理环境的刺激信号不具备感知和应答能力，不能将药物以可控的方式释放到指定的地点。为了克服这一瓶颈，除了采用如前述的"pH 响应性聚合物包覆介孔氧化硅"以外，实际上另一个非常可取的办法是：在介孔氧化硅孔口嫁接智能有机小分子。其中，介孔氧化硅作为载药"仓库"；而智能有机小分子作为刺激敏感的分子"开关"[44]，对人体环境的刺激信号（如 pH）有明显的响应性，控制药物从介孔氧化硅孔道对外释放[45]。本小节将介绍作者在这方面做的典型工作[46]。

1. 材料的设计

图 7.30 为 pH 敏感的"3 胺链"嫁接介孔氧化硅球（MSS）的介孔孔口的实验设计，以及得到的智能介孔可能的 pH 可控药物释放原理。首先以 Modified-Stöber 方法制备大小均匀、分散性良好的介孔硅球（MSS），然后在除模板前将干燥的 MSS 粉末在甲苯溶液中与二乙烯三胺基丙基三甲氧基硅烷（NNN-TMS）进行嫁接反应，最后得到的孔口嫁接型分子筛 $3NH_2$-MSS 由离子交换液除模板后进行药物控释评价实验。

2. 材料的合成

MSS 的合成与 7.6.1 小节一致。待样品干燥完全后，将含模板剂的 MSS 研磨至均匀粉末，标记为 MSS-a。接下来，3 胺链的嫁接采用常见的介孔分子筛有机官能化方法——后处理嫁接。此处，设计了三个平行实验，分别得到三种含模板剂的 3 胺化样品 $3NH_2$-MSS-1a、$3NH_2$-MSS-2a 和 $3NH_2$-MSS-3a，其合成步骤如图 7.31 所示。

采用离子交换法移除模板剂后，三种改性介孔分子筛分别命名为 $3NH_2$-MSS-1b、$3NH_2$-MSS-2b 和 $3NH_2$-MSS-3b。

3. 材料的主要物性特征

表 7.8 列出了 4 种不同分子筛载体的药物吸附量数据。比较分子筛的织构信息与药物吸附量，发现药物吸附量随着分子筛比表面积（S_{BET}）的减少而降低，MSS-b 样品的比表面积最大（$710m^2/g$），布洛芬在它上面的药物吸附量达到

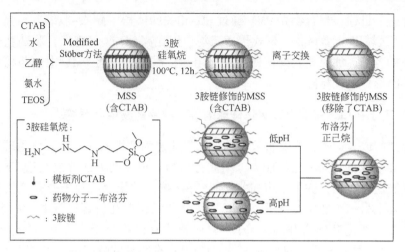

图 7.30　"3 胺链"嫁接介孔氧化硅球（MSS）的孔口的实验流程，以及得到的智能介孔材料的 pH 可控药物释放原理

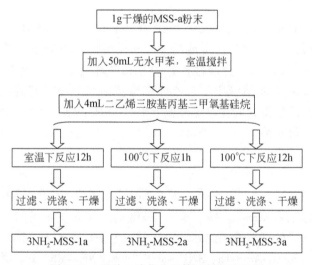

图 7.31　三种 3 胺化分子筛的制备流程图

17.4wt% 。具有最小比表面积的 3NH₂- MSS- 3b 样品（504.9m²/g），它的药物吸附量则减至 14.3wt% ，3NH₂- MSS- 1b、3NH₂- MSS- 2b 的吸附量居中，分别为16.7wt% 和 16.0wt% 。但是，如果将质量吸附量转换成相应的面积吸附量（即吸附量的面积归一化处理），则发现布洛芬的吸附量随分子筛上 3 胺链嫁接量的增加而增加，MSS-b、3NH₂- MSS- 1b、3NH₂- MSS- 2b 和 3NH₂- MSS- 3b 对应的吸附量分别为 0.297mg/m²、0.313mg/m²、0.328mg/m² 和 0.364mg/m²。单位面积的吸

附量高，意味着活性吸附中心对药物的吸附能力更强。因此，对面积吸附量和 3 胺链嫁接量正相关的关系有以下理解：MSS-b、$3NH_2$-MSS-1b、$3NH_2$-MSS-2b、$3NH_2$-MSS-3b 四种分子筛的 3 胺链数量逐渐增多，即单位面积的碱性位增高，从而更有利于对酸性药物 IBU 的吸附。

表 7.8　4 种分子筛样品除净模板后的织构参数及负载药物情况

	孔径（BJH）/nm	比表面积（BET）/(m³/g)	孔容/(cm³/g)	IBU 负载量/wt%
MSS-b	2.6	710	0.396	17.4
$3NH_2$-MSS-1b	2.51	640	0.351	16.7
$3NH_2$-MSS-2b	2.33	580	0.311	16.0
$3NH_2$-MSS-3b	2.0	504	0.208	15.5

为了获悉 $3NH_2$-MSS-1b、$3NH_2$-MSS-2b、$3NH_2$-MSS-3b 中 3 胺链在其表面的分布情况，用 ^{29}Si MAS NMR 对其进行表征分析。进一步通过拟合得到，$3NH_2$-MSS-1b、$3NH_2$-MSS-2b、$3NH_2$-MSS-3b 的 3 胺链在各自表面基团的物质的量分数等于 4.1%、7.2% 和 15%。另一方面，通过氮气吸脱附测试，得到 MSS 除模板前后（即 MSS-a 和 MSS-b）的 BET 比表面积分别为 $42m^2/g$ 和 $710m^2/g$，前者对应 MSS 的外表面积，后者对应 MSS 的总表面积（外表面和内表面之和）。可以推知外表面积/总表面积约为 9.4%，即 9.4% 的表面基团分布在 MSS 外表面。对比 3 胺链在 $3NH_2$-MSS-3b 分子筛表面基团中的物质的量分数（15%）和外表面基团和在 MSS 的总表面基团中的百分数（9.4%），亦可知 3 胺链除了在 $3NH_2$-MSS-3b 外表面有分布外，还有相当一部分植入介孔孔道。有研究表明，MCM-41 的介孔孔道中的 CTAB 在后处理嫁接有机基团时，有机基团一部分分布在 MCM-41 的外表面外，余下部分分布在介孔孔口（outlet of pore），有机基团不会嫁接在距离孔口较深的孔壁上，其原因是，CTAB 极性较大且和氧化硅之间的静电力作用较强，在进行有机官能化时非极性溶剂甲苯极难将其萃取出孔道，可能的情况也只是孔口的 CTAB 被少量地沥滤出来。因为制备 $3NH_2$-MSS-3b 采用了较长时间（12h）和高温条件（100℃），因此其孔口的 CTAB 的沥滤是可能的。基于此，3 胺链在 $3NH_2$-MSS-3b 表面的分布应该是：一部分 3 胺链分布在外表面，另有相当一部分 3 胺链则分布在孔口处。而对于 $3NH_2$-MSS-1b 和 $3NH_2$-MSS-2b，3 胺链在表面基团中的物质的量分数分别为 7.2% 和 4.1%，均小于 MSS 的外表面基团在总表面基团的百分比（9.4%）；且 $3NH_2$-MSS-1b 在高温甲苯中的时间处理较短而 $3NH_2$-MSS-2b 甲苯处理时温度较低，均极难造成 CTAB 沥滤；另外，从孔径分布分析得知，$3NH_2$-MSS-1b 特别是 $3NH_2$-MSS-2b 较 MSS-b 孔径下降程度较低。

据此可以判断：$3NH_2$-MSS-1b 和 $3NH_2$-MSS-2b 的 3 胺链应主要分布在分子筛外表面，在孔口分布甚少。从另一个角度考虑，$3NH_2$-MSS-2b 中 7.2% 的 3 胺链和 9.4% 的外表面基团在数值上很相近，因此，由于位阻的原因 3 胺链不可能占满 MSS 的外表面，而部分植入孔道（尽管会很少）；而 $3NH_2$-MSS-1b 的 3 胺链嫁接量低（4.1%），受空间位阻影响小，3 胺链植入孔道的概率非常低。

4. pH 控释性能与机制分析

图 7.32 为 IBU 在 MSS-b、$3NH_2$-MSS-1b、$3NH_2$-MSS-2b 和 $3NH_2$-MSS-3b 上的释放曲线，配置的释放介质分别是 pH=4.0、5.0 和 7.5 的 PBS 缓冲液。对于 MSS-b，当介质 pH=7.5 时，IBU 释放很快：1h 释放 85%，不到 2h 就释放完全；当释放介质呈酸性，IBU 的释放速度有所下降，而且随着 pH 的降低而下降得更明显 [图 7.32（a）]。MSS-b 上的这种 IBU 释放速度和酸度负相关（与 pH 正相关）的现象应该归结于 IBU 在不同 pH 条件下的溶解度差别：IBU 随溶液 pH 下降而溶解度有所下降。

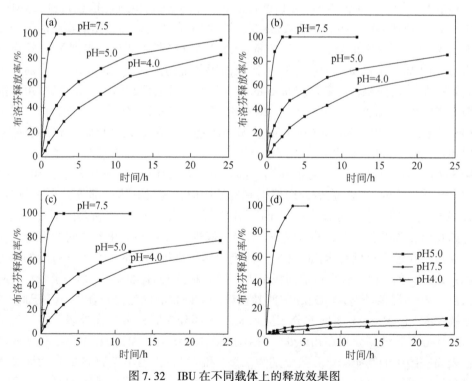

图 7.32　IBU 在不同载体上的释放效果图
（a）MSS-b；（b）$3NH_2$-MSS-1b；（c）$3NH_2$-MSS-2b；（d）$3NH_2$-MSS-3b

对于 $3NH_2$-MSS-1b 和 $3NH_2$-MSS-2b, 当 pH = 7.5 时, IBU 的释放情形几乎和 MSS-b 一样。如果考虑这两者表面均具有 3 胺链这一碱性吸附位, 结果似乎应该是: 在 pH = 7.5 时这两者的释放速度应该慢于 MSS-b, 而且 $3NH_2$-MSS-2b 比 $3NH_2$-MSS-1b 更慢。认为是因为 pH = 7.5 的释放液使得 IBU 能快速溶入其中, 尽管 3 胺链对 IBU 的吸附力强于硅羟基, 但因为释放液对 IBU 大得多的亲和力而体现不出差别, 即常见的 "拉平效应"。当 pH = 5.0 或 4.0 时, IBU 在 $3NH_2$-MSS-1b 和 $3NH_2$-MSS-2b 上的释放速度较 MSS-b 的稍有所下降, 而且后者下降得更多一些 [图 7.32 (b)、(c)]。这说明在偏酸性的释放液中, 分子筛上的 3 胺链的存在已使得 IBU 的释放体现了一定的 "区分效应", 即 3 分子筛样品的 3 胺链越多, 则释放越慢。但是, 这种 "区分效应" 并不明显, 而且仅仅是缘于 3 胺链对 IBU 更强一些的亲和力, 因此 $3NH_2$-MSS-1b 和 $3NH_2$-MSS-2b 并不具备所期望的 "分子开关" 功能。

图 7.32 (d) 为 IBU 在 $3NH_2$-MSS-3b 上的释放曲线。当 pH = 7.5 时, IBU 的释放情形几乎和 MSS-b 一样, 即 1h 释放 85% 而不到 2h 就释放完全。但是, 当 pH = 5.0、4.0 时, 24h 后 IBU 的释放量均不超过 13%。很明显, $3NH_2$-MSS-3b 体现了极佳的 "分子开关" 效果。分子筛在吸附药物时, 不可避免地在外表面吸附有药物。因此, $3NH_2$-MSS-3b 在酸性条件下其 3 胺链尽管处于 "closed" 状态, 依然释放一定量的 IBU 是可以理解的。

在酸性条件下, IBU 在 $3NH_2$-MSS-3b 上的释放仅源自外表面吗? 为了回答这个问题, 有必要进行以下探究分析: $3NH_2$-MSS-3b 的外表面积为 $46.3m^2/g$, 总表面积为 $504.9m^2/g$, 即外表面 (外表面的基团) 占总表面 (总表面基团) 的 9.2%; 另外, $3NH_2$-MSS-3b 的表面基团中 15% 是 3 胺链, 而又由于空间位阻的原因, 分布在外表面的 3 胺链在数量上应该不会高于在孔道内的, 换言之, 外表面的碱性吸附位 (由 3 胺链带来) 应该低于内表面。因此, 如果 $3NH_2$-MSS-3b 在酸性条件下其 3 胺链处于理想的 "closed" 状态, 即彻底将介孔孔道封堵, 而且承认 IBU 的吸附仅和比表面积和 3 胺链的数量有关, 那么 IBU 的释放量应该不会超过 9.2%。这与结果是不一致的, 因此说明随着释放时间的延长, 有一部分 IBU 从孔道内释放出来 (尽管程度很低)。

接下来的问题是, 3 胺链处于 "closed" 状态时, 还留有 "缝隙" 以供 IBU 通过吗? 通过优化二乙烯三胺基丙基三甲氧基硅的分子结构, 得知 3 胺链 (包括硅原子) 的直径约为 1.3nm, 而 MSS 的孔道直径为 2.6nm, 因此, 3 胺链若因静电排斥而和孔道呈垂直关系则似乎能完全封闭孔道。而事实上, 3 胺链质子化时, 其链端所带正电荷使得两壁相对的两个三氨链并不能充分靠近, 而会留有一定的空隙。因此, IBU 可能通过这一 "缝隙" 向外释放。当然, 这种释放应该比较困难, IBU 释放结果也的确如此。

参 考 文 献

［1］ Yanagisawa T, Shimizu T, Kuroda K, et al. The preparation of alkyltrimethylammonium-kanemite complexes and their conversion to microporous materials ［J］. Bulletin of the Chemical Society of Japan, 1990, 63 (4): 988-992.

［2］ Kresge C T, Leonowicz M E, Roth W J, et al. Ordered mesoporous molecular sieves synthesized by a liquid-crystal template mechanism ［J］. Nature, 1992, 359: 710-712.

［3］ 徐如人, 庞文琴, 等. 分子筛与多孔材料化学 ［M］. 北京: 科学出版社, 2004.

［4］ Hoffmann F, Cornelius M, Morell J, et al. Silica-based mesoporous organic-inorganic hybrid materials ［J］. Angewandte International Edition Chemie, 2006, 45: 3216-3251.

［5］ Zhao D, Feng J, Huo Q, et al. Triblock copolymer syntheses of mesoporous silica with periodic 50 to 300 angstrom pores ［J］. Science, 1998, 279: 548-552.

［6］ Che S, Liu Z, Ohsuna T, et al. Synthesis and characterization of chiral mesoporous silica ［J］. Nature, 2004, 429: 281-284.

［7］ Ghaedi H, Zhao M. Review on template removal techniques for synthesis of mesoporous silica materials ［J］. Energy Fuels, 2022, 36L: 2424-2446.

［8］ Wan Y, Zhao D. On the controllable soft-templating approach to mesoporous silicates ［J］. Chemical Reivews, 2007, 107: 2821-2860.

［9］ Chen C Y, Li H X, Davis M E. Studies on mesoporous materials: I. synthesis and characterization of MCM-41 ［J］. Microporous Materials, 1993, 2: 17-26.

［10］ Steel A, Carr S W, Anderson M W. ^{14}N NMR study of surfactant mesophases in the synthesis of mesoporous silicates ［J］. Chemical Communications, 1994: 1571-1572.

［11］ Monnier A, Schüth F, Huo Q, et al. Cooperative formation of inorganic-organic interfaces in the synthesis of silicate mesostructures ［J］. Science, 1993, 261: 1299-1303.

［12］ Firouzi A, Kumar D, Bull L M, et al. Cooperative organization of inorganic-surfactant and bi-omimetic assemblies ［J］. Science, 1995, 267: 1138-1143.

［13］ Burkett S L, Sims S D, Mann S. Synthesis of hybrid inorganic-organic mesoporous silica by co-condensation of siloxane and organosiloxane precursors ［J］. Chemical Communications, 1996: 1367-1368.

［14］ Wei Y, Jin D, Ding T, et al. A non - surfactant templating route to mesoporous silica materials ［J］. Advanced Materials, 1998, 10: 313-316.

［15］ Jansen J C, Shan Z, Marchese L, et al. A new templating method for three-dimensional mesopore networks ［J］. Chemical Communications, 2001: 713-714.

［16］ Yao N, Xiong G X, Sheng S S, et al. Ultrasound as a tool to synthesize nano-sized silica-alumina catalysts with controlled mesoporous distribution by a novel sol-gel process ［J］. Catalysis Letters, 2002, 78: 37-41.

［17］ Kaneko Y, Lyi N, Kurashima K, et al. Hexagonal-structured polysiloxane material prepared by sol-gel reaction of aminoalkyltrialkoxysilane without using surfactants ［J］. Chemistry of Materials, 2004, 16: 3417-3423.

［18］ Shimojima A, Kuroda K. Direct formation of mesostructured silica - based hybrids from novel siloxane oligomers with long alkyl chains ［J］. Angewandte International Edition Chemie, 2003, 42: 4057-4060.

［19］ Yang D, Xu Y, Wu D, et al. Super hydrophobic mesoporous silica with anchored methyl groups on the surfaceby a one-step synthesis without surfactant template ［J］. Journal of Physical Chemistry C, 2007, 111: 999-1004.

［20］ Yang D, Li J, Xu Y, et al. Direct formation of hydrophobic silica-based micro/mesoporous hybrids from polymethylhydrosiloxane and tetraethoxysilane ［J］. Microporous and Mesoporous Materials, 2006, 95: 180-186.

［21］ Zhao Y, Xu Y, Wu D, et al. Hydrophobic mesoporous silica applied in GC separation of hexene isomers ［J］. Journal of Sol-Gel Science and Technology, 2010, 56: 93-98.

［22］ 高强, 徐耀, 吴东, 等. 氨基酸在固体表面的吸附 ［J］. 化学进展, 2007, 19: 1016-1025.

［23］ Vinu A, Hossain K Z, Kumar G S, et al. Adsorption of l-histidine over mesoporous carbon molecular sieves ［J］. Carbon, 2006, 44: 530-536.

［24］ Gao Q, Xu W, Xu Y, et al. Amino acid adsorption on mesoporous materials: influence of types of amino acids, modification of mesoporous materials, and solution conditions ［J］. Journal of Physical Chemistry B, 2008, 112: 2261-2267.

［25］ Black S D, Mould D R. Development of hydrophobicityparameters to analyze proteins which bear post-or cotranslational modifications ［J］. Analytical Biochemistry, 1991, 193: 72-82.

［26］ Tang T, Zhao Y, Xu Y, et al. Functionalized SBA-15 materials for bilirubin adsorption ［J］. Applied Surface Science, 2011, 257: 6004-6009.

［27］ Tang T, Li X, Xu Y, et al. Bilirubin adsorption on amine/methyl bifunctionalized SBA-15 with platelet morphology ［J］. Colloids and Surfaces B: Biointerfaces, 2011, 84: 571-578.

［28］ Cashin V, Eldridge D, Yu A, et al. Surface functionalization and manipulation of mesoporous silica adsorbents for improved removal of pollutants: a review ［J］. Environmental Science: Water Research & Technology, 2018, 4: 110-128.

［29］ Diagboya P, Dikio E. Silica-based mesoporous materials: emerging designer adsorbents for aqueous pollutants removal and water treatment ［J］. Microporous and Mesoporous Materials, 2018, 266: 252-267.

［30］ Inumaru K, Kiyoto J, Yamanaka S. Molecular selective adsorption of nonylphenol in aqueous solution by organo-functionalized mesoporous silica ［J］. Chemical Communications, 2000, 903-904.

［31］ Vallet-Regi M, Rámila A, Del Real R P, et al. A new property of MCM-41: drug delivery system ［J］. Chemistry of Materials, 2001, 13: 308-311.

［32］ M Manzano, M Vallet-Regí. Mesoporous silica nanoparticles for drug delivery ［J］. Advanced Functional Materials, 2020, 30: 1902634.

［33］ Vallet-Regí M. Our contributions to applications of mesoporous silica nanoparticles ［J］. Acta Biomaterialia, 2022, 137: 44-52.

［34］ Andersson J, Rosenholm J, Areva S, et al. Influences of material characteristics on ibuprofen drug loading and release profiles from ordered micro- and mesoporous silica matrices ［J］. Chemistry of Materials, 2004, 16: 4160-4167.

［35］ Tang Q, Xu Y, Wu D, et al. Studies on a new carrier of trimethylsilyl-modified mesoporous material for controlled drug delivery ［J］. Journal of Controlled release, 2006, 114: 41-46.

［36］ Brophy M R, Deasy P B. Application of the Higuchi model for drug release from dispersed matrices to particles of general shape ［J］. International Journal of Pharmaceutics, 1987, 37: 41-47.

［37］ Yang P, Gai S, Lin J. Functionalized mesoporous silica materials for controlled drug delivery ［J］. Chemical Society Reviews, 2012, 41: 3679-3698.

［38］ Tang F, Li L, Chen D. Mesoporous silica nanoparticles: synthesis, biocompatibility and drug delivery ［J］. Advanced Materials, 2012, 24: 1504-1534.

[39] Xu W, Gao Q, Xu Y, et al. Controlled drug release from bifunctionalized mesoporous silica [J]. Journal of Solid State Chemistry, 2008, 181: 2837-2844.

[40] Zhu Y, Shi J, Shen W, et al. Stimuli-responsive controlled drug release from a hollow mesoporous silica sphere/polyelectrolyte multilayer core-shell structure [J]. Angewandte Chemie InternationalEdition, 2005, 117: 5213-5217.

[41] Sun J, Hong C, Pan C. Fabrication of PDEAEMA-coated mesoporous silica nanoparticles and pH-responsive controlled release [J]. Journal of Physical Chemistry C, 2010, 114: 12481-12486.

[42] Gao Q, Xu Y, Wu D, et al. pH-responsive drug release from polymer-coated mesoporous silica spheres [J]. Journal of Physical Chemistry C, 2009, 113: 12753-12758.

[43] LaMer V. Nucleation in phase transitions. [J]. Industrial & Engineering Chemistry, 1952, 44: 1270-1277.

[44] Mal N, Fujiwara M, Tanaka Y. Photocontrolled reversible release of guest molecules from coumarin-modified mesoporous silica [J]. Nature, 2003, 421: 350-353.

[45] Nik A, Zare H, Razavi S, et al. Smart drug delivery: Capping strategies for mesoporous silica nanoparticles [J]. Microporousand Mesoporous Materials, 2020, 299: 110115.

[46] Gao Q, Xu Y, Wu D, et al. Synthesis, characterization, and *in vitro* pH-controllable drug release from mesoporous silica spheres with switchable gates [J]. Langmuir, 2010, 26: 17133-17138.

第8章　硅铝介孔分子筛中的催化

8.1　硅铝介孔分子筛的制备

介孔氧化硅材料具有的规则大孔道、极高的比表面积和吸附量，为诸多较大尺寸有机分子的催化转化、吸附/分离等提供了理想场所。但对于纯硅介孔分子筛而言，由于其完全电中性的骨架缺乏必要的活性中心（酸性中心、氧化-还原能力等）和离子交换能力，催化活性不高，因而难以直接在催化反应中取得有效的应用。为了制备具有催化活性的介孔分子筛材料，人们常常于介孔氧化硅分子筛合成时采用三价阳离子（如 Al^{3+}、Ga^{3+}、Fe^{3+} 等）取代骨架硅原子形成酸性中心。总体而言，人们对 Al、Ga 和 Fe 取代硅基介孔的酸催化活性研究得较为广泛，所得介孔材料酸强度及酸催化活性顺序为 Al>Ga>Fe。其中，Fe 改性的MCM-41 只有微弱的酸性且绝大部分为 Lewis 酸中心，脱除有机物的焙烧过程会造成大部分的 Fe 从骨架中析出；相比而言，Al 掺杂硅基介孔材料显示出很强的酸性且既有 Lewis 酸中心又有 Bronsted 酸中心。因此采用 Al 进行硅基介孔材料的骨架改性是增强其酸性的最佳选择[1]。

目前，制备硅铝介孔分子筛的途径主要有四种：①直接合成法，即硅源、铝源两者在模板剂存在条件下共同水解-缩聚[2]；②后嫁接法，即与介孔氧化硅表面 Si—OH 通过后处理化学键合嫁接含铝组分[3,4]；③浸渍法，即将铝盐溶液通过浸渍-干燥-煅烧途径，得到铝改性介孔氧化硅[5]；④离子置换法，如将 Al^{3+} 与阳离子型表面活性剂（如 CTAB）进行置换，然后进行适当后处理[6]。

作者团队围绕硅铝介孔分子筛开展了系列研究工作，聚焦于"含铝硅基介孔分子筛的合成、表征及其应用研究"，结合多种表征手段对产物的物化性质、结构性能和催化活性进行了系统表征，深入理解铝原子的引入对结构和催化性能的影响，以期丰富介孔分子筛的学术内涵并努力拓宽其应用领域[7-9]。本节将着重介绍作者团队设计开发的三种非常具有代表性的硅铝分子筛及其应用性能。

8.1.1　高度分散 AlMCM-41 纳米硅铝介孔分子筛的制备与表征

1. 材料的制备

以正硅酸乙酯（TEOS）和硝酸铝 $[Al(NO_3)_3 \cdot 9H_2O]$ 为无机氧化物前驱

体，以十六烷基三甲基溴化铵（CTAB）和聚乙二醇（PEG-4000）分别为结构导向剂和粒度控制剂，配料摩尔比为 1.0 TEOS：0.2 CTAB：x PEG：y Al(NO$_3$)$_3$·9H$_2$O：200 H$_2$O，合成纳米硅铝介孔分子筛。首先将反应物充分溶解，然后向溶液中引入一定量的氨水调节 pH 到预定值以保证 TEOS 的充分水解，待 pH 恒定后将所得胶体在室温下连续搅拌两天。将所得沉淀物过滤收集、洗涤、干燥并于 550℃ 焙烧 6h 后即得纳米硅铝介孔分子筛。

为了考察水热处理对最终产物分散性及结构的影响，将已在室温下连续搅拌一天的胶体移入不锈钢自压反应釜中于 110℃ 水热晶化两天，以考证该处理对产物物性的影响。合成过程中 PEG 的引入量以 PEG/CTAB 质量比计算，重点考察了当其为 0、1、5、15、30、60 时对纳米介孔材料分散性的影响。同时重点研究了当配料中 Si/Al 摩尔比为 5、20、40、60 以及 ∞ 时对所得介孔材料的粒度、结构性能的影响。

2. 材料的主要物性特征

在配料 Si/Al=5.0 摩尔比保持恒定时，考察了 PEG-4000 引入量对纳米硅铝介孔材料分散性、粒度的影响。发现所有样品均为纳米级颗粒材料。随着合成过程中 PEG 引入量增加（0、1%、5%、15%、60%），所得纳米材料的粒度不仅显得更加均匀，更为明显的是其分散性得到有效提高，团聚程度显著下降，表明 PEG 可有效对纳米颗粒的分散性进行调控。而且在 PEG/CTAB=15%~60% 均可制备得到单分散、粒径均匀的纳米材料。结合代表样品 TEM（图 8.1）分析可知，所得纳米颗粒不仅分散性良好、粒度均匀单一，而且其中包含大量规整的孔道结构，从 TEM 图片估算出样品的孔径约为 2.4nm。很明显，纳米颗粒表面既有平行排列的孔道结构，也有垂直颗粒表面的孔道走向，说明所得纳米介孔分子筛具有六方排列的 AlMCM-41 孔道结构。

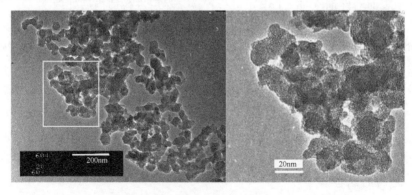

图 8.1　代表样品的 HRTEM 照片（PEG/CTAB=15%）

基于 XRD 与 N₂ 吸脱附的分析结果，表 8.1 给出了所有样品的结构参数。显然，所有介孔纳米分子筛均具有传统介孔材料的全部特征，即极高的比表面积、较高的吸附量以及均匀的孔径分布等。而且，元素分析 ICP-AES 结果表明样品中均含有较高的铝含量（达 7.15%），这也可能会影响纳米硅铝介孔分子筛孔道结构的长程有序性。

为了揭示铝物种在此类纳米硅铝介孔分子筛中存在形式和状态，实验中运用铝核磁共振技术对其进行了有效表征。发现所得纳米硅铝介孔分子筛中铝原子的存在形式极其类似，即均存在三种配位形式的铝原子，分别为 4-配位（~51ppm）、5-配位（~25ppm）和 6-配位（~0ppm）的铝物种。然而，与以往纳米硅铝介孔分子筛不同的是，当前研究的纳米硅铝材料中 4-配位铝原子的相对含量显著增加，且明显高于 6-配位的铝原子。此外，发现 PEG 的引入与否对骨架网络体系中铝原子的配位环境没有任何影响。

表 8.1　研究样品的结构性能指标

样品	d_{100} /nm	比表面积 /(m²/g)	孔容 /(cm³/g)	孔径 /nm	孔壁 /nm	Al 含量 /wt%
N-0[a]	3.546	834.38	0.9757	2.44	1.65	7.12
N-1	3.5549	854.31	0.8886	2.4	1.7	—
N-5	3.6368	838.87	0.8127	2.41	1.79	—
N-15	3.6685	818.21	0.9116	2.47	1.77	7.15
N-60	3.8711	536.58	0.8898	2.41	2.05	—

a：N-x 样品对应不同的 PEG 投加量，x=PEG/CTAB。

总的来说，以中性表面活性剂 PEG-4000 为纳米颗粒分散剂，以阳离子 CTAB 为造孔剂，通过无机物种水解-缩聚分步进行的途径可方便制得单分散、粒度均匀的纳米硅铝介孔分子筛材料，而且通过大量分析结果可知，在 PEG/CTAB 比值较宽的范围内均可获得分散性良好的纳米介孔材料，从而为其广泛应用打下了很好的前期基础。

进一步，详细考察了硝酸铝引入量（以 Si/Al 摩尔比表示）对最终介孔材料结构及形貌的影响。分别研究了当配料中 Si/Al 比为 5、20、40、60 以及 ∞ 时所得的产物，且各自标记为 N-5、N-20、N-40、N-60 及 N-∞。表 8.2 给出了引入 TEOS 之前不同 Si/Al 比情况下所得表面活性剂溶液的 pH。可以看到，体系 pH 随着 Si/Al 比值的增加而逐渐升高，且当 Si/Al=5 时整个体系的 pH 约为 2.95，非常接近硅物种的等电点[10]。已有研究表明，这种情况下 TEOS 水解最快，但聚合最慢，且因与阳离子型模板剂缺少充分的相互作用使得水解的硅物种无法与 CTAB 进行自组装过程[11]。然而，随着体系中碱性催化剂氨水的引入，由于无机物种与 CTAB 间的作用变为传统的静电作用力，从而在 CTAB 模板剂的导向作用下，充分水解的无机前驱体可快速、方便地形成纳米介孔颗粒。与此同时，随着无机物种聚合程度的提高，体系中的 PEG-4000 可有效附着在纳米颗粒表面避免纳米颗粒的严重团聚。但是，随着投料中 Si/Al 比值的增加，所得表面活性剂溶液的酸度逐渐下降，Si/Al 比值从 5 到 ∞ 时，体系 pH 逐渐从 2.95 升至 5.01。一般而言，TEOS 的水解、聚合对体系 pH 极其敏感，其在等电点附近水解最快、聚合最慢，但在中性下其聚合速率最快。可见，随着 Si/Al 摩尔比的升高，TEOS 的水解受到一定抑止，而聚合反应明显得到加强，从而使得整个体系在引入氨水前无法达到分子水平的均匀分布。

表 8.2　不同 Si/Al 比条件下所得溶液的 pH 及最终产物的结构性能

样品	pH^a（溶胶）	pH^b（溶胶）	比表面积/(m²/g)	孔容/(cm³/g)	孔径/nm	d_{100}/nm
N-5	~2.95	~9.24	818.21	0.9116	2.47	3.6348
N-20	~3.44	~9.25	1066.96	1.0314	2.65	3.7897
N-40	~3.63	~9.25	1088.16	1.1825	2.7	3.8475
N-60	~3.82	~9.25	1063.61	1.7338	3.16	4.1787
N-∞	~5.01	~10.0	1111.73	1.4183	3	4.2348

a：引入 TEOS 前的 pH；b：引入 NH₄OH 后的最终 pH。

配料时硝酸铝的量对最终产物的形貌影响很大。尽管体系中有中性表面活性剂 PEG-4000 的存在，但从样品 N-5 至 N-∞ 的粒度不仅显著增加，而且粒径分布明显不均匀，颗粒大小差异显著。由此可见，配料时的硝酸铝的用量对产物的形貌起着极其重要的作用，明显影响 TEOS 的水解和聚合进程，表明纳米硅铝介孔材料的合成过程中需要对各个环节进行严格控制。

表 8.3 列出了体系中引入不同氨水用量后（氨水浓度为 2mol/L）所得介孔材料的织构参数。可见，在所研究的 pH 范围均可制得结构性能优良的硅铝介孔材料，即具有较高的比表面积、较大的孔体积。通过 FE-SEM 分析，发现所得产物均有纳米级颗粒组成，不仅粒径大小均匀，而且不存在明显的聚集体，表明在当前所采用的碱度范围内均可简易地得到分散性良好的纳米硅铝介孔分子筛材料。值得一提的是，本小节介绍的纳米硅铝分子筛的制备方法极为方便，以铝盐自水解产生的酸性介质作为 TEOS 水解的温床，从而使得整个体系在自组装反应前达到分子水平上是均匀混合，一旦碱性催化剂氨水的引入即可引发快速聚合，而 PEG-400 的存在可有效地调控纳米颗粒团聚。可见，在保持其他制备参数恒定的情况下，体系碱度对水解后的无机物种与 CTAB 的自组装过程影响很小，进而可允许在较宽的 pH 区间制得分散性较好的纳米硅铝介孔分子筛。

表 8.3 引入氨水后体系的 pH 及介孔材料的织构参数

样品	pH[a] (溶胶)	pH[b] (溶胶)	比表面积 /(m²/g)	孔容 /(cm³/g)	孔径 /nm	d_{100} /nm
N-1	~2.95	~7.06	861.82	0.9233	2.43	3.9192
N-2	~2.95	~8.30	814.66	0.8565	2.55	3.981
N-3	~2.95	~10.1	782.13	0.8746	2.56	4.1926

a: 引入 TEOS 前的 pH; b: 引入 NH_4OH 后的最终 pH。

8.1.2 核/壳结构硅铝介孔分子筛的制备与应用

1. 材料的制备

AlMCM-41 的制备。将 0.507g NaOH、0.352g $NaAlO_2$ 及 25.578g $NaSiO_3$·$9H_2O$ 混合均匀,将其置于自压反应釜中于 110℃烘箱中水热处理 12h。然后,将其加入表面活性剂 CTAB 的溶液中,再采用稀 H_2SO_4(6.0mol/L)使体系 pH 至 9 左右,移入不锈钢自压反应釜中于 140℃恒温晶化两天。最后,将沉淀物经过滤、洗涤、干燥并于空气中 550℃焙烧 6h 即得 AlMCM-41(Si/Al=20),记为 PM(parent mesostructure)。

$NaAlO_2$ 对 AlMCM-41 原粉后处理改性制备核/壳结构硅铝介孔分子筛。将一定量的 $NaAlO_2$、CTAB 完全溶于水中,再投加焙烧过的 AlMCM-41 粉末,室温搅拌均匀后移入自升压反应釜中 110℃热处理 12h。冷却、过滤、充分洗涤、干燥并以 1.0mol/L 的 NH_4NO_3 进行离子交换后,于 550℃活化 3h 即得目标样品。改性过程中 $NaAlO_2$ 溶液的浓度可在 0.0~0.15mol/L 调变。本小节首先研究经 0.10mol/L $NaAlO_2$ 溶液改性所得产物相对原有 AlMCM-41 结构、组成、酸性及催化性能的变化,该样品记为 M1(modified sample 1)。与此同时,为了重点研究 CTAB 在改性过程中的重要性,在没有 CTAB 存在但其他步骤完全相同的条件下,采用 0.10mol/L $NaAlO_2$ 溶液对 AlMCM-41 进行改性,该样品记为 M2(modified sample 2)。

2. 材料的主要物性特征

图 8.2(a)为 PM、M1 及 M2 的 XRD 谱图。样品 PM 显示出至少 4 个清晰可见的 X 光衍射峰,可分别归于(100)、(110)、(200)及(210)面的衍射,表明该样品具有极高的长程有序性。相比之下,产物 M1 仅呈现一个(100)面的衍射峰,虽然该衍射峰强度和半高宽明显比 PM 样品(100)衍射峰强度低和半高宽大,但 M1 仍然具有介孔特征衍射峰。然而,样品 M2 则完全丧失介孔材

料的特征衍射峰，说明 PM 原有高度有序的介孔结构在改性过程中彻底被破坏，可能与强碱性（0.10mol/L NaAlO$_2$的 pH 约为 13.0）的改性体系有关。基于上述分析，可知 CTAB 在当前改性过程中起着重要的作用，否则 PM 将彻底失去介孔材料的特征。

由图 8.2（b）可以看出，样品 PM 具有极其规整的平行孔道排列，且孔道纵向生长贯串整个颗粒，表明具有很高的长程有序性，这与其 XRD 结果相吻合。图 8.2（c）给出了改性样品 M1 的低分辨 TEM 照片。很明显，其中一些颗粒的切面显示出该样品具有核/壳式结构，外层物相紧密地包覆在颗粒的表层。图 8.2（d）和（e）是图 8.2（b）中相应确定部分放大照片。值得注意的是，不仅被包覆的核中具有规整的介孔孔道，且外层的壳也呈现出大小均匀的孔道结构，只是其中孔道的长程有序性相比于核中的稍差。这些事实都证明制备得到的是核/壳结构的复合分子筛材料。这也是改性样品 M1 的 XRD 衍射光谱仅呈现出一个宽峰的原因，可能与核中、壳中不同方向的孔道结构排列有直接的关系。

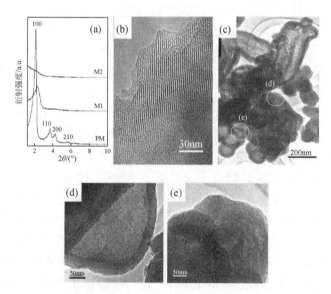

图 8.2　NaAlO$_2$溶液改性前后样品的 XRD 图谱（a）；PM（b）与 M1 [（c）、（d）和（e）] 的 HRTEM 照片

通过 N$_2$吸附-脱附测试，可以计算出样品的织构参数。三个样品的 BET 比表面积、孔径、孔容和孔墙厚度分别如下：PM 为 906m^2/g、2.79nm、0.791cm^3/g 和 2.22nm；M1 为 722m^2/g、2.48nm、0.531cm^3/g 和 2.19nm；M2 未测得孔径和孔墙数据，其比表面积和孔容分别为 29m^2/g 和 0.069cm^3/g。可以看出，是否引入 CTAB 对介孔的形成起到关键性作用。进一步，对 PM、M1 进行了 ICP、

EDAX 等组成分析以及 ^{27}Al MAS NMR 的比较研究。表 8.4 总结了部分组成分析结果，可知改性样品 M1 中铝量远远高于 PM。结合各方面的测试数据推断，改性过程就是在 CTAB 导向下 AlO_2^-、溶解的硅物种与其进行自组装并生成介孔硅铝盐的过程。

表 8.4　样品的化学组成分析结果

样品	Al/wt %	O 摩尔分数/%	Al 摩尔分数/%	Si 摩尔分数/%
PM	1.44	64.74	1.98	33.27
M1	8.74	61.82	8.44	29.74

3. 催化异丙苯裂解

以异丙苯的催化裂化为探针反应考察了 PM、M1 以及 M2 的催化活性（表 8.5）。显然，在所有催化剂中，经离子交换后的 M3 的催化活性最高，可使异丙苯的转化率达到 56.129%，相比 PM 其活性提高了近 800%。该反应中的主要产物为丙烯、苯，但也有极少量的烷基化产物如间、对二异丙苯。此外，样品 M2 完全没有催化活性，与其 NH$_3$-TPD 分析结果（未显示）非常吻合。可见，虽然改性后样品的结构性能（如比表面积、孔体积及孔径）稍有下降，但可显著提高产物的酸性及催化活性，表明引入的活性中心具有很好的可接近性。已有研究表明，在长周期的反应过程中，催化裂化催化剂常常由于积炭覆盖其活性位而逐渐失活，进而降低了催化剂的使用寿命。通常情况下，提高催化剂的传质能力或减少固体酸催化剂表面的强酸位可有效延长催化剂的使用寿命。为了考察改性样品 M1 的催化效率，研究了其催化活性随脉冲次数的变化（图 8.3）。实验中，连续 30 次脉冲反应需要大约 10h。可以清楚地看到，新鲜 M1 对异丙苯裂解的催化活性随脉冲次数的增加几乎没有明显的失活，使异丙苯的转化率保持在 40% 以上。而经过 550 度高温再生的 M1，不仅可完全恢复最初的催化能力，而且在连续的反应中也没有明显的失活。可见，M1 不但具有很好的催化使用效率，且经简单再生后仍可重复使用，从而使其在烷烃大分子的催化裂化反应中具有潜在的应用前景。

表 8.5　样品在异丙苯裂化反应中的活性比较

样品	转化率 /mol%	选择性/%			
		丙烯	苯	间二异丙苯	对二异丙苯
PM	6.184	30.44	69.55	—	—
M1	56.129	30.57	67.41	2.02	—
M2	—	—	—	—	—

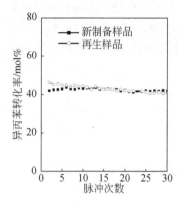

图 8.3　改性样品 M1 随
脉冲次数的活性变化

8.1.3　中空介孔硅铝球的制备及其催化裂解性能

1. 材料的制备

①球形介孔分子筛（MSS）的合成。MSS 的合成在经典的 Stöber 方法的基础上稍做改动（Modified-Stöber 法），待样品干燥完全后，将含模板剂的 MSS 研磨至均匀粉末，标记为 MSS。②前驱体溶液的合成。0.26g 铝酸钠和 0.16g 氢氧化钠溶于 25mL 四乙基氢氧化铵溶液（25% 的水溶液）中，然后快速搅拌下加入 4.8g 白碳黑，室温搅拌 8h 后转入聚四氟乙烯内衬的自压釜中，140℃ 水热反应 4h，即得后续所需前驱体溶液。③中空介孔硅铝球的合成。称取 2.0g 上述所制得的含 CTAB 模板的 MSS 介孔硅球，加入上述所制的 25mL 前驱体溶液中，室温搅拌 4h，然后将混合物转入自压釜中 140℃ 水热处理，所得产物过滤、洗涤干燥后，550℃ 空气下焙烧 6h，根据水热处理时间的不同，产物分别定义为 HMAS-HX，X 代表水热处理的时间，将上述只室温搅拌 4h 的样品定义为 MSS-B。

2. 材料的主要物性特征

原始的 MSS 为光滑的实心球形颗粒［图 8.4（a）］。而对于只搅拌 4h（未水热处理）的样品 MSS-B，其外表面有一层包覆物［图 8.4（b）及其插图］。当 140℃ 水热处理 0.5h 时，样品 HMAS-H0.5 虽然仍为实心，但是其颗粒密实度明显比 MSS 和 MSS-B 小［图 8.4（c）］。随着水热处理时间延长到 2h，HMAS-H2［图 8.4（d）］开始有一些中空内腔形成，只是空腔尺寸很小。继续延长水热处理时间到 6h，样品 HMAS-H6［图 8.4（e）］的空腔尺寸明显大于 HMAS-H2 的。最后，水热处理时间为 12h 的样品 HMAS-H12［图 8.4（f）］，形成了单分散结构非常好的中空。

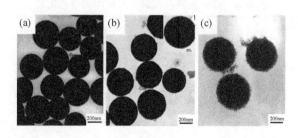

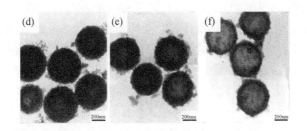

图 8.4　不同水热处理时间样品的 TEM

(a) MSS；(b) MSS-B；(c) HMAS-H0.5；(d) HMAS-H2；(e) HMAS-H6；(f) HMAS-H12

各样品的织构参数列于表 8.6。从比表面积、孔径和孔容的变化可以看出，水热处理 0.5h 的样品 HMAS-H0.5 比表面积和孔容都最小，这应该归因于这时的介孔结构遭到严重破坏所致（此时小角 XRD 衍射峰最弱）。而 HMAS- H2、HMAS-H6 和 HMAS-H12 的比表面积和孔容逐渐增加，这是由于其介孔结构和中空腔逐渐形成所致。另外，在水热处理过程中，孔径也逐渐增加，这也可能是由于介孔的有序性越来越好所导致的结果。

表 8.6　样品的织构参数

样品	Si/Al	比表面积 /(m²/g)	孔径 /nm	孔容 /(cm³/g)
MSS	—	945.6	2.8	0.53
MSS-B	141	942.3	2.7	0.52
HMAS-H0.5	87	336.5	2.1	0.21
HMAS-H2	72	589.7	2.4	0.46
HMAS-H6	61	755.1	2.7	0.69
HMAS-H12	48	930.5	2.9	0.97

对 140℃ 水热处理不同时间的产物进行了 ^{27}Al MAS NMR 表征，以检测 Al 在样品中的配位情况，结果如图 8.5 （A）所示。可以看出，所以样品在 $\delta = 50$ppm 处有一个强峰，说明所有样品中的 Al 均为四配位，没有八配位的铝，表明所有的铝都被引入骨架中。并且随着水热处理时间的延长，峰的高度逐渐增加，这是因为样品中的铝含量逐渐增加（Si/Al 逐渐增大）所致。

进一步，对中空介孔分子筛与 Hβ 微孔分子筛（对照样）也进行了酸表征。从图 8.5 （B）a 可以看出，Hβ 分子筛在 230℃、300℃ 和 430℃ 处出峰，分别对应弱酸、中强酸和强酸性，酸量也是最大的。对于原始的 MSS 球形分子筛，因为里面没 Al，所以基本没有酸性 [图 8.5 （B）b] 所示。图 8.5 （B）c 是样品

HMAS-H0.5 的 NH$_3$ 脱附曲线，在 230℃ 附近有一个 NH$_3$ 脱附峰，说明它具有弱酸性，这是因为在水热处理 0.5h 后，有少量的前驱体（沸石）被引入样品中。样品 HMAS-H2 [图 8.5（B）d] 的酸性和 HMAS-H0.5 类似，都在 230℃ 附近有一个 NH$_3$ 脱附峰，但酸量有所增加。图 8.5（B）e 中的 HMAS-H6 在 310℃ 附近又多了一个 NH$_3$ 脱附峰，说明它有一定量的中强酸性，但酸量较弱。而图 8.5（B）f 中的 HMAS-H12 在 220℃ 和 330℃ 处有两个 NH$_3$ 脱附峰，表明它具有较好的中强酸性，但酸性跟 Hβ 分子筛相比相差甚远。对比曲线 c ~ f，不难发现，样品的酸性和酸量逐渐增加，这是因为沸石前驱体结构单元在水热处理下，逐渐被引入样品中。

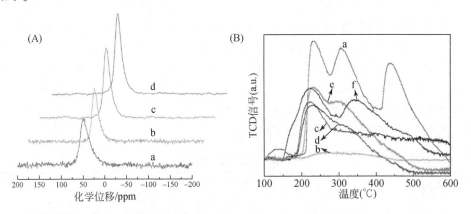

图 8.5　^{27}Al MAS NMR 谱图（A）：a. HMAS-H0.5；b. HMAS-H2；c. HMAS-H6 和
d. HMAS-H12；（B）NH$_3$-TPD 曲线：a. Hβ；b. MSS；c. HMAS-H0.5；
d. HMAS-H2；e. HMAS-H6 和 f. HMAS-H12

3. 催化裂解性能

鉴于制备的 HMAS 具有的酸性及其良好的中空"纳米反应器"[12] 构型，用催化裂解大分子 1，3，5-三异丙苯为探针反应，考察材料的催化性质，结果如表 8.7 所示。

从表 8.7 可以看出，MSS 没有催化活性。对于有酸性的 HMAS-H0.5，转化率为 27.2%，随着水热处理时间的延长，样品的酸性和酸强度越来越强，转化率逐渐升高。虽然 Hβ 沸石具有很高的酸强度和酸性，但是它的转化率却很低，即便酸性最弱的 HMAS-H0.5 转化率也比它高，这是因为 Hβ 沸石的 12 元环孔直径为 6.7Å，而大分子 1,3,5-三异丙苯的动力学直径为 9.4Å，1,3,5-三异丙苯分子不能扩散进入 Hβ 沸石的孔道中，只能在 Hβ 沸石表面被裂解，所以转化率很低。而 HMAS 样品虽酸性较 Hβ 沸石弱很多，但是它们有介孔结构，为反应物分子扩

表 8.7　样品催化裂解 1，3，5-三异丙苯数据

样品	温度/℃	转化率/mol%	选择性/wt%				
			丙烯	苯	异丙烯基苯	间二异丙基苯	对二异丙基苯
MSS	300	0	—	—	—	—	—
HMAS-H0.5	250	27.2	20.1	12.1	45.2	13.9	8.6
	300	39.5	22.5	12.8	43.1	13.0	9.6
	350	44.3	23.9	13.2	43.0	11.9	8.0
HMAS-H2	250	54.8	25.2	14.8	42.7	11.6	5.7
	300	58.4	27.7	15.3	40.1	10.0	6.9
	350	60.7	29.4	15.9	39.2	9.2	6.3
HMAS-H6	250	70.5	31.5	16.7	35.8	10.1	5.9
	300	74.9	36.9	17.9	34.2	5.7	4.3
	350	80.4	37.1	17.8	35.3	6.2	3.6
HMAS-H12	250	88.3	38.1	8.4	38.0	10.9	4.6
	300	99.2	43.1	8.9	39.8	4.9	3.3
	350	100	46.8.	10.7	40.9	1.6	—
Hβ	250	2.7	—	—	—	100	—
	300	7.5	—	—	11.7	75.0	13.3
	350	10.2	—	5.2	13.5	69.6	11.7

散到孔道内的酸中心以及产物分子的输出提供了丰富的通道，大大改善了反应物和产物的传质，所以转化率比 Hβ 沸石高。具有中强酸性的 HMAS-H12 具有最高的催化裂解活性。几乎能够完全裂解 1,3,5-三异丙苯。

8.2　基于沸石前驱体的硅铝介孔分子筛

尽管人们通过各种方法在一定程度上提高了介孔分子筛的水热稳定性和酸性，但和微孔沸石相比，仍然较低。因此，合成与微孔沸石具有类似的酸性和水热稳定性的介孔分子筛一直是人们追求的重要研究目标[13-16]。研究表明，一些沸石的前驱结构单元体，即在形成完整的沸石结构单元前所形成的初级和次级结构单元，已经具有了较强的酸性。

四乙基氢氧化铵、四丙基氢氧化铵等短链有机铵通常是合成沸石分子筛的有效模板剂，在介孔分子筛的合成体系中加入这些短链有机铵就有可能在产物介孔

分子筛骨架上嫁接沸石基本结构单元。基于此，许多研究者在这方面进行了有益的探索。制备的分子筛材料的确是微孔/介孔复合分子筛材料，但是产物的有序度差，且水热稳定性距离工业实际应用所期望的稳定性还有很大差距。

如果将预先制备的沸石前驱体中的沸石纳米粒子直接组装进入介孔分子筛孔壁，能否合成出具有高催化活性中心和水热稳定的介孔分子筛呢？在这方面，美国的 Pinnavaia 研究组[17]和国内吉林大学的肖丰收研究组[18,19]分别进行了开创性的研究工作。这两个研究小组的主要思路是首先制备出具有 Fau、Beta 和 MFI 等沸石基本结构单元的硅铝纳米簇，然后将这些沸石纳米簇与表面活性剂自组装形成规则的介孔材料。这些介孔材料具有规则的孔道结构、较高的比表面积和孔体积，同时具有很高的水热稳定性和提高了的固体酸性。这种方法可以称为"直接组装"法。随后，加拿大的 Kaliaguine 研究组[20]开发了一种新颖的基于沸石基本结构单元的后处理方法，基本思路就是将澄清的 MFI 沸石前驱体溶液中的沸石基本结构单元嫁接到预先制备的介孔氧化硅分子筛的孔壁上，所得的硅铝介孔材料不仅具有优良的水热稳定性而且具有显著提高的固体酸性。这种方法可以归纳为"后嫁接"方法。总体来说，沸石前驱体无论作为基本结构单元进入分子筛骨架还是通过后处理方法"镀"到介孔分子筛的孔壁上都在很大程度上提高了介孔分子筛的水热稳定性和固体酸性。

作者团队结合沸石化学和自组装方法并应用到介孔分子筛的合成中[7]，旨在探索沸石前驱体和单体硅源在不同介质环境中的组装行为，并尝试制备具有特定形貌的水热稳定性介孔分子筛，已取得了一些颇有意思的研究结果。

8.2.1　基于沸石前驱体的 S$^+$X$^-$I$^+$ 路线合成硅铝介孔分子筛

在"直接组装"方法中，沸石前驱体可以通过 S$^+$I$^-$ 和 S^{0}I^0 路线在碱性或酸性条件下组装得到水热稳定的介孔分子筛。但是如果合成参数控制得不合适，通过 S$^+$I$^-$ 路线合成的介孔分子筛可能由于沸石纳米簇在碱性条件下的继续生长而得到所不期望的复混相结构；而在酸性条件下通过 S^{0}I^0 路线合成含铝介孔分子筛的过程中，产物要在强酸性介质中经过长时间和较高温度条件下组装得到，严重的脱铝效应导致最终产物中的骨架铝含量远低于起始配料中的铝含量，尽管合成的介孔分子筛有较强酸性位，但是骨架铝的严重流失导致分子筛骨架酸量的减少。

实际上，S$^+$X$^-$I$^+$ 路线（强酸性介质环境下）也是一条重要的介孔分子筛合成路线，带正电荷的表面活性剂基团（S$^+$）和带正电荷的硅物种（I$^+$）通过带负电荷的静电补偿离子 X$^-$ 间接发生相互作用。虽作用力较弱，但此路线所合成的分子筛形貌可控性强。不足之处是水热稳定性比较差。如果能将沸石前驱体的"直接组装"方法和强酸性条件下的 S$^+$X$^-$I$^+$ 组装路线相结合，就有可能得到同时具有较高水热稳定性和特殊形貌的介孔分子筛。

在 S⁺X⁻I⁺ 路线中，静电补偿离子 X⁻ 的性质对产物介孔分子筛的结构和形貌影响很大，因此本小节尝试通过改变溶液中的静电补偿离子 X⁻ 来达到控制产物介孔分子筛的结构和形貌以及其他物性的目的。

1. 在盐酸介质中基于沸石前驱体的 S⁺X⁻I⁺ 介孔分子筛合成路线

(1) 沸石纳米簇的合成及介孔分子筛的组装

将 0.3g 铝酸钠（NaAlO$_2$）和 0.16g 氢氧化钠（NaOH）溶于 20mL 四乙基氢氧化铵（TEAOH 25% 水溶液）中，再加入 4.8g 白炭黑（fumed silica）并在室温下搅拌 3h 呈均相，然后将上述混合液装入聚四氟乙烯内衬的不锈钢自压釜中，140℃ 下晶化 4h 得到含有 β 沸石纳米簇的前驱体溶液。取 3.54g 十六烷基三甲基溴化铵（CTAB）和 45mL HCl（10mol/L）溶于 150mL 去离子水中。在强烈搅拌下将预先制备的前驱体溶液逐滴加入此模板剂溶液体系中，此时的酸浓度约为 2mol/L，室温下搅拌 1h 后过滤、洗涤、干燥。取 1g 干燥样品加入 50mL 氨水（1mol/L）中于 110℃ 下晶化 48h，经冷却、过滤、洗涤、干燥后在 550℃ 马弗炉中焙烧 6h 脱除有机模板剂得到介孔分子筛产物。普通 MCM-41 按照文献在酸性条件下制备，氨水热后处理步骤同上。在沸水中处理 120h 来考查样品的水热稳定性。

(2) 基于沸石前驱体制备的介孔分子筛的主要物性表征

图 8.6（a）给出了合成的原粉在 1mol/L 氨水中 110℃ 下处理 48h 并焙烧后所得样品（Si/Al=30）的 XRD 图（上线），小角区衍射图与普通 MCM-41 ［图 8.6（b）］ 的谱图相似，可见清晰（100）、（110）及（200）衍射峰，d_{100} 值为 4.1nm。大角区没有明显的衍射峰 ［图 8.6（a）内置图］，即产物中没有独立的 β 沸石晶粒，所得分子筛为单一介孔相。高分辨电镜图像 ［图 8.6（c）］ 显示样品具有规整有序的六方排列介孔孔道结构，为典型 MCM-41 的特征。样品的吸脱附等温是典型的 IV 型等温线，吸附和脱附等温线在 p/p_0 介于 0.3 ~ 0.4 有一个突跃，表明得到介孔孔径分布很窄的分子筛。

由 XRD 和 N$_2$ 吸附结果计算所得样品的织构参数如表 8.8，普通 MCM-41 的孔壁厚度只有 1.4nm，而用本方法合成的介孔分子筛样品的孔壁厚度为 2.0nm，但样品的比表面积和孔体积则相应较普通 MCM-41 降低很多。β 沸石纳米簇的粒径很小，可以为介孔分子筛的骨架容纳。在组装介孔分子筛的过程中，先期进入表面活性剂胶束间空隙的沸石纳米簇相对无定形硅铝具有更大的体积和硬度，存在明显的空间效应，导致了所合成的介孔分子筛具有相对于 MCM-41 更厚的孔壁。

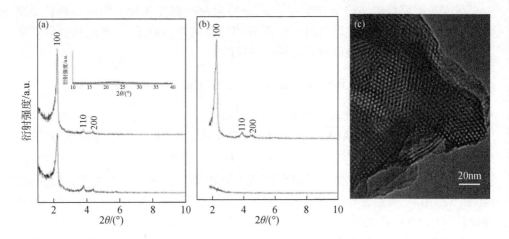

图 8.6 （a）基于沸石前驱体制备的介孔分子筛样品（简称"样品"）在沸水中处理 120h 前（上线）后（下线）的小角 XRD 图，内置图为样品的广角 XRD；（b）MCM-41 沸水中处理 120h 前（上线）后（下线）的小角 XRD 图；（c）样品的 HRTEM 照片

表 8.8 $S^+X^-I^+$ 路线合成的样品和 MCM-41 在沸水中处理 120h 前后的织构特征

	处理时间	d_{100} /nm	孔径 /nm	孔壁 /nm	比表面积 /(m²/g)	孔容 /(cm³/g)
样品	0	4.1	2.8	2.0	720	0.68
	120h	4.0	2.8	1.9	663	0.62
MCM-41	0	3.3	2.5	1.4	1428	0.85
	120h	—	—	—	280	0.58

（3）介孔分子筛的水热稳定性和酸性

经 $S^+X^-I^+$ 路线合成的分子筛样品和普通 MCM-41 水热处理前后的 XRD 图谱见图 8.6（a）、（b）（下线），在沸水中处理 120h 后，样品的（100）、（110）和（200）衍射峰仍然保留，具有显著的介孔特征 [图 8.6（a）]，比表面积从老化前的 720m²/g 降低到 663m²/g，孔体积从 0.68cm³/g 降低到 0.62cm³/g，壁厚从 2.0nm 降低到 1.9nm（表 8.8）。作为对比样，XRD 和 N₂ 吸附图表明介孔特征显著的普通 MCM-41 在沸水中处理 120h 后完全失去了介孔特征 [图 8.6（b）]，比表面积从 1428m²/g 骤降到 280m²/g（表 8.8）。这说明本路线合成的介孔分子筛的水热稳定性显著优于普通 MCM-41。由样品的 ²⁹Si MAS NMR 证实其 Q³/Q⁴ 很小，表明以沸石纳米簇作为基本结构单元组装的介孔分子筛显示出较高的骨架聚合度。同时，孔壁的厚度也是影响水热稳定性的因素。因此，预先制备的 β 沸石

纳米簇中硅氧四面体和铝氧四面体的紧密联结方式在组装介孔分子筛时得以保留，在此基础上氨水热后处理步骤更促进了分子筛骨架的深度聚合，提高了骨架的聚合度和强度，而且孔壁厚度提高到 2.0nm。这样通过 $S^+X^-I^+$ 路线及氨水热后处理步骤合成的介孔分子筛便具有了优良的水热稳定性。

　　采用 NH_3-TPD 方法对样品的固体酸性进行了考察（图 8.7）。本方法合成的介孔分子筛材料（图 8.7 中的 b）在约 210℃、320℃ 和 430℃ 处有三个脱附峰，分别对应于弱酸位、中强酸位和强酸位。而 HAlMCM-41（图 8.7 中的 a）只在 230℃ 和 340℃ 左右有两个分别对应于弱酸位和中强酸位的脱附峰，没有对应于强酸位的脱附峰，说明本路线所合成样品具有 HAlMCM-41 所没有的强酸位。图 8.7 中的 c 是 ZSM-5 的 NH_3-TPD 图，它同时具有分别对应于弱酸位、中强酸位

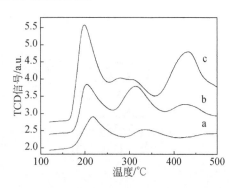

图 8.7　HAlMCM-41（a）样品（b）和 ZSM-5（c）的 NH_3-TPD 图

和强酸位的三个脱附峰，只是强酸位的相对量多于本合成方法得到的介孔分子筛。NH_3-TPD 结果有效证明所得介孔分子筛样品具有普通 MCM-41 所没有的强酸性位，可以满足某些酸催化反应所需的酸强度的要求。β 沸石纳米簇引入介孔分子筛骨架是产生强酸位的主要原因。

　　（4）可能的组装过程

　　在讨论沸石前驱体通过 S^+I^- 路线在碱性条件下合成同时具有强酸性和高水热稳定性的硅铝介孔分子筛时，前人已提供了一些可能的组装过程。结合文献及作者团队得到的实验结果，推测在强酸性条件下的 $S^+X^-I^+$ 路线中，带正电荷的表面活性剂基团（S^+）和带正电荷的沸石纳米簇（I^+）通过带负电荷的静电补偿离子 Cl^- 间接发生弱的相互作用。图 8.8 给出了本合成方法的可能合成机理图，沸石前驱体中的沸石纳米簇通过箭头方向所示的合成路线组装进入介孔分子筛骨架，静电补偿离子 Cl^- 在组装过程中发挥了重要作用。

　　2. 在硝酸介质中基于沸石前驱体的 $S^+X^-I^+$ 介孔分子筛合成路线

　　（1）材料的制备

　　将 0.3g 铝酸钠（$NaAlO_2$）和 0.16g 氢氧化钠（NaOH）溶于 20mL 四乙基氢氧化铵（TEAOH 25% 水溶液）中，再加入 4.8g 白炭黑（fumed silica）并在室温下搅拌 3h 呈均相。然后将上述混合液装入聚四氟乙烯内衬的不锈钢自压釜中，140℃ 下晶化 4h 得到含有 β 沸石纳米簇的前驱体溶液。取 3.54g 十六烷基三甲基

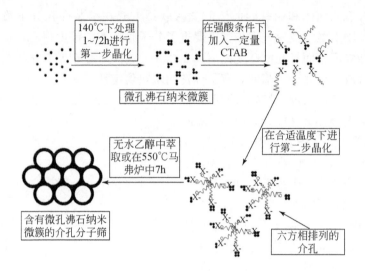

图 8.8　基于沸石前驱体的介孔分子筛 $S^+X^-I^+$ 合成路线的可能机理图

溴化铵（CTAB）溶于 200mL HNO₃ 溶液（2mol/L）中。在搅拌下将预先制备的前驱体溶液逐滴加入此模板剂溶液体系中，25℃下搅拌 24h 后经冷却、过滤、洗涤、干燥后，在马弗炉中 550℃ 焙烧 6h 脱除有机模板剂得到介孔分子筛产物。作为对比样，按照文献方法在硝酸介质中以 TEOS 作为硅源合成纯硅纤维状介孔分子筛。在沸水中老化 48h 来考察所合成介孔分子筛的水热稳定性。

（2）宏观形貌、结构和水热稳定性

如图 8.9（a）所示，纤维状产物占到 95% 以上，平均长度和直径分别为 300μm 和 30μm。分子筛纤维的长度分布较宽，但长度较长的纤维一般来说直径较粗。提高放大倍数可见 ［图 8.9（b）、（c）］，这些分子筛纤维都是由很多更细的纤维平行缠绕而成。在强酸性条件下的 $S^+X^-I^+$ 路线中，静电补偿离子 X^- 的性质对组装过程中形成的"柔性"过渡结构影响显著。在当前的合成条件下，静电补偿离子 NO_3^- 对表面活性剂离子结合力较强，从而能够在溶液体系中形成拉长的胶束。在磁力搅拌产生的稳定剪切流的作用下，这些混乱的"蠕虫状"胶束发生定向排列。当沸石前驱体加入 CTAB 的硝酸溶液中后，其中的沸石纳米簇缩聚在定向排列的棒状胶束周围并最终形成了纤维状介孔分子筛产物。而在本节前述，在同样浓度的 HCl 介质中，由于 Cl^- 和表面活性剂离子结合力较弱，沸石前驱体的组装产物表现为外形不规则的颗粒状。

图 8.9（d）给出了焙烧后样品（Si/Al = 30）的 XRD 图，可见清晰的（100）、（110）和（200）衍射峰，d_{100} 值为 3.83nm，样品具有 MCM-41 的典型六方排列介孔结构。而在盐酸介质中，必须经过氨水热后处理步骤才能得到具有

规整六方结构的介孔分子筛。经过沸水中老化48h后，（100）衍射峰的强度有所降低，但是（110）衍射峰仍然可见，规整的六方介孔结构得以保留。而介孔特征显著的普通 MCM-41（d_{100} 值为 3.69nm）在沸水中处理 48h 后衍射峰几乎完全消失，失去介孔特征。在大角度 XRD 上没有明显的衍射峰，即产物中没有独立的 β 沸石晶粒。强酸性介质抑制了沸石纳米簇的进一步生长，所得分子筛具有单一介孔结构。

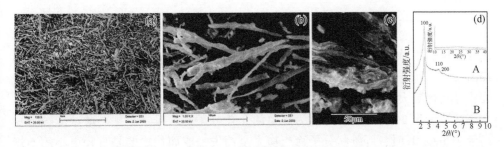

图 8.9　在 2mol/L 硝酸介质中所合成纤维状介观材料的 SEM 图（a）～（c）及其 XRD 图（d）（d 图中 A 为煅烧后材料的小角 XRD，B 为沸水煮 48h 后的小角 XRD，内置图为广角 XRD）

　　进一步，对沸石前驱体作为基本结构单元在 2mol/L 硝酸介质中所合成介孔分子筛进行了 N_2 吸附等温线测试。发现其为典型 Ⅳ 型等温线，吸附和脱附等温线在 p/p_0 介于 0.3～0.4 有一个突跃，表明得到介孔孔径分布很窄的分子筛。由脱附支所得的孔分布图给出一个分布很窄的 2.50nm 的介孔。在 p/p_0 介于 0.8～1.0 有一个明显的突跃，这说明此分子筛材料具有丰富的织构孔道。在沸水中老化 48h 后，介孔特征依然完好保留。N_2 吸附等温线与 XRD 给出的介孔结构信息相一致。

　　由 XRD 和 N_2 吸脱附结果计算所得样品的织构参数见表 8.9。普通 MCM-41 的孔壁厚度只有 1.76nm，而用本方法合成的介孔分子筛样品的孔壁厚度为 1.92nm。在组装介孔分子筛的过程中，先期进入表面活性剂胶束间空隙的沸石纳米簇相对无定形硅铝粒子具有更大的体积和硬度，存在明显的空间效应，导致了所合成的介孔分子筛具有相对于 MCM-41 更厚的孔壁。水热老化前后的比表面积和孔体积对比数据体现了此纤维状介孔分子筛水热稳定性的提高。经过 48h 沸水中老化，样品比表面积从 1053m²/g 降低到 926m²/g，孔体积从 0.96cm³/g 降低到 0.82cm³/g，比表面积和孔体积保留率很高。而普通 MCM-41 在沸水中处理 48h 后完全失去介孔特征，丧失大部分的比表面积和孔体积。

　　（3）酸浓度对分子筛形貌和织构的影响
　　在本合成路线中，硝酸浓度对产物介孔分子筛的形貌具有显著的影响。改变

表8.9　样品和纯硅 MCM-41 水热老化 48h 前后的织构参数

	老化时间/h	d_{100} /nm	孔径 /nm	孔壁 /nm	比表面积 /(m²/g)	孔容 /(cm³/g)
样品	0	3.83	2.50	1.92	1053	0.96
	48	3.66	2.50	1.73	926	0.82
MCM-41	0	3.69	2.50	1.76	1352	0.98
	48	—	—	—	476	0.57

硝酸浓度，当浓度为 1mol/L 时，产物主要为不规则形状的颗粒，平均粒径为 10μm。当浓度提高到 1.5mol/L 时，SEM 观察显示介孔分子筛产物形貌发生显著变化，在得到大量硅铝颗粒碎片的同时出现了长度大于 100μm 的絮状短纤维。在硝酸浓度为 2mol/L 时，产物为规整的介孔分子筛纤维。当把硝酸浓度继续提高到 2.5mol/L 时，纤维状分子筛产物完全消失，取而代之的是直径更小的不规则形状的颗粒。浓度低于 2mol/L 时，随着酸浓度的提高产物分子筛逐渐纤维化。2mol/L 的硝酸介质是以沸石前驱体制备纤维状介孔分子筛的最优条件，过低或过高的硝酸浓度都不利于纤维状产物的组装。在硝酸浓度为 2mol/L 时孔壁厚度达到最大的 1.92nm，这也有助于提高水热稳定性。

（4）静电补偿离子效应

文献研究表明[21]，以 TEOS 为硅源通过 $S^+X^-I^+$ 路线在 C_{16} TMAB- TEOS- HX- H_2O 体系中，所合成六方介孔分子筛的有序度按 $NO_3^- > Br^- > Cl^- > 1/2SO_4^{2-}$ 的顺序依次降低。在硝酸溶液中所合成分子筛产物可观察到清晰的（100）、（110）、（200）和（210）特征衍射峰，而在相同浓度的盐酸介质中所得产物就只能观察到（100）、（110）和（200）衍射峰而无法观察到体现更好长程有序度的（210）衍射峰。在本合成方法中，沸石前驱体中的硅铝纳米簇作为基本结构单元进行介孔分子筛的组装。在盐酸介质中所得产物的介孔分子筛结构规整度很差，表现在（100）衍射峰严重宽化，（110）及（200）衍射峰不可见，只能通过氨水热后处理步骤才能得到结构规整的六方介孔结构。而在相同浓度的硝酸介质中所得产物可见清晰的（100）、（110）和（200）衍射峰。所以静电补偿离子的类型对于沸石前驱体的组装行为和所得产物的结构规整度影响显著。

$S^+X^-I^+$ 路线中介孔结构形成的决定因素主要有以下三个：①静电补偿离子 X^- 在表面活性剂表面的吸附平衡；②胶束表面无机硅物种 I^+ 的浓度；③质子催化的在胶束表面上硅物种的聚合。S^+X^- 聚合体催化的硅物种的聚合反应是组装过程的速度控制反应。X^- 和表面活性剂离子 S^+ 的结合体对硅物种的聚合反应的催化反应遵循 $NO_3^- > Br^- > Cl^- > 1/2SO_4^{2-}$ 的顺序。NO_3^- 和 S^+ 的结合力最强，$S^+NO_3^-$ 结合体对硅物种聚合的催化能力最强。沸石前驱体中的纳米簇体积较大，S^+Cl^- 催化沸石纳米簇聚合的能力较弱，这就造成在盐酸介质组装得到的介孔分子筛结构规整度很差。$S^+NO_3^-$ 结合体可以有效地催化沸石纳米簇的聚合过程，所以在硝酸介质中就能够直接得到结构规整的介孔分子筛。

8.2.2　Beta 沸石前驱体和硅酸钠共组装制备介孔分子筛

为了拓展介孔分子筛的应用范围，必须对其形貌进行控制。人们利用多种方法制备了具有管状、球状和纤维状等系列形貌的介孔分子筛。其中管状介孔分子筛因其在吸附、分离及光电子领域的潜在应用引起人们极大的兴趣[22]。Lin 及 Mou 等[23]通过特殊的 "delayed neutralization process" 方法分别以硅酸钠和铝酸钠作为硅源和铝源制备了管状形貌的 MCM-41 分子筛，原料和工艺都很简单。但是其稳定性差，在沸水中处理 14h 就完全失去介孔特征。以沸石纳米簇作为基本结构单元来组装介孔分子筛是提高其水热稳定性的有效方法，沸石纳米簇中 SiO_4 和 AlO_4 单元的紧密联结方式在组装介孔分子筛时得以保留是水热稳定性提高的主要原因。在前期工作中，证实了沸石前驱体和 TEOS 的共组装路线的可行性。如果以硅酸钠代替 TEOS，就有可能得到所期望的管状宏观形貌。本小节通过硅酸钠、铝酸钠和 Beta 沸石前驱体在碱性条件下的共组装得到了具有管状形貌的高水热稳定性介孔分子筛，硅酸钠和铝酸钠的加入为形貌调变创造条件，Beta 沸石纳米簇进入介孔分子筛骨架显著提高其水热稳定性[24]。

1. 沸石前驱体的合成及介孔分子筛的组装

合成路线可以分为以下三步：①制备 Beta 沸石前驱体，将四乙基氢氧化铵（TEAOH 25% 水溶液）溶于去离子水中，加入铝酸钠（NaAlO₂）和白炭黑（fumed silica）并搅拌呈均相，混合体系中 $Al_2O_3/SiO_2/(TEA)_2O/H_2O$ 为 1/60/12/2290，50℃下搅拌 18h 得到含有 Beta 纳米簇的沸石前驱体溶液。②将十六烷基三甲基溴化铵（CTAB）溶于去离子水中，加入硅酸钠（$SiO_2/Na_2O = 1.03$）和铝酸钠并搅拌溶解。然后加①中的沸石前驱体溶液于此体系中，其中来自硅酸钠的 SiO_2 的量等于来自沸石前驱体中的 SiO_2 的量，$Al_2O_3/SiO_2/CTAB/H_2O$ 为 1.0/60/16.8/（3000～4800），此时体系的 pH 大于 13。搅拌 10min 后，加适量 H_2SO_4（2mol/L）于混合体系中使 pH 逐渐降低到 10。③将此混合体系于自压釜中 110℃晶化 48h，过滤、洗涤、干燥后，在 550℃马弗炉中烧 6h 去除有机模板剂后得到分子筛样品。④作为对比样，普通 MCM-41（Si/Al = 30）样品按文献制备。样品和普通 MCM-41 在沸水中处理 150h 来评价其水热稳定性。

2. 织构性质和水热稳定性

经 XRD 表征，发现样品的（100）、（110）和（200）衍射峰具有类 MCM-41

的典型六方介孔特征。在沸水中老化 150h 后，虽然（100）衍射峰的强度有所降低，（110）及（200）衍射峰仍然清晰可见，规整的六方介孔结构得以保留。然而，分别以硅酸钠和铝酸钠作为硅源和铝源制备的普通 MCM-41 虽然具有（100）、（110）、（200）和（210）特征衍射峰，但是在沸水中老化 150h 后衍射峰几乎完全消失，失去介孔特征。

样品在沸水中老化前后的 N_2 吸脱附等温线与 XRD 结果相一致。未经老化处理前，样品的 N_2 吸脱附等温线是典型的 IV 型等温线，在 p/p_0 介于 0.3 ~ 0.4 有一个突跃，表明所得介孔分子筛孔径分布很窄。经过 150h 沸水中老化后，样品的 N_2 吸脱附等温线仍是典型的 IV 型等温线，表征介孔结构的 p/p_0 介于 0.3 ~ 0.4 的突跃仍然保留。同时还发现，N_2 吸脱附等温线在 p/p_0 大于 0.5 以上有一个大的回滞环，这反映了所合成介孔分子筛材料的一个重要结构信息（将在随后讨论）。XRD 及 N_2 吸脱附等温线的结果一致，说明本方法合成的介孔分子筛不仅具有规整的介孔孔道结构，而且具有很高的水热稳定性，硅酸钠、铝酸钠和 Beta 沸石前驱体在碱性条件下共组装制备介孔硅铝分子筛的方法是可行的，沸石纳米簇的引入在没有减弱六方纳米孔道的规整度的同时提高了产物介孔分子筛的水热稳定性。

由 XRD 和 N_2 吸附结果计算所得样品的织构参数见表 8.10。普通 MCM-41 的孔壁厚度只有 1.77nm，而用本方法合成的介孔分子筛样品的孔壁厚度达到 2.12nm。沸石纳米簇相对无定形硅铝物种具有更大的体积，存在明显的空间效应，导致了所合成的介孔分子筛具有相对于 MCM-41 更厚的孔壁。经过 150h 沸水中老化，样品比表面积从 947m^2/g 降低到 751m^2/g，孔体积从 1.03cm^3/g 降低到 0.87cm^3/g，比表面积和孔体积保留率均很高。而普通 MCM-41 在沸水中老化 150h 后，比表面积从 1140m^2/g 骤降到 340m^2/g，失去了大部分的比表面积。相对于分别以硅酸钠和铝酸钠作为硅源和铝源制备的普通 MCM-41 硅铝分子筛，通过硅酸钠、铝酸钠和 Beta 沸石前驱体在碱性条件下共组装所得的介孔硅铝分子筛水热稳定性显著提高。

表 8.10　共组装路线合成分子筛样品和普通 MCM-41 经沸水处理 150h 前后的织构特征

	老化时间/h	d_{100} /nm	孔径 /nm	孔壁 /nm	比表面积 /(m^2/g)	孔容 /(cm^3/g)
样品	0	4.15	2.67	2.12	947	1.03
	150	4.14	2.68	2.10	750	0.87
MCM-41	0	3.81	2.63	1.77	1140	1.08
	150	—	—	—	340	0.65

3. 形貌特征

通过 SEM 和 TEM 考察产物介孔分子筛的宏观形貌。在 SEM 下可以观察到约有 90% 的样品表现出规则的管状形貌，如图 8.10（a）所示，其平均直径为 0.30μm，平均长度为 2.0μm。图 8.10（b）中 TEM 显示这些分子筛微管是中空的，壁厚约为 20nm。还通过 HRTEM 方法来考察了这些管状介孔分子筛的微观结构信息。如图 8.10（c）、（d）所示，沿着管轴的方向，管的内壁和外壁上均可观察到平行于管轴的等距条状结构，条纹间距约为 3.55nm，乘以 $2/3^{0.5}$ 后其值为 4.10nm，与由 XRD 得到的 d_{100} 值基本吻合，说明这些规则的条状结构是大量定向排列的 MCM-41 纳米孔道的（110）面，而且介孔分子筛的有序纳米孔道阵列和分子筛微管是同轴的。管口的 HRTEM 图上可以发现规整的 "honeycomb-like" 六方介孔孔道。这与 Lin 及 Mou 等[23]以硅酸钠和铝酸钠作为硅源和铝源通过特殊的 "delayed neutralization process" 方法所制备的管状 MCM-41 分子筛的形貌特征相同。Beta 沸水纳米簇的引入没有给分子筛的二级结构调变带来不利影响，仍然可以得到纯度很高的管状介孔分子筛。

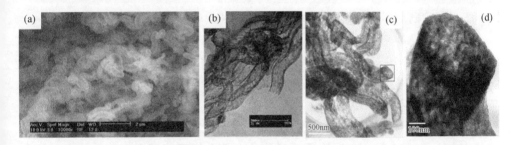

图 8.10 所合成样品的 SEM（a）和 TEM 图（b）及其 HRTEM 图（c）、（d）

4. 空穴缺陷结构

如图 8.10（d）所示，可以发现分子筛微管骨架的颜色很不均匀。为了更加透彻地观察产物介孔分子筛，选择典型分子筛微管和伴生颗粒做了暗场 HRTEM 表征。如图 8.11（a）所示，分子筛微管上密集分布着大量的空穴，在 HRTEM 图中表现为直径介于 5～30nm 的不规则形状黑点。本合成路线中，管状介孔分子筛的纯度大于 90%，其余为颗粒状产物。如图 8.11（b）所示，在伴生分子筛颗粒上也存在大量直径介于 20～50nm 的不规则形状缺陷空穴。

产物介孔分子筛 N_2 吸脱附等温线在 $p/p_0>0.5$ 以上有一个大的回滞环，这给出了所合成介孔分子筛材料的一个重要结构信息。用 BJH 方法，分别基于 N_2 吸脱附等温线的吸附支和脱附支得到的孔分布曲线如图 8.11 （c） 所示。由吸附支得到的孔分布图给出一个 3.02nm 的介孔，而由脱附支得到的孔分布图在显示一个 2.67nm 的规整介孔的同时在 3.70nm 处出现了一个附加的介孔。来自吸附支和脱附支的孔分布曲线的差异表明脱附支给出的 3.70nm 的孔道并不是客观存在的，而是由孔道效应造成的。

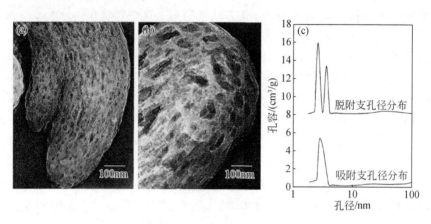

图 8.11　所合成介孔分子筛样品的暗场 HRTEM 图 （a）、（b） 及其孔径分布图 （c）

HRTEM 图中所示的大量空穴结构的存在可以很好地解释这种特异的 N_2 吸附行为和来自吸附支和脱附支的孔分布曲线的差异。大量分布于管状介孔分子筛骨架中的缺陷空位被类 MCM-41 的一维纳米介孔孔道包围。在 N_2 吸附等温线的吸附支，p/p_0 介于 0.3~0.4 的突跃是由 N_2 吸附质在有序介孔孔道中的毛细凝聚引起的。在 p/p_0>0.5 后，N_2 吸附质通过这些介孔孔道逐步进入空穴结构中。而在 N_2 吸附质的脱附过程中，因为缺陷空位被充满 N_2 吸附质的介孔孔道包围，缺陷空位中的 N_2 吸附支就不能在相应分压下毛细蒸发。当分压继续下降到 0.3~0.4 时，纳米介孔孔道中的 N_2 吸附质蒸发后，缺陷空位中 N_2 吸附质蒸发的路径打开，这时足够强的驱动力使 N_2 吸附质几乎在瞬时逸出，这就在等温线脱附支上形成了一个突跃。这也就在脱附支等温线上显示一个 2.67nm 的规整介孔的同时在 3.70nm 处出现了一个附加的孔。这个在脱附支上出现的 3.70nm 的孔道并不是客观存在的，已有文献分析了它的非物理特性[25]。

如果将 MCM-41 介孔分子筛用作催化剂或催化剂载体，它所具有特征一维纳米孔道不利于反应物和产物在体系中的扩散和传输，这在一定程度上阻碍了 MCM-41 在催化和吸附领域的应用。通过沸石前驱体和硅酸钠的共组装所制备的管状介孔分子筛包含大量的体相缺陷空位，这些空位可以将类 MCM-41 的一维纳米孔道联结成三维结构。此分子筛较普通 MCM-41 的传质能力增强，这将有利于将其作为有机大分子转化的催化剂或催化剂载体。

5. 管状介孔分子筛的形成过程分析

在 CTAB 模板剂的作用下，硅酸钠、铝酸钠及含有 Beta 纳米簇的沸石前驱体溶液共组装得到了具有高水热稳定性的中空管状介孔分子筛。沸石前驱体作为部分硅源可以提高产物介孔分子筛的水热稳定性，单体硅源硅酸钠的加入可以为介孔分子筛的形貌调控创造条件。基于以上两点，深入研究沸石前驱体和单体硅源在表面活性剂胶束体系中发生水解、缩聚的竞争和协同效应，将有助于了解管状介孔分子筛的形成过程。在本合成路线中，硅酸钠、铝酸钠和 Beta 沸石前驱体溶液共同加入后，体系表现出强碱性（pH>13）。来自硅酸钠的可溶性硅物种以低聚体的形式存在，而沸石纳米簇保持其在前驱体溶液中的原始状态，沸石纳米簇的 pKa 值小于低聚体硅物种。图 8.12 是这种管状介孔分子筛的形成过程的可能机理图。以 H_2SO_4 缓慢中和体系，pKa 值较低的沸石纳米簇优先和 CTAB 表面活性剂胶束发生相互作用引发自组装过程（$S+Br^- +I^- \longrightarrow S+I^- +Br^-$）（A）。根据 "ostwald ripening" 机制[26]，在中和过程中，来自硅酸钠的低聚体硅物种倾向于溶解为 $Si(OH)_4$ 并沉积在沸石纳米簇上（B）。介孔结构通过缩聚过程形成，且沸石纳米簇作为成核中心。

当前的共组装路线采用双元前驱体（沸石前驱体和硅酸钠）合成介孔分子筛，不同于文献中单纯以硅酸钠作为硅源的方法，但是由 Lin 和 Mou 等[23]提出的这种特殊的管状形貌介孔分子筛的形成机理仍然适用。通过滴加少量 H_2SO_4 中和一部分碱后，体系的 pH 有所降低，这时形成了六方结构和层状结构共存的混合相，硅物种开始聚集在胶束的外表面上。但此时的 pH 仍然较高，层状排列的六方棒状胶束被溶液层彼此隔开，作为过渡态独立分散在体系中，硅物种之间不能发生聚合（C $\longrightarrow$ D）。这些层状结构本身很不稳定，加入 H_2SO_4 进一步中和后引起不同胶束间硅物种的聚合及由此产生的层状结构表面的电荷不平衡。为了达到能量较低的稳定状态，层状结构沿着胶束的方向发生卷曲，就形成了上述的管状介孔分子筛（E $\longrightarrow$ F）。通过 membrane→ripple→tubule 的逐步转变过程，管状介孔分子筛在中和过程中逐渐形成。本合成路线不必严格遵守 Lin 和 Mou 等[23]建议的 30min 以上的缓慢中和过程，2mol/L 的 H_2SO_4 溶液迅速加入合成体系中调解 pH 为 10 就可以得到规整的管状介孔分子筛产物。对比两个合成体系，沸石前驱体的引入是分子筛微管组装过程简化的唯一可能原因。密集分布的沸石纳米簇增强了图 8.12（E）中过渡态膜上的电荷不平衡，所以由膜向管卷曲的推动力增加。

由膜到管的弯曲、闭合过程不可避免地会形成局部应力和由此引起的棒状胶束间的堆积缺陷。在硅物种的聚合过程中，多余的层间水受到挤压聚集成微小的

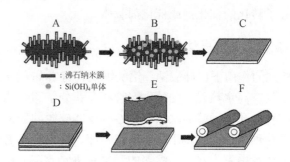

图 8.12　管状介孔分子筛的形成过程的可能机理图：（A）沸石纳米簇和 CTAB 的自组装聚集体；（B）沸石纳米簇、Si(OH)₄单体和 CTAB 三者的自组装聚集体；（C）、（D）混合层状六方膜相；（E）酸化导致膜曲卷；（F）中和使膜弯曲卷成细管

水泡，大量的结构空穴作为这种"水泡"的遗迹密集分布于所合成管状分子筛骨架中。Al 元素对于管状介孔分子筛中缺陷空位的形成作用明显。根据"Löwenstein's rule"[27]，沸石等结晶硅铝酸盐的骨架中会尽量避免在骨架中形成Al—O—Al 键。Al 含量的增加会引起 MCM-41 的颗粒直径变小，这些小颗粒的结构重组会形成更多的缺陷空位。单独以硅酸钠和铝酸钠作为硅源和铝源来制备管状介孔分子筛，铝酸钠的量对所合成产物形貌的影响非常明显。在本工作中，如果只在模板剂体系加入沸石前驱体和硅酸钠而不另外加入铝酸钠，也无法得到管状介孔分子筛占优势的产物。这说明来自于铝酸钠的可溶性铝物种在本合成路线中对于缺陷空位的形成具有尤其重要的促进作用，而固载中沸石纳米簇中的 Al物种对于缺陷空位的形成作用不明显。然而，过多的 Al 元素也不利于缺陷空位的形成。

8.3　蠕虫状硅铝介孔分子筛

以 MCM-41 为代表的介孔氧化硅分子筛的问世，为催化、吸附分离、主客体组装以及高等无机材料合成等学科的发展注入了新的活力。这类新型多孔材料，因其具有较大、均匀且可以通过调变合成参数进行调节的孔径、极高的比表面积和孔体积以及较高的结构稳定性等诸多优点，而备受相关领域内研究者的青睐。近年来，除了成功制备了以长链烷基季铵盐/碱阳离子表面活性剂为模板剂的M41S 系列介孔分子筛，人们采用各种表面活性剂为模板相继开发了多种不同结构类型的硅基介孔分子筛；如以二价铵类阳离子表面活性剂为模板剂的 SBA-n 系列，以长链烷基伯胺为模板剂的 HMS 系列，以聚氧乙烯基醚类非离子表面活性剂为模板剂的 MSU-n 系列，以中性嵌段共聚物（PEO$_x$-PPO$_y$-PEO$_x$，如 $x = 20$,

$y=70$ 等）表面活性剂为模板剂的 SBA-n 系列（SBA-15、SBA-16 等），以及采用阴离子表面活性剂为模板剂合成的完全手性孔道结构的 AMS-n 系列等多种类型的硅基介孔分子筛。与此同时，将各种金属杂原子如 Al、Fe、Ga、Ti、Zr、V、Cr、Mn 等引入上述几类介孔分子筛的骨架结构中，得到了一系列固体酸或氧化还原催化剂。这类介孔催化剂的成功合成，对于在较温和的反应条件下实现大分子有机底物的裂解转化或选择催化氧化，以制备各种精细化学品和有机中间体，有举足轻重的作用，从而有望调和沸石材料由于其较小的孔径而无法有效处理有机大分子的矛盾。同以通过静电作用为主合成的 M41S 系列介孔分子筛相比，以非离子型表面活性剂的首基与无机前驱体之间的氢键作用为主的 HMS、MSU-n 系列介孔分子筛有以下优势：①分子筛的合成条件更温和；②所用中性表面活性剂较阳离子型表面活性剂价格低廉许多；③由于模板剂与无机前驱体之间以氢键作用力为主，因此模板剂可以通过用有机溶剂萃取的途径加以除去和回收，这不仅可以降低分子筛的制备成本，同时也可以减少焙烧过程给环境造成的污染。

从反应动力学的角度看，三维孔道结构的 MSU 型介孔催化剂要比一维孔道排列 MCM-41、SBA-15 更具有优势，不仅可使反应物分子更易接近活性中心，且可使反应物和产物分子易于进入或溢出孔道从而避免孔道的堵塞问题，进而可有效降低催化剂的失活[28,29]。但就目前三维蠕虫状孔道排列的 MSU 型介孔分子筛的发展历史看，人们更多地把精力放在了纯硅、有机基团改性或具有氧化还原能力的过渡金属原子掺杂上，而极少有研究涉及 AlMSU 的制备、表征和酸催化性能考察，这可能与 MSU 型介孔分子筛的中性或弱酸性合成区域有直接的关系，因为在这样的制备条件下，很难将 Al 原子有效地引入其骨架结构中。虽然，有研究者分别以 TEOS 和 $Al_2(SO_4)_3 \cdot 18H_2O$ 作为硅源和铝源，利用中性 TN-101 为模板剂，通过在合成过程加入远远过量的铝源制备了 AlMSU-2 介孔分子筛，但该材料中铝原子的配位环境复杂，且研究中并未对材料的酸性和催化性能进行表征和讨论。

作者团队围绕具有优异应用前景的蠕虫状纳米硅铝介孔分子筛，在材料的设计制备、物性解析、催化性能评价方面开展了系统的研究工作[30,31]，以期为该类硅铝介孔材料的生产和应用探索提供一些有用的基础数据。

8.3.1　蠕虫状孔道纳米硅铝介孔分子筛及其烷基化反应性能

1. 材料的制备

（1）蠕虫状孔道纳米硅铝分子筛的制备

纳米硅铝分子筛的制备以 TEOS、$Al(NO_3)_3 \cdot 9H_2O$ 为无机前驱体，以 CTAB 为结构导向剂，通过低温溶胶-凝胶结合煅烧途径进行的。产物中的铝含量可通过调整配料中的 Si/Al 比来调节，集中研究当配料中 Si/Al 比为 7.5 时所得纳米硅铝分子筛的结构、酸性以及催化性能。整个制备体系中未有其他金属离子存在（如 Na^+、K^+ 等），产物无需进行离子交换、活化等步骤，可直接作为固体酸催化剂。

（2）常规 AlMCM-41 的制备

为了更好地与蠕虫状纳米硅铝分子筛进行比较，常规 AlMCM-41 的合成过程中采用完全相同的原料，且整个体系的物料摩尔比为 $TEOS : 0.133Al(NO_3)_3 \cdot 9H_2O : 0.25CTAB : 4NH_4OH : 200H_2O$，配料中的 Si/Al 亦为 7.5。

ZSM-5 购于南开大学催化剂厂；Y、USY 由北京石油化工科学研究院第 14 研究室提供。

2. 纳米硅铝分子筛与常规 AlMCM-41 的结构比较

图 8.13（A）给出了焙烧后的纳米硅铝介孔分子筛的 SEM 电镜照片，纳米硅铝分子筛的初级颗粒几乎均为大小相同、尺寸约为 40 ~ 80nm 的球状体，且由于巨大的表面能使得它们紧密堆积一起而形成了直径高达几微米的次级颗粒。而高放大倍数的 HRTEM 照片显示［图 8.13（B）、（C）］，不仅纳米级的颗粒中遍布大小均匀的介孔孔道，而且这些孔道结构的排列缺乏明显的长程有序性，完全类似于 MSU-n 的 3D "worm-like" 孔道结构。与此相反，水热条件下制备的常规 AlMCM-41 的 TEM 呈现出非常规整的平行孔道结构［图 8.13（D）］。

图 8.13（E）给出了焙烧纳米硅铝介孔分子筛与 AlMCM-41 的 XRD 图谱。很明显，纳米分子筛仅在小角区呈现出一个类似于 MSU-n、HMS 的包峰，且该峰强度很低，可能与其缺乏长程有序性的 3D "worm-like" 孔道结构以及较小的纳米级颗粒有关。相比之下，AlMCM-41 显示出至少 3 个分辨较好的衍射峰。结合 TEM 的结果，这些峰可以很好地分别被指认为六方相（$p6m$）的（100）、（110）、（200）面的衍射，与先前报道的 MCM-41 衍射结果几乎完全吻合，表明所研究的 AlMCM-41 具有很好的长程有序性。可见，尽管二者合成过程中所用原料相同，但制备途径的差异使得二者具有完全不同的孔道结构和颗粒大小，说明介孔材料的形成对制备体系特别敏感，即使细微的变化也有可能影响最终介孔产物的结构性能。

N_2 吸脱附实验显示纳米硅铝介孔分子筛和常规 AlMCM-41 均具有典型 IV 型吸附等温线，且在 0.25 ~ 0.35 相对压力区间都存在明显的突跃拐点，表明二者中的介孔分布均很狭窄。进一步的测试与计算结果表明，纳米硅铝分子筛材料中的织构介孔孔体积约是其骨架介孔孔体积的 1.68 倍，而粒度较大的 AlMCM-41 中几乎无织构介孔的存在。显然，若将纳米硅铝介孔分子筛用作固体酸催化剂或催化剂载体时，这种独特的织构介孔的存在将大大方便物料由体相向颗粒内部介孔

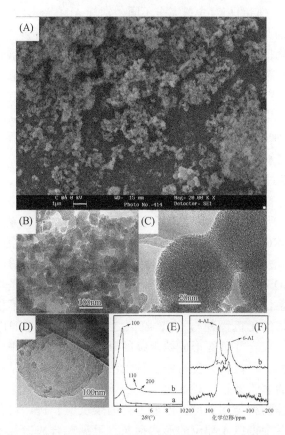

图 8.13　纳米硅铝介孔分子筛的电镜照片（A）低放大倍数 SEM 图；（B）、（C）高放大倍数
HRTEM 图；（D）常规 AlMCM-41 的 TEM 照片；（E）纳米硅铝分子筛（a）与常规 AlMCM-41
（b）的 XRD 谱图；（F）纳米硅铝介孔分子筛（a）与 AlMCM-41（b）的固体[27]Al MAS NMR
谱图

孔道的传递。因此，纳米硅铝介孔分子筛无疑将是一种具有潜在优势的催化剂或
载体材料。

　　已有研究表明，非骨架铝（6-Al，~0ppm）一般认为以 $[Al(OH)_n]^{(3-n)+}$、
$Al(H_2O)_6^{3+}$、氧化铝、缔合铝等形式定位于分子筛空隙阳离子位置上，归属非
骨架铝。同时，五配位铝（5-Al，~30ppm）也归属非骨架铝。而四配位四面体
铝（4-Al，~55ppm）嵌在分子筛骨架结构上为骨架铝。为了考察纳米硅铝分子
筛与常规 AlMCM-41 中铝原子的存在形式，采用固体[27]Al MAS NMR 技术对二者
进行了测试。图 8.13（F）是由相同原料制得的纳米硅铝介孔分子筛与 AlMCM-
41 的[27]Al MAS NMR 谱。显然，虽然二者均含有 4、5、6 配位形式的铝原子，但

其共振峰形状，即它们的相对含量完全不同。常规 AlMCM-41 中的骨架铝含量约占 55%，且相应的共振峰信号之间没有明显叠加，清晰可辨。与此相反，纳米硅铝介孔分子筛中非骨架铝含量约占 60%，而且共振峰之间彼此严重重叠。实验中曾对纳米分子筛进行了多次重复合成，且每次的铝核磁谱图基本相同，说明其骨架体系中这些铝的存在形式并非偶然，因此推测可能与其制备条件密切相关。其实，所研究的纳米硅铝分子筛是采用新颖的两步合成法制备得到的，即使得无机前驱体的水解与其缩聚过程分步进行。众所周知，铝盐（硝酸铝、氯化铝、硫酸铝等）在水溶液中因其水解会导致整个体系为弱酸性。例如，在纳米硅铝介孔材料的制备过程中，澄清溶液 B 的 pH 约为 2.73。因此，当溶液 A、B 混合时，整个体系的酸性与 Si 的等电点非常接近，此时 TEOS 水解很快但缩聚速度最慢。再者，由于所用模板剂是阳离子型的 CTA^+，再加上体系中没有足够的抗衡离子（如 Cl^-、NO_3^- 等），使得 TEOS 的水解单体与 CTA^+ 胶束之间由于缺乏充分的相互作用而无法进行缩聚反应，所以此时体系仍为澄清透明的溶液，这个阶段可看作是 TEOS 的水解过程，且整个体系在分子水平上是均匀分散的。但是，当往上述体系快速倾入 50mL 的浓氨水后，此时体系中不仅会生成很多的晶核，且由于水解的无机物种与 CTA^+ 胶束之间的作用力为静电引力从而使得无机物种快速进行聚合并最终形成纳米级的颗粒。在此过程中，可能由于硅物种相互之间更容易进行聚合，使得铝物种无法有效地进入其结构网络中，从而导致形成了更多的非骨架铝。相比之下，由于 AlMCM-41 整个制备过程均在碱性条件下进行，硅物种与铝源可方便地进行缩聚反应，进而可使绝大部分的铝原子进入结构体系中得以 4 配位的形式存在。可见，合成途径不仅决定着最终介孔产物的结构性能，更重要的是，还对骨架中金属离子的存在形式有重要的导向作用。

3. 在萘异丙基化反应中的初步应用

多环芳烃的烷基化产物在合成具有特殊功能的材料方面日益受到广泛重视。其中，萘的烷基取代产物 2，6-二烷基萘是制备各种聚酯、高级塑料以及热变形液晶聚合物的重要原料，由于萘的双环的引入，使得其衍生物在耐热性、机械稳定性等方面与以苯为原料经烷基化反应后的产物相比，具有更为优异的性能。目前，萘的异丙基化反应主要应用是沸石分子筛催化剂，而介孔材料作为烷基化催化剂还很少研究。其中，金属改性的 MCM-41 作为催化剂研究的最为广泛。如 Zhao 等[32] 系统考察了通过后处理固载制得的 $AlCl_x$-MCM-41 介孔催化剂在液相异丙苯基化反应中的活性。再者，Liu 等[33] 采用过量浸渍法制备了具有 Keggin 结构的磷钨酸负载的 PW/SBA-15 介孔催化剂，表征了磷钨酸在 SBA-15 载体表面的分散性和催化剂的酸性，并探索了在该介孔催化剂上萘与异丙醇的烷基化反应性能。但是，这种后处理制备的介孔催化剂常常因为活性组分流失在反应的液相中而渐渐失活。

对制得的纳米硅铝介孔分子筛进行了详细地表征，结果证实其大小为 40～80nm 球形颗粒，而且具有利于传质的三维蠕虫状的孔道结构，也许该类介孔催化剂材料在液相反应中更能发挥其结构上的潜在优势。因此，本小节系统探索了其在液相萘丙基化反应中的催化活性，并获得了一些有趣的实验结果。

首先，对吸附了吡啶的纳米硅铝介孔分子筛进行 FTIR 光谱表征。证实该介孔催化剂呈现出三种硅铝孔材料所特有的酸性中心，即 Lewis 酸中心（1460cm^{-1}）、Bronsted 酸中心（1550cm^{-1}）以及二者共同作用产生的复合酸中心（1490cm^{-1}）。通过计算可知，其中 Bronsted 酸中心和 Lewis 酸中心的含量分别是 3.4A/（mg·cm^2）、16.2A/（mg·cm^2），表明 Lewis 酸中心占主导，这与其^{27}Al MAS NMR 分析结果相一致。

在酸催化剂作用下，芳烃烷基化反应通常被认为是按照阳碳离子反应机理进行，即催化剂酸中心与烷基化试剂作用产生阳碳离子，而后阳碳离子进攻芳环上电子云密度较大的碳原子而发生烷基化反应，其中阳碳离子的生成为整个反应的控制步骤。因而，阳碳离子的稳定性势必影响芳烃的烷基化反应性能。为此，首先研究了萘与异丙醇烷基化试剂在不同有机溶剂中的反应性能，研究结果列于表 8.11。

表 8.11　不同溶剂下、纳米硅铝分子筛上萘异丙基化反应性能

溶剂	转化率/mol%	选择性/mol%			$S_{\beta\text{-IPN}}$/mol%	S_{DIPN}			$S_{\beta\text{-}\beta}$/mol%
		IPN	DIPN	PIPN		2, 6-	2, 7-	其他	
1#	92.76	27.53	69.17	3.3	68.42	24.05	12.89	63.06	36.94
2#	86.69	39.45	58.72	1.83	73.48	28.11	15.97	55.92	44.08

1#：十氢萘；2#：环己烷；IPN：单异丙基萘，包括1-和2-IPN；DIPN：二异丙基萘，包括1，2-、1，3-、1，4-、1，5-、1，6-、1，7-、1，8-、2，3-、2，6-和2，7-DIPN；PIPN：聚异丙基萘。

从表 8.11 可知，相比环己烷（2#），以十氢萘（1#）作溶剂时萘的转化率稍高，可达 92.76%，而其他反应指数则相差无几，故以下研究将采用十氢萘作为有机溶剂。显然，所研究的纳米硅铝分子筛不仅可使萘的转化率高达 90% 以上，而且对 DIPN 的选择性也比较高可达 69%，表明其在萘异丙基化反应具有良好的催化能力。与此同时，因纳米硅铝介孔材料的孔径（2.4nm）较大，使其对 2，6-DIPN（0.72nm）无明显的选择性特征，仅可使 2，6-/2.7-DIPN = 1.865，可见异丙基化产物中含有大量的三取代和四取代产物。进一步，考察了反应温度和反应时间对纳米硅铝介孔分子筛萘异丙基化反应性能的影响。证实反应温度为 280℃时、反应时间 4h 是较为适宜的反应条件。

在此基础上，发现异丙醇/萘摩尔比对纳米硅铝介孔催化剂上萘的异丙基化反应有相当大的影响（表 8.12）。当摩尔比由 1 增至 2 时，萘转化率显著提高，同时其他反应指标略有下降，可能与萘转化率显著增加有关；当摩尔比继续增至 3 时，介孔催化剂失活明显，不仅萘转化率下降很多，且其他反应指标也明显降低，表明过量的异丙醇致使催化活性中心快速失活，这是由于异丙醇在酸性中心上易进行分子内脱水生成丙烯，而丙烯在孔道表面聚合结焦，覆盖活性中心而致使催化剂失活。显然，以纳米硅铝介孔材料为萘异丙基化催化剂时，异丙醇/萘的摩尔比最好不要高于 2。

表 8.12　异丙醇/萘摩尔比对纳米硅铝分子筛催化性能的影响

比例	转化率/mol%	选择性/mol%			$S_{\beta\text{-IPN}}$/mol%	S_{DIPN}			$S_{\beta\text{-}\beta}$/mol%
		IPN	DIPN	PIPN		2, 6-	2, 7-	其他	
1	56.24	70.42	25.01	4.57	91.26	43.37	34.05	22.58	77.42
2	91.96	36.93	59.12	3.95	89.95	40.51	33.61	25.88	74.12
3	45.05	77.69	22.3	—	30.69	14.13	11.71	74.16	25.84

表 8.13 为纳米硅铝介孔分子筛与常见报道的萘异丙基化催化剂 Y、USY 的性能比较。显然，在沸石 Y、USY 上萘的转化率稍高，但其他反应指标均与纳米硅铝介孔催化剂基本相同，表明纳米硅铝介孔材料在萘异丙基化反应中有与 Y、USY 相当的催化活性。同时，沸石催化剂 Y 与 USY 上萘转化率稍高于纳米材料，可能与它们骨架体系中的铝含量较高有关。不过，三者对 2-IPN 及 2, 6-DIPN 的选择性明显低于文献报道的丝光沸石，可能与其相对较大的孔道结构有关，即尽管液相反应中有利于产物和反应物的扩散进而可使萘转化率达到很高，但孔道结构对目标产物没有明显的"择形"效应。特别是对于纳米硅铝介孔分子筛而言，目前所用的反应条件可能不是最佳条件，还需要进一步研究其在萘异丙基化反应中的催化性能。再者，通过采用合适的改性方式，如无机、有机金属盐或稀土金

表 8.13　纳米硅铝分子筛与 Y、USY 的萘异丙基化性能比较

催化剂	转化率/mol%	选择性/mol%			$S_{\beta\text{-IPN}}$/mol%	S_{DIPN}			$S_{\beta\text{-}\beta}$/mol%
		IPN	DIPN	PIPN		2, 6-	2, 7-	其他	
Nano	91.96	36.93	59.12	3.95	89.95	40.51	33.61	25.88	74.12
Y	93.89	39.79	57.97	2.24	90.96	35.7	28.09	36.21	63.79
USY	97.72	24.91	72.09	3	91.56	39.29	33.63	27.08	72.92

反应条件：温度=280℃；时间=4h；催化剂=0.5g；溶剂体积=15mL；Nano、Y 和 USY 中铝含量分别为 4.92wt%、10.70wt%和 10.20wt%。

属离子，也许能进一步挖掘纳米硅铝介孔分子筛在萘异丙基化反应中的活性。当然，为了充分发挥其独特的结构优势，还可以尝试将其应用到其他更大或长链分子的烷基化反应中，如萘的叔丁基化以及萘与长链醇的反应中。

8.3.2　Beta 沸石纳米簇为结构单元制备蠕虫状硅铝介孔分子筛及其酸催化反应性能

在8.3.1小节中，由溶胶-凝胶法制备的蠕虫状硅铝介孔分子筛尽管具有较高的酸催化活性，但同时也发现其并非具有良好的水热稳定性，应用过程中其介孔孔道基本上彻底塌陷。只是纳米颗粒间的无规则空隙使其类似弱酸性的、无定形的大孔硅铝材料，从而在易于裂解的三异丙苯反应中显示出一定的活性（注：常规 AlMCM-41 的水热稳定性更差，经同样高温水汽处理后几乎彻底丧失活性）。为了提高材料的水热稳定性，本小节以 Beta 沸石前驱体为介孔材料的构筑单元，成功制备了蠕虫状硅铝介孔分子筛 AlMSU-2-N 和一维高度有序排列的硅铝介孔分子筛 AlMCM-41-N，并对比了二者的物性和催化性能。

1. 材料的制备

（1）蠕虫状硅铝介孔分子筛 AlMSU-2-N 的制备

Beta 沸石纳米簇的制备。以白炭黑（2.4g）为硅源、NaAlO$_2$（0.158g）为铝源，加入 TEAOH（25wt%，14mL）、水（4mL）以及 NaOH（0.08g），通过140℃晶化4h制得。

AlMSU-2-N（assembled from nanosized zeolite seeds）的制备。以非离子表面活性剂聚乙二醇辛基苯基醚 TX-100 为模板剂，在强酸介质中与 Beta 沸石纳米簇共组装合成得到。AlMSU-2-N 中的铝含量可方便地通过改变沸石纳米簇中的 Si/Al 摩尔比调节，因此 AlMSU-2-N 中的 Si/Al 比可在 15~600 调变。

氢型 AlMSU-2-N 通过用 1mol/L 的 NH$_4$NO$_3$ 溶液于80℃离子交换12h后，在550℃活化3h得到，此后可进行酸性或催化性能的表征。

（2）一维高度有序排列的硅铝介孔分子筛 AlMCM-41-N 的制备

以 CTAB 为模板剂，在 pH=9 条件下与上述（1）中制备的 Beta 沸石纳米晶种共组装合成得到，命名为 AlMCM-41-N 介孔分子筛，其氢型可通过离子交换、高温活化等步骤得到。

2. 3D "worm-like" AlMSU-2-N 与 1D "well-ordered" AlMCM-41-N 的比较研究

X 射线衍射结果表明，AlMSU-2-N 的 X 衍射谱仅显示 1 个（100）宽峰，且其强度远远低于 AlMCM-41-N 的（100）面衍射峰。该结果与预期一致，说明 AlMSU-2-N 中的孔道结构的长程有序性低于 AlMCM-41-N。HRTEM 照片（图

8.14）直观地呈现了两者孔道的差异。低温 N_2 吸附-脱附实验结果表明，焙烧后的 AlMSU-2-N 与 AlMCM-41-N 均具有典型Ⅳ型吸附等温线，并且对应于介孔分布的气体分压变化非常陡峭，说明由 CTAB 和 TX-100 分别作为模板剂导向制备的 AlMCM-41-N 和 AlMSU-2-N 均具有均匀的介孔分布。综合 XRD 与 N_2 吸脱附分析结果，表 8.14 列出了 AlMSU-2-N 与 AlMCM-41-N 的物化性能指标。二者与典型的介孔材料类似，具有高比表面积、高吸附通量及单一的孔径分布等结构特征。相比之下，AlMCM-41-N 的孔体积稍高于 AlMSU-2-N，可能与二者不同的孔道结构有关，且孔容较小是 "worm-like" MSU-n 类介孔材料公认的特性。此外，AlMSU-2-N 的孔壁厚度稍高于 AlMCM-41-N，也许与二者所用模板剂不同有关。通常情况下，中性模板剂导向制备的介孔孔壁明显厚于以离子型表面活性剂合成的介孔分子筛材料。

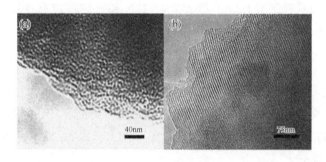

图 8.14　AlMSU-2-N（a）与 AlMCM-41-N（b）HRTEM 照片

表 8.14　AlMSU-2-N 与 AlMCM-41-N 的结构性能

样品	Al 含量 /wt%	a /nm	比表面积 /（m^2/g）	孔径 /nm	孔容 /（cm^3/g）	孔壁 /nm
AlMSU-2-N	1.9	5.2	936	2.92	0.648	2.28
AlMCM-41-N	2.01	4.73	726	2.75	0.89	1.98

　　由 NH_3-TPD 谱［图 8.15（A）］可知，离子交换后的 AlMSU-2-N 与 AlMCM-41-N 均有三个脱附峰Ⅰ、Ⅱ、Ⅲ，它们分别对应于三种强度不同的酸中心，且中强酸性中心占主导。此外，二者表面所有相对应的酸中心强度完全一致，与它们所用完全相同的 Beta 沸石纳米簇作为无机前驱物非常吻合。为更好了解 AlMSU-2-N 与 AlMCM-41-N 表面酸中心的类型，采用吡啶吸附红外光谱技术对其进行了表征［图 8.15（B）］。显然，二者均呈现 4 个硅铝介孔材料特有的吡啶吸收峰。其中，处于 $1460cm^{-1}$、$1620cm^{-1}$ 的吸收峰应归属于 Lewis 酸中心；$1550cm^{-1}$ 附近的特征峰为 Bronsted 酸中心；而 $1490cm^{-1}$ 处的吸收峰则是 Lewis 和

Bronsted 酸中心共同作用的结果。通过对比可见，尽管二者中的 Bronsted 酸中心含量基本相同，但 AlMSU-2-N 显现出更多的 Lewis 酸性中心，可能与其网络体系中含有更多的非骨架铝有关。

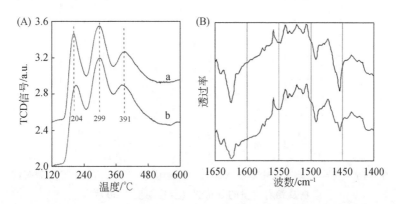

图 8.15　AlMSU-2-N（a）与 AlMCM-41-N（b）的 NH₃-TPD（A）和吡啶吸附红外光谱（B），吡啶吸附红外光谱于真空条件 150℃下脱附 0.5h 所得

3. 催化三异丙苯裂解

根据 AlMSU-2-N 与 AlMCM-41-N 所具有的中强酸性，利用大分子三异丙苯（动力学直径为 0.94nm）裂解为探针反应考察了它们的催化活性。图 8.16 为 300℃下三异丙苯在 AlMSU-2-N 与 AlMCM-41-N 介孔催化剂上发生裂解后的产物分布图。显然，由于较大的孔径和适宜反应物裂解的中强酸性，二者在反应中均使三异丙苯达到了很高的转化率（图 8.16 中 6 为未裂解的反应物，其他均为产物）。然而，对于 3D AlMSU-2-N 而言，反应产物主要为丙烯、苯及异丙苯，且它们的选择性分别是 44.15%、11.89% 和 40.36%。相比之下，在 1D AlMCM-41-N 上的裂解产物则为丙烯、异丙苯和间二异丙苯，选择性分别是 35.36%、33.97% 和 22.34%。可见，虽然二者采用了完全相同沸石纳米簇为孔壁组成单元，但是三异丙苯在 AlMSU-2-N 上的裂解程度要明显高于孔道平行排列的 AlMCM-41-N，可能与 AlMSU-2-N 更有利于物料传输的三维孔道结构有关。

总之，在强酸性条件下，以 Beta 沸石纳米簇为无机前驱物可方便制得酸性较强、反应活性良好的 3D "wormlike" AlMSU-2-N，该介孔材料独特的孔道结构使其有望在烷烃大分子的催化转化中得到广泛的应用。

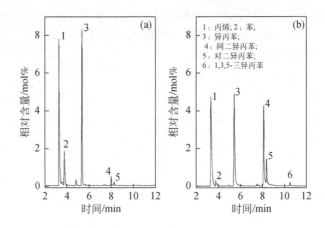

图 8.16　三异丙苯在 AlMSU-2-N（a）与 AlMCM-41-N（b）上发生裂解的
产物及相对含量的分布图（反应温度为 300℃）

8.4　微介孔复合分子筛

　　微孔沸石作为固体酸催化剂已经广泛应用于石油化工等诸多领域。然而其单一的孔结构、较小的孔径限制了其在大分子催化反应的进一步应用。介孔分子具有较大的孔道和较大的比表面积，为大分子催化、吸附分离提供了潜在的可能。随着研究的不断深入，人们发现介孔材料仍然受到很多限制，其最大的弱点在于水热稳定性很差、催化活性较低，而且含杂原子的介孔材料和相应的微孔沸石相比（如 Al-MCM-41 与 ZSM-5 相比，Ti-MCM-41 与 TS-1 相比）催化活性会低很多。这些弱点都源于介孔分子筛的骨架结构特点，尽管其连接具有一定的长程有序性，但不同于微孔分子筛的晶体骨架，其本质是无定形的。因此最有效的解决方法就是合成具有介孔主孔道和晶体孔壁的微介孔复合分子筛——介孔沸石材料。近年来，国际上很多研究组都在积极从事介孔沸石材料的研究工作[34-38]。这些研究者从不同的角度、不同的合成路线或处理方法，得到了很多具有优良催化性能的介孔沸石材料。然而，如何降低介孔沸石材料的合成成本、加强模板与前驱体作用、简化合成操作程序，从而开发出高效简单的材料合成路线仍是一个挑战性的研究任务。作者团队致力于合成方法简单高效、成本低廉、具有优良催化活性的介孔沸石材料的开发，并取得了明显进展，以下着重介绍两个代表性的工作。

8.4.1　有机硅表面活性剂制备微孔–介孔复合分子筛

微孔–介孔复合分子筛的研究一直是分子筛研究领域的热点，制备方法很多，如热处理、酸处理脱铝、碱处理脱硅、硬模板法以及其他方法，但是这些方法过程比较复杂，不利于规模化放大生产。作者团队在开展该方面的研究过程中逐步意识到，如果在合成微孔沸石的体系中加入带表面活性基团的硅氧烷，利用其表面活性基团的介孔导向作用，能否制备得到微孔–介孔复合分子筛材料呢？如果该思路能够实现，则无疑可以大大简化制备工艺，高效制备出微孔–介孔复合分子筛。对此，设计了一种有机硅表面活性剂，并将其加入制备微孔沸石的体系中，重点研究其制备过程、所形成产物的物性特征及其催化性能。

1. 材料的制备

（1）有机硅表面活性剂的制备

有机硅表面活性剂（N，N-二甲基-N-十八烷基氨丙基三乙氧基硅烷季铵盐，TPHOS）的合成由氯丙基三乙氧基硅烷（CTS）和十六烷基二甲基叔胺（DHA）为反应原料（图 8.17），两者以摩尔比 1∶1.1 在二甲基亚砜中回流发生季铵化反应（持续两天），通过正己烷憎溶析出 TPHOS（CTS 和 DHA 溶于正己烷），过滤、再用正己烷洗涤数次，得到淡黄色固体，真空干燥即得到 TPHOS。

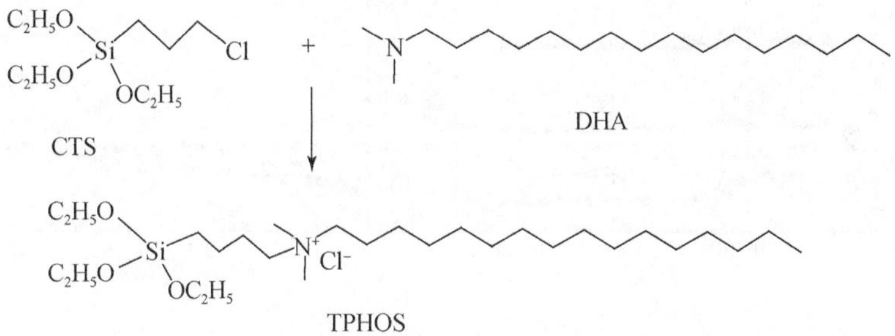

图 8.17　有机硅表面活性剂 TPHOS 的合成反应式

（2）微孔–介孔复合分子筛的制备

首先将一定量的 TPHOS 和铝酸钠溶于水中，然后加入四丙基氢氧化铵（25% 水溶液），搅拌 2h 后，快速搅拌下逐滴加入 TEOS，室温搅拌过夜，转入自压釜中 130℃水热处理四天，产物过滤、洗涤、干燥得到样品。

2. 微孔–介孔复合分子筛的主要物性表征

在合成 ZSM-5 的体系中加入 TPHOS，TPHOS∶TEOS 摩尔比分别为 2%（F1）、

5%（F2）和10%（F3）。得到的三个样品的广角 XRD 图谱见图 8.18（a）。

从图 8.18（a）可以看出，三个样品都是典型的微孔沸石 ZSM-5 的衍射峰，但是，随着有机硅表面活性剂加入量的增加，在 $2\theta=23°$ 左右的衍射峰逐渐宽化，说明样品的结晶性逐渐降低了，看来有机硅表面活性剂的加入对微孔沸石 ZSM-5 的晶化有很大影响，加入量太大对微孔沸石晶化是不利的，导致结晶度下降。既然样品已经有微孔沸石结构，那么里面有没有介孔呢？对此，进行了 N_2 吸脱附表征。

从图 8.18（b）可以看出，三个样品在初时阶段（$p/p_0<0.01$）吸附量都有一个陡峭的上升，而且曲线闭合为单层吸附，这反映了氮气在微孔内的填充。样品 F1 的吸脱附等温线有些像是 I 型等温线，说明它主要是以微孔为主，有少量的介孔存在；随着有机硅表面活性剂 TPHOS 量的增加，样品 F2 的等温线就是比较明显 IV 曲线，说明这时样品有介孔结构；随着 TPHOS 量的继续增加，样品 F3 的等温线是更加明显的 IV 型曲线，且吸附量较样品 F2 明显增大，表明介孔比表面和孔容都比样品 F2 的要大。这说明随着 TPHOS 加入量的增加，介孔结构越来越明显。

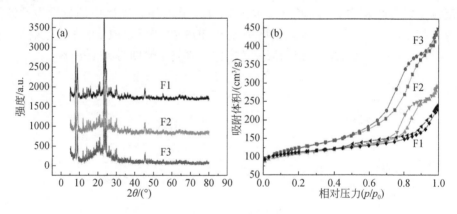

图 8.18　不同 TPHOS/TEOS 摩尔比的（F1）2%、（F2）5%、（F3）10%样品
的广角 XRD（a）及其 N_2 吸脱附曲线（b）

表 8.15 列出了样品的织构信息。可以看出，当在合成微孔沸石 ZSM-5 的体系中加入有机硅表面活性剂 TPHOS 时，样品的比表面积和孔容都增加。样品 F1 虽只加入了摩尔比 2%的 TPHOS，它的孔容比传统的 ZSM-5 的要大近 3 倍，BET 比表面积也有所增加，而且出现的介孔孔径（BJH 法）在 3.8nm。随着 TPHOS 的摩尔加入量增加到 5%，样品 F2 孔容增大到了 $0.46cm^3/g$、比表面积增大到 $380m^2/g$，这时的介孔孔径在 8.8nm。继续增加 TPHOS 的量，样品 F3 的孔容增大到 $0.69cm^3/g$、比表面积增大到 $446m^2/g$，介孔孔径在 8.9nm。通过上面样品

的织构信息的变化，可以说明，当加入 TPHOS 到合成体系中时，样品的比表面和孔容都增加，而且随着加入量的增加而增大。很明显，有机硅表面活性剂 TPHOS 的加入有利于介孔的形成，但这介孔是什么样的结构呢？为此，对样品做了 TEM 表征。

表 8.15　样品的织构参数

样品	比表面积 / （m²/g）	孔容 / （cm³/g）	孔径 /nm	微孔表面积 / （m²/g）
ZSM-5	257	0.13	—	175
F1（2%）	312	0.37	3.8	183
F2（5%）	380	0.46	8.8	179
F3（10%）	446	0.69	9.9	172

图 8.19 是三个不同有机硅表面活性剂 TPHOS 加入量所制样品 F1（2%），F2（5%），F3（10%）的 TEM 结果。可以看出，三个样品都是由微孔沸石颗粒堆积而成，表明所制得的样品介孔是由这些颗粒堆积而成的。样品 F1 的颗粒最大，样品 F2 的次之，样品 F3 的颗粒最小，这表明随着 TPHOS 加入量的增加，颗粒逐渐变小，也说明 TPHOS 的加入改变了微孔沸石 ZSM-5 的晶化行为。

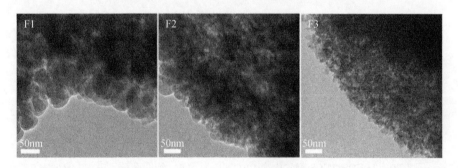

图 8.19　不同 TPHOS/TEOS 摩尔比：（F1）2%、（F2）5%、（F3）10%样品的 TEM 表征

3. 复合分子筛形成过程分析

通过以上的表征分析得知，制备的有机硅表面活性剂 TPHOS 既可以作为硅源，又可以作为介孔模板制备有序介孔分子筛。把它加入制备微孔沸石 ZSM-5 的体系中，可以制备得到微孔–介孔复合分子筛，只不过这些介孔是由微孔沸石 ZSM-5 晶粒堆积而成。那么为什么会由纯介孔材料的有序结构变为复合分子筛的堆积介孔结构呢？为此，做了以下分析。

具体地，对 TPHOS/TEOS 摩尔比为 10% 的体系进行了研究。如图 8.20

(a)、(b) 所示，样品 M2 有比较好的介孔结构，且有一定的六方有序介孔。但同样是 TPHOS/TEOS 摩尔比为 10% 的时，把有机硅表面活性剂 TPHOS 加入制备微孔分子筛体系中，只是室温搅拌后老化（条件同 a、b 体系），对未水热处理的样品 BF 进行 TEM 表征，发现这时样品呈现如图 8.20 (c)、(d) 的无序介孔。这就说明有机硅表面活性剂 TPHOS 在加入制备微孔沸石 ZSM-5 体系中时，它所起到的介孔模板作用与制备纯介孔材料体系有很大的不同，究其原因可能是：由于制备 ZSM-5 的体系中加入了强碱性的四丙基氢氧化铵 TPAOH 溶液，体系的碱性较强，使得有机硅表面活性剂 TPHOS 的组装行为发生改变，导致了图 8.20 (c)、(d) 所示的无序介孔。这也说明在制备微孔-介孔体系中，介孔模板和微孔模板存在竞争作用，而不是协同效应。

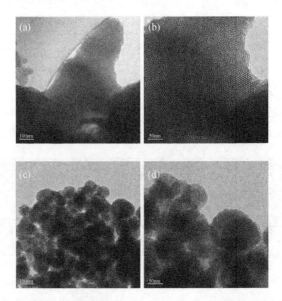

图 8.20　TPHOS/TEOS 摩尔比为 10%：(a)、(b) 纯介孔分子筛 M2 的 TEM；
(c)、(d) 制备微孔-介孔复合分子筛体系水热处理前样品 BF 的 TEM

　　然而，由于有机硅表面活性剂 TPHOS 既作为一种硅源，同时也有介孔模板的作用，才不至于在合成微孔沸石 ZSM-5 的体系中产生相分离，只是对其组装行为有所影响，最终导致了无序的介孔。

　　对样品 M2、BF 和 F3 的 BJH 孔分布曲线进行分析，发现纯介孔分子筛 M2 的孔径最小，约为 2.9nm，制备微孔-介孔复合分子筛水热处理前 BF 样品的孔径约为 3.4nm，而微孔-介孔复合分子筛 F3 样品的孔径约为 9.9nm。BF 的孔径大于 M2 的孔径，这可能是由于有机硅表面活性剂 TPHOS 在强碱性条件下组装行为变化，形成蠕虫状介孔而致的，而微孔–介孔分子筛的孔径为 9.9nm，又大于水热处理前样品 BF 的 3.4nm，这可能是在水热晶化的过程中，样品的结晶化而导致骨架收缩致密化，从而形成孔径较大的堆积介孔。

4. 作为催化剂载体进行 F-T 反应

选用有最大比表面积和孔容的微孔–介孔复合分子筛 F3 先进行 NH_4NO_3 离子交换焙烧后为载体，负载 20% 的钴，应用于 F-T 反应，先对离子交换后的 F3 载体做了 ^{27}Al MAS NMR 和 NH_3-TPD 表征。

图 8.21（a）是样品 F3 的 ^{27}Al MAS NMR 表征结果，可以看出，在化学位移 $\delta = 50$ ppm 处有一个强峰，在 $\delta = 0$ ppm 处有一个较弱的峰，说明载体样品 F3 中的 Al 主要为四配位，有少量八配位的铝，即非骨架铝。从图 8.21（b）看出，微孔–介孔复合分子筛 F3 与传统的微孔沸石 ZSM-5 在 205℃ 和 320℃ 都有两个 NH_3 脱附峰，说明具有相似的酸性，但 F3 的酸强度略低于 ZSM-5，这可能是由于 F3 的结晶度稍差和有一些非骨架的八配位铝所致。F3 作载体负载 20% 的钴，F-T 反应评价结果如表 8.16 所示。

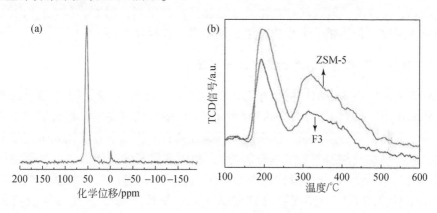

图 8.21　载体 F3 的 ^{27}Al MAS NMR 表征（a）；载体 F3 和常规 ZSM-5 的 NH_3-TPD 表征结果（b）

从表 8.16 看出，CO 转化率随反应温度升高而增加，甲烷的选择性都比较高，这与文献报道的微孔分子筛负载钴催化剂体系类似。但是 C_{5-18} 的选择性还是较高的，C_{19+} 的选择性随反应温度的升高先增加，而后又下降。CO 转化率随反应温度升高而增加，这是因为随着温度升高，催化剂活性逐渐增加所致，从而是链增长加快，所以有一定数量的 C_{19+} 烃，而开始反应温度较低，这时载体 F3 的酸性还是较弱的，尚没有充分发挥它的裂解性能，从而长链烃 C_{19+} 较多。但是随着反应温度的升高，载体 F3 的酸性和酸强度逐渐增强，使得长链的烃被裂解，所

以这时长链烃 C_{19+} 又减少了。但是甲烷的选择性在反应温度升高时，也有较大的升高，这可能是在长链烃被裂解的时候生成的。

表 8.16　样品 F3 做载体的 F-T 反应评价结果

温度 /℃	转化率 /%	产物分布/wt%					
		C_1	C_{2-4}	C_{5+}	C_{5-11}	C_{12-18}	C_{19+}
200	10.97	16.22	18.77	65.01	44.41	14.63	5.98
210	20.70	16.62	18.57	64.81	36.35	21.03	7.42
220	34.72	15.21	17.45	67.34	36.69	21.80	8.85
230	50.99	13.82	15.62	70.56	32.95	22.63	15.99
240	63.59	14.78	14.31	70.91	39.05	20.08	11.79
250	76.13	18.42	14.03	67.56	38.35	19.68	9.53
260	83.24	22.41	19.34	58.25	31.71	19.28	7.26

反应条件：$H_2/CO=2$，$GHSV=1200h^{-1}$，$p=2MPa$。

综上所述，微孔-介孔复合分子筛 F3 作为载体，虽然有较好 C_{5-18} 的选择性，长链烃 C_{19+} 也较少，但是其 CH_4 和 C_{2-4} 的选择性却很高，对 C_{19+} 和 CH_4 以及 C_{2-4} 的选择性问题，仍然是一个矛盾现象，还需进一步探究解决。

8.4.2　烷基三乙氧基硅氧烷制备复合分子筛

尽管 8.4.1 小节采用自制的有机硅表面活性剂 TPHOS，利用表面活性基团的介孔导向作用，得到了微孔-介孔材料，但是 TPHOS 的制备还是相对烦琐，成本也较高。为此，进一步考虑，如果在合成微孔沸石的体系中直接加入带烷基的商品化有机硅氧烷（烷基三乙氧基硅氧烷），利用其烷基的空间效应，是否也能制备得到微孔-介孔复合分子筛材料呢？对此，选用带烷基的三乙氧基硅烷加入制备微孔沸石的体系中，详细研究其制备过程、所得产物的物性特征及其催化性能。

1. 材料的设计与制备

图 8.22 给出了由正硅酸乙酯（TEOS）和烷基三乙氧基硅烷（ATES）制备微孔-介孔复合分子筛的反应示意图。利用 ATES 的烷基链空间效应，限制微孔沸石的生长，经焙烧除去烷基就得到介孔，方法简单可行。典型的制备过程如下：称取 0.1g $NaAlO_2$ 溶于 30mL 水中，然后加入 8mL TEAOH（25% 水溶液），搅拌下加入 10mL TEOS，室温搅拌 4h 后，加入一定量的烷基三乙氧基硅氧烷，再室温搅拌 4h，转入自压釜 170℃ 水热反应 48h，产物过滤、干燥得到样品。这里的烷基选用了甲基（MTES）、丙基（PTES）、辛基（OTES）。

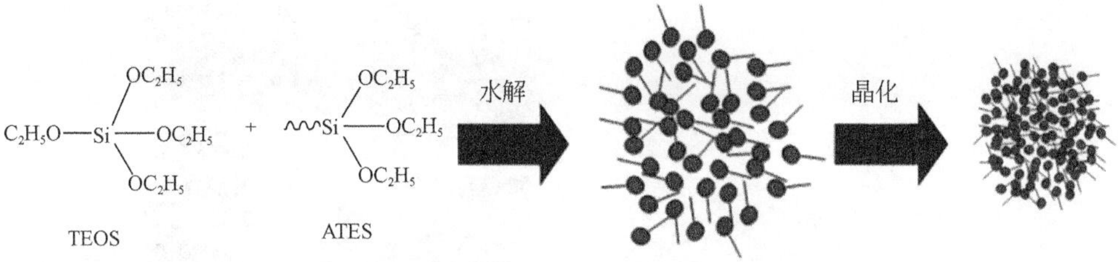

图 8.22　TEOS 和 ATES 制备微孔–介孔复合分子筛的示意图

2. 材料的主要物性

(1) 引入辅助溶剂乙醇的影响

在制备过程中，当加入正硅酸乙酯 TEOS 后，直接就加入辛基三乙氧基硅烷 (OTES)，经水热晶化后，并未得到目标材料。这是因为 OTES 具有强疏水性，和反应液（溶剂为水）之间产生了相分离。因此，后续使用了乙醇作为辅助溶剂，以避免反应体系的分相。

图 8.23 (a) 是先加入辅助溶剂乙醇，然后加入辛基三乙氧基硅烷 (OTES) 所得样品 MZSM-5 的 ^{29}Si MAS NMR 谱图。可以看出，除了在硅化学位移 $\delta = 112\text{ppm}$ (Q^4) 有一主峰和在 $\delta = 104\text{ppm}$ (Q^3) 有一弱肩膀峰外，在 $\delta = 61\text{ppm}$ 还有一个峰，这是辛基三乙氧基硅烷引入的 R (SiO)$_3$Si，从而出现了 ^{29}Si 的 T 峰。这说明在先加入辅助溶剂乙醇后，辛基三乙氧基硅烷已经被引入到反应体系中，而且由于辛基的作用，在微孔沸石 ZSM-5 中引入了介孔。

图 8.23 (b)~(e) 显示了先加入辅助溶剂乙醇，然后加入辛基三乙氧基硅烷 (OTES) 所得样品 MZSM-5 不同倍数的电镜照片。从图 8.23 (b) 看出，样品是椭球状，大小约为 300nm，分散性也比较好，每个球体又是由很多纳米颗粒组成的。从图 8.23 (c)、(d) 看见额外的孔结构，它是由这些小晶粒之间存在孔隙构成的，这就是形成了介孔。另外，从图 8.23 (e) 可以很清晰地看见 ZSM-5 的晶格，而且有的小晶粒的晶格取向与它邻近晶粒的取向相同，表明这些 ZSM-5 细小晶粒是交错生长在一起的，也说明多级孔结构的 ZSM-5 具有很高的结晶度。

(2) 辛基三乙氧基硅烷量的影响

加入了 OTES/TEOS 摩尔比分别 5%，10%，20% 的辛基三乙氧基硅烷，所得样品分别命名为 MZSM-5、MZSM-10、MZSM-20，并对其首先进行了氮气吸脱附表征。所有样品的等温线均为 IV 曲线，说明都有介孔被引入其样品中，只是 MZSM-5 的等温线滞后环和吸附脱附线的陡峭程度较小，且吸附量也最小，这表

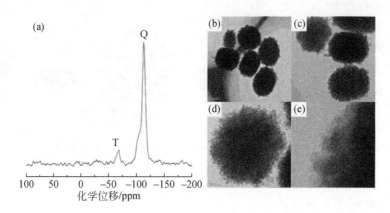

图 8.23　加乙醇和辛基三乙氧基硅烷所制得样品 MZSM-5 的[29]Si MAS NMR（a）
及其不同倍数的 TEM 照片（b）～（e）

明样品 MZSM-5 的介孔孔容最小。样品 MZSM-10 和 MZSM-20 的吸脱附滞后环为
H2 型，且几乎重合，只有在高压区（$p/p_0 = 0.6 \sim 0.9$），样品 MZSM-10 的吸附量
才高于样品 MZSM-20，这表明样品 MZSM-10 和 MZSM-20 的介孔非常相似，但是
样品 MZSM-10 的孔容要略大于样品 MZSM-10 的孔容。

　　不同 OTES/TEOS 摩尔比所得样品的 BJH 孔分布曲线显示，三个样品都有非
常相似的孔分布，主要的介孔在 3.8nm 左右，在 2.7nm 附近也有一个孔分布，
且孔分布范围都比较窄。三个样品具有大小相近的孔尺寸，这是因为它们都是由
辛基三乙氧基硅烷来制备的，介孔的产生均来之焙烧除去辛基所得，故具有非常
相近的孔分布和孔径大小。

　　表 8.17 列出了不同 OTES/TEOS 摩尔比时所得样品的织构信息，可以看出加
入辛基三乙氧基硅烷（OTES）后所得样品的比表面积和孔容明显大于 ZSM-5 的，
这是归因于在产物终引入了介孔，而介孔均来之加的 OTES 后焙烧除去长链辛
基所得。OTES/TEOS 摩尔比为 5% 所得样品 MZSM-5 的比表面积和孔容分别为
$385m^2/g$ 和 $0.23cm^3/g$，当 OTES/TEOS 摩尔比增大到 10% 时，样品 MZSM-10 的
比表面积和孔容最大，分布为 $495cm^2/g$ 和 $0.40cm^3/g$，但是随着 OTES/TEOS 摩
尔比增大到 20% 时，样品 MZSM-20 的比表面积和孔容并不是继续增加，反而较
MZSM-10 的略有降低。这是因为在开始时，加入摩尔比 5% OTES 能引入一定量
的介孔，所以样品 MZSM-5 的比表面积和孔容较 ZSM-5 的增大很多，随着 OTES
量增大，引入的介孔也增多，样品 MZSM-10 的比表面积和孔容较继续增大，但
并不是加入的 OTES 量越大越好，如果量太大，有可能影响样品的分散性和结晶
度，从而比表面积和孔容略有下降。

表 8.17　样品的织构参数

样品	比表面积 /(m²/g)	孔容 /(cm³/g)	孔径 /nm	微孔表面积 /(m²/g)
ZSM-5	257	0.13	—	175
MZSM-5	385	0.23	3.7, 2.7	183
MZSM-10	495	0.40	3.8, 2.8	179
MZSM-20	480	0.36	3.8, 2.7	172

图 8.24（a）是不同 OTES/TEOS 摩尔比时所得样品的硅核磁。可以看出，三个样品都在硅化学位移 $\delta = 112\text{ppm}$（Q^4）有一主峰和在 $\delta = 104\text{ppm}$（Q^3）有一弱肩膀峰，相比于 Q^4 峰，肩膀峰 Q^3 的强度很小，说明样品都有很高的聚合度。三个样品在硅化学位移 $\delta = 61\text{ppm}$ 都有峰，这是 T 峰，来源于辛基三乙氧基硅烷（OTES）引入的 $R(SiO)_3Si$，T 峰的强度随着 OTES/TEOS 摩尔比的增加而增强，说明有更多的 $R(SiO)_3Si$ 被引入。图 8.24（b）~（d）是不同 OTES/TEOS 摩尔比时所得样品的 TEM 照片。对比图中的照片，不难看出，样品 MZSM-5 的球形颗粒最大，而且组成这些球体的纳米 ZSM-5 晶粒也最大，但是纳米 ZSM-5 晶粒之间仍有一定的孔隙，即介孔。样品 MZSM-10 的球形颗粒光滑均匀，纳米 ZSM-5 晶粒非常清晰可见，晶粒之间的介孔也很清晰。当 OTES/TEOS 摩尔比增加到 20% 时，所得样品 MZSM-20 的球形颗粒明显没有样品 MZSM-10 光滑均匀，且纳米 ZSM-5 晶粒有些模糊，这可能是辛基三乙氧基硅烷（OTES）的量太大，不利于沸石 ZSM-5 的晶化，导致纳米 ZSM-5 晶粒结构稍差，从而影响比表面积和孔容的减小，所以 OTES 的量也非越大越好，OTES/TEOS 摩尔比为 10% 较为宜。

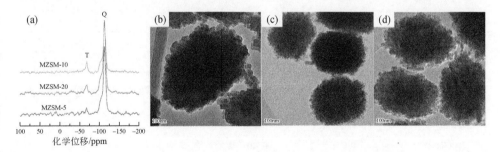

图 8.24　样品的 Si 核磁（a）及其 TEM 照片：（b）MZSM-5；（c）MZSM-10；（d）MZSM-20

（3）不同烷基三乙氧基硅烷的影响

从图 8.25（a）可以看出，甲基三乙氧基硅烷所得样品 MZSM-M 是大小均匀、表面光滑直径约 1μm 的球，球体是由 ZSM-5 纳米晶粒组成的，只是晶粒与晶粒之间堆积得很紧密，看不到有介孔结构。图 8.25（b）是丙基三乙氧基硅烷所得样品 MZSM-P 的电镜照片，它也是大小均匀、表面也还算光滑大小约 420nm 的球，球体仍是由 ZSM-5 纳米晶粒组成，晶粒之间有一定的孔隙，但不是很明显。图 8.25（c）是辛基三乙氧基硅烷所得样品 MZSM-O 的电镜照片，可以看到，有些像椭球，且球体表面有些毛刺，大小约为 320nm。球体上的 ZSM-5 纳米晶粒清晰可见，晶粒之间有很明显的介孔，这要归因于辛基的空间效应所致。

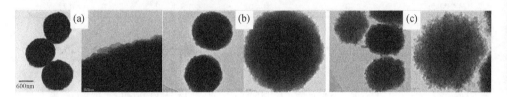

图 8.25　不同烷基硅烷：（a）甲基、（b）丙基、（c）辛基制备样品 TEM 照片

　　表 8.18 列出了不同烷基三乙氧基硅烷制备所得样品的织构信息，可以看出，甲基三乙氧基硅烷制备的样品 MZSM-M 的比表面积和孔容较 ZSM-5 有一点增加，但幅度不大，表明甲基的空间效应还不至于形成明显的介孔结构。丙基三乙氧基硅烷制备的样品 MZSM-P 比表面积和孔容有很明显的上升，表面积增大至 377m²/g，孔容增加至 0.31cm³/g，这说明丙基的空间效应有所体现，形成了介孔结构，BJH 孔径为 2.8nm。当然，辛基三乙氧基硅烷制备的样品 MZSM-O 比表面积和孔容更大了，表面积增大至 495m²/g，孔容增加至 0.40cm³/g，孔径为 3.8nm，这是因为辛基的空间效应比丙基更明显，从而使得辛基三乙氧基硅烷制备的样品 MZSM-O 表面积、孔容和孔径都最大。

表 8.18　样品的织构参数

样品	比表面积/(m²/g)	孔容 /(cm³/g)	孔径 /nm	微孔表面积 /(m²/g)
ZSM-5	257	0.13	—	175
MZSM-M	288	0.17	—	183
MZSM-P	377	0.31	2.5	179
MZSM-O	495	0.40	3.8	172

　　对微孔沸石 ZSM-5 和甲基、丙基、辛基三乙氧基硅烷所得样品 MZSM-M、MZSM-P、MZSM-O 进行压片后测试其疏水性能（所以样品都未焙烧），结果如图 8.26 所示。可以看出，水滴在 ZSM-5 几乎是铺展状态，表现出润湿效果，说明它没有疏水性。同等条件下，用甲基、丙基、辛基三乙氧基硅烷所得样品 MZSM-

M、MZSM-P、MZSM-O 表现出优异的疏水性能，只是甲基三乙氧基硅烷制备的样品疏水性稍差，不管是甲基、丙基还是辛基，疏水性能都很好，这说明烷基三乙氧基硅烷被引入样品中，而且样品的表面上也有相当多的烷基。

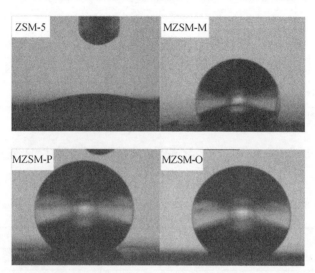

图 8.26　水滴在 ZSM-5 和样品 MZSM-M、MZSM-P、MZSM-O 的接触角照片

（4）作为催化剂载体进行 F-T 反应实验结果

选用由辛基三乙氧基硅烷制备的具有最大比表面积和孔容的微孔-介孔复合分子筛样品 MZSM-O 作为载体，负载 20% 的钴，应用于 F-T 反应。首先对样品 MZSM-O 做了 ^{27}Al MAS NMR 表征，如图 8.27（a）所示。可以看出，样品 MZSM-O 的 ^{27}Al MAS NMR 在化学位移 $\delta=50$ppm 处有一个强峰，在 $\delta=0$ppm 没有峰，说明样品 MZSM-O 中的 Al 全部为四配位，没有八配位的铝，即铝全部被引入骨架中，没有非骨架的铝。

然后，对载体样品 MZSM-O 进行离子交换焙烧后，用 NH$_3$-TPD 测定其酸性和酸强度，结果如图 8.27（b）所示，MZSM-O 的酸性和常规 ZSM-5 非常相似，在 210℃ 和 320℃ 处有两个 NH$_3$ 的脱附峰，分别对应其中强酸和强酸性，只是酸量较常规 ZSM-5 略低，这可能是加入辛基三乙氧基硅烷后，制备的样品 MZSM-O 结晶度稍差于常规 ZSM-5 所致。

为了研究载体酸性对 F-T 反应性能及产物分布的影响，分别以 MZSM-O 离子交换前和离子交换焙烧后 H 型（命名为 HMZSM-O）为载体，负载 20% 的钴进行 F-T 性能评价，数据见表 8.19 和表 8.20。

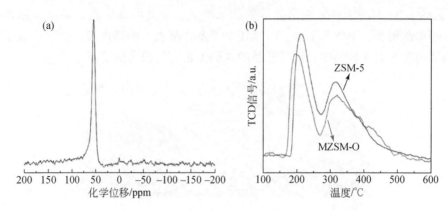

图 8.27　样品 MZSM-O 的^{27}Al MAS NMR 表征（a）；载体 MZSM-O 和
常规 ZSM-5 的 NH$_3$-TPD 表征结果（b）

表 8.19　MZSM-O 离子交换前做载体的 F-T 反应数据

温度 /℃	转化率 /%	产物分布/wt%					
		C_1	C_{2-4}	C_{5+}	C_{5-11}	C_{12-18}	C_{19+}
200	18.90	15.42	13.08	71.50	28.63	29.91	12.96
210	30.70	13.16	11.24	75.61	24.20	19.63	31.78
220	47.59	10.07	8.21	81.72	22.45	21.33	37.94
230	67.64	11.77	7.76	80.48	26.13	21.92	32.43
240	80.67	14.14	9.39	76.47	32.27	22.08	22.12
250	88.52	19.30	13.56	67.14	35.00	17.15	15.00
260	91.28	22.64	15.20	62.87	31.91	15.59	14.66

表 8.20　MZSM-O 离子交换后 H 型 HMZSM-O 做载体的 F-T 反应数据

温度 /℃	转化率 /%	产物分布/wt%					
		C_1	C_{2-4}	C_{5+}	C_{5-11}	C_{12-18}	C_{19+}
200	21.01	24.89	25.30	49.81	32.34	14.75	2.72
210	31.33	10.69	10.50	78.81	33.26	23.39	22.16
220	51.98	11.85	10.20	77.95	32.42	19.94	25.59
230	67.78	13.67	9.93	76.40	34.93	20.18	21.29
240	74.12	15.90	11.16	72.94	45.52	16.83	10.59
250	79.64	21.00	12.08	66.12	47.16	12.65	6.30
260	84.57	25.39	16.03	58.58	43.70	10.01	4.87

表 8.19 列出了 MZSM-O 离子交换前做载体的 F-T 反应数据，可以看出，CO 转化率随反应温度升高而增加，这是因为随着温度升高，催化剂活性逐渐增加所致，产物烃分布主要是 C_{5+}，但是 C_{19+} 的选择性也非常高。

表 8.20 列出了 MZSM-O 离子交换焙烧后 H 型 HMZSM-O 做载体的 F-T 反应数据，可以看出，产物的烃分布还是主要是 C_{5+}，只是 C_{19+} 的选择性明显低于 MZSM-O 离子交换前做载体的选择性，这也是因为载体 HMZSM-O 具有酸性，使得长链烃 C_{19+} 被裂解了，同时不难发现甲烷的选择性明显高于 MZSM-O 离子交换前的，这有可能是长链烃被裂解的时候生成甲烷。开始反应温度较低，也有相当部分的 C_{19+} 烃，这是因为载体 HMZSM-O 的酸性还很弱，还没有充分发挥它的裂解性能。长链烃 C_{19+} 随反应温度的升高而降低，这是由于随温度升高，载体 HMZSM-O 酸性逐渐增强，使更多 C_{19+} 被裂解，同时生成更多甲烷。

参 考 文 献

[1] Ooi Y, Zakaria R, Mohanmed A, et al. Hydrothermal stability and catalytic activity of mesoporous aluminum-containing SBA-15 [J]. Catalysis Communications, 2004, 5: 441-445.

[2] Liu Y, Zhang W Z, Pinnavaia T J. Steam-stable aluminosilicate mesostructures assembled from zeolite type Y seeds [J]. Journal of the American Chemical Society, 2000, 122: 8791-8792.

[3] O'Neil A S, Mokaya R, Poliakoff M. Supercritical fluid-mediated alumination of mesoporous silica and its beneficial effect on hydrothermal stability [J]. Journal of the American Chemical Society, 2002, 124: 10636-10637.

[4] Mokaya R. Ultrastable mesoporous aluminosilicates by grafting routes [J]. Angewandte International Edition Chemie, 1999, 38: 2930-2934.

[5] Chen S C, Kawi S. MCM-41 with improved hydrothermal stability: formation and prevention of Al content dependent structural defects [J]. Langmuir, 2002, 18, 4720-4728.

[6] Jana S K, Takahashi H, Nakamura M, et al. Aluminum incorporation in mesoporous MCM-41 molecular sieves and their catalytic performance in acid-catalyzed reactions [J]. Applied Catalysis A: General, 2003, 245: 33-41.

[7] Zheng J, Kong D, Yang W, et al. Mesoporous aluminosilicate ropes with improved stability from protozeolitic nanoclusters [J]. Journal of Solid State Chemistry, 2007, 180: 564-570.

[8] Li J, Zhang D, Gao Q, Xu Y, et al. Hollow mesoporous aluminosilicate spheres with acidic shell [J]. Materials Chemistry and Physics, 2011, 125: 286-292.

[9] Li J, Xu Y, Wu D, et al. Hollow mesoporous silica sphere supported cobalt catalysts for F-T synthesis [J]. Catalysis Today, 2009, 148: 148-152.

[10] Gao Q, Xu W, Xu Y, et al. Amino acid adsorption on mesoporous materials: influence of types of amino acids, modification of mesoporous materials, and solution conditions [J]. Journal of Physical Chemistry B, 2008, 112: 2261-2267.

[11] Fidalgo A, Rosa M E, IIharco L M. Chemical control of highly porous silica xerogels: physical properties and morphology [J]. Chemistry of Materials, 2003, 15: 2186-2192.

[12] Li Y, Shi J. Hollow-structured mesoporous materials: chemical synthesis, functionalization and applications [J]. Advanced Materials, 2014, 26: 3176-3205.

[13] Sakthivel A, Huang S, Chen W, et al. Direct synthesis of highly stable mesoporous molecular

sieves containing zeolite building units ［J］. Advanced Functional Materials, 2005, 15: 253-258.

［14］ Jacobsen C, Madsen C, Houzvicka J, et al. Mesoporous zeolite single crystals ［J］. Journal of American Chemistry Society, 2000, 122: 7116-7117.

［15］ White R, Fischer A, Goebel C, et al. A sustainable template for mesoporous zeolite synthesis ［J］. Journal of American Chemistry Society, 2014, 136: 2715-2718.

［16］ Egeblad K, Christensen C, Kustova M, et al. Templating mesoporous zeolites ［J］. Chemistry of Materials, 2008, 20: 946-960.

［17］ Liu Y, Zhang W Z, Pinnavaia T J. Steam-stable MSU-S aluminosilicate mesostructures assembled from zeolite ZSM-5 and zeolite beta seeds ［J］. Angewandte International Edition Chemie, 2001, 40: 1255-1258.

［18］ Zhang Z T, Han Y, Zhu L, et al. Strongly acidic and high-temperature hydrothermally stable mesoporous aluminosilicates with ordered hexagonal structure ［J］. Angewandte International Edition Chemie, 2001, 40: 1258-1262.

［19］ 陈芳, 孟祥举, 肖丰收. 介孔沸石及其催化应用 ［J］. 科学通报, 2010, 55: 2785-2793.

［20］ On D T, Kaliaguine S. Zeolite-coated mesostructured cellular silica foams ［J］. Journal of the American Chemical Society, 2003, 125: 618-619.

［21］ Lin H P, Kao C P, Mou C Y, et al. Counterion effect in acid synthesis of mesoporous silica materials ［J］. Journal of Physical Chemistry B, 2000, 104: 7885-7894.

［22］ Choi M, Cho H, Srivastava R, et al. Amphiphilic organosilane-directed synthesis of crystalline zeolite with tunable mesoporosity ［J］. Nature Materials, 2006, 5: 718-723.

［23］ Lin H P, Mou C Y. Tubules-within-a-tubule hierarchical order of mesoporous molecular sieves in MCM-41 ［J］. Science, 1996, 273: 765-768.

［24］ Zheng J, Zhang Y, Li Z, et al. Hydrothermally stable mesoporous aluminosilicates with tubular morphology ［J］. Chemical Physics Letters, 2003, 376: 136-140.

［25］ Groen J C, Pérez-Ramírez J, et al. Comments on "Vanadium- and chromium-containing mesoporous MCM-41 molecular sieves with hierarchical structure" ［Micropor. Mesopor. Mater. 43 (2001) 227-236] ［J］. Microporous and Mesoporous Materials, 2002, 51, 75-78.

［26］ Voorhees P W. The theory of Ostwald ripening ［J］. Journal of Statistical Physics, 1985, 38: 231-252.

［27］ Bell R G, Jackson R A, Catlow C R A. Löwenstein′s rule in zeolite A: a computational study ［J］. Zeolites, 1992, 12: 870-871.

［28］ Zhao D, Nie C, Zhou Y, et al. Comparison of disordered mesoporous aluminosilicates with highly ordered Al-MCM-41 on stability, acidity and catalytic activity ［J］. Catalysis Today, 2001, 68: 11-20.

［29］ Triantafyllidis K, Iliopoulou E, Antonakou E, et al. Hydrothermally stable mesoporous alumi-nosilicates (MSU-S) assembled from zeolite seeds as catalysts for biomass pyrolysis ［J］. Microporous and Mesoporous Materials, 2007, 99: 132-139.

［30］ Zhai S, Wei W, Wu D, et al. Synthesis, characterization and catalytic activities of mesoporous AlMSU-X with wormhole-Like framework structure ［J］. Catalysis Letters, 2003, 89: 261-267.

［31］ Zhai S, Zheng J, Wu D, et al. CTAB-assisted fabrication of mesoporous composite consisting of wormlike aluminosilicate shell and ordered MSU-S core ［J］. Journal of Solid State Chemistry, 2005, 178: 85-92.

［32］ Zhao X S, Lu G Q, Song C. Immobilization of aluminum chloride on MCM-41 as a new catalyst system for liquid-phase isopropylation of naphthalene ［J］. Journal of Molecular Catalysis A: Chemical, 2003, 191: 67-74.

［33］ Liu Q Y, Wu W L, Wang J, et al, Characterization of 12-tungstophosphoric acid impregnated on mesoporous silica SBA-15 and its catalytic performance in isopropylation of naphthalene with isopropanol ［J］. Microporous and Mesoporous Materials, 2004, 76: 51-60.

［34］ Tao Y, Kanoh H, Abrams L, et al. Mesopore-modified zeolites: preparation, characterization, and applications ［J］. Chemical Reviews, 2006, 106: 896-910.

［35］ Chal R, Gérardin C, Bulut M, et al. Overview and industrial assessment of synthesis strategies towards zeolites with mesopores ［J］. ChemCatChem, 2011, 3: 67-81.

［36］ Fang Y, Hu H. An ordered mesoporous aluminosilicate with completely crystalline zeolite wall structure ［J］. Journal of American Chemistry Society, 2006, 128: 10636-10637.

［37］ 寇龙, 王有和, 彭鹏, 等. 介孔沸石分子筛的制备 ［J］. 化学进展, 2014, 26: 522-528.

［38］ 王德举, 刘仲能, 李学礼, 等. 介孔沸石材料 ［J］. 化学进展, 2008, 20: 637-643.

第9章 二氧化钛的改性及光催化

光催化法相比传统的物理法、化学法和生物法，能够降解几乎所有有机污染物，并可以避免二次污染，而且该方法采用清洁能源——太阳能作为动力来源，可避免大量能量消耗，因此该方法在有机废水处理领域具有良好的应用前景。

二氧化钛（TiO_2）拥有很高的光催化活性，而且具有耐酸碱腐蚀、耐化学腐蚀、稳定性好、成本低、无毒等优点，是目前应用最广泛的光催化剂之一。TiO_2属于宽带隙半导体，具有较宽的禁带宽度（锐钛矿 $E_g = 3.2eV$），只有在小于387nm的短波紫外光的照射下才能表现出光催化特性，而紫外光仅占太阳光的3%~4%，在太阳光谱中占大多数的可见光部分（能量约占45%）没有得到有效利用，使得太阳能的利用率很低，从而限制了其实际应用。因此，需要对TiO_2进行改性使其吸收带延伸到可见光区域，同时提高其量子效率，实现太阳能的有效利用。为了提高二氧化钛的可见光催化性能，一种途径是控制二氧化钛的微结构（晶型、比表面积、颗粒大小等）；另一种途径是对二氧化钛进行修饰，包括金属或非金属掺杂、半导体复合、染料敏化等。

本章将阐述利用密度泛函方法研究 TiO_2 掺杂改性后的能量和电子结构，以此分析掺杂对于光催化性能的影响；然后，介绍作者团队近年来通过多种不同的掺杂改性实验手段制备的 TiO_2 光催化剂，着重分析其可见光催化性能与结构、性质之间的关系。

9.1 金属和非金属掺杂二氧化钛的理论计算

9.1.1 理论背景和计算软件

科研工作者常会遇到一些诸如如何在微观领域解释 TiO_2 光催化过程、能否预知 TiO_2 其他的新性能等问题。新兴的理论计算模拟技术使上述问题的解决成为可能。通过对实验现象和实验结果的分析和模拟，可以从理论上阐述微观领域的反应机制，对进一步深入的实验应用研究提供更有效参考。

量子力学是 20 世纪最伟大的发现之一，也是整个现代物理学的基石。现代材料学中的理论计算是以量子力学为理论支撑，主要有两种研究方法，分别是从头算（ab initio method）和密度泛函理论（density functional theory，DFT）。为了能和其他的量子化学从头算方法区分，科研人员把基于密度泛函理论的计算称为第一性原理（first principles）计算方法，其最初的计算思想表述为基态电子密度为研究切入点，认为一个多粒子体系的任何基态性质都是基态电子密度的函数。密度泛函理论发展的一个主要方向就是寻找合适的交换相关能量泛函。从最初的局域密度近似（LDA）[1]、广义梯度近似（GGA）[2]到非局域泛函[3]、自相互作用修正[4,5]等多种泛函形式的相继出现使得密度泛函理论越来越能精确地进行计算。

将基于密度泛函理论的第一性原理用于 TiO_2 纳米材料的计算始于 20 世纪 90 年代。早期对 TiO_2 的理论分析多采用团簇方法进行分子轨道计算，但是，这些团簇方法都没有得出关于杂质对 TiO_2 电子态影响的统一结论。事实上，由于悬挂键的存在，用团簇方法研究固态掺杂的电子结构是困难的。对于掺杂引起红移从而提高光催化性能的原因一直没有明确的解释。直到 2001 年 Asahi[6]及合作者利用密度泛函理论，建立了超晶胞模型，计算了 N、C、S、F 和 P 掺杂的 TiO_2 电子结构，得出 N 掺杂 TiO_2 能在可见光区实现光催化反应。此后众多研究者建立超晶胞模型研究 TiO_2 的电子结构和光催化性能，得出了许多重要结论。

Material Studio（MS, http://www.accelrys.com/）是现代材料计算研究的重要工具。MS 主要应用于构建体系模型，搭建起了计算机材料智能模拟的软件平台，通过智能软件包可以构建各种计算仿真结构（如分子、晶体、高分子材料等），同时可以深入挖掘分析这些仿真物质的性质及相关过程。CASTEP[7]是 Material Studio 的量子化学模块之一，是一个基于密度泛函方法的从头算量子力学程序。利用平面波方法，将离子势用赝势替代，电子波函数用平面波基组展开，电子相互作用的交换关联势用局域密度近似（LDA）或广义梯度近似（GGA）进行校正是比较准确的电子结构计算的理论方法。本节将以 In/N 共掺杂 TiO_2 的理论研究为例进行说明，所有的计算工作都是由 CASTEP 软件包完成的。

9.1.2　In/N 共掺杂锐钛矿 TiO_2 的理论研究

In_2O_3 是一种重要的光学材料，其内部电子的迁移率很高，所以 In_2O_3 和 TiO_2 复合能够减小光生电子–空穴的复合率；N 掺杂可以有效减小禁带宽度。基于以上考虑，In 和 N 共掺杂应该能够有效解决 TiO_2 实际应用中光响应范围小和光生电子–空穴易复合的两个问题。通过计算和比较纯 TiO_2、In 和 N 单掺杂以及共掺杂 TiO_2 的电子结构等特性，可以解释 In 和 N 共掺杂 TiO_2 的优异光催化性能。

将含有 12 个原子的原胞构建为 $2\times2\times1$ 的重复单元，超晶格中共有 48 个原子。In 和 N 单掺杂 TiO_2 模型的构建方式是将一个 Ti 原子用一个 In 原子代替和将一个 O 原子用一个 N 原子代替（图 9.1）。之所以选择 N 代替 O 的替位式掺杂 TiO_2，是基于 Dai[8]与其合作者报道替位式掺杂的杂质形成能与其他方式掺杂的相比更小；同时，选择 In 代替 Ti 的替位式掺杂 TiO_2 的原因是基于 Sasikala 等[9]

报道实验上制备的 In 掺杂 TiO_2 中，In 的存在形式是 In^{3+} 以离子形式代替 Ti^{4+} 的位置。对于 In 和 N 共掺杂 TiO_2 模型，一个 Ti 原子和一个 O 原子分别被一个 In 原子和一个 N 原子代替，掺杂原子尽量选在中间位置，以减少边界效应的影响，结构如图 9.1 所示。共构建了 3 个不同的共掺杂模型，第一个模型是将一对邻接的 Ti 和 O 分别用 In 和 N 替换，这个标记为 In/N-1；第二个模型是将 In 和 N 放置在相邻两个八面体的中心和顶位，经过结构优化后两个掺杂原子的距离为 5.753Å，这个模型中两个掺杂原子的距离大于 In/N-1 中掺杂原子之间的距离，这个模型标记为 In/N-2；第三个模型是将 N 原子放置在超晶胞的中心位置处，而将 Si 原子放置在超晶胞的角上，这种掺杂方式是将掺杂原子的位置最大化，以便于最大程度减小掺杂原子间相互作用，这个模型标记为 In/N-3。

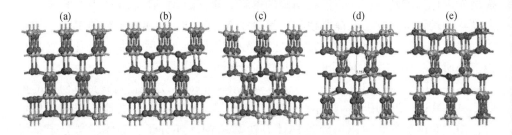

图 9.1　不同元素掺杂 TiO_2 模型的结构图

(a) N；(b) In；(c) In/N-1；(d) In/N-2；(e) In/N-3

　　基于密度泛函理论的 CASTEP 模块，计算过程是先对模型进行结构优化，对不同元素均采用平面波超软赝势[10]；然后用 PBE[11] 修饰的广义梯度近似（GGA）[12] 对优化后的理论模型进行单电子能量计算，最后对单电子能量计算的结果进行能带，总态密度（TDOS）以及部分态密度（PDOS）的分析。分析过程中选取各原子的价电子组态分别为：O 为 $2s^2 2p^4$，In 为 $4d^{10} 5s^2 5p^1$，Ti 为 $3s^2 3p^6 3d^2 4s^2$，N 为 $2s^2 2p^3$。计算中平面波截断能取为 $E_{cut} = 340eV$，使能量收敛至 $0.5 \times 10^{-5} eV/atom$ 以内，原子受力不超过 $0.1eV/nm$，布里渊区的积分计算采用 $3 \times 7 \times 3$ 的 Monkorst-park 特殊 k 点[13]进行取样求和，所有计算均在倒易空间中进行。

　　1. 结构分析

　　表 9.1 为纯 TiO_2 与 In 和 N 单掺杂以及共掺杂模型的晶格常数和晶胞体积，可以看出，纯 TiO_2 模型中 a 和 b 值相等，c 为 9.796Å，与实验值一致。作为计算可靠性的判据，掺杂前后 TiO_2 格子体积的变化也是一个重要的考察对象之一。计算显示，阴离子 N（1.29Å）掺杂时由于相比于 O（1.21Å）较大的离子半径导致 TiO_2 晶格体积发生一定膨胀，只不过该膨胀是微弱的；阳离子 In（0.79Å）掺

杂时由于相比于 Ti（0.53Å）的离子半径较大，而且差值较大，所以导致 TiO_2 晶格体积发生较为明显的膨胀。这证实的模型构建是合理的。对于共掺杂模型来讲，共掺杂模型 1 和 3 的晶胞体积发生膨胀，共掺杂模型 2 晶胞体积发生缩小，说明不同位置的掺杂引起的作用力完全不同，掺杂模型中的晶格参数发生了变化，说明引入杂质会引起晶格畸变。

表9.1　纯 TiO_2 与 In 和 N 单掺杂以及共掺杂模型的晶格常数和晶胞体积

参数	未掺杂	N 掺杂	In 掺杂	In/N-1	In/N-2	In/N-3
a/Å	3.785	3.780	3.802	3.787	3.744	3.810
b/Å	3.785	3.801	3.802	3.833	3.662	3.799
c/Å	9.796	9.798	9.937	9.903	10.017	9.956
V/Å³	561.465	563.141	574.551	575.058	549.364	576.435

2. 电子结构

表9.2 为所有计算模型的能带结构值，可以看出，纯 TiO_2 的禁带宽度是 2.20eV，这与已有的理论[14]一致。该结果与实验测出的 3.2eV 有一定差别，应该是由 DFT 理论本身的缺陷造成的[15]，但这并不影响相同计算方式得出结果的比较和讨论。N 掺杂 TiO_2 的禁带宽度减小到 2.04eV，表明电子从价带顶跃迁到导带的能量降低，光吸收边会发生红移；In 掺杂 TiO_2 的禁带宽度也减小了，但是仅减小到 2.17eV，说明 In 单掺杂 TiO_2 并不能有效地使光吸收边红移到可见光区，这与实验结果[16]也是一致的。共掺杂模型中，由于两个掺杂原子的位置不同禁带宽度也不同。其中两个掺杂原子 In 和 N 邻接的 TiO_2 模型的禁带宽度最小，说明当两个掺杂原子邻接时，能有效将光吸收边拓展到可见光区。

表9.2　纯 TiO_2 与 In 和 N 单掺杂以及共掺杂模型的禁带宽度值

	未掺杂	N 掺杂	In 掺杂	In/N-1	In/N-2	In/N-3
禁带宽度/eV	2.20	2.04	2.17	1.42	1.89	1.77

为了进一步揭示各掺杂模型禁带宽度发生变化的原因，下面分析各模型的总态密度以及分态密度。图9.2 为各模型的总态密度图，其中实线为自旋向上的态，虚线为自旋向下的态，处于 0eV 的竖直虚线表示费米能级所在位置。从图9.2 可以看出，纯 TiO_2 的价带宽度约为 5.0eV，导带分为高能级和低能级两个部分，自旋对称。掺入 In 以后，在能量值为-12eV 处出现一个新的态，可以肯定这个态归属于 In；另外，在价带底部出现一个很小的尾巴样式的态，这个态也可

以肯定属于 In。对于 N 掺杂 TiO₂，同样在−12eV 处出现一个新的态，并且这个态和费米能级附近的态密度是不对称的，这主要是由于 N 比 O 少一个电子，N 代替 O 以后，会出现一个空的 N2p 态，因此会引起态密度不对称。并且，在费米能级附近出现一个自旋向下的杂质态，这个态应该是 N2p 态。对于 In 和 N 共掺杂模型，由于掺杂原子所处位置不同，态密度的变化也是不一样的。当 In 和 N 处于邻接的位置时，在价带顶部和底部都出现新的态，并且这些态是自旋对称的，说明 In 和 N 出现了电荷补充，没有空的态或者孤对电子存在。另外，也可以看出，导带部分的高能级部分向低能部分靠近，说明晶体的对称性有一定程度降低；当 In 和 N 的距离是 5.753Å 时，价带顶部和底部的态与价带杂化程度较高，不是杂质态的存在形式；当 N 处于中心位置，In 处于边角上的位置时，态密度和 In/N−1 的情况相似，在价带顶部和底部都出现了新的态，并且自旋是对称的，不同的是处于−12eV 处的态密度局域性更强。

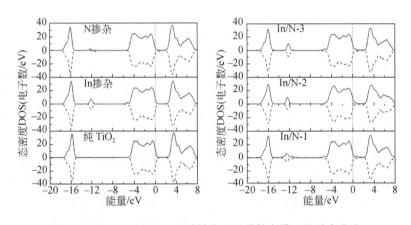

图 9.2　纯 TiO₂ 与 In 和 N 单掺杂以及共掺杂模型的总态密度

如图 9.3（a）所示，纯 TiO₂ 处于−17eV 左右的态密度 O 2s 轨道贡献，混杂了一点 Ti 3d 轨道电子。由于这个能级所处位置较深，离费米能级较远，对光催化性能和光学性质的影响并不大。靠近费米能级处的价带主要由 O 2p 轨道电子组成，混杂了少量的 Ti 3d 轨道电子；靠近费米能级处的导带主要由 Ti 3d 轨道电子组成，混杂了微弱了 O 2p 轨道电子。同样可以看出，Ti 3d 轨道电子在导带部分由于晶体场效用分裂成两部分，低于 4 eV 的 t_{2g} 态和高于 4eV 的 e_g 态；因此，导带的构成是 t_{2g} 和 O 2p 构成导带的低能级部分，e_g 和 O 2p 构成导带部分的高能级部分。在导带更高能级（>8eV）的部分是由 Ti 4p 和 4s 轨道构成的，这部分导带对材料的光学性能和光催化性能都不具有较大影响。可见，由于自旋对称，这个结果和未加自旋的计算结果是一致的。

对于 In 单掺杂的 TiO$_2$ 模型来讲，In 5s 和 5p 态主要处于靠近费米能级附近的价带和导带部分 [图 9.3（b）]，但是由于处于 5s 和 5p 态上的电子数很少，所以强度非常小，它自身对导带和价带的贡献不大；但是由于引入 In 原子，位于价带部分的 O 2p 态密度发生一定程度宽化，这有利于光生空穴的传递，对光催化反应是极为有利的。另外，从图 9.3（b）可以看出，在 –12eV 出现的一个新的态主要是 In 4d 轨道电子贡献的。

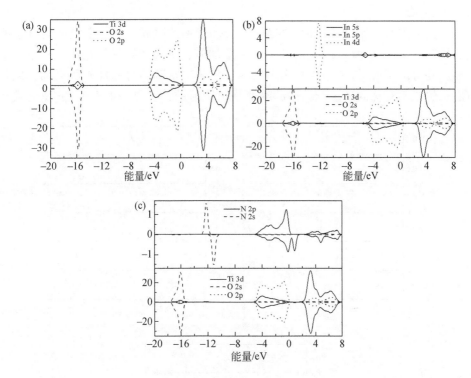

图 9.3　分态密度图：纯锐钛矿 TiO$_2$（a）；In 掺杂 TiO$_2$（b）；N 掺杂 TiO$_2$（c）

对于 N 单掺杂 TiO$_2$ 模型来说，一个 O 原子被一个 N 原子代替，使得掺杂 TiO$_2$ 体系比纯 TiO$_2$ 体系少一个电子。如图 9.3（c）所示，N 原子得到两个电子因此它的 2p 轨道并没有完全占满，空的 2p 轨道会在价带上方引起一个浅杂质能级。通过加入自旋的计算可以发现，这个浅杂质能级是自旋向下的，并且，处于 –12eV 的 N 2s 轨道也是不对称的，这说明 N 2s 轨道上的两个电子能量并不相等，与 N 2p 轨道发生了杂化，参与了成键。

下面分析三个 In 和 N 共掺杂 TiO$_2$ 模型的分态密度，由于掺杂原子的位置不同，态密度变化也是不同的。图 9.4（a）给出了 In 和 N 邻接掺杂方式下分态密度的变化趋势。首先是构成价带部分的 O 2p 轨道态密度宽化，导带部分的局域性也变弱，这个变化趋势比 In 单掺杂时的变化更加明显，说明 In 和 N 邻接位置共掺杂能够进一步增强光生空穴和电子的迁移率。另外，在共掺杂模型中变化最明显的是 N 各个电子轨道的态密度，首先是 N 的态密度不再是不对称分布，而是自旋非常对称。这应该与 In 的最外层是 3 个电子有关，有可能 In 的外层电子和 N 的外层轨道非常匹配，使得没有孤对电子以及空的态出现，因此 N 的自旋特性消失；另外，处于–12eV 处的 N 2s 轨道由于晶体场效应发生分裂，分裂成为两个 2s 峰。

下面来看掺杂原子 In 和 N 的距离是 5.753Å 的时候，共掺杂模型的分态密度。如图9.4（b）所示，In 和 N 的距离增加时，价带和导带的宽化变得不是很明显，并且由于 In 和 N 的相互作用减弱，N 分态密度的对称性有所增加，但是自旋仍然是不对称的。这个晶格的畸变是很明显的，主要是由于 In 和 N 的最外

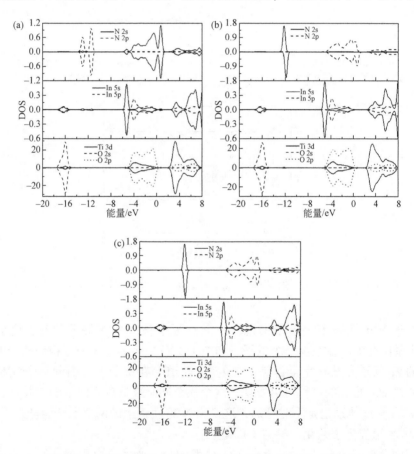

图9.4　分态密度图：In/N-1（a）；In/N-2（b）；In/N-3（c）

层电子和轨道与本体的 Ti 和 O 都不匹配，共同掺杂后引起晶格发生较大程度畸变，这个变化对光催化是有利的；因为晶格畸变会引起晶格内部电场分布不均匀，从而使八面体偶极矩不为零，Sato 等[17]曾报道，由偶极矩产生的局域内电场有利于光生电子-空穴对的分离，从而可提高光催化剂的光催化活性。

同时，如图 9.4（c）所示，当 N 和 In 分别在超晶胞的中心位置和边角位置时的态密度和第二个模型的态密度是几乎一致的。说明当掺杂原子 In 和 N 的距离逐渐远离时，掺杂原子的协同作用逐渐降低甚至消失，不能有效地减小禁带宽度。

计算结果表明，由于掺入了 In 和 N，晶格发生了一定程度畸变，In 和 N 的引入都引起晶格发生膨胀。在共掺杂模型中，模型 1 和 3 晶格都发生膨胀，模型 2 的晶格发生收缩。计算得到的电子结构结果表明，纯 TiO₂ 的计算结果同前面一致，态密度结果自旋对称。掺入 In 以后，态密度仍然对称，价带变宽，-12eV 处出现 In 4d 轨道电子引起的态密度峰。当一个 O 原子被一个 N 原子代替，在高于费米能级价带上方出现 N 2p 峰，这是由于 N 2p 轨道未被占满所致。对于共掺杂模型，In 和 N 相邻时，禁带宽度最小，态密度仍然对称；模型 2 和 3 的禁带宽度较大，态密度不再对称。

9.2 银碳硅掺杂二氧化钛可见光催化剂

对 TiO₂ 进行掺杂改性，是一种提高可见光催化效率的比较有效的方法。掺杂贵金属，如 Au、Ag 和 Pt 等因其具有特殊的 d 电子分布可以有效地降低光生电子和空穴的复合，同时，掺杂贵金属后光响应向可见光区移动，达到提高可见光催化效果的目的。另外，非金属掺杂剂，像 C、N、B、S 和 F 等引入 TiO₂ 在 TiO₂ 的价带的上方形成一个杂质能级，从而降低了禁带的宽度，是掺杂 TiO₂ 的光响应到可见光区。然而，掺杂的非金属组分不能作为载流子，而且可以成为光生电子和空穴的复合中心，从而降低 TiO₂ 的光催化性能，所以掺杂的非金属组分须有一个恰当的含量。在非金属掺杂组分中，炭掺杂的 TiO₂ 得到了广泛的研究。C/TiO₂ 显示了良好的可见光催化性能[18,19]。可是，掺杂的炭在热处理过程中容易流失，导致可见光催化性能降低。根据金属和非金属单一掺杂组分不同的掺杂影响，将金属和非金属结合起来共同掺杂到 TiO₂ 中可能会有比单一组分掺杂更好的效果。

TiO₂ 与适量具有发达孔结构和较大比表面积的绝缘体复合，载体能够从溶液中吸附大量有机分子，为 TiO₂ 提供高浓度反应环境，增加光生电子和自由基与有机分子碰撞概率，提高光催化效率。增大 TiO₂ 的比表面积，Si 掺杂可能是一种有效的方法。因为 Si—O—Ti 化学键容易形成，并且 Si—O—Si 四面体结构可以有效地阻止 TiO₂ 晶粒的长大。这样就能保证制备的 TiO₂ 具有较大的比表面积。Si 掺杂一方面能在高温下保持具有较高氧化能力的锐钛矿晶型。另一方面，掺杂 Si 后明显增大了 TiO_2 的比表面积，提高了热稳定性[20]。掺杂的 Si 可以进入锐钛矿 TiO_2 的晶格中，取代 Ti^{4+}，这样导致 TiO_2 中正负电荷不平衡[21]。掺杂 Si 后表面有多的正电荷，这样可以吸附更多带负电性的羟基在 TiO_2-SiO_2 颗粒的表面，这对光催化是十分有利的。尽管 Si 掺杂有如此多的优点，Si 掺杂的 TiO_2 仍然没有可见吸收，这限制了它的应用。

通过以上分析，贵金属掺杂可以抑制光生电子和空穴的复合，非金属掺杂可以导致可见吸收，硅掺杂可以增大比表面积。将三者结合起来，银、炭、硅共掺杂的 TiO_2 可能具有较好的可见光催化性能。本节通过非水体系制备了 TiO_2、Si/TiO_2、C/TiO_2、Ag/TiO_2、C-Si/TiO_2 和 Ag-C-Si/TiO_2，考察不同掺杂量的银、炭、硅物种对光催化剂可见光催化性能的影响。可见光催化性能评价以可见光照射罗丹明–B（RhB，$C_{28}H_{31}ClN_2O_3$）水溶液进行考察。

9.2.1　Ag-C-Si/TiO_2 光催化剂的制备与结构分析

以银、碳、硅三掺杂的 TiO_2 为例说明光催化剂的制备。将 0.0425g $AgNO_3$ 溶解到 84.2mL 无水乙醇中，滴加 7.2mL 冰醋酸，电磁搅拌 30min；然后滴加 2.24mL TEOS 和 2.43mL 乙二醇，搅拌 60min；再滴加 17.0mL TBOT 继续搅拌 3h，得到一半透明的浅黄色溶液。将所得溶液转移到聚四氟乙烯内衬的高压反应釜中密封，于 140℃ 溶剂热反应 14h，得到棕色沉淀；沉淀经无水乙醇洗涤 3 次，去离子水洗涤三次，在吹风干燥箱中干燥 12h 得到棕色固体，研磨成粉末；在马弗炉中，5℃/min 升温，在 400℃ 恒温 2h 焙烧得到黄色光催化剂。最终所得光催化剂的组成表示为 $Ag_{0.005}C_{2.0}Si_{0.20}$/$TiO_2$。其他三掺杂的 TiO_2 以同样的方法制得，组成表示为 $Ag_xC_ySi_z$/TiO_2，其中 x 为 Ag/Ti 物质的量之比，y 为 C/Ti 的物质的量比，z 是 Si/Ti 的物质的量比；x 取值 0、0.002、0.005、0.01、0.02；y 取值 0.5、1.0、2.0、3.0；z 取值 0.05、0.10、0.20、0.30。TiO_2、Ag/TiO_2、C/TiO_2、Ag-Si/TiO_2、C-Si/TiO_2 用类似的方法制得。

图 9.5（a）是光催化剂的 XRD 图谱。所有样品的 XRD 衍射峰只有锐钛矿 TiO_2（JCPDS 21-1272），没有银单质（JCPDS 41-1402）和银的氧化物（JCPDS：Ag_2O 41-1104，Ag_2O_3 40-0909，Ag_3O_4 40-1054）的衍射峰，这表明银及其氧化物可能均匀分散在 TiO_2 颗粒表面或者它们的含量太小在 XRD 检测极限以下不能检测出来。此外，图谱中没有出现 SiO_2 的衍射峰，说明 SiO_2 是无定形态或者其嵌入到 TiO_2 晶体中。从锐钛矿 TiO_2 的（101）衍射峰的强度看，随着 Si 掺杂量的增加峰强度逐渐降低，半峰宽逐渐增大，这说明晶体的晶粒尺寸逐渐变小，结晶逐渐降低。平均晶粒尺寸通过谢乐公式计算列于表 9.3。从表 9.3 可以看出，TiO_2 的晶粒大小为 19nm，当掺杂少量的 Si 时（Si/Ti = 0.05），晶粒降低为 11nm；继续

增加 Si 的掺杂量到 0.30 时，晶粒变为 6nm。这些结果说明光催化剂的晶粒尺寸与掺杂硅的量有重要的关系，晶粒随着掺杂硅量的增加而变小。此外，光催化剂的比表面积也随着硅掺杂量的增加而迅速增大。然而，银和碳的掺杂对晶粒大小和比表面积的影响明显没有硅掺杂的影响大。

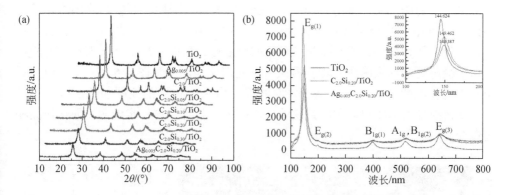

图 9.5　光催化剂的 XRD 谱图（a）和拉曼谱图（b）

表 9.3　光催化剂的物性特征

样品	比表面积 /(m²/g)	晶粒尺寸/nm	样品	比表面积 /(m²/g)	晶粒尺寸/nm
TiO_2	102.8	19	$C_{0.5}Si_{0.20}/TiO_2$	293.9	9
$Ag_{0.005}/TiO_2$	112.3	16	$C_{1.0}Si_{0.20}/TiO_2$	285.6	9
$C_{2.0}/TiO_2$	104.6	17	$C_{3.0}Si_{0.20}/TiO_2$	271.8	9
$Si_{0.20}/TiO_2$	297.8	10	$Ag_{0.002}C_{2.0}Si_{0.20}/TiO_2$	298.0	8
$C_{2.0}Si_{0.05}/TiO_2$	174.8	11	$Ag_{0.005}C_{2.0}Si_{0.20}/TiO_2$	290.0	9
$C_{2.0}Si_{0.10}/TiO_2$	226.6	10	$Ag_{0.010}C_{2.0}Si_{0.20}/TiO_2$	306.0	9
$C_{2.0}Si_{0.20}/TiO_2$	275.4	9	$Ag_{0.020}C_{2.0}Si_{0.20}/TiO_2$	293.6	8
$C_{2.0}Si_{0.30}/TiO_2$	333.5	6			

　　为了进一步确定光催化剂的晶相，对样品进行了拉曼光谱的测定。如图 9.5（b）所示，样品的拉曼图谱中只有六个典型锐钛矿 TiO_2 的拉曼振动模式[22]，没有出现其他的振动模式。这表明掺杂后晶体的晶格畸变很小（若有较大的畸变将会出现新的拉曼振动模式），进一步说明银不能掺杂到 TiO_2 的晶格中（而硅则可以）。因为银的离子半径为 0.126nm，其远大于钛的离子半径 0.068nm，所以 Ag^+ 不可能取代 Ti^{4+} 掺杂到 TiO_2 晶格中；而 Si^{4+} 离子半径为 0.042nm，小于 Ti^{4+} 离子半径，可以部分取代 Ti^{4+} 进入 TiO_2 的晶格。此外，$E_{g(1)}$ 模式的吸收峰在 Si 掺杂后表

现出蓝移，峰强度降低，峰宽变大，说明晶粒变小，结晶度降低。图中的插图展示得更加清楚。

图 9.6（a）~（f）是光催化剂的电镜图片，分别对应 TiO_2、$C_{2.0}Si_{0.05}/TiO_2$、$C_{2.0}Si_{0.10}/TiO_2$、$C_{2.0}Si_{0.20}/TiO_2$、$Ag_{0.005}Si_{0.20}/TiO_2$ 和 $Ag_{0.005}C_{2.0}Si_{0.20}/TiO_2$，插图为选区电子衍射图。可以看出，$TiO_2$ 的颗粒形貌为近椭圆形，而掺杂的 TiO_2 粒子为枣核状。随着 Si 掺杂量的增加，颗粒的分散性趋向增强。这表明硅掺杂后不仅使光催化剂颗粒变小，而且提高了颗粒的分散性，从而提高了比表面积。这样可以保证吸附更多的吸附质 RhB，提高可见光催化性能。从图 9.6（e）和（f）看出有黑色较重的区域，应为 TiO_2 表面的银。图 9.6（f）的插图为选区电子衍射环，从衍射环的间距可以判断是锐钛矿 TiO_2 的衍射环，进一步证明光催化剂晶相为锐钛矿。

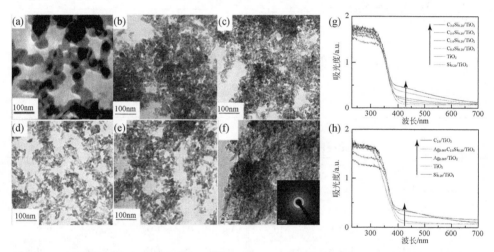

图 9.6　光催化剂的 TEM 和 HRTEM 图片（a）~（f）和紫外可见光吸收曲线（g）、（h）

9.2.2　紫外–可见光吸收

图 9.6（g）、（h）展示了各个样品的紫外–可见光吸收谱。TiO_2 和 $Si_{0.20}/TiO_2$ 不显示可见光吸收，然而碳掺杂后 TiO_2 在 400~700nm 的可见光区有了吸收，这表明掺杂碳是引起可见光吸收的主要因素。$Si_{0.20}/TiO_2$ 相对于 TiO_2 光吸收谱线发生了蓝移，这是由于掺杂 Si 后光催化剂的颗粒粒径变得更小，由量子尺寸效应导致[23]。对于 $C_ySi_{0.20}/TiO_2$ 系列光催化剂的光吸收随着 C/Ti 物质的量比的增加而增强，这说明光催化剂中引起可见光吸收的碳物种的量增加了。可以认为碳取代了晶格中的氧原子，在掺杂碳后生成了一个杂质能级，其位于 TiO_2 价带的上

方，降低了 TiO_2 的禁带宽度。Kamisaka 等通过理论计算认为碳以碳酸盐型阳离子的形式进入 TiO_2[24]，在本研究中，认为是含碳物种掺杂进入 TiO_2，这与 Sakthivel 和 Kisch 的研究结果是一致的[25]。对于 $Ag_{0.005}C_{2.0}Si_{0.20}/TiO_2$ 光催化剂，也明显地显示了可见光吸收，然而稍微弱于 $C_{2.0}Si_{0.20}/TiO_2$。另外，$Ag_{0.005}/TiO_2$ 的可见吸收相对于碳掺杂的 TiO_2 比较弱，这说明 Ag-C-Si 三掺杂的 TiO_2 的可见光吸收主要是由掺杂的碳贡献的，银的贡献相对较弱。

9.2.3　光催化性能

在水溶液中降解 RhB 为探针反应考察光催化剂的可见光催化性能。将 0.20g 光催化剂超声 10min 分散到 200mL 30mg/L 的 RhB 水溶液中，形成悬浊液。该悬浊液盛放在容积为 250mL 的 PRO250 光反应器中。可见光由 300W 氙灯提供，灯与反应液体之间的距离为 10cm。紫外和红外光均由滤波片滤掉。光反应开始前，反应液在黑暗处搅拌 60min，使得 RhB 分子在光催化剂颗粒的表面吸附/脱附达到平衡。此时 RhB 的浓度为起始浓度 C_0。同时，向反应液中以 100mL/min 的速率通入氧气，使氧气在溶液中达到饱和。反应开始后每隔一定时间取样，所得样品经离心分离出去光催化剂颗粒，上层液体在紫外可见光谱仪上测定其浓度。根据 RhB 浓度变化确定降解率。

1. Si/Ti 物质的量比对可见光催化性能的影响

光催化剂的可见光催化性能以可见光照射 RhB 水溶液进行考察。RhB 的降解曲线遵循 Langmuir-Hinshelwood 方程式，可以描述为[26] $\ln[(C-C_0)/C_0]=-kt$，其中 k 为反应速率常数，C_0 为 RhB 的起始浓度，C 为在反应时间 t 时 RhB 的浓度。为了进一步揭示 Si 的掺杂量对可见光催化性能的影响，将 k 和 t 作图［图 9.7（a）］。可以看出，随着 Si 掺杂量的增加，可见光催化性能增加，在 Si/Ti= 0.20 时达到最大值，再增加 Si 的掺杂量，可见光催化性能开始下降。可见光催化性能受光催化剂的晶型、晶粒大小、比表面积影响。对于锐钛矿 TiO_2，掺杂硅后晶粒变小，光生电子到达颗粒表面的时间缩短；比表面积增大，可以吸附更多的反应物分子到光催化剂颗粒的表面，从而增大反应速率。但是，当掺杂进入过量的 Si 时，一方面，SiO_2 是绝缘体不利于光生电子的传输；另一方面过多的 Si 覆盖了颗粒表面的反应活性位，降低了可见光催化活性[27]。

2. C/Ti 比的影响

通过考察 C/Ti 比对可见光催化性能的影响，发现所有碳掺杂的 TiO_2 光催化剂的可见光催化活性都高于 TiO_2，并且不同的 C/Ti 比的光催化剂具有不同的可见光催化性能。可见光催化性能随着 C/Ti 比的增加先增加后降低，在 C/Ti＝2 时达到最大值 ［图 9.7（b）］。这表明合适掺杂量的碳才能使光催化剂具有最佳的可见光催化性能。由于掺杂的碳主要分布在光催化剂颗粒的表面区域，当有过多的碳物种在颗粒表面时会阻碍反应物分子与光催化剂表面的活性中心接触，从而降低了可见光催化性能。可以认为中间产物乙二醇钛在焙烧过程中产生了碳物种掺杂进入了 TiO$_2$，这可能形成具有较高可见光催化性能的新的活性位[28]。C-Si 共掺杂的 TiO$_2$ 具有的大的比表面积可以提供更多的活性位和吸附更多的反应物分子，这也是 C-Si 共掺杂的 TiO$_2$ 具有较高可见光催化性能的一个原因。

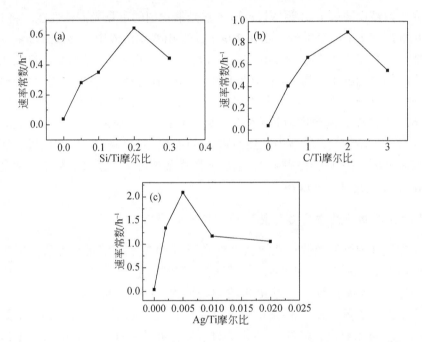

图 9.7　Si/Ti 比（a）、C/Ti 比（b）、Ag/Ti 比（c）对可见光催化性能的影响

3. Ag/Ti 比的影响

Ag/Ti 的物质的量比对可见光催化性能的影响展示在图 9.7（c），所有 Ag-C-Si 共掺杂的 TiO$_2$ 的可见光催化性能都高于 TiO$_2$、Ag/TiO$_2$ 和 C/TiO$_2$，并且随着 Ag 的引入量从 0.002 ～0.02 的过程中，可见光催化性能先增加后降低，在 0.005 时达到最大值。引入的银，部分以金属单质的形式存在于光催化剂颗粒的表面，与 TiO$_2$ 相接处形成一个肖特基能垒（Schottky barrier）[29]。由于 Ag 的费米能级低于 TiO$_2$，所以光生电子从 TiO$_2$ 向 Ag 跃迁，并且在 Ag 纳米颗粒上积累。这样，纳米 Ag 就成为光生电子的捕获中心，抑制了光生电子和空穴的复合，提高了可

见光催化性能。但是，当 Ag 的引入量较大时，光催化剂的可见光催化性能会降低，主要有以下三方面的原因：①在 Ag 纳米颗粒上积累了一定的光生电子后带负电性，其又能捕获带正电的空穴，成为光生电子和空穴的复合中心而使得可见光催化性能降低；②过多的 Ag 纳米颗粒覆盖在 TiO₂ 颗粒的表面加强了对光子的反射，降低了对光子的吸收效率从而导致可见光催化性能降低；③过多的 Ag 覆盖在 TiO₂ 的表面可以阻碍反应物分子与活性位中心的接触概率，从而导致可见光催化性能降低。

9.2.4　可见光催化机理

可见光催化剂光催化性能的提高，是掺杂的 Ag、C 和 Si 共同作用的结果。可见光照射之前，Ag 主要是 $AgNO_3$ 在 400℃焙烧过程中生成的[30]。此外，Ag 还可以在光反应中生成，Ag^+ 得到光生电子而生成 Ag。然而，XPS 测试结果表明，在 Ag-C-Si/TiO₂ 光催化剂中 Ag 的量在光催化反应发生前后并没有发生变化。这表明，Ag 又在光生空穴的氧化作用下转变为了 Ag^+。所以，可以认为 Ag^0 和 Ag^+ 的同时存在促进了电荷的分离和抑制了光生电子和空穴的复合，导致可见光催化性能提高。由于 Ag 的费米能级比 TiO₂ 的低，光生电子由 TiO₂ 向 Ag 跃迁被 Ag 捕获，导致光生电子和空穴的有效分离[31]。此外，沉积在 TiO₂ 颗粒表面的 Ag 有利于光生电子从 TiO₂ 向吸附 O₂ 的转移，这也降低了光生电子和空穴的复合概率，提高了可见光催化性能。O₂ 被还原为 O_2^{-}，其具有强的氧化能力，可以将有机物分子 RhB 氧化分解，最终产物为 CO₂ 和 H₂O。C 掺杂 TiO₂ 后在价带的上方形成杂质能级，缩小了 TiO₂ 的禁带宽度，使得光吸收拓展到可见光区，因此提高了可见光催化性能。Si 掺杂进 TiO₂ 后改变了光催化剂的形貌和化学组成。掺杂 Si 后降低了晶粒尺寸，增大了比表面积，保持了锐钛矿晶型。小的晶粒尺寸对应高的比表面积/体积比，缩短了光生电子和空穴从体相跃迁到颗粒表面的时间，提高了光生电子和空穴的生成速率[31]；另一方面，光催化剂的体相和表面组成均发生了变化，在 SiO₂-TiO₂ 的界面生成了很多的活性位。由于 SiO₂ 是绝缘体，当电子从 TiO₂ 相界面跃迁时起速率降低了，这样可以降低光生电子和空穴复合的概率。在界面处的 Si 原子比 Ti 原子具有更大的电负性，其可以吸附羟基，光生空穴跃迁到界面处与羟基反应生成强氧化性的羟基自由基。生成的羟基自由基将 RhB 氧化为 CO₂ 和 H₂O。光生电子在 SiO₂-TiO₂ 界面的移动速率降低，空穴在界面被羟基吸收而湮灭，这就降低了光生电子和空穴的复合，提高了光催化剂的可见光催化性能。可见光催化反应机理和方程式如图 9.8 所示。

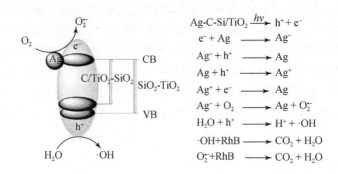

$$Ag\text{-}C\text{-}Si/TiO_2 \xrightarrow{hv} h^+ + e^-$$
$$e^- + Ag \longrightarrow Ag^-$$
$$Ag^- + h^+ \longrightarrow Ag$$
$$Ag + h^+ \longrightarrow Ag^+$$
$$Ag^+ + e^- \longrightarrow Ag$$
$$Ag^- + O_2 \longrightarrow Ag + O_2^-$$
$$H_2O + h^+ \longrightarrow H^+ + \cdot OH$$
$$\cdot OH + RhB \longrightarrow CO_2 + H_2O$$
$$O_2^- + RhB \longrightarrow CO_2 + H_2O$$

图 9.8　可见光催化机理和反应方程式

9.3　染料敏化二氧化钛可见光催化剂

无机离子掺杂可以有效拓宽 TiO_2 的可见光响应，但是掺杂改性同时存在各种各样的缺点。例如，掺杂过量的金属离子会成为光生电子和空穴的复合中心，降低了 TiO_2 的光催化性能。掺杂的非金属组分在二氧化钛的高温处理过程中容易流失，导致可见光催化活性降低。近年来，染料修饰 TiO_2 被认为是一种有效改善二氧化钛可见光催化性能的方法。染料敏化是将在可见光区有强吸收的有机染料通过化学或物理吸附固定在 TiO_2 半导体表面，染料吸收可见光后将激发电子转移至 TiO_2 的导带，与 TiO_2 表面吸附的 O_2 反应生成强氧化性的超氧负离子（ O_2^- ）， O_2^- 经一系列反应生成氧化性更强的羟基自由基，与 TiO_2 表面吸附的目标降解物反应最终实现光催化降解。

目前常用的染料敏化剂包括有机染料、联钌吡啶系配合物、金属酞菁等有机金属配合物。总体来说，探寻成本低、稳定性好且光催化降解性能优异的染料敏化剂是该领域的研究热点。作者团队围绕上述研究目标，开展了大量系统的研究工作，在材料制备以及材料结构与性能关联性认识方面取得了进展。以下将介绍研制的两类染料敏化二氧化钛可见光催化剂：①廉价金属配合物敏化剂修饰硅掺杂的 TiO_2 纳米催化剂；②二异氰酸酯桥联的有机染料敏化 TiO_2 纳米催化剂。其中，前种催化剂克服了联钌吡啶配合物钌系金属成本高、配合物合成难度高且易造成污染等不足，而后种催化剂摆脱了表面染料分子易脱落的常见问题，这对于 TiO_2 可见光催化剂的研制与应用具有较强的借鉴意义。

9.3.1　廉价金属配合物敏化剂修饰硅掺杂的 TiO₂ 纳米颗粒

1. 催化剂的制备与结构分析

硅掺杂 TiO₂ 的制备：0.9mL 正硅酸乙酯在电磁搅拌下溶解到 24mL 冰醋酸中，搅拌 0.5h 后缓慢滴加 6.8mL 钛酸四丁酯，继续搅拌 1h 得到浅黄色半透明溶液，超声振荡 15min。将该溶液转移到 100ml 聚四氟乙烯反应釜，置于微波反应器中于 180℃热处理 0.5h，自然冷却至室温，经乙醇洗涤三次，蒸馏水洗涤三次，80℃在烘箱中处理 10h，研磨为粉末，得到白色粉末。在 400℃下空气氛中焙烧 3h 得到光催化剂，产品命名为 ST。

8-羟基喹啉-5-磺酸铁配合物（HQSI）的制备：将 1.6g 8-羟基喹啉-5-磺酸（HQS）溶于 250mL 乙醇，混合液回流 2h，然后向其缓慢加入 0.5mol/L 的三氯化铁溶液，保证 Fe 与 HQS 的摩尔比为 1∶3。得到墨绿色溶液，继续回流 24h，自然冷却后用氨水调节 pH 为 4.4~4.8，混合液在沸水浴中蒸干得到黑色粉末。用无水乙醇抽提 48h，100℃烘箱中热处理 10h，得到 8-羟基喹啉-5-磺酸铁（HQSI）配合物。采用上述方法制备的 HQSI 络合物是黑色粉末，微溶于乙醇，易溶于水形成深绿色的溶液，在 pH 小于 8 的溶液中具有很好的络合稳定性，HQSI 的分子结构式如图 9.9（a）所示。

HQSI 敏化硅掺杂 TiO₂ 的制备：取适量 Si 掺杂的 TiO₂ 分散在 HQSI 水溶液中，暗处搅拌 24h，离心分离，分别用乙醇和蒸馏水洗涤，烘干，得到黄色固体粉末，样品命名为 ST-HQSI，HQSI 修饰量取 1%。HQSI 修饰的 P25（平均粒径为 25nm 的锐钛矿和金红石混合晶相的二氧化钛）按照同样的方法制备，样品命名为 P25-HQSI，HQSI 修饰量取 1wt%。

图 9.9（b）为敏化剂在水溶液中的紫外可见吸收光谱，8-羟基喹啉-5-磺酸铁络合物在水溶液中存在三个较强的吸收峰，其吸收波长分别为 350nm、443nm 和 580nm。其中可见光区的两个峰分别对应较弱的 B 吸收带和较强较宽的 Q 吸收带。HQSI 的最大吸收波长已延伸至近红外区，止于 776nm，计算得 HQSI 的基态与激发态的能级之差为 1.59eV（$E_g = 1240/\lambda$）[32]，表明 HQSI 具有很强的可见光吸收能力，其可见光活性使它具备拓展 TiO₂ 激发波长范围的能力。

用电化学微分脉冲伏安法（DPV）测定了 HQSI 在二甲基甲酰胺溶液中的氧化还原电势，其电化学数值列于表 9.4。HQSI 样品的最低未占有轨道（LUMO）和最高占有轨道（HOMO）的电势分别为 -3.92eV 和 -5.46eV，计算得其氧化还原电势差为 1.54eV（$E_{eg} = $ LUMO-HOMO）[33]，与其光学能隙所得值基本相符。证明 HQSI 具有良好的可见光响应能力。由于 HQSI 的 LUMO 能级位于二氧化钛的导带能级和 RhB 的 LUMO 之间，HQSI 生成的光生电子可以迁移至二氧化钛的导

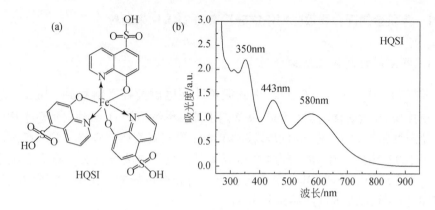

图 9.9　　HQSI 的分子结构图及其紫外可见吸收光谱图

带并从 RhB 分子获得电子, 如此 HQSI 用作光敏化剂可以保证其良好的光学稳定性。

表 9.4　样品的电化学参数

样品	LUMO/eV	HOMO/eV	E_{eg}/eV
HQSI	−3.92	−5.46	1.54
RhB	−3.08	−5.45	2.37
TiO$_2$	−4.4	−7.6	3.2

　　对硅掺杂 TiO$_2$ (ST) 和 HQSI 修饰 ST (ST-HQSI-1%) 进行 XPS 表征分析。结果表明, 相对于 ST, ST-HQSI-1% 能谱中出现了 S 2s、N 1s 和 Fe 2p 能谱, 表明 HQSI 吸附在氧化钛的表面。而且通过观察 O 1s 高分辨 XPS 谱图, 发现 HQSI 修饰前后 O 的结合能有明显差别, ST-HQSI-1% 的 O1s 结合能为 531.5eV, 较之 ST 增加了 2.0eV。一般认为, 结合能的变化是由于元素所处的化学环境发生了变化, O 1s 结合能的增加表明 HQSI 与二氧化钛发生了反应。另外, ST-HQSI-1% 样品中 Ti-OH 的峰强度明显减小, 表明修饰后 TiO$_2$ 的表面羟基数量减少, 进一步证明 HQSI 与二氧化钛发生了反应。

2. 紫外可见漫反射

　　图 9.10 (a) 展示了催化剂的紫外可见漫反射光谱。原料二氧化钛和 P25 的最大吸收边对应于 390nm, 只能吸收波长较小的紫外光。这是因为锐钛矿 TiO$_2$ 的禁带宽度为 3.15eV, 电子从价带 (主要有 O 2p 构成) 跃迁到导带 (由 Ti 3d$_{t2g}$ 构成), 只能吸收波长小于 390nm 的光。但是, 当二者经敏化剂 HQSI 修饰之后,

样品在可见光区都表现出较强的光吸收。ST-HQSI-1% 的最大吸收边延伸至 580nm，吸收谱图发生了明显的红移。相比于 P25-HQSI，ST-HQSI-1% 显示了更宽的可见光响应范围和可见光吸收能力。这可能是由于 P25 和硅掺杂二氧化钛具有不同的表面结构，硅掺杂导致二氧化钛表面的羟基数量明显增多，催化剂与 HQSI 中的磺酸基团通过共轭化学键连接 ($—Ti—O—SO_3—R$)。样品是典型的给体-受体型的共轭结构，结构中富电子共轭结构的有机金属配合物为电子给体，具有空的 d 轨道的 Ti 为电子受体。这种结构的形成可以将样品中共轭体系通过缺电子的 d 空轨道大大扩大，从而形成更大的共轭体系，使电子很容易从有机复合物转移至金属 Ti 中，降低了电子跃迁所需的能量，结果使得样品的 UV-Vis 吸收谱发生红移。P25 表面具有的羟基数量相对较少，敏化剂主要通过物理吸附的方式附着在二氧化钛的表面，可见光区的吸收主要归因于敏化剂本身对可见光的感应。

3. 可见光催化性能和催化机理

8-羟基喹啉-5-磺酸铁(Ⅲ)配合物修饰的二氧化钛对可见光有较强的吸收能力，而且敏化剂的氧化还原电位与二氧化钛的导带能级非常匹配，这有利于光激发电子的有效转移。因此，8-羟基喹啉-5-磺酸铁(Ⅲ)修饰的二氧化钛有较好的可见光催化性能。将所得 HQSI 修饰的硅掺杂二氧化钛催化剂用于 RhB 的可见光降解反应检测其光催化性能。为了便于比较，首先做了两组空白实验，分别考察降解过程中可见光照射及催化剂的作用。将含有催化剂的 RhB 溶液在暗处连续搅拌 2h 以及将不含催化剂的 RhB 的水溶液在光照下连续搅拌 2h，罗丹明 B 的浓度基本没有变化，证明可见光照射和催化剂的不可缺少性。图 9.10 (b) 为催化剂可见光降解 RhB 的曲线。硅掺杂二氧化钛及 P25 在可见光下具有较弱的可见光降解活性，可见光照射 60min RhB 的降解率只有 10% 左右。相比于 ST 和 P25，HQSI 敏化修饰的二氧化钛催化剂展示了较高的光催化性能。经可见光照 60min，ST-HQSI 和 P25-HQSI 的降解率分别达到 92% 和 57%。ST-HQSI 催化剂展示了更高的催化性能，归因于其较大的比表面积和较强的可见光吸收能力。

8-羟基喹啉-5-磺酸铁(Ⅲ)修饰的硅掺杂二氧化钛在可见光下降解 RhB 展示了良好的光催化性能。催化剂的可见光催化机理如图 9.11 (a)、(b) 所示：有机金属配合物以化学键合的方式锚定在二氧化钛的表面，在可见光照射下，敏化剂吸收光生成光电子和活性分子自由基，光生电子跃迁到二氧化钛的导带能级，被二氧化钛表面吸附的 O_2 捕获生成超氧负离子，超氧负离子经一系列反应生成羟基自由基 ($\cdot OH$)。超氧负离子和羟基自由基都具有很强的氧化能力，可以把 RhB 氧化分解生成 CO_2 和 H_2O 等小分子。有机金属配合物将电子转移到二氧化钛导带能级后成为缺电子活性自由基。反应体系中 RhB 分子在光照下也可以激发

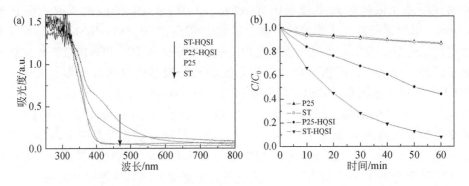

图 9.10　TiO₂ 和 HQSI 表面修饰 TiO₂ 的紫外可见漫反射光谱（a）及其可见光降解 RhB 曲线（b）

产生光生电子。由于 RhB 的最低未占有轨道（LUMO）高于有机金属配合物的 LUMO［图 9.11（c）］，光生电子可以从 RhB 跃迁至有机金属配合物使其再生，RhB 失去电子伴随生成 RhB·⁺，RhB·⁺ 与超氧负离子等反应被氧化降解[34]。

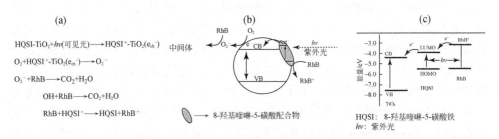

图 9.11　ST-HQSI 催化剂可见光催化机理（a）和（b）以及 TiO₂、HQSI 和 RhB 的能级图（c）

图 9.11（c）展示了 TiO₂、HQSI 和 RhB 的能级图。对于 HQSI 修饰的二氧化钛催化剂，HQSI 的氧化还原电位与二氧化钛的能级非常匹配，使得光生电子可以快速从 HQSI 的 LUMO 迁移至二氧化钛的导带能级。RhB 的 LUMO 能级高于 HQSI 的 LUMO，也有利于 HQSI 从 RhB 获得电子再生，使催化剂可以重复利用。如果体系中不存在电子施体，则 HQSI 在向二氧化钛转移电子之后无法再生而失去活性，那么为了保持催化剂的稳定性就需要在体系中加入适量的供电子试剂[34]。另外，二氧化钛表面的吸附 O₂ 在催化降解过程中起到了至关重要的作用[35]。溶液中的溶解 O₂ 捕获 TiO₂ 导带中的电子是产生的一系列强氧化自由基的主要来源。实验证明，如果将 RhB 水溶液做无氧处理，然后将光催化反应在通入氮气（隔绝空气）的条件下进行，可见光照射 60min RhB 溶液的颜色基本没有变化，从而证明了该机理的正确性。

一般来说，有机染料作为目标降解物时，染料本身由于具有较强的可见光吸收能力而在光照下生成光生电子，那么有机染料能否通过吸收可见光而完成自降解呢？在溶液中，有机染料光激发生成的电子一般具有较短的寿命，如果染料分子存在于溶液中或仅靠物理吸附在催化剂的表面，则电子无法有效迁移至催化剂的表面即被染料活性自由基重新捕获。ST 和 P25 在可见光照射下具有较弱的催化活性，证明了 RhB 分子具有较弱的自敏化作用。对于 HQSI 修饰的二氧化钛催化剂，催化剂表面被络合物分子占据，直接吸附在二氧化钛表面的 RhB 的量大大减小，而且由于 HQSI 具有更强可见光吸收能力和向二氧化钛转移电子的能力，少量吸附在二氧化钛表面的 RhB 很容易就被降解，其对二氧化钛的自敏化作用很小。因此，催化剂良好的可见光催化性能是源于 HQSI 修饰而不是 RhB 的敏化作用。

9.3.2 二异氰酸酯桥联的有机染料敏化 TiO_2 纳米催化剂

1. 催化剂的制备与主要物化性质

选用常用商业产品 Degussa P25 为 TiO_2 原料合成 CTP，反应示意图见图 9.12 (a)。将 1.6g TiO_2（P25）分散于 50mL CH_2Cl_2 中，搅拌得到白色的悬浮液，通氮气排空 0.5h，然后在氮气保护下向上述体系滴加 TDI，加入 TDI 白色悬浮液马上变成淡黄色，颜色的变化说明 TDI 与 TiO_2 发生了反应。此时得到的产物为中间产物，命名为 TPX，X 为 TDI/TiO_2 的摩尔比。将上述反应液在室温下继续搅拌 2h，过滤后得到淡黄色固体 TP。为了清除中间产物表面吸附的未反应的 TDI，用 CH_2Cl_2 超声洗涤 TP 三次，离心、过滤、干燥后重新分散在 CH_2Cl_2。将处理好的 CG/CH_2Cl_2 在氮气保护下滴加到 TP/CH_2Cl_2 中，搅拌反应 4h 后停止反应。过滤得到橙黄色固体，将固体产物经 CH_2Cl_2 索氏抽提 48h，完全消除表面吸附的未反应的染料。最终产物在 60℃ 真空干燥，研磨为粉体。染料修饰的 TiO_2 样品命名为 CTPX，X 为 TDI/TiO_2 的摩尔比；整个反应过程 CG/TDI 的摩尔比保持 0.5，TiO_2 的用量固定为 1.6g。

图 9.12（b）为原料 TiO_2 和染料修饰 TiO_2 后所得样品 CTP0.2 和 CTP0.9 的 XRD 谱图，染料修饰 TiO_2 前后 TiO_2 样品具有完全相同的 XRD 衍射谱图。这说明染料 CG 对 TiO_2 修饰不会影响其结晶状况，仅仅是表面修饰。由于 TiO_2 的比表面积是一定的，表面被染料修饰后必然导致其比表面积下降。通过 BET 测试得知，原料 TiO_2 的比表面积约为 50m^2/g，当 TiO_2 被染料修饰后样品的比表面积减小至 49.73 ~ 32.15m^2/g。而且比表面积随着染料修饰量的增加下降幅度增大，但整体上比表面积下降幅度较小，CTP0.9 的比表面积最小仍为 32.15m^2/g。本小节所用 TiO_2 粒径较大约为 30nm，染料分子较大虽然占据了 TiO_2 表面会降低比表面积，

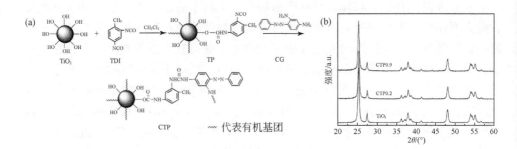

图 9.12　合成 CTP 的反应示意图（a）；染料修饰 TiO$_2$ 前后样品 XRD 谱图（b）

但染料本身有可能成为新的表面，因而比表面积下降不明显。另外，颗粒之间的团聚也会引起比表面积的下降。

　　如图 9.13 所示，原料 TiO$_2$ 是均匀的小颗粒，颗粒大小约为 30nm，颗粒之间存在弱的团聚现象；染料修饰 TiO$_2$ 后样品 CTP0.2、CTP0.5 和 CTP0.9 存在团聚，而且团聚现象随染料修饰量增加而严重。综合染料修饰 TiO$_2$ 后样品之间的团聚现象和 TiO$_2$ 表面被染料分子占据的结果，修饰后 TiO$_2$ 样品比表面积下降了。

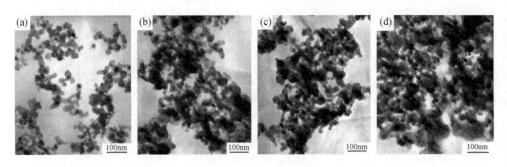

图 9.13　染料修饰 TiO$_2$ 前后样品的 TEM 图：TiO$_2$（a）；CTP0.2（b）；
CTP0.5（c）；CTP0.9（d）

　　如图 9.12（a）所示，在染料修饰的 TiO$_2$ 材料形成过程中，产生了两种新的化学键：—NHCOOTi 和—NHCONH—。因此，要确定染料的确按照理论分析的反应嫁接到 TiO$_2$ 表面，只需要证明上面两个化学键的存在即可。图 9.14（a）为原料（TDI、CG 和 TiO$_2$）、中间产物 TP0.2 和染料修饰 TiO$_2$ 样品（CTP0.2 和 CTP0.9）的红外透射谱图。在 TDI 的红外谱图中，1602cm^{-1} 的峰是 TDI 分子中苯环的骨架振动峰。TiO$_2$ 红外谱图中，600cm^{-1} 的馒头峰是典型的 Ti—O—Ti 的振动峰。当 TDI 与 TiO$_2$ 反应形成中间产物 TP 后，TP 样品的红外谱图中，在 2268cm^{-1} 仍然能观察到—NCO 特征振动峰。与 TDI 不同的是：TP 中—NCO 的红外透射峰变窄了，峰的窄化是由于 TDI 中的一部分—NCO 被反应了。另外，与 TDI 和 TiO$_2$ 的红外谱图相比，在 TP 的红外谱图中出现了两个新的振动峰，分别位于 1648cm^{-1} 和 1228cm^{-1}，这两个峰是由于羰基的不对称和对称伸缩振动引起的。由于在 TP 样品中形成了 Ph-NHCOOTi 的共轭结构，因而羰基振动峰与文献值 1720cm^{-1} 和 1270cm^{-1} 相比向低波数移动了。当中间产物 TP 和染料 CG 反应形成最终染料修饰的 TiO$_2$ 材料（CTP）时，2268cm^{-1} 处—NCO 的吸收峰消失了，说明 TP 与 CG 发生了反应。与 CG 和 TP 样品的红外谱图相比，CTP 样品的红外谱图在 1658cm^{-1} 出现了新的振动峰，这个吸收峰是—NHCONH—结构中羰基的伸缩振动峰，由于与—COOTi 中羰基振动峰位置接近，所以 CTP 样品中 1658cm^{-1} 的振动峰有所宽化。此外，在 TP 和 CTP 的红外谱图中还有一些峰位于 1539cm^{-1} 和 1311cm^{-1}，这两个峰分别对应 N—H 的变形伸缩振动和 N—C 的伸缩振动。总之，通过红外确定了 CTP 样品中确实存在—COOTi 和—NHCOONH—结构，与反应原理的结构一致。

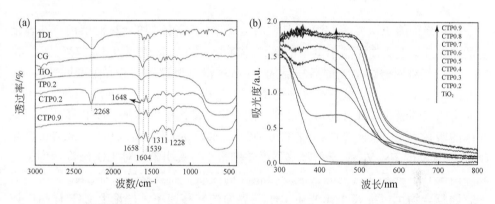

图9.14 原料及样品的红外谱图（a）；染料修饰 TiO$_2$ 前后样品的 UV-Vis 漫反射谱图（b）

从图 9.12（a）可以明显看出，染料对 TiO$_2$ 的修饰为表面修饰。为了进一步证明和确定染料通过化学键与 TiO$_2$ 连接在一起，XPS 作为一种表面表征技术被用来研究制备的染料修饰的 TiO$_2$。表 9.5 是由 XPS 谱图计算得到的样品 TiO$_2$、CTP0.2 和 CTP0.9 的表面元素含量。表面元素含量 $N\% = (A_N/S_N)/\sum(A_i/S_i)$，$A$ 为峰面积，可通过积分获得，S 为灵敏度因子。Ti、O、N 和 C 的灵敏度因子分别为 0.99、0.57、0.33 和 0.18。从表 9.5 可以发现，原料 TiO$_2$ 表面仅有 Ti 和 O 两种元素，而染料修饰后的 TiO$_2$（CTP）样品表面除了 Ti 和 O 元素外，还检测到 N 和 C 元素。由于在实验过程中，最终产物 CTP 经过索氏抽提，所以样品表面没有吸附的染料。那么 CTP 样品表面检测到的 N 和 C 元素只能来自于 TiO$_2$ 表面的修饰物 TDI（C$_9$H$_6$N$_2$O$_2$）和 CG（C$_{12}$H$_{12}$N$_4$），这也进一步说明染料成功地实现了对 TiO$_2$ 修饰。此外，还可以发现随着染料修饰量的增加，样品表面 Ti 和 O 含量逐渐下降，N 和 C 含量逐渐增加。这是因为随着修饰在 TiO$_2$ 表面染料的增加，TiO$_2$ 被染料的覆盖度增加，XPS 作为一种表面表征手段，其检测深度约为 2 ~3nm。因此，TiO$_2$ 表面修饰的染料越多，检测到来自于修饰剂的 N 和 C 含量越高，Ti 和 O 含量就越少。

表 9.5   XPS 谱图计算所得样品的表面元素含量

样品	Ti 2p/%	O 1s/%	N 1s/%	C 1s/%
TiO$_2$	27.87	72.13	/	/
CTP0.2	3.29	27.99	4.82	63.90
CTP0.9	2.34	24.70	8.44	64.52

2. 紫外漫反射性质

染料修饰的 TiO$_2$ 样品 CTP 是典型的电子给体–受体型的 π 共轭结构，共轭结构的存在理论上会使样品中电子的激发能降低，UV-Vis 吸收发生红移。图 9.14 (b) 给出了染料修饰 TiO$_2$ 前后样品的 UV-Vis 漫反射谱图，TiO$_2$ 在可见光区（> 400nm）没有吸收，但是染料修饰的所有 TiO$_2$ 样品（CTP）在 400~600nm 表现出非常明显的吸收。此外还可以看到，随着染料修饰量的增加，CTP 样品在可见光区的吸收强度逐渐增加；当 TDI/TiO$_2$ 摩尔比为 0.8 和 0.9 时，CTP0.8 和 CTP0.9 样品的 UV-Vis 漫反射吸收强度差别很小，说明染料对 TiO$_2$ 修饰达到了饱和。由于 CTP 样品在可见光区表现出很强的吸收，而且修饰后在 TiO$_2$ 表面形成的表面复合物可以提高 TiO$_2$ 光生电子在界面的转移速率，理论上 CTP 样品应该表现出很好的可见光催化性能。

为了进一步理解染料修饰的 TiO$_2$ 样品（CTP）在可见光区有强吸收的原因，对整个 CTP 样品制备过程所有的原料进行了 UV-Vis 分析。通过 UV-Vis 漫反射谱图，发现原料 TDI 和 TiO$_2$ 在 400nm 以上没有任何吸收，而中间产物 TP 的 UV-Vis 吸收与原料相比较发生了红移，在可见光区有比较明显的吸收，而且吸收强度随着 TDI 量的增加而增加。一般来说，吸收的红移意味着样品的电子跃迁能下降，而电子跃迁能又由样品的结构决定。如图 9.12 (a) 所示，TP 样品经无机部分 Ti 和有机部分——NHCOO——将 TiO$_2$ 和 TDI 连接在一起。Ti 是一种过渡金属元素，存在填充未满的 d 轨道；——NHCOO——为共轭结构的化学键，是富电子基团。这样的 TP 结构显然是典型的电子给体–受体型的 π 共轭结构，Ti 为电子受体，有机基团为电子给体。因此，有机修饰剂的电子可以转移到 TiO$_2$ 中，从而使原来单独的 TDI 或 TiO$_2$ 的电子可以在更大范围移动，最终导致电子跃迁能的下降、吸收红移。而且，从 UV-Vis 漫反射谱图观察到染料 CG 的最强吸收峰位于 406nm，TP 在可见光区有弱的吸收，而 CG 和 TP 的反应产物 CTP 在可见光区有明显吸收，吸收最大峰在 457nm。与 TP 和 CG 相比较，CTP 的吸收发生了明显红移。同样红移也是由于 CTP 样品中电子的跃迁能下降引起的，电子跃迁能是由样品结构决定的，所以需要对 CTP 样品的结构进行分析。在图 9.12（a）中，TP 和 CG 都是 π 共轭结构，当二者反应后通过共轭化学键—NHCOONH—将其连接在一起形成 CTP。因此，CTP 样品是一个更大的共轭体系，而且是电子给体-受体型的 π 共轭结构，电子可以在更大的范围内移动，从而电子跃迁能降低，吸收红移，在可见光区表现出很强的吸收。

3. 可见光催化降解性能与机理

基于前面的分析，可知染料对 TiO_2 的修饰在 TiO_2 表面形成了有机复合物，有机复合物的存在一方面与 TiO_2 形成电子给体-受体型的共轭体系，使 CTP 样品在可见光区表现出很强的吸收；另一方面可以增加光生电子在 TiO_2 表面的转移。此外，染料对 TiO_2 的修饰也大大提高了其吸附能力。综上所述，染料修饰的 TiO_2 催化剂应该具有优越的可见光催化性能。为了便于比较，首先做了两组空白实验。一组将催化剂加入 MB 水溶液中，避光搅拌 12h，观察 MB 的浓度变化；另一组是用可见光（≥420nm）直接照射 MB 水溶液，体系中没有加催化剂，检测 12h 后 MB 的浓度变化。结果发现两组实验中 MB 浓度基本上保持不变，说明仅仅有催化剂或仅仅光照都不能够使 MB 降解。

催化剂的催化性能通过光催化反应 12h 后的 MB 的降解率来评价。光催化反应 12h 以后 MB 的浓度为 C，降解率为 $1-C/C_0$。图 9.15（a）为不同染料修饰量的 TiO_2 样品在光催化反应 12h 后的降解率曲线，TiO_2 为催化剂在可见光照射下 12h 后光催化降解 MB 的降解率为 25%，表现出很差的可见光催化性能；而 CTP 催化剂在可见光降解 MB 反应 12h 后的降解率都高于未修饰的 TiO_2，而且催化性能随着修饰量的增加先增加后下降，当 TDI/TiO_2 摩尔比例为 0.5 时，催化性能最佳。为什么 CTP 催化剂比 TiO_2 催化剂催化活性高呢？一般认为，催化剂的可见光催化性能取决于晶型、可见光的吸收能力和吸附能力。实验中，染料修饰对催化剂的晶型没有任何影响，与原料 P25 晶型一样，因此光催化性能的差异主要取决于后面的两个因素。由于 CTP 样品在可见光区的吸收强度和对 MB 的吸附能力都要优于 TiO_2，所以 CTP 催化剂具有好的可见光催化性能是非常合理的。此外，从光催化降解率的图中还可以发现一个有意思的现象：随着 TDI/TiO_2 摩尔比例从 0.2 增加 0.9，CTP 的催化性能先增加后下降。整体上讲，这一变化规律与 CTP 吸附能力变化规律是一致的，说明 CTP 的催化性能主要由其吸附能力决定。但是仔细观察发现，当 TDI/TiO_2 摩尔比例大于 0.5 时，二者的变化规律又有一定的区别。CTP 的吸附能力是快速下降，而 CTP 光催化性能是逐渐降低。要解释这个现象，需要考虑另一个影响催化性能的因素——可见光吸收强度。对于 CTP 催化剂，随着 TDI/TiO₂ 摩尔比例的增加，对可见光的吸收强度逐渐增加。最终当 TDI/TiO₂ 摩尔比例大于 0.5 时，尽管吸附能力是决定因素，但是在正面因素（可见光吸收强度）和负面因素（吸附能力）的协同作用下，催化性能表现出一个逐渐下降的规律。

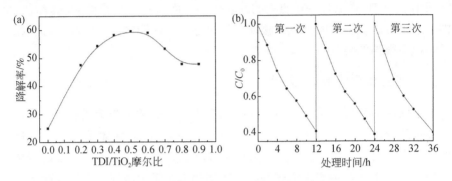

图 9.15　不同染料修饰量的 TiO₂ 样品在光催化反应 12h 后的光降解率曲线（a）；
CTP0.5 催化剂循环使用的光催化降解 MB 曲线（b）

为了考察催化剂的稳定性，选取催化性能最佳的 CTP0.5 催化剂进行实验。图 9.15（b）为 CTP0.5 催化剂循环使用的可见光催化降解 MB 曲线，CTP0.5 催化剂被重复使用三次，仍然表现出很好的光催化性能，而且重复三次的催化性能没有明显的区别。这说明利用染料修饰的 TiO₂ 可见光催化剂具有很好的光稳定性，可以实现循环使用。

为了进一步考察催化剂的稳定性，通过对可见光照射前后催化剂红外谱图和 UV-Vis 漫反射谱图进行对比，来判断催化剂在可见光照射下结构是否被破坏。结果发现，催化剂在可见光照射 24h 前后，红外谱图和 UV-Vis 漫反射谱图几乎没有差别，说明催化剂在可见光照射下仍然保持原来的结构，染料不会从 TiO₂ 表面脱落，也不会被分解。

可见光催化机理与紫外光催化机理不同，根据文献和自制催化剂的结构，提出了染料修饰 TiO₂ 催化剂的可见光催化机理（图 9.16）。前面已经分析过，CTP 样品的结构是典型的电子给体–受体型的 π 共轭结构，这种结构的存在使催化剂可以吸收可见光。如图 9.16 所示，当 CTP 催化剂被可见光照射时，其表面的有机复合物被可见光激发，电子发生跃迁，然后将激发的电子转移至 TiO₂ 的导带（CB），导带电子被预先吸附在催化剂表面的 O₂ 捕获，经过一系列反应成为羟基自由基（·OH），羟基自由基被认为是光催化反应中反应活性最强的氧化剂。有机复合物将电子转移给催化剂后成为缺电子基团，反应液中的 MB 分子与缺电子的有机复合物结合形成 MB⁺。MB⁺与羟基自由基经过一系列反应，最终实现 MB 的降解。

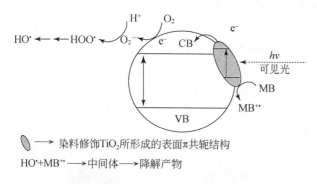

图 9.16　CTP 催化剂可见光催化降解 MB 的机理示意图

9.4　负载于介孔氧化硅的二氧化钛紫外光催化剂

TiO_2的光催化性能强烈地依赖于其晶型、结晶度和比表面积，因此制备比表面积大、结晶度高的锐钛矿 TiO_2 具有重要的意义。利用介孔 SiO_2 材料改性 TiO_2，一方面，可以大大提高其比表面积，增强 TiO_2 对污染物的吸附能力，另一方面，SiO_2 材料对紫外可见光透明的性质，TiO_2 颗粒受光强度变化不大，光催化活性不会因负载而降低。在众多的介孔 SiO_2 材料中，SBA-15 由于其高度有序的六方结构、均匀可调的孔径及大比表面积等优点，被认为是一种理想的光催化剂载体材料。

目前制备 TiO_2/SBA-15 光催化剂的方法主要有后处理法（浸渍[36]、溶胶–凝胶[37]、嫁接[38]）和直接合成法（原位反应法[39]）。但这些方法都存在一定的不足，前者所制得的 TiO_2 颗粒在介孔上分散不均，易造成孔道堵塞；而后者制备过程中 TiO_2 负载量在一定程度上也会影响介孔结构的形成，所得的催化剂的比表面积比较小，无法凸显介孔材料的优势。对此，本节将非水体系氧化物的制备方法引入复合氧化物的制备工艺中，以期得到高性能的负载型 TiO_2 紫外光催化剂。

9.4.1　不同溶剂体系下合成 TiO₂/SBA-15 复合材料

1. 材料设计思路

图 9.17 给出 TiO_2/SBA-15 催化剂的制备方案，大致分为三步：①合成

COOH/SBA-15。首先，硅源2-氰乙基三乙氧基硅烷（CETES）和TEOS及表面活性剂P123在酸性条件下通过共水解–缩聚形成CN/SBA-15。由于在合成CN/SBA-15的过程中，反应物CETES、TEOS、P123在酸性溶液中实现了分子水平上的组装，经过硫酸酸解处理（去除模板剂和产生羧基）后，得到的—COOH将均匀分散在SBA-15表面。②合成TiO₂/SBA-15。将所合成的COOH/SBA-15和TB分散于乙酸乙酯惰性溶剂或乙醇溶剂中，COOH/SBA-15表面高分散的羧基通过与钛酸四正丁酯（TB）的配合作用首先将TB锚定，然后通过溶剂热处理将TB转化成TiO₂颗粒，最后形成TiO₂/SBA-15。③焙烧TiO₂/SBA-15。通过焙烧来提高TiO₂颗粒的结晶度及除去残留的有机物，最终得到TiO₂颗粒均匀分散的TiO₂/SBA-15光催化剂。

图9.17　TiO₂/SBA-15催化剂的制备过程示意图

2. 材料合成

①SBA-15的合成。硅源和表面活性剂分别是TEOS和P123。典型的制备过程如下：在磁力搅拌下，将4.0g表面活性剂P123加入120mL 2.0mol/L的HCl溶液中，恒定温度在40℃，搅拌至P123完全溶解后，加入10.0mL TEOS。反应混合物在40℃下恒温搅拌24h后移入自压釜中，在90℃的烘箱中放置48h老化。所得产物经过滤，去离子水和乙醇反复冲洗后，将样品放在80℃下干燥，最后将样品在550℃下焙烧6h后即得纯硅基介孔SBA-15。

②COOH/SBA-15的合成。以正硅酸乙酯（TEOS）、氰基乙基三乙氧基硅烷（CETES）为硅源（CETES与TEOS的摩尔比为1∶1），P123为模板剂。将4.0g P123和4.0g KCl加入120mL 2.0mol/L的HCl溶液中，40℃恒温搅拌至P123完全溶解后缓慢加入CETES，继续搅拌30min后加入TEOS，于40℃恒温搅拌24h后移入自压釜，在90℃烘箱中老化48h，所得产物经过滤、水洗和醇洗后于80℃干燥得到氰基官能化SBA-15（CN/SBA-15）。最后，将1.0g CN/SBA-15加入150mL H₂SO₄（48.0wt%）溶液中95℃恒温搅拌24h，过滤，水洗，80℃干燥即可得COOH/SBA-15。

③TiO₂/SBA-15的合成。以钛酸四正丁酯（TB）为钛源，室温下将

0.002mol TB 和 0.020mol COOH/SBA-15 分散于 25mL 乙酸乙酯中，搅拌 30min 后转移至自压釜中，于 220℃下溶剂热处理 12h，所得到的产物经无水乙醇洗涤三次后，60℃真空干燥。最后，在 550℃下焙烧 4h 得到 TiO_2/SBA-15。样品被命名为 xTSAcy（x 为溶剂热处理温度，y 为羧基与 TB 的摩尔比），y = 2、3、4、5、6、7。作为对比，以纯硅 SBA-15 为原料采用后处理浸渍法[36]制备 TiO_2/SBA-15（其中 TiO_2 的负载量与 TSAc5 样品中 TiO_2 的负载量相同），将该样品命名为 PTS。

由于钛的前驱体极易水解，若向反应体系中引入微量的水能够促进反应的进行，从而可能得到性质更优异的 TiO_2/SBA-15 催化剂。由于原料中含有羧基，醇类有可能在催化剂合成的过程中与羧基作用产生水，于是选取乙醇作溶剂进行制备。制备过程与乙酸乙酯溶剂体系完全类似，不同之处就是选取相同体积量的乙醇为溶剂制备 TiO_2/SBA-15 复合材料，样品被命名为 xTSEty（其中：x 为溶剂热处理温度，y 为羧基与 TB 的摩尔比），y = 2、3、4、5、6、7。

9.4.2　光催化性能

催化剂的光催化性能在多功能光化学反应仪上进行：SGY-1 型，江苏省环境科学研究所研制。用 300W 的高压汞灯为紫外光源，其波长集中分布在 365nm。高压汞灯置于石英冷阱中，为了保持溶液温度恒定，石英冷阱通循环冷却水。催化剂悬浮于 500mL 浓度为 50mg/L 的 RhB 水溶液中，催化剂用量为 1.0g/L。反应在室温下进行，光照前，首先在避光条件下搅拌 40min，使 RhB 在催化剂表面达到吸附/脱附平衡。然后打开高压汞灯在紫外光照射下反应，间隔 5min 取样，每次取样 5mL。将所取样离心后，稀释 5 倍，用 TU-1901 紫外-可见分光光度计在波长 554nm 测定 RhB 溶液浓度。

图 9.18（a）是乙酸乙酯为溶剂所得 TiO_2/SBA-15 样品的吸附能力及其光催化降解百分比曲线，TiO_2/SBA-15 样品光催化降解百分比曲线的变化趋势与其对 RhB 溶液的吸附能力变化趋势一致。所得 TSAc 系列样品都显示出较高的催化活性。随着—COOH/TB 摩尔比的增加，TSAc 系列样品的光催化能力逐渐增强，当—COOH/TB = 5 时，样品 220TSAc5 的降解能力最强，之后有所下降。

以乙醇为溶剂，所得 TiO_2/SBA-15 样品的紫外光催化性能评价结果见图 9.18（b）。可以看出，样品光催化降解能力的变化同样呈现与吸附能力变化相似的趋势，且均显示出较高的催化活性，当—COOH/TB = 5 时，样品 220TSEt5 的降解能力最强。

9.4.3　溶剂体系对 TiO_2/SBA-15 紫外光催化性能的影响

1. 样品结晶性的比较

当 TiO_2 负载量相同时，对乙醇与乙酸乙酯两种溶剂体系所得样品

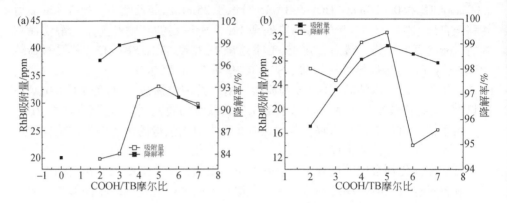

图 9.18 TiO₂/SBA-15 随 COOH/TB 摩尔比变化的吸附及降解百分比曲线：
乙酸乙酯为溶剂（a）；乙醇为溶剂（b）

（220TSEt4、220TSAc4、220TSEt5、220TSAc5）进行了 XRD 测试与分析。结果表明，乙醇体系所得样品（220TSEt4，220TSEt5）的（101）晶面的衍射峰强度要高于乙酸乙酯体系所得样品（220TSAc4，220TSAc5），这应该是由于乙醇体系催化剂合成过程中产生少量水的缘故，水的存在能够促进钛的前驱体的水解过程。一般认为 XRD 谱图中，衍射峰的强度与结晶度及 TiO₂ 的含量有关，结晶度越高，且 TiO₂ 含量越高，衍射峰的强度就越大。当 TiO₂ 含量相同时，衍射峰的强度只与催化剂的结晶度有关，这说明乙醇体系所得 TiO₂/SBA-15 催化剂具有更高的结晶度，性能也更优异。

2. 样品吸附能力的比较

图 9.19（a）为 TiO₂ 负载量相同时，乙醇与乙酸乙酯作溶剂体系下所得 TiO₂/SBA-15 样品（220TSEt4、220TSAc4、220TSEt5、220TSAc5）对 RhB 溶液的吸附能力曲线。可以看出，当 TiO₂ 负载量相同时，乙酸乙酯溶剂体系所得 TiO₂/SBA-15 样品（220TSAc4、220TSAc5）的吸附能力均高于乙醇溶剂体系所得样品（220TSEt4、220TSEt5）。由于催化剂的吸附能力主要是由比表面积和催化剂表面的化学性质决定[40]，根据之前的分析可知，相同溶剂体系所得催化剂的吸附能力主要是由它们的比表面积决定。但当 TiO₂ 负载量相同时，从图 9.19（b）显示的比表面积曲线可以看出，乙醇体系样品的比表面积略大于乙酸乙酯体系，而吸附能力却要弱于乙酸乙酯体系。这可能是由于合成过程中溶剂不同，所形成的催化剂的性质存在一定的差异。这说明不同溶剂体系所得催化剂样品进行比较，应该综合考察样品的各方面性质，包括比表面积、表面性质等。

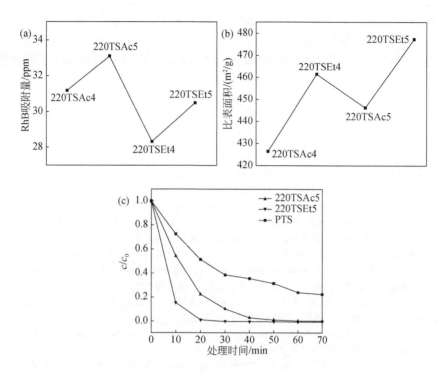

图 9.19　相同 TiO_2 含量时，样品的吸附能力曲线（a）；相同 TiO_2 含量时样品的
　　　比表面积曲线（b）；相同 TiO_2 含量时样品的紫外光降解能力曲线（c）

3. 样品紫外光催化性能的比较

图 9.19（c）是当 TiO_2 负载量相同时，两种溶剂体系（乙酸乙酯、乙醇）及后处理浸渍法制备的样品（220TSEt5、220TSAc5、PTS）对 RhB 溶液的紫外光降解能力曲线。可以看出，后处理浸渍法所得催化剂样品 PTS 在紫外光照射 70min 时，RhB 的降解率只有 80%，相比之下，其降解能力要明显弱于本节所用方法制备的 TiO_2/SBA-15 催化剂（220TSEt5、220TSAc5）。还可以发现，采用乙醇作溶剂所得样品 220TSEt5 在紫外光照射 30min 时可将 RhB 完全降解，采用乙酸乙酯作溶剂所得样品 220TSAc5 在紫外光照射 50min 时可将 RhB 完全降解。这说明采用乙醇为溶剂条件下所得 TiO_2/SBA-15 样品具有更加优越的紫外光催化性能。

催化剂的光催化性能与结晶度、对目标物的吸附能力及 TiO_2 颗粒在 SBA-15 材料表面的分散性有关[36]。由于所得 TSAc 及 TSEt 两个系列催化剂的 TiO_2 颗粒在 SBA-15 表面的分散性都很好，所以二者催化性能的差异主要由其他两个因素共同决定。通过对 TiO_2/SBA-15 催化剂样品的分析可以发现，采用乙醇作溶剂的

体系所得的 TiO_2/SBA-15 样品的结晶度要明显高于采用乙酸乙酯作溶剂的体系。因此，尽管乙酸乙酯作溶剂体系下所得 TiO_2/SBA-15 样品的吸附能力要略高于乙醇体系，但其紫外光催化性能却要弱于乙醇体系，这应该是由两种因素综合作用的结果。

参 考 文 献

[1] Oliver G L, Perdew J P. Spin-density gradient expansion for the kinetic energy [J]. Physical Review A, 1979, 20 (2): 397-403.

[2] Perdew J P, Wang Y. Accurate and simple analytic representation of the electron-gas correlation energy [J]. Physical Review B, 1992, 45 (23): 13244-13249.

[3] Olivier J P. Improving the models used for calculating the size distribution of micropore volume of activated carbons from adsorption data [J]. Carbon, 1998, 36 (10): 1469-1472.

[4] Stoll H, Pavlidou C M E, Preuß H. On the calculation of correlation energies in the spin-density functional formalism [J]. Theoretica Chimica Acta, 1978, 49 (2): 143-149.

[5] Perdew J P, Zunger A. Self-interaction correction to density-functional approximations for many-electron systems [J]. Physical Review B, 1981, 23 (10): 5048-5079.

[6] Asahi R, Morikawa T, Ohwaki T, et al. Visible-light photocatalysis in nitrogen-doped titanium oxides [J]. Science, 2001, 293 (5528): 269-271.

[7] Harrison N M. First principles simulation of surfaces and interfaces [J]. Computer Physics Communications, 2001, 137 (1): 59-73.

[8] Yang K, Dai Y, Huang B. Study of the nitrogen concentration influence on N-doped TiO_2 anatase from first-principles calculations [J]. The Journal of Physical Chemistry C, 2007, 111 (32): 12086-12090.

[9] Sasikala R, Shirole A, Sudarsan V, et al. Highly dispersed phase of SnO_2 on TiO_2 nanoparticles synthesized by polyol-mediated route: photocatalytic activity for hydrogen generation [J]. International Journal of Hydrogen Energy, 2009, 34 (9): 3621-3630.

[10] Vanderbilt D. Soft self-consistent pseudopotentials in a generalized eigenvalue formalism [J]. Physical Review B, 1990, 41 (11): 7892-7895.

[11] Perdew J P, Burke K, Ernzerhof M. Generalized gradient approximation made simple [J]. Physical Review Letters, 1996, 77 (18): 3865-3868.

[12] White J A, Bird D M. Implementation of gradient-corrected exchange-correlation potentials in car-parrinello total-energy calculations [J]. Physical Review B, 1994, 50 (7): 4954-4957.

[13] Monkhorst H J, Pack J D. Special points for Brillouin-zone integrations [J]. Physical Review B, 1976, 13 (12): 5188-5192.

[14] Yang K, Dai Y, Huang B. First-principles calculations for geometrical structures and electronic properties of Si-doped TiO_2 [J]. Chemical Physics Letters, 2008, 456 (1): 71-75.

[15] Stampfl C, Van de Walle C G. Density-functional calculations for III-V nitrides using the local-density approximation and the generalized gradient approximation [J]. Physical Review B, 1999, 59 (8): 5521-5535.

[16] Sasikala R, Shirole A R, Sudarsan V, et al. Enhanced photocatalytic activity of indium and nitrogen co-doped TiO_2-Pd nanocomposites for hydrogen generation [J]. Applied Catalysis A: General, 2010, 377 (1): 47-54.

[17] Sato J, Kobayashi H, Inoue Y. Photocatalytic activity for water decomposition of indates with octahedrally coordinated d10 configuration. II. roles of geometric and electronic structures [J].

The Journal of Physical Chemistry B, 2003, 107 (31): 7970-7975.

[18] Seery M K, George R, Floris P, et al. Silver doped titanium dioxide nanomaterials for enhanced visible light photocatalysis [J] . Journal of Photochemistry and Photobiology A: Chemistry, 2007, 189 (2): 258-263.

[19] Sathish M, Viswanathan B, Viswanath R P. Characterization and photocatalytic activity of N-doped TiO$_2$ prepared by thermal decomposition of Ti-melamine complex [J] . Applied Catalysis B: Environmental, 2007, 74 (3): 307-312.

[20] Iwamoto S, Tanakulrungsank W, Inoue M, et al. Synthesis of large-surface area silica-modified titania ultrafine particles by the glycothermal method [J] . Journal of Materials Science Letters, 2000, 19 (16): 1439-1443.

[21] Iwamoto S, Iwamoto S, Inoue M, et al. XANES and XPS study of silica-modified titanias prepared by the glycothermal method [J] . Chemistry of Materials, 2005, 17 (3): 650-655.

[22] Murata C, Yoshida H, Kumagai J, et al. Active sites and active oxygen species for photocatalytic epoxidation of propene by molecular oxygen over TiO$_2$-SiO$_2$ binary oxides [J] . The Journal of Physical Chemistry B, 2003, 107 (18): 4364-4373.

[23] Papirer E, Lacroix R, Donnet J-B, et al. XPS study of the halogenation of carbon black—Part 2. chlorination [J] . Carbon, 1995, 33 (1): 63-72.

[24] Kamisaka H, Adachi T, Yamashita K. Theoretical study of the structure and optical properties of carbon-doped rutile and anatase titanium oxides [J] . The Journal of Chemical Physics, 2005, 123 (8): 084704.

[25] Sakthivel S, Kisch H. Daylight photocatalysis by carbon-modified titanium dioxide [J] . Angewandte Chemie (International ed. in English), 2003, 42 (40): 4908-4911.

[26] Xu Y-h, Chen H-r, Zeng Z-x, et al. Investigation on mechanism of photocatalytic activity enhancement of nanometer cerium-doped titania [J] . Applied Surface Science, 2006, 252 (24): 8565-8570.

[27] Hou Y D, Wang X C, Wu L, et al. N-doped SiO$_2$/TiO$_2$ mesoporous nanoparticles with enhanced photocatalytic activity under visible-light irradiation [J] . Chemosphere, 2008, 72 (3): 414-421.

[28] Zhang L, Koka R V. A study on the oxidation and carbon diffusion of TiC in alumina-titanium carbide ceramics using XPS and Raman spectroscopy [J] . Materials Chemistry and Physics, 1998, 57 (1): 23-32.

[29] Linsebigler A L, Lu G, Yates J T. Photocatalysis on TiO$_2$ surfaces: principles, mechanisms, and selected results [J] . Chemical Reviews, 1995, 95 (3): 735-758.

[30] Rodríguez-González V, Zanella R, del Angel G, et al. MTBE visible-light photocatalytic decomposition over Au/TiO$_2$ and Au/TiO$_2$—Al$_2$O$_3$ sol-gel prepared catalysts [J] . Journal of Molecular Catalysis A: Chemical, 2008, 281 (1): 93-98.

[31] Shah S I, Li W, Huang C-P, et al. Study of Nd^{3+}, Pd^{2+}, Pt^{4+}, and Fe^{3+} dopant effect on photoreactivity of TiO$_2$ nanoparticles [J] . Proceedings of the National Academy of Sciences, 2002, 99 (suppl 2): 6482-6486.

[32] Kudo A, Miseki Y. Heterogeneous photocatalyst materials for water splitting [J] . Chemical Society Reviews 2009, 38 (1): 253-278.

[33] Zhou E, Tajima K, Yang C, et al. Band gap and molecular energy level control of perylene diimide-based donor-acceptor copolymers for all-polymer solar cells [J] . Journal of Materials Chemistry, 2010, 20 (12): 2362-2368.

[34] Park Y, Lee S-H, Kang S O, et al. Organic dye-sensitized TiO$_2$ for the redox conversion of

water pollutants under visible light [J] . Chemical Communications, 2010, 46 (14): 2477-2479.

[35] Zhao W, Sun Y, Castellano F N. Visible-light induced water detoxification catalyzed by Pt II dye sensitized titania [J] . Journal of the American Chemical Society, 2008, 130 (38): 12566-12567.

[36] van Grieken R, Aguado J, López-Muñoz M J, et al. Synthesis of size-controlled silica-supported TiO_2 photocatalysts [J] . Journal of Photochemistry and Photobiology A: Chemistry, 2002, 148 (1-3): 315-322.

[37] Yang J, Zhang J, Zhu L, et al. Synthesis of nano titania particles embedded in mesoporous SBA-15: characterization and photocatalytic activity [J] . Journal of Hazardous Materials, 2006, 137 (2): 952-958.

[38] Busuioc A M, Meynen V, Beyers E, et al. Growth of anatase nanoparticles inside the mesopores of SBA-15 for photocatalytic applications [J] . Catalysis Communications, 2007, 8 (3): 527-530.

[39] De Witte K, Busuioc A M, Meynen V, et al. Influence of the synthesis parameters of TiO_2—SBA-15 materials on the adsorption and photodegradation of rhodamine-6G [J] . Microporous and Mesoporous Materials, 2008, 110 (1): 100-110.

[40] Li Z, Hou B, Xu Y, et al. Comparative study of sol-gel-hydrothermal and sol-gel synthesis of titania-silica composite nanoparticles [J] . Journal of Solid State Chemistry, 2005, 178 (5): 1395-1405.